高等数学

上册

张京良 **主编**

王学芳 黄桂芳 任启峰 **编**

清华大学出版社

北京

内 容 简 介

本书是普通高等院校工程类本科专业高等数学教材.在传承高等数学经典内容的基础上,本书强化了知识结构的逻辑性,内容编排条理清晰、知识叙述简洁易懂.全书加强了习题建设,题目数量充足、题型丰富,由基础到提高、暗含层次性.为适应新工科建设的需求,本书每章设有一节工程应用举例,用以提升学生的知识应用能力和学习兴趣;每章末附有数学方法、数学思维或数学思想简介,用以提高学生数学素养、践行课程思政育人;最后一章专门介绍数学技术,从软件使用、算法设计、建模过程等方面进一步拓宽学生数学视野、增强学生数学应用意识.

图书在版编目(CIP)数据

高等数学. 上册 / 张京良主编;王学芳,黄桂芳,任启峰编. -- 北京:清华大学出版社,
2025. 5. -- ISBN 978-7-302-68444-2

Ⅰ. O13

中国国家版本馆 CIP 数据核字第 2025HR5147 号

责任编辑:佟丽霞 赵从棉
封面设计:常雪影
责任校对:赵丽敏
责任印制:沈 露

出版发行:清华大学出版社
   网   址:https://www.tup.com.cn, https://www.wqxuetang.com
   地   址:北京清华大学学研大厦 A 座   邮 编:100084
   社 总 机:010-83470000   邮 购:010-62786544
   投稿与读者服务:010-62776969,c-service@tup.tsinghua.edu.cn
   质量反馈:010-62772015,zhiliang@tup.tsinghua.edu.cn
印 装 者:三河市春园印刷有限公司
经 销:全国新华书店
开 本:185mm×260mm 印 张:17.75   字 数:431 千字
版 次:2025 年 5 月第 1 版   印 次:2025 年 5 月第 1 次印刷
定 价:55.00 元

产品编号:105204-01

前　言

本书是普通高等院校工程类本科专业高等数学教材,全书分为上、下两册.上册内容包括极限与连续、导数与微分、微分中值定理与导数的应用、不定积分、定积分、微分方程.下册内容包括向量代数与空间解析几何、多元函数微分学、重积分、曲线积分与曲面积分、无穷级数、数学技术简介.书末附有行列式简介、习题答案与提示.

本书编写时,努力做到兼顾高等数学经典内容的传承性与新时代高等教育需求的适应性.在保留高等数学经典内容的基础上,本书着力加强了以下几方面的建设.其一,强化了高等数学经典内容的逻辑性.编写时尽力做到章节安排合理、内容衔接紧密、一元函数知识与多元函数知识相对应,具体体现在章节划分与节内内容叙述安排上.其二,加强了课程习题建设.每节习题题目数量充足、题型丰富,而且题目暗含层次性,同一知识点的题目,遵照循序渐进原则,基础题在前、提高题在后,为教师作业布置、学生按需练习提供便利.其三,努力适应新工科建设要求.第一方面,每一章都专门设置一节内容,介绍一些本章知识在工程应用中的案例,以提升学生的学习兴趣和培养学生的知识应用能力,这些案例可以作为教师讲解相应知识点时的引例;第二方面,每章末尾专题简介了一些数学方法、数学思维、数学思想,以提高学生数学素养;第三方面,专门安排一章介绍数学技术,从软件使用、算法设计、建模过程等方面进一步拓宽学生的数学视野、增强学生的数学应用意识,用 MATLAB 实现高等数学中的基本运算与绘图部分可作为学生数学实验内容.书中带 * 章节或习题为选修内容.

本书编写时融入了编者的长期教学实践成果,同时也参考和引用了众多学者的教学研究成果,包括教材、教辅、专著、论文、网络文献等,主要参考资料已在参考文献部分列出,但有的参考资料由于时间久远,已经遗忘出处,无法列在参考文献中,在此向所有作者、出版单位表示诚挚的谢意.

教材编写是项浩繁工程,加之编者学识不足,书中定有疏漏及不当之处,敬请读者指正.

编　者

2024 年 9 月

目录

第 一 章

极限与连续

客观世界中存在许多变化现象,数学上用变量和变量间的关系表示这些现象.变量之间最主要的一种关系就是函数关系,它是高等数学研究的主要对象.极限是研究函数时要用到的最重要的方法和工具;连续性是研究函数性态时要考虑的最基本的性质.本章将介绍函数、极限和连续性的有关概念、性质和方法,这些内容是学习后续知识的基础.

第一节 函 数

一、函数的概念

1. 集合

集合是指具有某种性质的事物的全体,组成这个集合的事物称为该集合的元素.集合通常用大写字母 $A,B,\cdots$ 表示,集合的元素常用小写字母 $a,b,\cdots$ 表示.若事物 a 是集合 M 的元素,则记为 $a\in M$(读作 a 属于 M);若事物 a 不是集合 M 的元素,则记为 $a\notin M$.

注 1 定义中的某种性质必须是明确的,可以用它判断任意元素是否属于该集合.

注 2 定义中关于性质的描述有多种方法,如列举法、解析法等.

例 1 $A=\{x\mid x^2-5x+6=0\}$;$B=\{2,3\}$;$C=\{(x,y)\mid x^2+y^2+1=0\}$.

集合 A,C 是用解析法表示的,而集合 B 则采用列举法表示.

元素都是数的集合称为数集.经常用到的数集有:全体自然数构成的集合记为 $\mathbf{N}$,全体整数的集合记为 $\mathbf{Z}$,全体有理数的集合记为 $\mathbf{Q}$,全体实数的集合记为 $\mathbf{R}$.

如果集合 A 的元素都是集合 B 的元素,即若 $a\in A$,则有 $a\in B$,则称 A 是 B 的子集,记作 $A\subset B$(读作 A 包含于 B),或 $B\supset A$(读作 B 包含 A),显然有 $\mathbf{N}\subset\mathbf{Z}\subset\mathbf{Q}\subset\mathbf{R}$.

如果 $A\subset B$,同时有 $B\subset A$,就称集合 A 与 B 相等,记作 $A=B$,此时集合 A 与 B 由相同的元素构成.例 1 中,$A=B$.

不含任何元素的集合称为空集,记作 $\varnothing$.例 1 中的 C 在实数范围内是空集,即 $C=\varnothing$.一切既属于集合 A 又属于集合 B 的元素组成的集合称为集合 A 与 B 的交集,记为 $A\bigcap B$.一切属于集合 A 或属于集合 B 的元素组成的集合称为集合 A 与 B 的并集,记为 $A\bigcup B$,即

$$A\bigcap B=\{x\mid x\in A\text{ 且 }x\in B\},\quad A\bigcup B=\{x\mid x\in A\text{ 或 }x\in B\}.$$

2. 区间、邻域

设 a 和 b 都是实数,且 $a<b$,数集 $\{x\mid a<x<b\}$ 称为开区间,记为 (a,b),即

$$(a,b)=\{x\mid a<x<b\},$$

a,b 称为开区间的端点.

数集 $\{x \mid a \leqslant x \leqslant b\}$ 称为闭区间,记为 $[a,b]$,即
$$[a,b] = \{x \mid a \leqslant x \leqslant b\},$$
a,b 称为闭区间的端点.

显然,开区间不包括它的两个端点,而闭区间包括两个端点.只包括一个端点的区间
$$[a,b) = \{x \mid a \leqslant x < b\}$$
及
$$(a,b] = \{x \mid a < x \leqslant b\}$$
称为半开半闭区间.

设 x_0,δ 是实数,$\delta > 0$,则关于 x_0 对称的开区间 $(x_0 - \delta, x_0 + \delta) = \{x \mid |x - x_0| < \delta\}$ 一般被称为点 x_0 的 δ 邻域,记为 $U(x_0,\delta)$,其中 x_0 称为邻域中心,δ 称为邻域半径.

满足不等式 $0 < |x - x_0| < \delta$ 的点的集合称为点 x_0 的去心 δ 邻域,记为 $\mathring{U}(x_0,\delta)$,即
$$\mathring{U}(x_0,\delta) = \{x \mid 0 < |x - x_0| < \delta\}.$$

不考虑半径时,邻域简记为 $U(x_0)$,去心邻域简记为 $\mathring{U}(x_0)$.

3. 函数的定义

定义 1   设 X,Y 是两个非空的实数集合,如果有一个规则 f,使对每一个 $x \in X$,由 f 都唯一确定了一个 $y \in Y$ 与之相对应,则称 f 为定义于 X 上的函数,记为
$$f : X \to Y,$$
或
$$y = f(x), \quad x \in X,$$
其中,x 称为自变量,y 称为因变量,自变量 x 的变化集合 X 称为函数 $y = f(x)$ 的定义域.当 $x_0 \in X$ 时,与 x_0 对应的数值称为函数 $y = f(x)$ 在点 x_0 处的函数值,记为 $f(x_0)$.当 x 取遍 X 中的所有数值时,对应的函数值构成的集合称为函数 $y = f(x)$ 的值域,记为
$$f(X) = \{y \mid y = f(x), x \in X\}.$$

注 1   函数可用符号描述为:对 $\forall x \in X$,按规则 f,$\exists$ 唯一的 $y \in Y$,则称 f 是从 X 到 Y 的一个函数.其中符号"$\forall$"表示"任意的",符号"$\exists$"表示"存在".

注 2   对应规则 f 与自变量和因变量所采用的符号无关,因而函数
$$y = f(x), \quad x \in X$$
与函数
$$s = f(t), \quad t \in X$$
表示同一个函数,但是函数 $y = x$ 与 $y = \dfrac{x^2}{x}$ 不是相同的函数.在同一问题中,不同的函数要用不同的字母表示,如 $f(x),g(x)$ 等.

函数关系可以有不同的表示方法,但是需要表明其定义域和对应规则.经常采用的方法有以下三种:

（1）公式法

用解析表达式表示函数关系的方法称为公式法.解析表达式是对自变量及某些常数经初等运算所得到的表达式.例如,
$$y = \sin x + \lg(1 - x^2), \quad y = \sqrt{\frac{4 - x^2}{x - 1}} + \mathrm{e}^x,$$

都是用公式法表示的函数.

（2）列表法

将自变量的一系列值与所对应的函数值排列成表,这种表示函数的方法称为列表法.如经常用的平方根表、对数表、三角函数表等.定义域是有限集时常用此种表示法.

（3）图像法

设函数为 $y=f(x)$, $x\in X$. 在直角坐标系中,自变量 x 的值为横坐标,对应的函数值 $f(x)$ 为纵坐标,称点集

$$\{(x,y)\mid y=f(x),x\in X\}$$

为函数 $y=f(x)$ 的图形(图像).

例 2 函数

$$y=\begin{cases}1, & a\leqslant x\leqslant b,\\ 0, & x<a \text{ 或 } x>b\end{cases}$$

称为区间 $[a,b]$ 的特征函数,它的定义域 $X=(-\infty,+\infty)$,值域 $Y=\{0,1\}$,图形如图 1-1 所示.

例 3 函数

$$y=\operatorname{sgn}x=\begin{cases}1, & x>0,\\ 0, & x=0,\\ -1, & x<0\end{cases}$$

称为符号函数,它的定义域 $X=(-\infty,+\infty)$,值域 $Y=\{1,0,-1\}$,图形如图 1-2 所示.

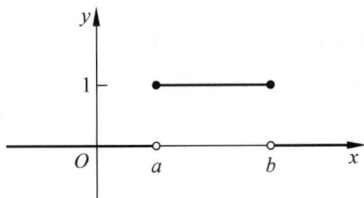

图 1-1

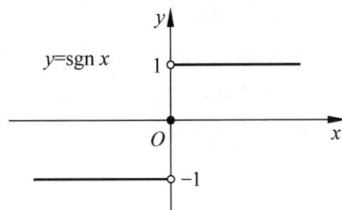

图 1-2

例 4 函数

$$y=|x|=\begin{cases}x, & x\geqslant 0,\\ -x, & x<0\end{cases}$$

称为绝对值函数,它的定义域 $X=(-\infty,+\infty)$,值域 $Y=[0,+\infty)$,图形如图 1-3 所示.

例 5 函数

$$y=[x], \quad x\in \mathbf{R}$$

称为取整函数,它表示: $\forall x\in \mathbf{R}$,所对应的 y 是不超过 x 的最大整数,如 $[1.5]=1$,$[-0.5]=-1$,$[2]=2$. 它的定义域为 $X=(-\infty,+\infty)$,值域为 $Y=\mathbf{Z}$. 其图像呈阶梯状,如图 1-4 所示.

相应地,函数

$$y=x-[x], \quad x\in \mathbf{R},$$

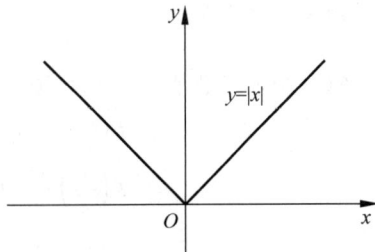

图 1-3

它表示对应的 y 是 x 的小数部分,记为 $y=\{x\}$.如

$$\{1.5\}=0.5,\quad\{2\}=0,\quad\{-3.1\}=-3.1-(-4)=0.9.$$

它的定义域为 $X=(-\infty,+\infty)$,值域为 $Y=[0,1)$,函数图像呈锯齿形,如图 1-5 所示.

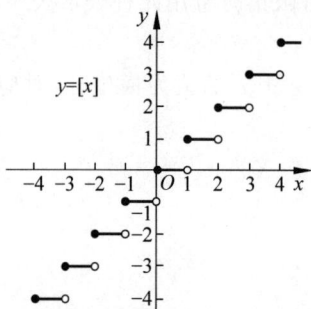

图　1-4

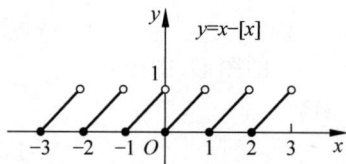

图　1-5

另外,由上述两个函数定义知

$$x-1<[x]\leqslant x<[x]+1,$$
$$0\leqslant\{x\}<1.$$

例 6　并不是对每一个函数都可以画出它的图形.例如,狄利克雷(Dirichlet)函数

$$D(x)=\begin{cases}1,&x\text{ 为有理数},\\0,&x\text{ 为无理数}\end{cases}$$

就无法画出它的图形.

注 1　上述函数都是用几个式子表示的一个函数,通常称为分段函数.

注 2　对用解析式表示的函数,求定义域时,需使解析式有意义,一般要转化为不等式进行求解;如是实际应用问题,则还需结合具体情况加以确定.

例 7　求函数 $y=\dfrac{1}{\sqrt{x-1}}+\lg(4-x^2)$ 的定义域.

解　函数 $\dfrac{1}{\sqrt{x-1}}$ 要求 $x-1>0$,而 $\lg(4-x^2)$ 有意义必须 $4-x^2>0$,即解不等式组

$$\begin{cases}x-1>0,\\4-x^2>0,\end{cases}$$

容易求得 $1<x<2$,定义域为 $(1,2)$.

例 8　设函数 $f(x)=\begin{cases}x-1,&-1\leqslant x<0,\\x,&0\leqslant x\leqslant 1,\end{cases}$ 求函数值 $f\left(\dfrac{1}{2}\right)-f(0),f\left(-\dfrac{1}{2}\right)-f(0)$.

解　在求函数值 $f(x)$ 时,要注意 x 位于哪一段,

$$f(0)=0,$$
$$f\left(\frac{1}{2}\right)-f(0)=\frac{1}{2}-0=\frac{1}{2},$$
$$f\left(-\frac{1}{2}\right)-f(0)=\left(-\frac{1}{2}-1\right)-0=-\frac{3}{2}.$$

二、函数的几种特性

研究函数是否具有某种性态是对函数进行研究的重要方法,下面主要复习一下函数常见的几种特性——单调性、奇偶性、有界性、周期性,后续还会学习更多特性,如最值性、连续性、可导性、可微性、可积性等,它们是高等数学的主要研究内容.

1. 函数的单调性

定义 2　设函数 $y=f(x)$,$x\in[a,b]$. 如果对任意两点 x_1,$x_2\in[a,b]$,当 $x_1<x_2$ 时,都有

$$f(x_1)\leqslant f(x_2)(f(x_1)\geqslant f(x_2)),$$

则称函数 $f(x)$ 在区间 $[a,b]$ 上单调增加(单调减少),$[a,b]$ 称为函数 $f(x)$ 的单调区间. 如果严格不等号成立,则称 $f(x)$ 为严格单调增加(减少)函数,严格单调增加或严格单调减少函数统称为严格单调函数. $[a,b]$ 换为其他区间时,单调性可类似定义.

例 9　证明函数 $y=x^2$ 在 $[0,+\infty)$ 内严格单调增加,在 $(-\infty,0)$ 内严格单调减少.

证　$\forall x_1,x_2\in[0,+\infty)$ 且 $x_1<x_2$,则

$$f(x_2)-f(x_1)=x_2^2-x_1^2=(x_2+x_1)(x_2-x_1),$$

显然有 $x_1+x_2>0$,$x_2-x_1>0$,故 $f(x_2)>f(x_1)$,即函数在 $[0,+\infty)$ 内严格单调增加.

类似可证函数 $y=x^2$ 在 $(-\infty,0)$ 内严格单调减少.

注 1　证明函数的单调性通常转化为不等式的证明. 单调增加也称为单调上升,单调减少也称为单调下降.

注 2　从这个例题可以看出,同一个函数在某一部分区间内是单调上升的,在另一部分区间内可能是单调下降的,所以函数的单调性与区间有密切关系.

2. 函数的奇偶性

定义 3　设函数 $y=f(x)$,$x\in X$. 若 $\forall x\in X$,有 $-x\in X$,且满足

$$f(-x)=f(x)(f(-x)=-f(x)),$$

则称函数 $f(x)$ 在 X 上为偶(奇)函数.

偶函数的图形关于 y 轴对称,而奇函数的图形关于原点对称.

例 10　狄利克雷函数 $D(x)$ 是偶函数.

证　当 x 为有理数时,$-x$ 也是有理数,因此 $D(-x)=1=D(x)$;当 x 为无理数时,$-x$ 也是无理数,从而 $D(-x)=0=D(x)$. 故 $\forall x\in\mathbf{R}$,都有 $D(-x)=D(x)$,即 $D(x)$ 是偶函数.

3. 函数的有界性

函数 $y=\sin x$ 在 $(-\infty,+\infty)$ 内的函数值介于 -1 与 1 之间,而函数 $y=\dfrac{1}{x}$ 在区间 $(-1,0)\bigcup(0,1)$ 内的函数值不会介于任何值之间,对任意大的正数 M,当 x 充分靠近 0(不为 0)时,就会有 $\left|\dfrac{1}{x}\right|>M$. 下面将这两种特性加以区分.

定义 4　函数 $y=f(x)$,$x\in X$. 若存在常数 M,使得

$$|f(x)|\leqslant M,\quad x\in X,$$

则称函数 $y=f(x)$ 在 X 上有界,此时也称 $f(x)$ 为 X 上的有界函数,M 叫作 $f(x)$ 在 X 上的一个界.

注1　有界函数存在无穷多个界,如 $M+1,M+2,$ 等等.

注2　不等式 $|f(x)|\leqslant M$ 等价于 $-M\leqslant f(x)\leqslant M$,或者 $f(x)\geqslant -M$ 且 $f(x)\leqslant M$.

一般地,对于函数 $y=f(x)$,若存在数 B,使得

$$f(x)\leqslant B,\quad x\in X,$$

则称函数 $y=f(x)$ 在 X 上有上界.若存在数 A,使得

$$f(x)\geqslant A,\quad x\in X,$$

则称函数 $y=f(x)$ 在 X 上有下界.函数有界等价于函数既有上界又有下界.

注3　函数 $f(x)$ 的有界性与定义区间有关.

例11　证明 $f(x)=\dfrac{3x+1}{x^2+4}$ 在区间 $(-\infty,+\infty)$ 上是有界函数.

证　当 $|x|\leqslant 1$ 时,

$$|f(x)|=\left|\frac{3x+1}{x^2+4}\right|\leqslant\frac{3|x|+1}{4}\leqslant 1;$$

当 $|x|>1$ 时,

$$|f(x)|=\left|\frac{3x+1}{x^2+4}\right|\leqslant\frac{3|x|+|x|}{x^2+4}=\frac{4|x|}{x^2+4}\leqslant\frac{4|x|}{2\times 2\times|x|}=1.$$

所以有 $|f(x)|\leqslant 1$,即 $f(x)$ 在区间 $(-\infty,+\infty)$ 上是有界函数.

4. 函数的周期性

定义5　对于函数 $y=f(x)$,若存在不为零的常数 T,使得 $x,x+T\in X$ 时,有

$$f(x+T)=f(x),$$

则称函数 $f(x)$ 为周期函数,T 为 $f(x)$ 的周期.

注1　若 T 是函数 $y=f(x)$ 的周期,则 nT 亦为 $f(x)$ 的周期 $(n=\pm 1,\pm 2,\cdots)$.

注2　并非每一个周期函数都有最小正周期.如狄利克雷函数 $D(x)$ 是周期函数,任何非零有理数都是它的周期,显然它没有最小正周期.

如果函数 $f(x)$ 有最小正周期,通常将它称为函数 $f(x)$ 的基本周期,简称为周期.

三、函数的运算

1. 四则运算

设函数 $f(x),g(x)$ 的定义域分别为 D_f,D_g,设 $D=D_f\bigcap D_g\neq\varnothing$,则可定义这两个函数的四则运算:

和:$(f+g)(x)=f(x)+g(x),\quad x\in D;$

差:$(f-g)(x)=f(x)-g(x),\quad x\in D;$

积:$(f\cdot g)(x)=f(x)\cdot g(x),\quad x\in D;$

商:$\left(\dfrac{f}{g}\right)(x)=\dfrac{f(x)}{g(x)},\quad x\in D$ 且 $g(x)\neq 0.$

2. 逆运算

在匀加速直线运动中,物体初速度为 v_0,加速度为 $a>0$,则在 t 时刻物体的速度为

$$v(t) = v_0 + at,$$

它描述了物体的运动速度与时间的关系,其中 v 是因变量,t 是自变量.反之,当研究物体需要经过多少时间才能达到速度 v 时,可得到新的函数:

$$t = \frac{v - v_0}{a},$$

这时,速度 v 是自变量,而 t 是因变量,它们在函数关系中的地位正好相反,定义域和值域的地位也恰好相反.另外,对自变量 $v(\geqslant v_0)$ 按新的函数关系求得对应值 t,这时 t 和 v 恰好如原来的函数关系.

定义 6　对于函数 $y = f(x), x \in X$,若对 $\forall y \in f(X)$,都有唯一的一个 $x \in X$ 与之对应,并且满足 $f(x) = y$,则在 $f(X)$ 上定义了一个函数,称这个函数为 $y = f(x)$ 的反函数,记为 $x = f^{-1}(y), y \in f(X)$.

给定一个函数,求其反函数的运算称为该函数的逆运算.

注 1　由定义可知,$y = f(x)$ 和 $x = f^{-1}(y)$ 互为反函数.

注 2　反函数的实质是给出一个新的对应规律,与表示变量的字母无关,通常用 x 表示自变量,y 表示因变量,所以有时把反函数 $x = f^{-1}(y)$ 记为

$$y = f^{-1}(x),$$

它们表示相同的对应规律.例如,函数 $y = 5x + 2$,它的反函数为 $x = \frac{y - 2}{5}$,将自变量 y 换为 x,因变量 x 换为 y,得到反函数 $y = \frac{x - 2}{5}$.

注 3　$y = f(x)$ 的图形与 $y = f^{-1}(x)$ 的图形关于直线 $y = x$ 对称(读者自行证明).

定理 1　若函数 $y = f(x)$ 在 X 上严格单调增加(减少),其值域为 Y,则函数 $y = f(x)$ 必存在反函数 $x = f^{-1}(y)$,它在 Y 上也是严格单调增加(减少)的.

证　$\forall y_0 \in Y$,由定义知,存在 $x_0 \in X$,使 $f(x_0) = y_0$.下面证明 x_0 是唯一的,否则存在 $x_1 \neq x_0$,使 $f(x_1) = y_0$.若 $x_1 > x_0$,由于假设函数 $y = f(x)$ 在 X 上严格单调增加,于是 $f(x_1) > f(x_0)$,这与 $f(x_1) = y_0 = f(x_0)$ 矛盾.同理,当 $x_1 < x_0$ 时,也出现矛盾,故只能 $x_1 = x_0$.即证明了 $\forall y \in Y, X$ 中有唯一的 x 与之对应,且满足 $f(x) = y$,由定义知反函数 $x = f^{-1}(y)$ 存在.

再证明反函数 $x = f^{-1}(y)$ 的严格单调性.$\forall y_1, y_2 \in Y$ 且 $y_1 < y_2$,相应有 $x_1 = f^{-1}(y_1)$,$x_2 = f^{-1}(y_2)$.若 $x_1 \geqslant x_2$,则由 $y = f(x)$ 的严格单调性知 $f(x_1) \geqslant f(x_2)$,即 $y_1 \geqslant y_2$,与假设 $y_1 < y_2$ 矛盾.

同理可证 $y = f(x)$ 严格单调减的情形.　　　　　　　　　　　□

注　定理中的条件"函数是严格单调的"中"严格"两字不可缺少.例如,$y = [x]$ 具有单调性,但它不是严格单调函数,不存在反函数.

3. 复合运算

物体在自由落体过程中,在 t 时刻的动能为 $y = \frac{1}{2} m v^2(t)$,速度为 $v(t) = gt$.显然,其动能可由这两个函数组成为 $y = \frac{1}{2} m (gt)^2$,其中 y 为因变量,t 为自变量,而 v 是 y 与 t 搭

桥的中间变量.我们称 y 通过 v 成为 t 的复合函数.

在函数复合过程中,出现了一个新的问题.例如,函数 $y=\ln u$ 和 $u=1-x$ 复合而成新的函数

$$y=\ln(1-x).$$

为使函数 $y=\ln u$ 有意义,必须有 $u>0$,其中 u 是自变量.而在函数 $u=1-x$ 中,它是因变量,要使其值域为 $u>0$,必须有 $1-x>0$,即 $x<1$,而对函数 $u=1-x$ 而言,其定义域为 $(-\infty,+\infty)$.现在 x 作为复合函数的自变量,只能 $x<1$.当 $x<1$ 时,通过 $u=1-x$ 求得的 u 落在函数 $y=\ln u$ 的定义域内,于是通过函数 $y=\ln u$ 找到对应的 y,形成新的函数关系.

通过上述分析可以看出,对于复合函数,中间变量只能在它作为第一个函数的自变量的定义域和它作为第二个函数的因变量的值域的公共部分取值,从而也确定了复合函数的定义域.

定义 7　若函数 $y=f(u)$ 的定义域为 U,值域为 R_1,函数 $u=\varphi(x)$ 的定义域为 X,值域为 R_2,记 $U^*=U\cap R_2$,$\varphi^{-1}(U^*)=X_1$,则对于每一 $x\in X_1$,通过中间变量 u,相应地得到唯一确定的 y,于是 y 通过中间变量 u 而成为 x 的函数,记为

$$y=f[\varphi(x)],$$

称为由函数 $y=f(u)$ 和 $u=\varphi(x)$ 复合而成的复合函数,它的定义域为 X_1.

给定两个函数,求它们的复合函数的运算称为这两个函数的复合运算.

注　复合函数的定义域 $X_1=\varphi^{-1}(U^*)$ 的确定是其中的一个难点,通常转化为求解不等式得出 $\varphi(x)\in U$ 的 x 的范围.

例 12　求由函数 $y=\sqrt{u}$ 和 $u=4-x^2$ 构成的复合函数.

解　复合函数为 $y=\sqrt{4-x^2}$,其定义域为满足 $4-x^2\geqslant0$ 的 x,即

$$-2\leqslant x\leqslant 2.$$

例 13　设 $\varphi(x)=\begin{cases}0,&x\leqslant0\\x,&x>0\end{cases}$ 及 $\psi(x)=\begin{cases}0,&x\leqslant0\\-x^2,&x>0,\end{cases}$ 求 $\varphi[\psi(x)]$,$\varphi[\varphi(x)]$ 和 $\psi[\psi(x)]$.

解　这是一个分段函数求复合函数的问题,要分段进行讨论.

求复合函数 $\varphi[\psi(x)]$,可以把它看成 $y=\varphi(u)$ 和 $u=\psi(x)$ 的复合函数,即

$$y=\varphi(u)=\begin{cases}0,&u\leqslant0\\u,&u>0\end{cases}\quad 及\quad u=\psi(x)=\begin{cases}0,&x\leqslant0\\-x^2,&x>0.\end{cases}$$

当 $u\leqslant0$ 时,即 $\psi(x)\leqslant0$ 对所有 x 都成立,说明没有 x 使 $u>0$,从而

$$y=\varphi[\psi(x)]=0,\quad -\infty<x<+\infty.$$

经过类似讨论可得

$$\varphi[\varphi(x)]=\begin{cases}0,&x\leqslant0\\x,&x>0\end{cases}=\varphi(x),\quad -\infty<x<+\infty,$$

$$\psi[\psi(x)]=0,\quad -\infty<x<+\infty.$$

四、初等函数

1. 基本初等函数

复杂的函数往往是由一些初等函数构成的. 最常用的初等函数有常数函数、幂函数、指数函数、对数函数、三角函数及反三角函数,这六类函数统称为基本初等函数.

（1）常数函数

$$y = c,$$

其中 c 是常数. 它的图像是过点 $(0,c)$ 且平行于 x 轴的直线,如图 1-6 所示.

（2）幂函数

$$y = x^\mu,$$

其中 μ 是任意实数,它的定义域随 μ 值不同而稍有差别. 但无论 μ 是什么数,在区间 $(0,+\infty)$ 内 $y = x^\mu$ 总有意义,且曲线都通过点 $(1,1)$. $\mu > 0$ 的情形如图 1-7 所示.

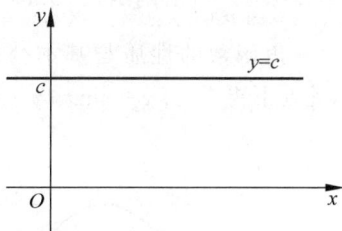

图 1-6

（3）指数函数

$$y = a^x, \quad a > 0, a \neq 1,$$

它的定义域为 $(-\infty,+\infty)$. 当 $a > 1$ 时,指数函数是严格单调增加的;当 $0 < a < 1$ 时,它是严格单调减少的. 对任何 x 值,总有 $a^x > 0$.

指数函数的曲线总过点 $(0,1)$ 且在 x 轴上方. a^x 与 a^{-x} 的图形关于 y 轴对称,如图 1-8 所示.

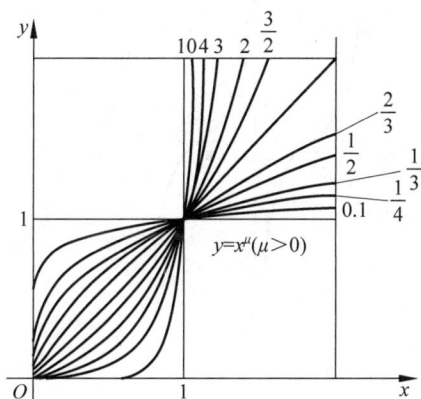

图 1-7

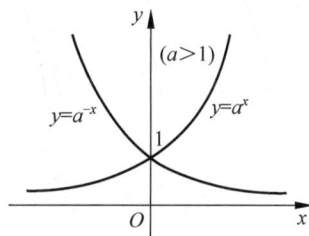

图 1-8

（4）对数函数

$$y = \log_a x, \quad a > 0, a \neq 1,$$

它与指数函数互为反函数,其定义域为 $(0,+\infty)$. 当 $a > 1$ 时,它是严格单调增加的;当 $0 < a < 1$ 时,它是严格单调减少的.

对数函数曲线总是过点 $(1,0)$ 且在 y 轴的右方,如图 1-9 所示. $\log_a x$ 和 $\log_{\frac{1}{a}} x$ 的图形关于 x 轴对称.

（5）三角函数

$$y = \sin x, \quad y = \cos x, \quad y = \tan x,$$
$$y = \cot x, \quad y = \sec x, \quad y = \csc x.$$

其中：正切函数 $\tan x = \dfrac{\sin x}{\cos x}$，余切函数 $\cot x = \dfrac{\cos x}{\sin x}$，正割函数 $\sec x = \dfrac{1}{\cos x}$，余割函数 $\csc x = \dfrac{1}{\sin x}$.

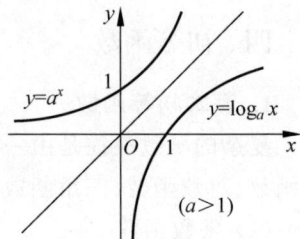

图 1-9

三角函数的性质与基本公式在中学教材中已有详细介绍，此处不再重复. $y = \sin x$，$y = \cos x$，$y = \tan x$ 和 $y = \cot x$ 的图形如图 1-10 所示.

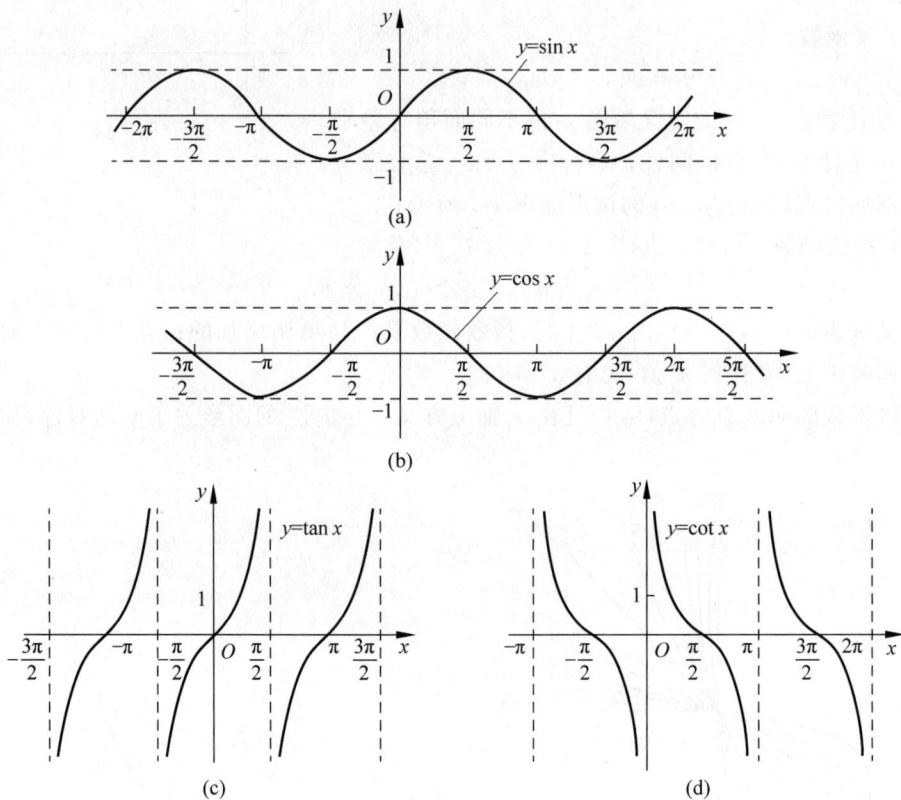

图 1-10

（6）反三角函数

为保证三角函数的反函数存在，根据定理1，一般在三角函数的主值区间上进行讨论：$y = \sin x$ 在主值区间 $\left[-\dfrac{\pi}{2}, \dfrac{\pi}{2}\right]$ 上的反函数称为反正弦函数，记为 $\arcsin x$；$y = \cos x$ 在主值区间 $[0, \pi]$ 上的反函数称为反余弦函数，记为 $\arccos x$；$y = \tan x$ 在主值区间 $\left(-\dfrac{\pi}{2}, \dfrac{\pi}{2}\right)$ 上的反函数称为反正切函数，记为 $\arctan x$；$y = \cot x$ 在主值区间 $(0, \pi)$ 上的反函数称为反余切函数，记为 $\mathrm{arccot} x$. 它们的图形如图 1-11 所示.

	定义域	值域	性质
$y = \arcsin x$	$[-1,1]$	$\left[-\dfrac{\pi}{2}, \dfrac{\pi}{2}\right]$	单调增加
$y = \arccos x$	$[-1,1]$	$[0, \pi]$	单调减少
$y = \arctan x$	$(-\infty, +\infty)$	$\left(-\dfrac{\pi}{2}, \dfrac{\pi}{2}\right)$	单调增加
$y = \operatorname{arccot} x$	$(-\infty, +\infty)$	$(0, \pi)$	单调减少

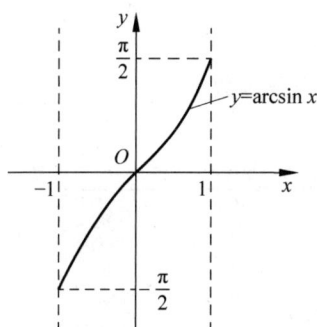

(a)

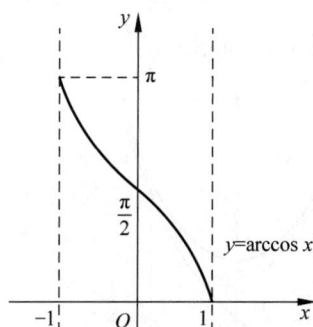

(b)

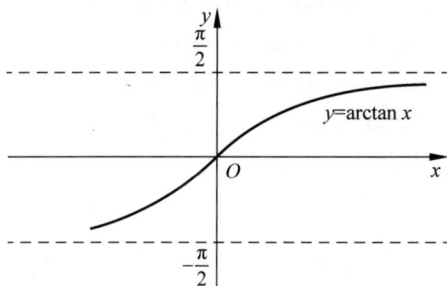

(c)

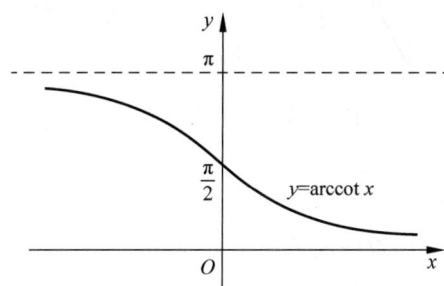

(d)

图 1-11

2. 初等函数

由六类基本初等函数经过有限次四则运算及有限次复合运算所得到的可以用一个式子表示的函数称为初等函数. 如多项式函数

$$y = P(x) = a_0 + a_1 x + \cdots + a_n x^n,$$

有理函数

$$y = \frac{P(x)}{Q(x)} = \frac{a_0 + a_1 x + \cdots + a_n x^n}{b_0 + b_1 x + \cdots + b_m x^m},$$

以及 $y = \mathrm{e}^{2x} + \lg(5 + 3\sin x)$ 等.

注 一般的分段函数不是初等函数, 但也不能仅从分段函数的形式上看. 如

$$y = |x| = \begin{cases} x, & x \geqslant 0, \\ -x, & x < 0, \end{cases}$$

虽然从表达式上看是分段函数, 但是它可以表示为

$$y = |x| = \sqrt{x^2},$$

所以 $y=|x|$ 是初等函数.

3. 双曲函数与反双曲函数

在工程技术中经常用到一类特殊的初等函数——双曲函数:

| | 定义域 | 值域 |

双曲正弦函数 $y=\mathrm{sh}x=\dfrac{\mathrm{e}^x-\mathrm{e}^{-x}}{2}$ 　$(-\infty,+\infty)$ 　$(-\infty,+\infty)$,

双曲余弦函数 $y=\mathrm{ch}x=\dfrac{\mathrm{e}^x+\mathrm{e}^{-x}}{2}$ 　$(-\infty,+\infty)$ 　$[1,+\infty)$,

图形如图 1-12 所示.

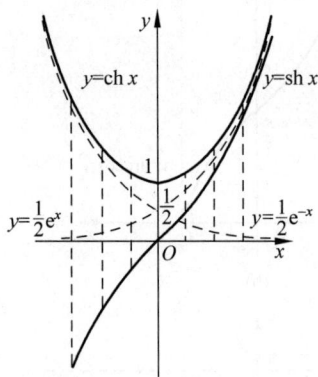

图　1-12

另外还可以类似三角函数定义得出:

双曲正切函数

$$y=\mathrm{th}x=\frac{\mathrm{sh}x}{\mathrm{ch}x}=\frac{\mathrm{e}^x-\mathrm{e}^{-x}}{\mathrm{e}^x+\mathrm{e}^{-x}};$$

双曲余切函数

$$y=\mathrm{cth}x=\frac{\mathrm{ch}x}{\mathrm{sh}x}=\frac{\mathrm{e}^x+\mathrm{e}^{-x}}{\mathrm{e}^x-\mathrm{e}^{-x}}.$$

双曲函数类似于三角函数,有如下公式:

$$\mathrm{sh}(x\pm y)=\mathrm{sh}x\,\mathrm{ch}y\pm\mathrm{ch}x\,\mathrm{sh}y;$$
$$\mathrm{ch}(x\pm y)=\mathrm{ch}x\,\mathrm{ch}y\pm\mathrm{sh}x\,\mathrm{sh}y;$$
$$\mathrm{sh}2x=2\mathrm{sh}x\,\mathrm{ch}x;$$
$$\mathrm{ch}2x=\mathrm{ch}^2x+\mathrm{sh}^2x;$$
$$\mathrm{ch}^2x-\mathrm{sh}^2x=1.$$

利用双曲函数的定义进行恒等变换,即可证明上述各式.

双曲函数 $y=\mathrm{sh}x$,$y=\mathrm{ch}x(x\geqslant0)$,$y=\mathrm{th}x$ 的反函数依次记为

$$\text{反双曲正弦}\quad y=\mathrm{arsh}x;$$
$$\text{反双曲余弦}\quad y=\mathrm{arch}x;$$
$$\text{反双曲正切}\quad y=\mathrm{arth}x.$$

这些反双曲函数都可用自然对数函数来表示.比如双曲正弦 $y=\mathrm{sh}x$ 的反函数,由

$$y=\frac{\mathrm{e}^x-\mathrm{e}^{-x}}{2}$$

得　　　　　　　　　$(\mathrm{e}^x)^2-2y\mathrm{e}^x-1=0,$

解得　　　　　　　　$\mathrm{e}^x=y+\sqrt{y^2+1},$

故得　　　　　　　　$x=\ln(y+\sqrt{y^2+1}),$

也即得

$$\text{反双曲正弦}\quad y=\mathrm{arsh}x=\ln(x+\sqrt{x^2+1}),\quad x\in(-\infty,+\infty).$$

类似地,可得

$$\text{反双曲余弦}\quad y=\mathrm{arch}x=\ln(x+\sqrt{x^2-1}),\quad x\in[1,+\infty);$$

$$\text{反双曲正切}\quad y=\mathrm{arth}x=\frac{1}{2}\ln\frac{1+x}{1-x},\quad x\in(-1,1).$$

习题 1-1

1. 将下列不等式用区间表示：

(1) $|2x+1|<2$；　　　(2) $|3x-1|\geqslant 2$；　　　(3) $(x-1)(x-2)(x-3)<0$；

(4) $1<\left|\dfrac{1}{x-2}\right|<2$；　　(5) $\left|\dfrac{x}{1+x}\right|>\dfrac{x}{1+x}$；　　(6) $(ax-1)(x-a)>0$.

2. 求下列函数的定义域：

(1) $y=\dfrac{1}{x}-\sqrt{1-x^2}$；　　(2) $y=(x-2)\sqrt{\dfrac{1+x}{1-x}}$　　(3) $y=\tan(x+1)$；

(4) $y=3^{\frac{1}{x}}$；　　　　　(5) $y=\arcsin\dfrac{2x}{1+x}$；　　(6) $y=\arctan\dfrac{1}{x}+\sqrt{9-x^2}$.

3. 下列函数是否表示同一函数？为什么？

(1) $f(x)=\lg[(x+2)(x+3)]$ 与 $\varphi(x)=\lg(x+2)+\lg(x+3)$；

(2) $f(x)=\dfrac{x^2-1}{x+1}$ 与 $\varphi(x)=x-1$；

(3) $f(x)=\sqrt[3]{x^4-x^3}$ 与 $g(x)=x\sqrt[3]{x-1}$.

4. 判断下列函数在指定区间内的单调性：

(1) $y=\dfrac{x}{1-x}$，$-\infty<x<1$；　(2) $y=2x+\sin x$，$-\infty<x<+\infty$；

(3) $y=\lg(x+1)$，$-1<x<+\infty$.

5. 指出下列各函数的奇偶性：

(1) $f(x)=x+\sin x$；　　(2) $f(x)=x\sin x$；　　(3) $f(x)=\cos x+\cos 2x$；

(4) $f(x)=\dfrac{2^x-1}{2^x+1}$；　　(5) $f(x)=\lg\dfrac{1-x}{1+x}$；　　(6) $f(x)=\sin x-\cos x$.

6. 证明：设 $f(x)$ 为定义在 $(-\infty,+\infty)$ 上的函数，则

(1) $f(x)+f(-x)$ 是偶函数；

(2) $f(x)-f(-x)$ 是奇函数；

(3) $f(x)$ 可以表示为一个偶函数与一个奇函数的和.

7. 设函数 $f(x)$ 在数集 X 上有定义，试证：函数 $f(x)$ 在 X 上有界的充分必要条件是它在 X 上既有上界又有下界.

8. 下列函数哪些是周期函数？对于周期函数，求出它们的最小正周期：

(1) $f(x)=A\cos\lambda x+B\sin\lambda x$；　　(2) $f(x)=\sin x+2\sin^2 x$；

(3) $f(x)=\sin^2 2x$；　　　　　　(4) $y=x\cos x$.

9. 求下列函数的反函数：

(1) $y=\dfrac{2^x}{2^x+1}$；　　　　　(2) $y=\sin x$，$\dfrac{\pi}{2}\leqslant x\leqslant\dfrac{3}{2}\pi$；

(3) $y=\dfrac{1-x}{1+x}$，$x\neq 1$；　　　(4) $y=\mathrm{ch}\,x$，$x\geqslant 0$.

10. 设 $g(x) = \begin{cases} 2-x, & x \leqslant 0, \\ x+2, & x > 0, \end{cases}$ $f(x) = \begin{cases} x^2, & x < 0, \\ -x, & x \geqslant 0, \end{cases}$ 求 $g[f(x)]$.

11. 求下列函数的复合函数:

(1) 设 $\varphi(x) = x^3, \psi(x) = 2^x$, 求 $\varphi[\varphi(x)], \psi[\psi(x)]$;

(2) 设 $\varphi(x) = \begin{cases} 1, & |x| \leqslant 1, \\ 0, & |x| > 1 \end{cases}$ 及 $\psi(x) = \begin{cases} 2-x^2, & |x| \leqslant 2, \\ 2, & |x| > 2, \end{cases}$

求 $\varphi[\psi(x)], \varphi[\varphi(x)], \psi[\varphi(x)]$.

12. 求 $f(x)$ 的表达式:

(1) 已知 $f(x+1) = x^2 - 3x + 2$;　　(2) 已知 $f\left(x+\dfrac{1}{x}\right) = x^2 + \dfrac{1}{x^2}$;

(3) 已知 $f\left(\dfrac{1}{x}\right) = x + \sqrt{1+x^2}$.

13. 设 $f_n(x) = \underbrace{f(f(\cdots f(x)\cdots))}_{n}, f(x) = \dfrac{x}{\sqrt{1+x^2}}$, 求 $f_n(x)$.

第二节　极限的概念

极限是高等数学中最重要、最基本的概念. 极限方法是研究函数性质的重要方法.

我国古代数学家刘徽(公元 3 世纪)用割圆术计算圆的面积, 首先计算圆内接正多边形的面积, 正多边形边数越多, 其面积就越接近圆的面积. 边数无限增加, 圆内接正多边形面积就无限接近圆的面积. 刘徽从圆内接正六边形开始, 计算到圆内接正 192 边形时得出圆周率 π 的近似值为 3.14, 计算到圆内接正 3 072 边形时得出圆周率 $\pi \approx 3.141\ 6$. 其后, 南北朝数学家祖冲之又进一步得到 $\pi \approx 3.141\ 592\ 6$. 这是我国古代数学家运用极限思想解决几何问题的光辉成就之一.

一、数列极限的定义

按一定顺序排列起来的一列无穷多个数称为数列. 如

$$\frac{1}{2}, \frac{2}{3}, \frac{3}{4}, \cdots, \frac{n}{n+1}, \cdots; \tag{1}$$

$$2, 4, 6, \cdots, 2n, \cdots; \tag{2}$$

$$1, 0, 1, 0, \cdots, \frac{1-(-1)^n}{2}, \cdots; \tag{3}$$

$$1, \frac{1}{2}, \frac{1}{3}, \cdots, \frac{1}{n}, \cdots; \tag{4}$$

$$1, -\frac{1}{2}, \frac{1}{3}, \cdots, \frac{(-1)^{n+1}}{n}, \cdots \tag{5}$$

都是数列. 一般地, 数列可记为

$$x_1, x_2, \cdots, x_n, \cdots,$$

数列中的每一个数称为数列的项，第 n 项 x_n 称为数列的通项或一般项，用 $\{x_n\}$ 表示数列.

数列还可以看作自变量取值为正整数的函数

$$x_n = f(n), \quad n = 1, 2, 3, \cdots,$$

显然，函数 $f(n)$ 的定义域为全体正整数.

下面主要研究数列的变化趋势，即当 n 无限增大时（记作 $n \to \infty$），它的项 x_n 变化的趋势. 直观地可以看出，数列(1)的各项的值随 n 增大而增大，与 1 无限接近. 数列(2)中，各项的值随 n 增大而增大，且无限增大. 数列(3)的各项交替取 0 与 1 两个数，而不与任一数无限接近. 数列(4)的各项的值随 n 的增大与 0 无限接近. 数列(5)也具有无限接近于 0 的性质，但数列(5)与数列(4)接近 0 的方式不同，它是在 0 的两边跳跃而逐渐接近于 0.

当 n 无限增大时，如果数列的通项 x_n 无限接近某个数 a，则称数列 $\{x_n\}$ 为收敛数列，常数 a 称为数列的极限. 显然数列(1)、(4)、(5)是收敛数列.

如何将上述用语言描述的动态过程用数学形式加以表达，在历史上经历了很长的时间，最终给出了所谓 $\varepsilon - N$、$\varepsilon - \delta$ 方法，使极限有了精确的数学定义.

要描述上述动态过程，需要解决下面几个问题.

1. 数列 $\{x_n\}$ 与 a 无限接近如何描述

以数列(4)为例，$x_n = \dfrac{1}{n}, a = 0$，$x_n$ 与 a 的距离为 $|x_n - a| = \left| \dfrac{1}{n} - 0 \right| = \dfrac{1}{n}$，它们是否接近就看这个距离的大小，距离越小它们越接近. 比如它们的距离小于 $10^{-5}, 10^{-100}$，即

$$|x_n - a| = \frac{1}{n} < \frac{1}{10^5},$$

$$|x_n - a| = \frac{1}{n} < \frac{1}{10^{100}}$$

时 x_n 很接近 a. 要注意的是，尽管 10^{-100} 是一个很小的数，但这是一个常数，仅是动态过程中的一个状态，不能代表无限接近. 用 ε 表示任意小的正数，则

$$|x_n - a| = \frac{1}{n} < \varepsilon$$

就可以表示 x_n 与 a 无限接近，这里"任意"两字就含有动态可变化的含义.

2. 当 n 无限增大时，x_n 与 a 无限接近

这里需要说明两个问题. 一是 n 无限增大的描述. 当然也可以用与上面类似的方法表述为：对任意正数 N，有 $n > N$. 二是 n 无限增大和 x_n 与 a 无限接近之间的关系. 直观上，可以表述为：对任意(小)的正数 ε，都存在正整数 N，使得 $n > N$ 时必有 $|x_n - a| < \varepsilon$.

由上述分析，可以给出数列 $\{x_n\}$ 的极限的定义：

定义 1　设有数列 $\{x_n\}$，a 是常数. 若对于任意给定的 $\varepsilon > 0$，总存在一个正整数 N，使得 $n > N$ 时总有

$$|x_n - a| < \varepsilon,$$

则称 a 为数列 $\{x_n\}$ 的极限，记为

$$\lim_{n \to \infty} x_n = a \quad \text{或} \quad x_n \to a (n \to \infty),$$

此时，称数列 $\{x_n\}$ 为收敛数列，或称数列 $\{x_n\}$ 收敛于 a. 不收敛的数列称为发散数列.

上述定义用符号表示为

$$\forall \varepsilon > 0, \quad \exists N \in \mathbf{N}, \quad \forall n > N, \quad \text{有} \ |x_n - a| < \varepsilon,$$

这就是数列极限的 $\varepsilon - N$ 定义.

注 1 定义中关心的是,$\forall \varepsilon > 0$,是否 $\exists N \in \mathbf{N}$,使 $n > N$ 时,有 $|x_n - a| < \varepsilon$. 若存在这样的 N,则 $N+1, N+2, \cdots$ 无穷多个数都满足上述条件,即 N 不是唯一的. 所以在求 N 时,不一定要求出满足上述不等式的最小的 N. 此外,对不同的 ε,满足上述条件的 N 一般不同,即 N 的选取依赖于 ε,故而有时将 N 记为 $N(\varepsilon)$,以说明 N 的选取与 ε 有关,而并不是说 N 是 ε 的函数.

注 2 极限定义描述的是数列 $\{x_n\}$ 的变化趋势,只考虑下标 $n > N$ 时,x_n 与 a 之间的距离是否小于任意的正数 ε. 极限是否存在与数列的前面有限项无关.

注 3 数列极限有明确的几何意义:

$\forall \varepsilon > 0, \exists N \in \mathbf{N}$,当 $n > N$ 时 x_n 都落入点 a 的 ε 邻域,即 $x_n \in U(a, \varepsilon)(n > N)$. 不考虑 $x_1, x_2, \cdots, x_N$ 在数轴上的分布状况,数列中其他项的分布如图 1-13 所示.

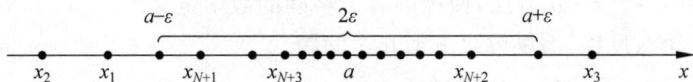

图 1-13

例 1 证明数列 $\left\{(-1)^n \dfrac{1}{n}\right\}$ 的极限为 0.

分析 根据极限定义,要证明 $\forall \varepsilon > 0$,总可以找到正整数 N,当 $n > N$ 时,有

$$|x_n - a| = \left|(-1)^n \frac{1}{n} - 0\right| = \frac{1}{n} < \varepsilon,$$

要使上述不等式成立,只要 $n > \dfrac{1}{\varepsilon}$ 就行了,但是 $\dfrac{1}{\varepsilon}$ 通常不是正整数,故取 $N = \left[\dfrac{1}{\varepsilon}\right]$.

证 $\forall \varepsilon > 0, \exists N = \left[\dfrac{1}{\varepsilon}\right] \in \mathbf{N}, \forall n > N$,有

$$\left|(-1)^n \frac{1}{n} - 0\right| = \frac{1}{n} \leqslant \frac{1}{N+1} = \frac{1}{\left[\dfrac{1}{\varepsilon}\right] + 1} < \frac{1}{\dfrac{1}{\varepsilon}} = \varepsilon,$$

即

$$\lim_{n \to \infty} (-1)^n \frac{1}{n} = 0.$$

注 当 $n \to \infty$ 时,x_n 在 0 的左右两边跳动而逐渐趋于 0,可见,定义中要求 $x_n \to a \ (n \to \infty)$,而不考虑 x_n 是按什么方式接近 a.

例 2 证明 $\lim\limits_{n \to \infty} C = C$.

证 $\forall \varepsilon > 0, \exists N = 1 \in \mathbf{N}, \forall n > N$,有

$$|x_n - C| = |C - C| = 0 < \varepsilon,$$

即

$$\lim_{n \to \infty} C = C.$$

例 3　证明 $\lim\limits_{n\to\infty}q^n=0,|q|<1.$

证　当 $q=0$ 时,即为例 2 $C=0$ 的情况,有
$$\lim_{n\to\infty}q^n=0;$$

当 $0<|q|<1$ 时,
$$|x_n-0|=|q^n-0|=|q^n|,$$

$\forall\varepsilon>0$(限定 $0<\varepsilon<1$),要使 $|q^n-0|=|q^n|<\varepsilon$,两边取对数,得
$$n\lg|q|<\lg\varepsilon,$$

即 $n>\dfrac{\lg\varepsilon}{\lg|q|}$(注意 $\lg|q|<0,\lg\varepsilon<0$). 故 $\exists N=\left[\dfrac{\lg\varepsilon}{\lg|q|}\right]$,当 $n>N$ 时,有
$$|q^n-0|<\varepsilon,$$

即
$$\lim_{n\to\infty}q^n=0.$$

注　证明中先限定 $0<\varepsilon<1$ 是一种经常使用的方法. 因为极限定义中的 $\forall\varepsilon>0$ 通常是指对任意小的正数 ε,限定 $0<\varepsilon<1$ 是合理的.

例 4　证明 $\lim\limits_{n\to\infty}\sqrt[n]{a}=1(a>1).$

证 1　因为 $a>1$,所以 $\sqrt[n]{a}>1.$ $\forall\varepsilon>0$,要使不等式
$$|\sqrt[n]{a}-1|=\sqrt[n]{a}-1<\varepsilon$$

成立,只要 $n>\dfrac{\lg a}{\lg(1+\varepsilon)}$. 取 $N=\left[\dfrac{\lg a}{\lg(1+\varepsilon)}\right]$,于是 $\forall\varepsilon>0,\exists N=\left[\dfrac{\lg a}{\lg(1+\varepsilon)}\right]\in\mathbf{N}$,当 $n>N$ 时,有
$$|\sqrt[n]{a}-1|<\varepsilon,$$

即
$$\lim_{n\to\infty}\sqrt[n]{a}=1.$$

证 2　当 $a>1$ 时,有 $\sqrt[n]{a}>1.$ 设 $\sqrt[n]{a}=1+\lambda_n,\lambda_n>0$,则
$$a=(1+\lambda_n)^n=1+n\lambda_n+\frac{n(n-1)}{2}\lambda_n^2+\cdots+\lambda_n^n>1+n\lambda_n,$$

于是得到不等式
$$0<\sqrt[n]{a}-1=\lambda_n<\frac{a-1}{n}.$$

$\forall\varepsilon>0$,要使 $|\sqrt[n]{a}-1|<\varepsilon$,只要 $\dfrac{a-1}{n}<\varepsilon$,解得 $n>\dfrac{a-1}{\varepsilon}$. 因此,$\forall\varepsilon>0,\exists N=\left[\dfrac{a-1}{\varepsilon}\right]\in$ $\mathbf{N}$,当 $n>N$ 时,有
$$|\sqrt[n]{a}-1|<\frac{a-1}{n}<(a-1)\frac{\varepsilon}{a-1}=\varepsilon,$$

即
$$\lim_{n\to\infty}\sqrt[n]{a}=1.$$

注 1　证 2 所采用的是放大不等式的方法,在用 $\varepsilon-N$ 方法证明极限时经常用这种方法.

注 2　证 1 中找到的 $N=\left[\dfrac{\lg a}{\lg(1+\varepsilon)}\right]$,而证 2 中找到的 $N=\left[\dfrac{a-1}{\varepsilon}\right]$,两者完全不同,这并不矛盾,在极限定义中仅要求满足不等式条件的 N 存在,而非唯一.

注 3　当 $0<a\leqslant1$ 时,仍有 $\lim\limits_{n\to\infty}\sqrt[n]{a}=1$.请读者自行证明.

二、函数极限的定义

1. $x\to\infty$ 时,函数 $f(x)$ 的极限

数列 $\{x_n\}$ 的极限为 a,实际上也说明当自变量 $n\to\infty$ 时,函数 $x_n=f(n)$ 无限接近 a.将自变量 n 换为 x(注意 n 是正整数),这时考虑 $x\to+\infty$ 时,函数 $f(x)$ 的变化趋势.完全类似于数列极限的定义,可以给出以下定义:

定义 2　设函数 $f(x)$ 在 x 大于某个正数时有定义,A 是常数.若 $\forall\varepsilon>0$,$\exists X>0$,当 $x>X$ 时,有
$$|f(x)-A|<\varepsilon,$$
则称 A 为当 $x\to+\infty$ 时 $f(x)$ 的极限,记为
$$\lim\limits_{x\to+\infty}f(x)=A\quad 或\quad f(x)\to A(x\to+\infty).$$

定义 3　设函数 $f(x)$ 在 x 小于某个负数时有定义,A 是常数.若 $\forall\varepsilon>0$,$\exists X<0$,当 $x<X$ 时,有
$$|f(x)-A|<\varepsilon,$$
则称 A 为当 $x\to-\infty$ 时 $f(x)$ 的极限,记为
$$\lim\limits_{x\to-\infty}f(x)=A\quad 或\quad f(x)\to A(x\to-\infty).$$

定义 4　设函数 $f(x)$ 在 $|x|$ 大于某个正数时(或在 $x\in(-\infty,+\infty)$ 时)有定义,A 是常数.若 $\forall\varepsilon>0$,$\exists X>0$,当 $|x|>X$ 时,有
$$|f(x)-A|<\varepsilon,$$
则称 A 为当 $x\to\infty$ 时 $f(x)$ 的极限,记为
$$\lim\limits_{x\to\infty}f(x)=A\quad 或\quad f(x)\to A(x\to\infty).$$

从几何上看,$\lim\limits_{x\to\infty}f(x)=A$ 的意义是:$\forall\varepsilon>0$,$\exists X>0$,当 $|x|>X$ 时,函数 $y=f(x)$ 的图形位于 $y=A+\varepsilon$ 和 $y=A-\varepsilon$ 两直线之间,如图 1-14 所示.

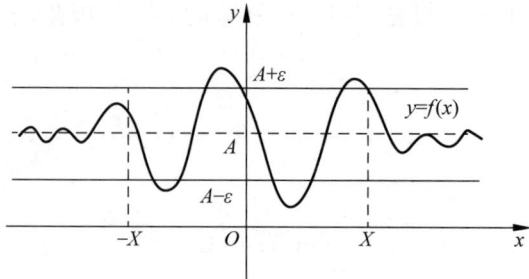

图　1-14

注 1 上述定义的理解可以与 $\varepsilon-N$ 定义进行类比,比如 n 对应自变量 x,数列对应因变量,N 对应 X. 当 $\forall\varepsilon>0$ 时,我们只关心是否存在满足条件的 X,如果存在,则它不唯一. 极限仅考虑函数当 $x\rightarrow\infty$ 时的变化趋势,与 $|x|<X$ 时 $f(x)$ 的形态无关.

注 2 由定义可以直接推出:

若 $\lim\limits_{x\rightarrow\infty}f(x)=A$,则 $\lim\limits_{x\rightarrow+\infty}f(x)=A$ 及 $\lim\limits_{x\rightarrow-\infty}f(x)=A$. 反之,若 $\lim\limits_{x\rightarrow+\infty}f(x)=A$ 且 $\lim\limits_{x\rightarrow-\infty}f(x)=A$,则有 $\lim\limits_{x\rightarrow\infty}f(x)=A$.

例 5 证明 $\lim\limits_{x\rightarrow\infty}\dfrac{1}{x}=0$.

证 $\forall\varepsilon>0$,要使 $\left|\dfrac{1}{x}-0\right|=\dfrac{1}{|x|}<\varepsilon$ 成立,只需 $|x|>\dfrac{1}{\varepsilon}$. 取 $X=\dfrac{1}{\varepsilon}$,则当 $|x|>X=\dfrac{1}{\varepsilon}$ 时,有

$$\left|\frac{1}{x}-0\right|<\varepsilon,$$

即

$$\lim_{x\rightarrow\infty}\frac{1}{x}=0.$$

2. $x\rightarrow x_0$ 时,函数 $f(x)$ 的极限

下面分析当 $x\rightarrow x_0$ 时,$f(x)$ 无限接近 A 应如何描述. 我们已经知道用 $|f(x)-A|<\varepsilon$ 来表示 $f(x)$ 与 A 可任意接近,ε 是任意小的正数. 类似的,$x\rightarrow x_0$ 表示 x 无限接近 x_0,但不考虑 $x=x_0$ 的情况,所以 x 接近 x_0 的程度可以用 $0<|x-x_0|<\delta$ 表示,δ 是某个较小的正数. $x\rightarrow x_0$ 和 $f(x)\rightarrow A$ 这两个变化过程是相关的,先给出 $|f(x)-A|<\varepsilon$,再确定 δ,这就说明当 x 进入 x_0 的 δ 邻域时(不等于 x_0),$f(x)$ 满足的不等式为 $|f(x)-A|<\varepsilon$. 由于 ε 是任意小的正数,ε 的变化也使 δ 在变化,因此这正说明了 $x\rightarrow x_0$ 时 $f(x)$ 与 A 无限接近的过程.

通过以上分析,我们可以给出当 $x\rightarrow x_0$ 时函数极限的定义.

定义 5 设函数 $f(x)$ 在 x_0 的某一邻域内有定义(在 x_0 处可以没有定义),A 是常数. 若 $\forall\varepsilon>0$,$\exists\delta>0$,当 $0<|x-x_0|<\delta$ 时,有

$$|f(x)-A|<\varepsilon,$$

则称 A 是函数 $f(x)$ 当 $x\rightarrow x_0$ 时的极限,记作

$$\lim_{x\rightarrow x_0}f(x)=A \quad \text{或} \quad f(x)\rightarrow A(x\rightarrow x_0).$$

这就是函数极限的 $\varepsilon-\delta$ 定义.

注 1 在极限定义中,考虑的是 $x\rightarrow x_0$ 这个变化过程,对 $f(x)$ 在 x_0 处是否有定义并不关心. $|x-x_0|>0$ 非常重要,它是与以后要讲的函数连续性的区别点所在,又是求极限过程中恒等变换的重要依据之一.

注 2 对 $\forall\varepsilon>0$,我们关心的是能否存在 $\delta>0$ 满足上述不等式条件. 如果存在 $\delta>0$,则 δ 不是唯一的,此时 $\dfrac{\delta}{2},\dfrac{\delta}{3}$ 也满足上述条件. 所以,对 $\forall\varepsilon>0$,求 δ 时,不一定要求出最大的 δ. 尽管 δ 未必是 ε 的函数,通常仍记为 $\delta(\varepsilon)$,说明 δ 的取法与 ε 有关.

注 3 该极限的几何意义为:当 x 进入 x_0 的 δ 邻域(不包括 x_0)时,函数 $f(x)$ 的值进

入 A 的 ε 邻域，即函数 $f(x)$ 对应的曲线进入矩形区域 $\Omega = \{(x,y) \mid x_0 - \delta < x < x_0 + \delta,$ $A - \varepsilon < y < A + \varepsilon\}$，如图 1-15 所示.

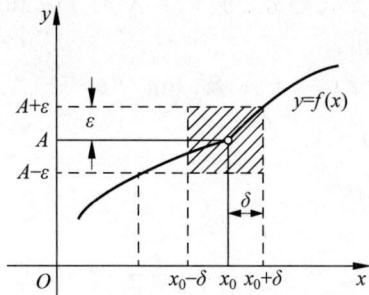

图　1-15

例 6　证明 $\lim\limits_{x \to x_0} x = x_0$.

证　因为 $|f(x) - A| = |x - x_0|$，$\forall \varepsilon > 0$，要使 $|x - x_0| < \varepsilon$，只要取 $\delta = \varepsilon$，则当 $0 < |x - x_0| < \delta$ 时，有

$$|x - x_0| < \varepsilon,$$

即

$$\lim_{x \to x_0} x = x_0.$$

例 7　证明 $\lim\limits_{x \to 1}(5x + 1) = 6$.

证　因为 $|(5x + 1) - 6| = |5x - 5| = 5|x - 1|$，$\forall \varepsilon > 0$，要使 $|(5x + 1) - 6| < \varepsilon$，只要 $5|x - 1| < \varepsilon$ 即可. 取 $\delta = \dfrac{\varepsilon}{5}$，当 $0 < |x - 1| < \delta$ 时，有

$$|(5x + 1) - 6| < \varepsilon,$$

即

$$\lim_{x \to 1}(5x + 1) = 6.$$

例 8　证明 $\lim\limits_{x \to 2} \dfrac{x - 2}{x^2 - 4} = \dfrac{1}{4}$.

分析　函数 $f(x) = \dfrac{x - 2}{x^2 - 4} = \dfrac{x - 2}{(x - 2)(x + 2)}$ 在 $x = \pm 2$ 处无定义，而 $x \to 2$ 时 $x \neq 2$，所以分子与分母中的 $x - 2$ 因子可约去.

证　因为 $x \neq 2$，所以

$$|f(x) - A| = \left| \frac{x - 2}{x^2 - 4} - \frac{1}{4} \right| = \left| \frac{1}{x + 2} - \frac{1}{4} \right| = \left| \frac{2 - x}{4(x + 2)} \right| < \left| \frac{x - 2}{x + 2} \right|.$$

$\forall \varepsilon > 0$，要从 $\left| \dfrac{x - 2}{x + 2} \right| < \varepsilon$ 中求出满足 $|x - 2| < \delta$ 的 δ 有些困难，经常采用如下方法：限制 $0 < |x - 2| < 1$，从而 $1 < x < 3$，$x \neq 2$，这时 $x + 2 > 3$，于是

$$\left| \frac{x - 2}{x^2 - 4} - \frac{1}{4} \right| \leqslant \left| \frac{x - 2}{x + 2} \right| < \left| \frac{x - 2}{3} \right|,$$

取 $\delta = \min\{3\varepsilon, 1\}$，当 $0 < |x - 2| < \delta$ 时，有

$$\left| \frac{x-2}{x^2-4} - \frac{1}{4} \right| < \frac{3\varepsilon}{3} = \varepsilon,$$

即

$$\lim_{x \to 2} \frac{x-2}{x^2-4} = \frac{1}{4}.$$

注 1　$x \to 2$ 时,考虑 x 无限接近 2 而不等于 2,所以可以预先假设 $0 < |x-2| < 1$. 究竟限制 $|x-2|$ 预先小于什么数,要视具体问题而定.

注 2　取 $\delta = \min\{3\varepsilon, 1\}$ 是一个常用方法,它表示 δ 取 3ε 和 1 中的较小者,$\delta < 1$ 保证放大不等式成立,$\delta < 3\varepsilon$ 保证 $|f(x) - A| < \varepsilon$.

3. 单侧极限

在上述极限定义中,对自变量 $x \to x_0$ 的方式加以限制,如 $x \to x_0$,同时又有 $x < x_0 (x > x_0)$,则说明 x 仅从左侧(右侧)接近 x_0. 如果这时 $f(x)$ 有极限,则该极限称为 $f(x)$ 在点 x_0 的左(右)极限.

定义 6　设函数 $f(x)$ 在 x_0 的左邻域 $(x_0 - \Delta < x < x_0, \Delta > 0)$ 有定义,A 是常数. 若 $\forall \varepsilon > 0, \exists \delta > 0$,当 $0 < x_0 - x < \delta$ 时,有

$$| f(x) - A | < \varepsilon,$$

则称 A 为 $f(x)$ 在点 x_0 的左极限,记为

$$\lim_{x \to x_0^-} f(x) = A \quad \text{或} \quad f(x_0 - 0) = A.$$

定义 7　设函数 $f(x)$ 在 x_0 的右邻域 $(x_0 < x < x_0 + \Delta, \Delta > 0)$ 有定义,A 是常数. 若 $\forall \varepsilon > 0, \exists \delta > 0$,当 $0 < x - x_0 < \delta$ 时,有

$$| f(x) - A | < \varepsilon,$$

则称 A 为 $f(x)$ 在点 x_0 的右极限,记为

$$\lim_{x \to x_0^+} f(x) = A \quad \text{或} \quad f(x_0 + 0) = A.$$

左极限和右极限统称为单侧极限.

定理 1　$\lim\limits_{x \to x_0} f(x) = A$ 的必要且充分条件是:$f(x)$ 在 x_0 的左极限和右极限都存在,且

$$f(x_0 - 0) = f(x_0 + 0) = A.$$

证　必要性($\Rightarrow$)

已知 $\lim\limits_{x \to x_0} f(x) = A$,由极限定义知,$\forall \varepsilon > 0, \exists \delta > 0$,当 $0 < |x - x_0| < \delta$ 时,有 $|f(x) - A| < \varepsilon$. 由于不等式 $0 < |x - x_0| < \delta$ 表示 $0 < x - x_0 < \delta$ 和 $0 < x_0 - x < \delta$,因而当 $0 < x - x_0 < \delta$ 时,有 $|f(x) - A| < \varepsilon$,即

$$\lim_{x \to x_0^+} f(x) = A;$$

同理,当 $0 < x_0 - x < \delta$ 时,有 $|f(x) - A| < \varepsilon$,即

$$\lim_{x \to x_0^-} f(x) = A.$$

因此 $f(x_0 + 0) = f(x_0 - 0) = A.$

充分性(⇐)

因 $f(x_0-0)=A$,由定义知,$\forall \varepsilon>0$,$\exists \delta_1>0$,当 $0<x_0-x<\delta_1$ 时,有
$$|f(x)-A|<\varepsilon;$$

又因 $f(x_0+0)=A$,由定义知,对上述 $\forall \varepsilon>0$,$\exists \delta_2>0$,当 $0<x-x_0<\delta_2$ 时,有
$$|f(x)-A|<\varepsilon;$$

取 $\delta=\min\{\delta_1,\delta_2\}$,当 $0<|x-x_0|<\delta$ 时,有 $|f(x)-A|<\varepsilon$,即
$$\lim_{x\to x_0}f(x)=A. \qquad \square$$

例 9　试证符号函数 $f(x)=\operatorname{sgn}x=\begin{cases}1, & x>0, \\ 0, & x=0, \\ -1, & x<0\end{cases}$,当 $x\to 0$ 时极限不存在.

证　因为 $x>0$ 时,$f(x)=1$,从而
$$|f(x)-1|=|1-1|=0,$$

故 $\forall \varepsilon>0$,任取 $\delta>0$,当 $0<x<\delta$ 时,有
$$|f(x)-1|=0<\varepsilon,$$

即 $f(0+0)=1$.

类似地可以证明 $f(0-0)=-1$,但是 $f(0+0)\neq f(0-0)$,所以由定理 1 知,$x\to 0$ 时 $f(x)$ 不存在极限.

三、数列极限与函数极限的关系

1. 数列的子数列

从数列 $\{x_n\}$ 中任意挑选出无限多项,并保持它们在原数列中的次序所得的新数列为
$$x_{n_1},x_{n_2},\cdots,x_{n_k},\cdots,$$

其中 $n_k(k=1,2,3,\cdots)$ 都是正整数,且
$$n_1<n_2<\cdots<n_k<n_{k+1}<\cdots,$$

则数列 $\{x_{n_k}\}$ 称为数列 $\{x_n\}$ 的子数列.在子数列 $\{x_{n_k}\}$ 中,一般项 x_{n_k} 是第 k 项,而它又是原数列 $\{x_n\}$ 中的第 n_k 项,故 $n_k\geqslant k$.

收敛数列的子列有如下性质:

定理 2　若数列 $\{x_n\}$ 收敛于 a,则它的任一子数列也收敛,且极限也是 a.

证　因为 $\lim\limits_{n\to\infty}x_n=a$,即 $\forall \varepsilon>0$,$\exists N\in\mathbf{N}$,当 $n>N$ 时,有
$$|x_n-a|<\varepsilon,$$

对上述的 N,取 $K=N$,当 $k>K$ 时,$n_k>n_K\geqslant K=N$,故有
$$|x_{n_k}-a|<\varepsilon,$$

即
$$\lim_{k\to\infty}x_{n_k}=a. \qquad \square$$

注　此定理可用来判定一个数列不收敛.如果数列 $\{x_n\}$ 有一个子列不收敛,或者有两个子数列收敛于不同的极限,则原数列 $\{x_n\}$ 是发散的.例如,数列 $1,-1,1,-1,1,-1,\cdots$ 是发散的,因为它有两个分别收敛于 1 和 -1 的子列.

2. 数列极限与函数极限的关系

我们知道,数列极限是函数极限的特殊情况,下面的定理进一步说明了函数极限与数列极限的内在关系.

海涅(Heine)定理　设 $f(x)$ 在点 x_0 的某一邻域内有定义($x=x_0$ 处可以无定义),则 $\lim\limits_{x\to x_0} f(x)=A$ 的充分必要条件是:对任意数列 $\{x_n\}$,$x_n\neq x_0$,且 $\lim\limits_{n\to\infty} x_n=x_0$,有

$$\lim_{n\to\infty} f(x_n)=A.$$

证　**必要性**

设 $\lim\limits_{x\to x_0} f(x)=A$,即 $\forall\varepsilon>0$,$\exists\delta>0$,当 $0<|x-x_0|<\delta$ 时,有

$$|f(x)-A|<\varepsilon;$$

对任意数列 $\{x_n\}$,$x_n\neq x_0$,且 $\lim\limits_{n\to\infty} x_n=x_0$,对上述 $\delta>0$,$\exists N\in\mathbf{N}$,当 $n>N$ 时,有

$$0<|x_n-x_0|<\delta,$$

于是,$\forall\varepsilon>0$,$\exists N\in\mathbf{N}$,当 $n>N$ 时,有

$$|f(x_n)-A|<\varepsilon,$$

即

$$\lim_{n\to\infty} f(x_n)=A.$$

充分性证明方法稍复杂,这里从略.　　　　　　　　　　　　　　　　□

注 1　当 $x\to\infty$ 时,该定理仍成立.

注 2　该定理为证明函数极限不存在提供了一个有力的工具:只要能找到两个同时收敛于 x_0 的不同数列 $\{x_n\}$,$\{x_n'\}$,使得数列 $\{f(x_n)\}$ 和 $\{f(x_n')\}$ 收敛于不同的极限,则函数 $f(x)$ 在 x_0 处的极限不存在.

注 3　在求数列极限时,可以将正整数 n 换为 x,求数列 $\{x_n=f(n)\}$ 的极限就可以转化为求 $\lim\limits_{x\to+\infty} f(x)$,即 $\lim\limits_{x\to+\infty} f(x)=A\Rightarrow\lim\limits_{n\to\infty} f(n)=A$. 这在后面洛必达法则部分有应用.

例 10　证明 $\lim\limits_{x\to 0}\sin\dfrac{1}{x}$ 不存在.

证　取 $x_n=\dfrac{1}{2n\pi+\dfrac{\pi}{2}}$,则 $\sin\dfrac{1}{x_n}=\sin\left(2n\pi+\dfrac{\pi}{2}\right)=1$. 显然,当 $n\to\infty$ 时,$x_n\to 0$,有

$$\lim_{n\to\infty}\sin\frac{1}{x_n}=1;$$

另取 $x_n'=\dfrac{1}{2n\pi}$,则 $\sin\dfrac{1}{x_n'}=\sin 2n\pi=0$. 当 $n\to\infty$ 时,$x_n'\to 0$,有

$$\lim_{n\to\infty}\sin\frac{1}{x_n'}=0\neq 1;$$

由海涅定理知,$\lim\limits_{x\to 0}\sin\dfrac{1}{x}$ 不存在.

习题 1-2

1. 观察数列 $\{x_n\}$ 的变化趋势,写出它们的极限:

(1) $x_n=2+\dfrac{1}{2^n}$;　　(2) $x_n=(-1)^n\dfrac{1}{n+1}$;　　(3) $x_n=\dfrac{n-1}{n+1}$;　　(4) $x_n=(-1)^n n$.

2. 用 $\varepsilon-N$ 方法证明：

(1) $\lim\limits_{n\to\infty}\dfrac{\cos n}{n}=0$；(2) $\lim\limits_{n\to\infty}(\sqrt{n^2+1}-n)=0$；(3) $\lim\limits_{n\to\infty}\dfrac{2n+1}{n-1}=2$.

3. (1) 证明：若 $\lim\limits_{n\to\infty}x_n=a$，则 $\lim\limits_{n\to\infty}|x_n|=|a|$. 反之是否成立？为什么？

(2) 若 $\lim\limits_{n\to\infty}x_n=a$，则极限 $\lim\limits_{n\to\infty}\dfrac{x_{n+1}}{x_n}$ 是否存在？为什么？

4. 用函数极限的定义证明：

(1) $\lim\limits_{x\to0}\dfrac{1-2x^2}{1+x^2}=1$；(2) $\lim\limits_{x\to3}x^2=9$；(3) $\lim\limits_{x\to1}\dfrac{x^3-1}{x^2-1}=\dfrac{3}{2}$.

5. 设 $f(x)=\begin{cases}\cos x, & x<0,\\ 2, & x=0, \\ x^2+1, & x>0,\end{cases}$ 求 $\lim\limits_{x\to0}f(x),\lim\limits_{x\to1}f(x)$.

6. 设 $f(x)=\begin{cases}x, & |x|\leqslant1,\\ x-2, & |x|>1,\end{cases}$ 求 $\lim\limits_{x\to1}f(x)$ 以及 $\lim\limits_{x\to-1}f(x)$.

7. 证明：若数列 $\{x_n\}$ 的两个子数列 $\{x_{2k}\}$ 和 $\{x_{2k+1}\}$ 都收敛于 a，则 $\{x_n\}$ 也收敛于 a.

8. 证明数列 $\left\{\sin\dfrac{n\pi}{2}\right\}$ 的极限不存在.

9. 证明极限 $\lim\limits_{x\to0}\cos\dfrac{1}{\sqrt{x}}$ 不存在.

第三节　极限的性质及运算法则

一、极限的基本性质

数列极限和函数极限具有一些类似的性质，这里仅证明函数极限的一些基本性质. 对数列极限的相应性质，请读者自行证明.

定理 1（唯一性）　若 $\lim\limits_{x\to x_0}f(x)$ 存在，则该极限值是唯一的.

证　用反证法证明.

设同时有 $\lim\limits_{x\to x_0}f(x)=a$ 及 $\lim\limits_{x\to x_0}f(x)=b$，且 $a\neq b$. 取 $\varepsilon=\dfrac{|a-b|}{3}>0$，由极限定义知，$\exists\delta_1>0$，当 $0<|x-x_0|<\delta_1$ 时，有

$$|f(x)-a|<\dfrac{|a-b|}{3};$$

同理，$\exists\delta_2>0$，当 $0<|x-x_0|<\delta_2$ 时，有

$$|f(x)-b|<\dfrac{|a-b|}{3};$$

取 $\delta=\min\{\delta_1,\delta_2\}$，则当 $0<|x-x_0|<\delta$ 时，

$$|f(x)-a|<\dfrac{|a-b|}{3},\quad |f(x)-b|<\dfrac{|a-b|}{3}$$

同时成立,于是有

$$|a-b| = |a-f(x)+f(x)-b|$$

$$\leqslant |a-f(x)| + |f(x)-b| < \frac{2}{3}|a-b|,$$

这个矛盾说明只能 $a=b$. □

注 请考虑证明中为什么取 $\varepsilon = \dfrac{|a-b|}{3}$,是否还可以取其他值?为什么?

定理2（局部有界性） 若 $\lim\limits_{x \to x_0} f(x) = a$,则 $\exists \delta > 0$ 和 $M > 0$,使得当 $0 < |x-x_0| < \delta$ 时,有

$$|f(x)| \leqslant M.$$

证 已知 $\lim\limits_{x \to x_0} f(x) = a$,则对 $\varepsilon = 1$,$\exists \delta > 0$,当 $0 < |x-x_0| < \delta$ 时,有

$$|f(x)-a| < 1,$$

从而有

$$|f(x)| = |f(x)-a+a| \leqslant |f(x)-a| + |a| < |a|+1,$$

取 $M = |a|+1$,定理得证. □

注 收敛数列的有界性与极限存在的函数的有界性略有差异:对数列 $\{x_n\}$ 而言,若极限存在,则该数列整体有界,即 $\exists M > 0$,对 $\forall n \in \mathbf{N}$,有 $|x_n| \leqslant M$. 请读者自己证明.

定理3（局部保序性） 若 $\lim\limits_{x \to x_0} f(x) = a$,$\lim\limits_{x \to x_0} g(x) = b$,且 $a > b$,则 $\exists \delta > 0$,当 $0 < |x-x_0| < \delta$ 时,有

$$f(x) > g(x).$$

证 因为 $\lim\limits_{x \to x_0} f(x) = a$,对 $\varepsilon = \dfrac{a-b}{2} > 0$,$\exists \delta_1 > 0$,当 $0 < |x-x_0| < \delta_1$ 时,有

$$f(x) > a - \varepsilon = \frac{a+b}{2};$$

又因为 $\lim\limits_{x \to x_0} g(x) = b$,对 $\varepsilon = \dfrac{a-b}{2} > 0$,$\exists \delta_2 > 0$,当 $0 < |x-x_0| < \delta_2$ 时,有

$$g(x) < b + \varepsilon = \frac{a+b}{2};$$

取 $\delta = \min\{\delta_1, \delta_2\}$,则当 $0 < |x-x_0| < \delta$ 时,有

$$g(x) < \frac{a+b}{2} < f(x). \qquad \square$$

推论1 若 $\lim\limits_{x \to x_0} f(x) = a$,且 $a > b$（或 $a < b$）,则存在 $\delta > 0$,当 $0 < |x-x_0| < \delta$ 时,$f(x) > b$（或 $f(x) < b$）.

推论2（局部保号性） 若 $\lim\limits_{x \to x_0} f(x) = a > 0$（或 $a < 0$）,则存在 $\delta > 0$,当 $0 < |x-x_0| < \delta$ 时,$f(x) > 0$（或 $f(x) < 0$）.

推论3 若 $\lim\limits_{x \to x_0} f(x) = a$,$\lim\limits_{x \to x_0} g(x) = b$,且存在 $\delta > 0$,使得当 $0 < |x-x_0| < \delta$ 时,$f(x) \geqslant g(x)$,则 $a \geqslant b$.

二、极限的运算法则

根据极限定义,用 $\varepsilon-N$、$\varepsilon-\delta$ 方法证明极限问题的前提是已知极限值,但经常遇到的问题是如何求极限,因而要研究函数极限的运算法则.函数极限的运算法则与数列极限的运算法则完全类似,这里仅介绍函数极限的运算法则,读者可以自行得出数列极限的运算法则.

定理 4(四则运算) 如果 $\lim\limits_{x \to x_0} f(x) = a$,$\lim\limits_{x \to x_0} g(x) = b$,则

(1) $\lim\limits_{x \to x_0} [f(x) \pm g(x)] = a \pm b$;

(2) $\lim\limits_{x \to x_0} [f(x) \cdot g(x)] = ab$;

(3) 当 $b \neq 0$ 时,$\lim\limits_{x \to x_0} \dfrac{f(x)}{g(x)} = \dfrac{a}{b}$.

证 此处只证(2).由于假设 $\lim\limits_{x \to x_0} f(x) = a$,则由局部有界性知:$\exists M_1 > 0$,$\exists \delta_0 > 0$,当 $0 < |x - x_0| < \delta_0$ 时,

$$|f(x)| \leqslant M_1;$$

取 $M = M_1 + |b|$,则由极限的定义,对 $\forall \varepsilon > 0$,$\exists \delta_1 > 0$,当 $0 < |x - x_0| < \delta_1$ 时,有

$$|f(x) - a| \leqslant \frac{\varepsilon}{2M};$$

又由于 $\lim\limits_{x \to x_0} g(x) = b$,$\forall \varepsilon > 0$,$\exists \delta_2 > 0$,当 $0 < |x - x_0| < \delta_2$ 时,有

$$|g(x) - b| \leqslant \frac{\varepsilon}{2M};$$

取 $\delta = \min\{\delta_0, \delta_1, \delta_2\}$,则当 $0 < |x - x_0| < \delta$ 时,有

$$\begin{aligned}
|f(x)g(x) - ab| &= |f(x)g(x) - bf(x) + bf(x) - ab| \\
&\leqslant |f(x)| \cdot |g(x) - b| + |b| \cdot |f(x) - a| \\
&< M \cdot \frac{\varepsilon}{2M} + M \cdot \frac{\varepsilon}{2M} \\
&= \varepsilon,
\end{aligned}$$

即

$$\lim_{x \to x_0} [f(x) \cdot g(x)] = ab. \qquad \square$$

注 1 在定理证明中,使用了下述极限描述方法:

$\lim\limits_{x \to x_0} f(x) = a \Leftrightarrow \forall \varepsilon > 0$,$\exists \delta > 0$,使得当 $0 < |x - x_0| < \delta$ 时,有 $|f(x) - a| < k\varepsilon$. 其中 k 为正常数,$k = \dfrac{1}{2M}$.

注 2 思考:为什么取 $M = M_1 + |b|$?直接选 $M = M_1$,证明过程会有什么变化?

注 3 乘积的极限法则可推广到有限项乘积,从而有

$$\lim_{x \to x_0} [f(x)]^n = \left[\lim_{x \to x_0} f(x)\right]^n.$$

例 1 求 $\lim\limits_{x \to 2} (5x + 8)$.

解　$\lim\limits_{x\to 2}(5x+8)=\lim\limits_{x\to 2}5x+\lim\limits_{x\to 2}8=5\lim\limits_{x\to 2}x+\lim\limits_{x\to 2}8=5\times 2+8=18.$

例 2　求 $\lim\limits_{x\to 1}\dfrac{2x^2+1}{4x^3+5x+3}.$

解

$$\lim\limits_{x\to 1}\frac{2x^2+1}{4x^3+5x+3}=\frac{\lim\limits_{x\to 1}(2x^2+1)}{\lim\limits_{x\to 1}(4x^3+5x+3)}=\frac{\lim\limits_{x\to 1}2x^2+\lim\limits_{x\to 1}1}{\lim\limits_{x\to 1}4x^3+\lim\limits_{x\to 1}5x+\lim\limits_{x\to 1}3}$$

$$=\frac{2\lim\limits_{x\to 1}x^2+\lim\limits_{x\to 1}1}{4\lim\limits_{x\to 1}x^3+5\lim\limits_{x\to 1}x+\lim\limits_{x\to 1}3}=\frac{2(\lim\limits_{x\to 1}x)^2+\lim\limits_{x\to 1}1}{4(\lim\limits_{x\to 1}x)^3+5\lim\limits_{x\to 1}x+\lim\limits_{x\to 1}3}$$

$$=\frac{2\times 1^2+1}{4\times 1^3+5\times 1+3}=\frac{1}{4}.$$

注 1　当 $x\to x_0$ 时,多项式 $P(x)=a_0+a_1x+\cdots+a_nx^n$ 的极限等于它在 x_0 处的值.即

$$\lim\limits_{x\to x_0}P(x)=\lim\limits_{x\to x_0}a_0+a_1\lim\limits_{x\to x_0}x+\cdots+a_n(\lim\limits_{x\to x_0}x)^n$$

$$=a_0+a_1x_0+\cdots+a_nx_0^n$$

$$=P(x_0).$$

注 2　对有理分式函数 $f(x)=\dfrac{P(x)}{Q(x)}$,式中 $P(x),Q(x)$ 均为多项式,$Q(x_0)\neq 0$,则

$$\lim\limits_{x\to x_0}f(x)=\lim\limits_{x\to x_0}\frac{P(x)}{Q(x)}=\frac{\lim\limits_{x\to x_0}P(x)}{\lim\limits_{x\to x_0}Q(x)}=\frac{P(x_0)}{Q(x_0)}=f(x_0).$$

例 3　求 $\lim\limits_{x\to 1}\dfrac{x-1}{x^2-1}.$

解　因为 $\lim\limits_{x\to 1}Q(x)=\lim\limits_{x\to 1}(x^2-1)=1^2-1=0$,即分母的极限为 0,不能用上述注 2 的方法.又分子极限也为 0,这种形式可以用符号表示为 $\dfrac{0}{0}$ 型.注意到分子与分母都有因子 $x-1$,而当 $x\to 1$ 时,$x-1\neq 0$,所以,可先进行恒等变形,约去这个不为零的公因子,于是有

$$\lim\limits_{x\to 1}\frac{x-1}{x^2-1}=\lim\limits_{x\to 1}\frac{x-1}{(x-1)(x+1)}=\lim\limits_{x\to 1}\frac{1}{x+1}=\frac{1}{2}.$$

例 4　求极限 $\lim\limits_{x\to 1}\left(\dfrac{1}{1-x}-\dfrac{3}{1-x^3}\right).$

解　$\lim\limits_{x\to 1}(1-x)=0,\lim\limits_{x\to 1}(1-x^3)=0$,所以不能直接利用四则运算法则.这种形式可以用符号表示为 $\infty-\infty$ 型,需先进行恒等变形.

$$\lim\limits_{x\to 1}\left(\frac{1}{1-x}-\frac{3}{1-x^3}\right)=\lim\limits_{x\to 1}\frac{1+x+x^2-3}{(1-x)(1+x+x^2)}=\lim\limits_{x\to 1}\frac{(x-1)(x+2)}{(1-x)(1+x+x^2)}$$

$$=-\lim\limits_{x\to 1}\frac{x+2}{1+x+x^2}=-1.$$

例 5　求 $\lim\limits_{n\to\infty}\dfrac{2n^2-n+3}{5n^2+1}.$

解 分子、分母的极限均不存在,用符号表示为$\dfrac{\infty}{\infty}$型,需先进行恒等变形.

$$\lim_{n\to\infty}\frac{2n^2-n+3}{5n^2+1}=\lim_{n\to\infty}\frac{2-\dfrac{1}{n}+\dfrac{3}{n^2}}{5+\dfrac{1}{n^2}}=\frac{\lim\limits_{n\to\infty}2-\lim\limits_{n\to\infty}\dfrac{1}{n}+3\left(\lim\limits_{n\to\infty}\dfrac{1}{n}\right)^2}{\lim\limits_{n\to\infty}5+\left(\lim\limits_{n\to\infty}\dfrac{1}{n}\right)^2}=\frac{2}{5}.$$

例 6 求 $\lim\limits_{n\to\infty}\dfrac{2^n-3^n}{3^{n-2}}$.

解 它属于$\dfrac{\infty}{\infty}$型,需先进行恒等变形.

$$\lim_{n\to\infty}\frac{2^n-3^n}{3^{n-2}}=\lim_{n\to\infty}\frac{2^n-3^n}{\dfrac{1}{9}3^n}=\lim_{n\to\infty}\left[9\left(\frac{2}{3}\right)^n-9\right]=9\lim_{n\to\infty}\left(\frac{2}{3}\right)^n-9=9\times 0-9=-9.$$

注 $\dfrac{0}{0},\dfrac{\infty}{\infty},\infty-\infty$型式子称为未定式,求它们的极限时,都要考虑进行恒等变形.

定理 5(复合运算) 设函数 $y=f(u),u=\varphi(x)$ 构成复合函数 $y=f[\varphi(x)]$,若 $\lim\limits_{x\to x_0}\varphi(x)=b,\lim\limits_{u\to b}f(u)=c$,且当 $x\neq x_0$ 时,$u\neq b$,则复合函数 $f[\varphi(x)]$ 在 $x\to x_0$ 时的极限为

$$\lim_{x\to x_0}f[\varphi(x)]=c.$$

证 因为 $\lim\limits_{u\to b}f(u)=c$,故 $\forall\varepsilon>0,\exists\gamma>0$,当 $0<|u-b|<\gamma$ 时,有

$$|f(u)-c|<\varepsilon;$$

又因为 $\lim\limits_{x\to x_0}\varphi(x)=b$,所以对上述 $\gamma>0,\exists\delta>0$,当 $0<|x-x_0|<\delta$ 时,有

$$|\varphi(x)-b|=|u-b|<\gamma.$$

由假设知,当 $x\neq x_0$ 时,$u\neq b$,所以,当 $|x-x_0|>0$ 时,有

$$|u-b|>0;$$

从而 $\forall\varepsilon>0,\exists\delta>0$,当 $0<|x-x_0|<\delta$ 时,有 $0<|u-b|<\gamma$,进而有

$$|f[\varphi(x)]-c|<\varepsilon,$$

即

$$\lim_{x\to x_0}f[\varphi(x)]=c.$$

注 复合函数求极限,相当于作变换 $u=\varphi(x)$,得到

$$\lim_{x\to x_0}f[\varphi(x)]\xlongequal{\diamond u=\varphi(x)}\lim_{u\to b}f(u).$$

需要注意的是,变换以后极限过程也从 $x\to x_0$ 变为了 $u\to b$.

习题 1-3

1. 判断正误:

(1) 设 $\lim\limits_{n\to\infty}a_n=3$,则当 n 充分大时有 $a_n>\dfrac{3}{2}$;

(2) 若 $x_n>0$ 且 $\lim\limits_{n\to\infty}x_n=a$,则有 $a>0$;

(3) 若 $x_n > y_n$，且 $\lim\limits_{n\to\infty} x_n = a$，$\lim\limits_{n\to\infty} y_n = b$，则有 $a > b$；

(4) 若 $f(x) > 0$ 且 $\lim\limits_{x\to\infty} f(x) = A$，则 $A \geqslant 0$.

2. 计算下列极限：

(1) $\lim\limits_{n\to\infty} \dfrac{2n^2+1}{3n^2-n}$；　(2) $\lim\limits_{n\to\infty} \dfrac{1+b+\cdots+b^n}{1+a+\cdots+a^n}$，$|a|<1,|b|<1$；　(3) $\lim\limits_{n\to\infty} \dfrac{2^n-3^n}{3^{n-2}+n}$；

(4) $\lim\limits_{n\to\infty}\left(\dfrac{1^2}{n^3}+\dfrac{2^2}{n^3}+\cdots+\dfrac{(n-1)^2}{n^3}\right)$；　(5) $\lim\limits_{n\to\infty}\left(\dfrac{1}{1\times3}+\dfrac{1}{3\times5}+\cdots+\dfrac{1}{(2n-1)\cdot(2n+1)}\right)$；

(6) $\lim\limits_{x\to0} \dfrac{x^2-4}{x^2-x-2}$；　(7) $\lim\limits_{x\to1} \dfrac{3x^2-x-2}{x^2+2x-3}$；　(8) $\lim\limits_{x\to\infty} \dfrac{x^3+x-2}{2x^3-x^2-x}$；

(9) $\lim\limits_{x\to4} \dfrac{\sqrt{1+2x}-3}{\sqrt{x}-2}$；　(10) $\lim\limits_{x\to2^+} \dfrac{\sqrt{x}-\sqrt{2}+\sqrt{x-2}}{\sqrt{x^2-2^2}}$；　(11) $\lim\limits_{x\to\infty}\left(1+\dfrac{1}{x}\right)\left(2-\dfrac{1}{x^2}\right)$；

(12) $\lim\limits_{x\to0} \dfrac{\sqrt{1-2x-x^2}-(1+x)}{x}$；　(13) $\lim\limits_{x\to-2}\left(\dfrac{1}{x+2}-\dfrac{12}{x^3+8}\right)$；

(14) $\lim\limits_{x\to0} \dfrac{a_m x^m+a_{m-1}x^{m-1}+\cdots+a_k x^k}{b_n x^n+b_{n-1}x^{n-1}+\cdots+b_e x^e}$，$m>k,n>e$，且都为正整数；$a_m\neq0,a_k\neq0$，$b_n\neq0,b_e\neq0$；

(15) $\lim\limits_{x\to\infty} \dfrac{a_m x^m+a_{m-1}x^{m-1}+\cdots+a_k x^k}{b_n x^n+b_{n-1}x^{n-1}+\cdots+b_e x^e}$，$m>k,n>e$，且都为正整数；$a_m\neq0,a_k\neq0$，$b_n\neq0,b_e\neq0$.

3. 证明：收敛数列必为有界数列. 反之对吗？为什么？

4. 设函数 $f(x)=a^x(a>0,a\neq1)$，求极限 $\lim\limits_{n\to\infty} \dfrac{1}{n^2}\ln[f(1)f(2)\cdots f(n)]$.

5. 若 $\lim\limits_{x\to\infty}\left(\dfrac{x^2+1}{x+1}-ax-b\right)=0$，求常数 a 和 b.

第四节　极限存在准则

前面讨论了极限的性质和运算法则，但是极限的存在性这一重要问题还没有涉及，下面介绍几个判定极限存在的常用准则，并且由这些准则得到两个重要极限.

一、两边夹准则（夹逼准则）

定理 1（两边夹准则或夹逼准则）　如果数列 $\{x_n\}$，$\{y_n\}$，$\{z_n\}$ 满足以下条件：

(1) $y_n \leqslant x_n \leqslant z_n (n=1,2,3,\cdots)$；

(2) $\lim\limits_{n\to\infty} y_n = a$，$\lim\limits_{n\to\infty} z_n = a$；

那么数列 $\{x_n\}$ 的极限存在，且 $\lim\limits_{n\to\infty} x_n = a$.

证　由 $\lim\limits_{n\to\infty} y_n = a$ 知，$\forall \varepsilon>0$，$\exists N_1 \in \mathbf{N}$，当 $n>N_1$ 时，有

$$|y_n - a| < \varepsilon \Longrightarrow a - \varepsilon < y_n;$$

由 $\lim\limits_{n \to \infty} z_n = a$ 知,对上述 $\forall \varepsilon > 0$,$\exists N_2 \in \mathbf{N}$,当 $n > N_2$ 时,有

$$|z_n - a| < \varepsilon \Longrightarrow z_n < a + \varepsilon.$$

取 $N = \max\{N_1, N_2\}$,则当 $n > N$ 时,有

$$a - \varepsilon < y_n \leqslant x_n \leqslant z_n < a + \varepsilon,$$

故有

$$|x_n - a| < \varepsilon,$$

即

$$\lim_{n \to \infty} x_n = a. \qquad\qquad \square$$

上述数列极限形式的两边夹准则可以推广到函数极限形式:

定理 1′ 如果函数 $f(x), g(x), h(x)$ 在点 x_0 的某个邻域内(点 x_0 除外)(或 $|x| > M$)满足条件:

(1) $g(x) \leqslant f(x) \leqslant h(x)$,

(2) $\lim\limits_{\substack{x \to x_0 \\ (x \to \infty)}} g(x) = A$,$\lim\limits_{\substack{x \to x_0 \\ (x \to \infty)}} h(x) = A$,

那么 $\lim\limits_{\substack{x \to x_0 \\ (x \to \infty)}} f(x)$ 存在,且等于 A.

例 1 证明 $\lim\limits_{n \to \infty} \left(\dfrac{1}{n+1} + \dfrac{1}{n + \frac{1}{2}} + \cdots + \dfrac{1}{n + \frac{1}{n}} \right)$ 存在并求其值.

证 令

$$x_n = \frac{1}{n+1} + \frac{1}{n + \frac{1}{2}} + \cdots + \frac{1}{n + \frac{1}{n}},$$

由于其项数无限增大,故不能看作有限项的和求极限. 注意 x_n 中第一项最小,而最后一项最大,显然有

$$\frac{1}{n+1} \cdot n < x_n < \frac{1}{n + \frac{1}{n}} \cdot n,$$

令 $y_n = \dfrac{n}{n+1}$,$z_n = \dfrac{n}{n + \frac{1}{n}}$,则

$$\lim_{n \to \infty} y_n = \lim_{n \to \infty} \frac{n}{n+1} = \lim_{n \to \infty} \frac{1}{1 + \frac{1}{n}} = 1,$$

$$\lim_{n \to \infty} z_n = \lim_{n \to \infty} \frac{n}{n + \frac{1}{n}} = \lim_{n \to \infty} \frac{1}{1 + \frac{1}{n^2}} = 1,$$

由两边夹准则知

$$\lim_{n \to \infty} \left(\frac{1}{n+1} + \frac{1}{n + \frac{1}{2}} + \cdots + \frac{1}{n + \frac{1}{n}} \right) = 1.$$

例 2 证明 $\lim\limits_{x \to 0} \dfrac{\sin x}{x} = 1$.

证 首先注意,除 $x = 0$ 外,函数 $\dfrac{\sin x}{x}$ 对其他 x 都有定义.

假设 $0 < x < \dfrac{\pi}{2}$,在单位圆内,设圆心角 $\angle AOB = x$,过点 A 的切线与 OB 的延长线相交于 P,$BQ \perp OA$,如图 1-16 所示,则

$$\sin x = BQ, \quad \tan x = AP.$$

显然 $\triangle AOB$ 的面积 $<$ 扇形 OAB 的面积 $< \triangle AOP$ 的面积,即

$$\frac{1}{2}\sin x < \frac{1}{2}x < \frac{1}{2}\tan x.$$

图 1-16

因为 $0 < x < \dfrac{\pi}{2}$,所以 $\sin x > 0$,上式不等号各边同除以 $\dfrac{1}{2}\sin x$,得

$$1 < \frac{x}{\sin x} < \frac{1}{\cos x},$$

或

$$\cos x < \frac{\sin x}{x} < 1. \tag{1}$$

因为 $\cos x$ 和 $\dfrac{\sin x}{x}$ 都是偶函数,所以,当 $-\dfrac{\pi}{2} < x < 0$ 时,上面的不等式也成立. 由上式得

$$1 - \cos x > 1 - \frac{\sin x}{x} > 0,$$

$$0 < 1 - \cos x = 2\sin^2 \frac{x}{2} \leqslant 2 \times \left(\frac{x}{2}\right)^2 = \frac{1}{2}x^2, \tag{2}$$

显然有 $\lim\limits_{x \to 0} \dfrac{1}{2}x^2 = 0$,由式(2)及两边夹准则得

$$\lim_{x \to 0}(1 - \cos x) = 0, \quad \lim_{x \to 0}\cos x = 1,$$

由式(1)及两边夹准则得

$$\lim_{x \to 0} \frac{\sin x}{x} = 1.$$

注 1 这是一个重要的极限公式,以后将经常应用,它是求 $\dfrac{0}{0}$ 型未定式极限的重要工具.

注 2 在证明过程中得到另一个公式:

$$\lim_{x \to 0}\cos x = 1 = \cos 0,$$

说明它的极限值恰好等于它在 $x = 0$ 处的函数值.

二、单调有界准则

如果数列 $\{x_n\}$ 满足条件

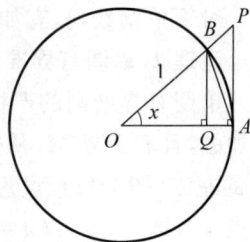

$$x_1 \leqslant x_2 \leqslant \cdots \leqslant x_n \leqslant x_{n+1} \leqslant \cdots,$$

就称数列 $\{x_n\}$ 是单调增加的；如果数列 $\{x_n\}$ 满足条件

$$x_1 \geqslant x_2 \geqslant \cdots \geqslant x_n \geqslant x_{n+1} \geqslant \cdots,$$

就称数列 $\{x_n\}$ 是单调减少的. 单调增加和单调减少的数列统称为单调数列.

对于单调数列, 有如下极限存在判别准则, 称为单调有界准则或单调有界原理.

定理 2(单调有界准则)   单调有界数列必有极限.

单调有界准则的严格证明比较复杂, 这里给出一个几何直观解释: 设数列 $\{x_n\}$ 是单调增加的, 且有上界 M. 从数轴上看, 对任意 n, 点 x_{n+1} 都在 x_n 的右方, 而所有的 x_n 都在点 M 的左方(图 1-17). 设想点 M 向左方向移动, 它一定会遇到某一定点 A, 在点 A 的右方没有点 x_n, 即 $x_n \leqslant A(n=1,2,\cdots)$, 说明 A 是数列 $\{x_n\}$ 的一个上界. 若再向左移动 ε, 在 $(A-\varepsilon, A)$ 内会有无穷多个 x_n, 若在 $(A-\varepsilon, A)$ 内出现的 x_n 最小序号为 $N+1$, 这意味着当 $n>N$ 时, 有 $A-\varepsilon<x_n<A$, 更有 $|x_n-A|<\varepsilon$, 故 A 为数列 $\{x_n\}$ 的极限. 显然, 具有这种性质的 A 是唯一的.

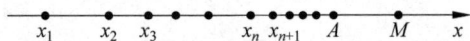

图   1-17

注 1   若数列 $\{x_n\}$ 单调增加无上界, 则对应的点列将沿数轴向右移向无穷远, 此时数列 $\{x_n\}$ 无极限.

注 2   数列 $\{x_n\}$ 单调减少的情形(有下界或无下界)有类似的几何解释.

例 3   已知

$$x_n = \left(1+\frac{1}{2}\right)\left(1+\frac{1}{4}\right)\cdots\left(1+\frac{1}{2^{2^n}}\right),$$

证明数列 $\{x_n\}$ 有极限.

证   由通项公式知 $x_{n+1}=x_n\left(1+\dfrac{1}{2^{2^{n+1}}}\right)$, 所以 $x_{n+1}>x_n$, 说明数列 $\{x_n\}$ 是单调增加的. 作恒等变换

$$\begin{aligned}
\left(1-\frac{1}{2}\right)x_n &= \left(1-\frac{1}{2}\right)\left(1+\frac{1}{2}\right)\left(1+\frac{1}{4}\right)\cdots\left(1+\frac{1}{2^{2^n}}\right) \\
&= \left(1-\frac{1}{2^2}\right)\left(1+\frac{1}{2^2}\right)\cdots\left(1+\frac{1}{2^{2^n}}\right) \\
&\qquad\vdots \\
&= 1-\frac{1}{2^{2^{n+1}}} < 1,
\end{aligned}$$

从而有 $x_n<2$, 即 $\{x_n\}$ 有上界 2. 根据单调有界准则可知, 数列 $\{x_n\}$ 必存在极限.

例 4   证明数列 $\{x_n\}=\left\{\left(1+\dfrac{1}{n}\right)^n\right\}$ 收敛.

证   先证数列是单调增加的. 由二项式展开式知

$$x_n = \left(1+\frac{1}{n}\right)^n = 1 + C_n^1\frac{1}{n} + C_n^2\left(\frac{1}{n}\right)^2 + C_n^3\left(\frac{1}{n}\right)^3 + \cdots + C_n^n\left(\frac{1}{n}\right)^n$$

$$= 1 + \frac{n}{1!}\frac{1}{n} + \frac{n(n-1)}{2!}\frac{1}{n^2} + \frac{n(n-1)(n-2)}{3!}\frac{1}{n^3} + \cdots +$$

$$\frac{n(n-1)\cdots(n-n+1)}{n!}\left(\frac{1}{n}\right)^n$$

$$= 1 + \frac{1}{1!} + \frac{1}{2!}\left(1-\frac{1}{n}\right) + \frac{1}{3!}\left(1-\frac{1}{n}\right)\left(1-\frac{2}{n}\right) + \cdots +$$

$$\frac{1}{n!}\left(1-\frac{1}{n}\right)\left(1-\frac{2}{n}\right)\cdots\left(1-\frac{n-1}{n}\right).$$

类似地,有

$$x_{n+1} = \left(1+\frac{1}{n+1}\right)^{n+1}$$

$$= 1 + \frac{1}{1!} + \frac{1}{2!}\left(1-\frac{1}{n+1}\right) + \frac{1}{3!}\left(1-\frac{1}{n+1}\right)\left(1-\frac{2}{n+1}\right) + \cdots +$$

$$\frac{1}{n!}\left(1-\frac{1}{n+1}\right)\left(1-\frac{2}{n+1}\right)\cdots\left(1-\frac{n-1}{n+1}\right) +$$

$$\frac{1}{(n+1)!}\left(1-\frac{1}{n+1}\right)\left(1-\frac{2}{n+1}\right)\cdots\left(1-\frac{n-1}{n+1}\right)\left(1-\frac{n}{n+1}\right).$$

比较 x_n 和 x_{n+1} 的右端,前两项相同;对第 $k+1(2\leqslant k\leqslant n)$ 项而言,显然有

$$\frac{1}{k!}\left(1-\frac{1}{n}\right)\cdots\left(1-\frac{k-1}{n}\right) < \frac{1}{k!}\left(1-\frac{1}{n+1}\right)\cdots\left(1-\frac{k-1}{n+1}\right),$$

即 x_{n+1} 的第 $k+1$ 项比 x_n 的第 $k+1$ 项大;此外,x_{n+1} 比 x_n 多了最后一项,而这一项 >0. 所以

$$x_n < x_{n+1}.$$

再证数列有上界. 由 x_n 的展开式可得

$$x_n < 1 + \frac{1}{1!} + \frac{1}{2!} + \cdots + \frac{1}{n!} < 1 + 1 + \frac{1}{1\times 2} + \frac{1}{2\times 3} + \cdots + \frac{1}{(n-1)n}$$

$$= 1 + 1 + \left(1-\frac{1}{2}\right) + \left(\frac{1}{2}-\frac{1}{3}\right) + \cdots + \left(\frac{1}{n-1}-\frac{1}{n}\right) = 3 - \frac{1}{n} < 3.$$

由单调有界准则知,数列 $\{x_n\}$ 存在极限. 数学上,把此极限值记为 e,即

$$\lim_{n\to\infty}\left(1+\frac{1}{n}\right)^n = e.$$

e 是一个无理数,它的值为

$$e \approx 2.718\,281\,828\,459\,045\cdots.$$

以 e 为底的对数函数称为自然对数函数,记为 $\ln x$;以 e 为底的指数函数记为 e^x. 函数 $\ln x$ 和 e^x 在后续学习中会经常遇到.

例 5 证明 $\lim\limits_{x\to\infty}\left(1+\frac{1}{x}\right)^x = e$.

证 先讨论 $x\to+\infty$ 的情况. 对任意 $x>1$,总存在两个相邻自然数 n 和 $n+1$,使得

$$n \leqslant x < n+1,$$

从而有

$$\frac{1}{n+1} < \frac{1}{x} \leqslant \frac{1}{n},$$

及
$$1+\frac{1}{n+1}<1+\frac{1}{x}\leqslant1+\frac{1}{n}.$$

由于上述各项都大于1,则可得
$$\left(1+\frac{1}{n+1}\right)^{n}<\left(1+\frac{1}{x}\right)^{x}\leqslant\left(1+\frac{1}{n}\right)^{n+1}.$$

当 $x\rightarrow+\infty$ 时, $n\rightarrow\infty$,容易计算出

$$\lim_{n\rightarrow\infty}\left(1+\frac{1}{n+1}\right)^{n}=\lim_{n\rightarrow\infty}\frac{\left(1+\frac{1}{n+1}\right)^{n+1}}{1+\frac{1}{n+1}}=\frac{\lim\limits_{n\rightarrow\infty}\left(1+\frac{1}{n+1}\right)^{n+1}}{\lim\limits_{n\rightarrow\infty}\left(1+\frac{1}{n+1}\right)}=\mathrm{e},$$

$$\lim_{n\rightarrow\infty}\left(1+\frac{1}{n}\right)^{n+1}=\lim_{n\rightarrow\infty}\left(1+\frac{1}{n}\right)^{n}\cdot\lim_{n\rightarrow\infty}\left(1+\frac{1}{n}\right)=\mathrm{e},$$

由两边夹准则可得
$$\lim_{x\rightarrow+\infty}\left(1+\frac{1}{x}\right)^{x}=\mathrm{e}.$$

再证
$$\lim_{x\rightarrow-\infty}\left(1+\frac{1}{x}\right)^{x}=\mathrm{e}.$$

令 $x=-(1+t)$,当 $x\rightarrow-\infty$ 时, $t\rightarrow+\infty$,因此
$$\lim_{x\rightarrow-\infty}\left(1+\frac{1}{x}\right)^{x}=\lim_{t\rightarrow+\infty}\left(1-\frac{1}{1+t}\right)^{-(1+t)}=\lim_{t\rightarrow+\infty}\left(\frac{t}{1+t}\right)^{-(1+t)}=\lim_{t\rightarrow+\infty}\left(\frac{1+t}{t}\right)^{1+t}$$
$$=\lim_{t\rightarrow+\infty}\left(1+\frac{1}{t}\right)^{t}\left(1+\frac{1}{t}\right)=\mathrm{e}.$$

综上可得
$$\lim_{x\rightarrow\infty}\left(1+\frac{1}{x}\right)^{x}=\mathrm{e}.$$

注1　这是另外一个重要的极限公式,是后面求 1^{∞} 型未定式极限的重要工具.

注2　令 $\frac{1}{x}=t$,则当 $x\rightarrow\infty$ 时 $t\rightarrow0$,上述重要极限变形为
$$\lim_{t\rightarrow0}(1+t)^{\frac{1}{t}}=\mathrm{e},$$
这种形式以后也会经常遇到.

例6　求 $\lim\limits_{x\rightarrow\infty}\left(1+\frac{2}{x}\right)^{5x}$.

解　令 $t=\frac{2}{x}$,则
$$\lim_{x\rightarrow\infty}\left(1+\frac{2}{x}\right)^{5x}=\lim_{t\rightarrow0}(1+t)^{\frac{10}{t}}=\lim_{t\rightarrow0}\left[(1+t)^{\frac{1}{t}}\right]^{10}=\left[\lim_{t\rightarrow0}(1+t)^{\frac{1}{t}}\right]^{10}=\mathrm{e}^{10}.$$

例7　求 $\lim\limits_{\alpha\rightarrow\frac{\pi}{2}}(1+\cot\alpha)^{2\tan\alpha}$.

解　令 $t=\cot\alpha$,则当 $\alpha\rightarrow\frac{\pi}{2}$ 时 $t=\cot\alpha\rightarrow0$, $\tan\alpha\rightarrow\infty$,所以

$$\lim_{\alpha \to \frac{\pi}{2}}(1 + \cot\alpha)^{2\tan\alpha} = \lim_{t \to 0}(1 + t)^{\frac{2}{t}} = e^2.$$

*三、柯西收敛准则

上述极限存在准则都是在一定假设条件下成立的,如:单调有界准则中假设数列是单调有界的,这是数列收敛的充分条件,但不是必要条件.下面的柯西收敛准则给出了数列收敛的充分必要条件.

定理 3（柯西（Cauchy）收敛准则）　数列 $\{x_n\}$ 收敛的充分必要条件为:$\forall \varepsilon > 0, \exists N \in \mathbf{N}$,当 $n > N, m > N$ 时,有

$$|x_n - x_m| < \varepsilon.$$

证　必要性.设 $\lim_{n \to \infty} x_n = a$,则 $\forall \varepsilon > 0, \exists N \in \mathbf{N}$,当 $n > N$ 时,有

$$|x_n - a| < \frac{\varepsilon}{2};$$

同样,当 $m > N$ 时,也有

$$|x_m - a| < \frac{\varepsilon}{2}.$$

因而当 $n > N, m > N$ 时,有

$$|x_n - x_m| = |x_n - a + a - x_m| \leqslant |x_n - a| + |x_m - a| < \frac{\varepsilon}{2} + \frac{\varepsilon}{2} = \varepsilon.$$

充分性的证明从略.　　　　　　　　　　　　　　　　　　　　　□

注　函数极限也有柯西收敛准则,读者可类似给出.

习题 1-4

1. 设 $M = \max\{a_1, a_2, \cdots, a_m\}, a_k > 0, k = 1, 2, \cdots, m$,证明:
$$\lim_{n \to \infty} \sqrt[n]{a_1^n + a_2^n + \cdots + a_m^n} = M.$$

2. 证明下列极限:

(1) $\lim_{n \to \infty}\left(\dfrac{1}{\sqrt{n^2+1}} + \dfrac{1}{\sqrt{n^2+2}} + \cdots + \dfrac{1}{\sqrt{n^2+n}}\right) = 1$;　　(2) $\lim_{n \to \infty}\dfrac{2n}{n!} = 0$;

(3) $\lim_{n \to \infty}\left(1 + \dfrac{1}{n} + \dfrac{1}{n^2}\right)^n = e$;　　(4) $\lim_{n \to \infty}\dfrac{n}{a^n} = 0 (a > 1)$;　　(5) $\lim_{n \to \infty}\sqrt[n]{n} = 1$.

3. 证明下列各数列的收敛性:

(1) $x_n = \dfrac{1}{2} \times \dfrac{3}{4} \times \cdots \times \dfrac{2n-1}{2n}$;

(2) $x_1 = \sqrt{3}, x_2 = \sqrt{3 + \sqrt{3}}, \cdots, x_n = \underbrace{\sqrt{3 + \sqrt{3 + \cdots + \sqrt{3}}}}_{n\text{重根号}}$;

(3) $x_n = \dfrac{1}{1^2} + \dfrac{1}{2^2} + \cdots + \dfrac{1}{n^2}$.

4. 求下列极限：

(1) $\lim\limits_{x\to 0}\dfrac{\arcsin x}{5x}$；   (2) $\lim\limits_{x\to 0}\dfrac{\sin mx}{\sin nx}$（$m,n$ 为整数）；   (3) $\lim\limits_{x\to 1}(1-x)\tan\dfrac{\pi x}{2}$；

(4) $\lim\limits_{x\to 0}\dfrac{\tan x-\sin x}{\sin^3 x}$；   (5) $\lim\limits_{x\to \frac{\pi}{3}}\dfrac{\sin\left(x-\dfrac{\pi}{3}\right)}{1-2\cos x}$；   (6) $\lim\limits_{x\to \infty}\left(\dfrac{x+a}{x-a}\right)^x$（$a\neq 0$）；

(7) $\lim\limits_{x\to 0}(1+3x)^{\frac{1}{x}}$；   (8) $\lim\limits_{x\to \infty}\left(\dfrac{x^2+1}{x^2-1}\right)^{x^2}$；   (9) $\lim\limits_{x\to 0}(1+3\tan^2 x)^{\cot^2 x}$.

5. 求极限 $\lim\limits_{x\to 0}\left(\dfrac{2+e^{\frac{1}{x}}}{1+e^{\frac{4}{x}}}+\dfrac{\sin x}{|x|}\right)$.

6. 求极限 $\lim\limits_{n\to \infty}\left(\dfrac{1}{n^2+n+1}+\dfrac{2}{n^2+n+2}+\cdots+\dfrac{n}{n^2+n+n}\right)$.

7. 设数列 $\{x_n\}$ 满足 $0<x_1<\pi$，$x_{n+1}=\sin x_n$（$n=1,2,\cdots$），证明 $\lim\limits_{n\to \infty}x_n$ 存在，并求之.

8. 设 $\lim\limits_{x\to \infty}\left(\dfrac{x+2a}{x-a}\right)^x=8$，求常数 a.

第五节　无穷小量与无穷大量

一、无穷小量的概念及性质

定义 1　在某一自变量的变化过程（如 $n\to\infty$；或 $x\to x_0$，$x\to x_0^+$，$x\to x_0^-$；或 $x\to\infty$，$x\to+\infty$，$x\to-\infty$）中，以零为极限的变量（数列或函数）称为该自变量变化过程中的无穷小量，有时简称为无穷小.

例如，如果

$$\lim\limits_{x\to x_0}\alpha(x)=0,$$

则称 $\alpha(x)$ 是 $x\to x_0$ 时的无穷小量.

再如，当 $n\to\infty$ 时，$\dfrac{1}{n}$，$\dfrac{1}{n^3}$，$\dfrac{1}{3^n}$，q^n（$|q|<1$）等都是无穷小量；当 $x\to 0$ 时，x，$\sin x$，$1-\cos x$ 等都是无穷小量；当 $x\to 0^+$ 时，$\sqrt{x}$，$x+\mathrm{sgn}x-1$ 等都是无穷小量；当 $x\to\infty$ 时，$\dfrac{1}{x}$，$(x-100)^{-2}$ 等都是无穷小量；当 $x\to+\infty$ 时，10^{-x}，$\dfrac{1}{\ln x}$ 等都是无穷小量.

注 1　当 $x\to 0$ 时，x 是无穷小量，而当 $x\to 1$ 时，x 不是无穷小量，所以无穷小量与自变量的变化过程密切相关.

注 2　任意一个绝对值很小的非零常数都不是无穷小量，数 0 是可以作为无穷小量的唯一常数.

定理 1　$\lim\limits_{x\to x_0}f(x)=A\Leftrightarrow f(x)=A+\alpha(x)$，其中 $\alpha(x)$ 是当 $x\to x_0$ 时的无穷小量，即 $\lim\limits_{x\to x_0}\alpha(x)=0$.

证 必要性. 设 $\lim\limits_{x \to x_0} f(x) = A$. 记 $\alpha(x) = f(x) - A$,则

$$\lim_{x \to x_0} \alpha(x) = \lim_{x \to x_0} f(x) - A = A - A = 0,$$

即

$$f(x) = A + \alpha(x),$$

其中

$$\lim_{x \to x_0} \alpha(x) = 0.$$

充分性. 设 $f(x) = A + \alpha(x)$,$\lim\limits_{x \to x_0} \alpha(x) = 0$,则

$$\lim_{x \to x_0} f(x) = \lim_{x \to x_0} [A + \alpha(x)] = A + \lim_{x \to x_0} \alpha(x) = A + 0 = A. \qquad \square$$

注 定理 1 对于其他自变量的变化过程也成立. 如

$$\lim_{n \to \infty} x_n = a \Leftrightarrow x_n = a + \alpha(n),$$

其中 $\lim\limits_{n \to \infty} \alpha(n) = 0$;

$$\lim_{x \to x_0^+} f(x) = A \Leftrightarrow f(x) = A + \alpha(x),$$

其中 $\lim\limits_{x \to x_0^+} \alpha(x) = 0$.

定理 2 无穷小量与有界变量的乘积是无穷小量.

证 设 $f(x)$ 在 x_0 的某个邻域内(点 x_0 除外)是有界变量,则 $\exists \gamma > 0$ 及 $M > 0$,当 $0 < |x - x_0| < \gamma$ 时,有

$$|f(x)| \leqslant M.$$

假设 $\alpha(x)$ 是当 $x \to x_0$ 时的无穷小量,则 $\lim\limits_{x \to x_0} \alpha(x) = 0$,从而,$\forall \varepsilon > 0$,$\exists \delta_1 > 0$,当 $0 < |x - x_0| < \delta_1$ 时,有

$$|\alpha(x)| < \frac{\varepsilon}{M}.$$

取 $\delta = \min\{\gamma, \delta_1\}$,当 $0 < |x - x_0| < \delta$ 时,有

$$|\alpha(x) \cdot f(x)| = |\alpha(x)| \cdot |f(x)| < \frac{\varepsilon}{M} \cdot M = \varepsilon,$$

即

$$\lim_{x \to x_0} \alpha(x) f(x) = 0. \qquad \square$$

例 1 求 $\lim\limits_{x \to \infty} \dfrac{\sin x}{x}$.

解 因为 $\lim\limits_{x \to \infty} \dfrac{1}{x} = 0$,而 $|\sin x| \leqslant 1$,由定理 2 知

$$\lim_{x \to \infty} \frac{\sin x}{x} = \lim_{x \to \infty} \frac{1}{x} \cdot \sin x = 0.$$

注 1 不能将上式写为 $\lim\limits_{x \to \infty} \dfrac{\sin x}{x} = \lim\limits_{x \to \infty} \dfrac{1}{x} \cdot \lim\limits_{x \to \infty} \sin x = 0$,因为 $\lim\limits_{x \to \infty} \sin x$ 不存在.

注 2 应注意 $\lim\limits_{x \to 0} \dfrac{\sin x}{x} = 1$ 与 $\lim\limits_{x \to \infty} \dfrac{\sin x}{x} = 0$ 的区别,两式自变量的变化过程不同.

利用极限的运算法则,立即可以得到下面的定理:

定理 3 两个无穷小量的和、差、积仍是无穷小量.

对两个无穷小量的商没有相应的结论,这产生了一个新的问题,即无穷小量阶的比较.

二、无穷小量阶的比较

同一极限过程中出现的两个无穷小量趋向于零的快慢程度不同,因而使两个无穷小之比的极限出现不同的情况. 如

$$\lim_{x \to 0} \frac{3x^2}{x} = 0, \quad \lim_{x \to 0} \frac{\sin x}{x} = 1, \quad \lim_{x \to 0} \frac{1 - \cos x}{x^2} = \frac{1}{2}.$$

除上述情况外,当然还有其他的一些情况,对其中一些经常出现的情况加以归纳和区分如下:

定义 2 设 α, β 是同一自变量变化过程中的两个无穷小量.

若 $\lim \dfrac{\beta}{\alpha} = 1$,则称 β 与 α 是等价无穷小量,记为 $\beta \sim \alpha$.

若 $\lim \dfrac{\beta}{\alpha} = 0$,则称 β 是比 α 高阶的无穷小量,记为 $\beta = o(\alpha)$.

若 $\lim \dfrac{\beta}{\alpha^k} = c \neq 0, k > 0$,则称 β 是关于 α 的 k 阶无穷小量;特别地,当 $k = 1$ 时,称 β 与 α 是同阶无穷小量.

若 $\lim \dfrac{\beta}{\alpha} = \infty$,则称 β 是比 α 低阶的无穷小量.

例如,当 $n \to \infty$ 时,$\dfrac{1}{n^2}$ 与 $\dfrac{1}{2n^2 + 1}$ 都是无穷小量,且

$$\lim_{n \to \infty} \frac{\dfrac{1}{n^2}}{\dfrac{1}{2n^2 + 1}} = \lim_{n \to \infty} \frac{2n^2 + 1}{n^2} = 2 \neq 0,$$

所以 $\dfrac{1}{n^2}$ 与 $\dfrac{1}{2n^2 + 1}$ 是同阶无穷小量;

再如,当 $x \to 0$ 时:$\sin x$ 与 x 都是无穷小量,且 $\lim\limits_{x \to 0} \dfrac{\sin x}{x} = 1$,所以 $\sin x$ 与 x 是等价无穷小量;$1 - \cos x$ 与 x 都是无穷小量,且 $\lim\limits_{x \to 0} \dfrac{1 - \cos x}{x^2} = \dfrac{1}{2}$,所以 $1 - \cos x$ 是 x 的二阶无穷小量;而 $\lim\limits_{x \to 0} \dfrac{1 - \cos x}{x} = 0$,所以 $1 - \cos x$ 是比 x 高阶的无穷小量,或者说 x 是比 $1 - \cos x$ 低阶的无穷小量.

下面介绍关于等价无穷小量的两个性质.

定理 4 β 与 α 是等价无穷小量的充分必要条件为

$$\beta = \alpha + o(\alpha).$$

证 必要性. 设 $\beta \sim \alpha$,则

$$\lim \frac{\beta - \alpha}{\alpha} = \lim \left(\frac{\beta}{\alpha} - 1 \right) = \lim \frac{\beta}{\alpha} - 1 = 0,$$

所以 $\beta-\alpha=o(\alpha)$,即 $\beta=\alpha+o(\alpha)$.

充分性. 设 $\beta=\alpha+o(\alpha)$,则

$$\lim\frac{\beta}{\alpha}=\lim\frac{\alpha+o(\alpha)}{\alpha}=\lim\left(1+\frac{o(\alpha)}{\alpha}\right)=1,$$

故有 $\beta\sim\alpha$. □

例如,当 $x\to0$ 时,$\sin x\sim x$,$\tan x\sim x$,$1-\cos x\sim\frac{1}{2}x^2$,所以当 $x\to0$ 时,有

$$\sin x=x+o(x),\quad \tan x=x+o(x),\quad 1-\cos x=\frac{1}{2}x^2+o(x^2).$$

定理5 设 $\alpha\sim\alpha'$,$\beta\sim\beta'$,且 $\lim\dfrac{\beta'}{\alpha'}$ 存在,则

$$\lim\frac{\beta}{\alpha}=\lim\frac{\beta'}{\alpha'}.$$

证 $$\lim\frac{\beta}{\alpha}=\lim\left(\frac{\beta}{\beta'}\cdot\frac{\beta'}{\alpha'}\cdot\frac{\alpha'}{\alpha}\right)\lim\frac{\beta}{\beta'}\cdot\lim\frac{\beta'}{\alpha'}\cdot\lim\frac{\alpha'}{\alpha}=\lim\frac{\beta'}{\alpha'}.$$ □

注 定理5说明,在求函数的积或商的极限时,积或商中的无穷小因式都可用它的等价无穷小量替代,这提供了一种新的计算极限的常用方法——等价无穷小替换法.

当 $x\to0$ 时,常用的等价无穷小归纳如下,请自己证明(后面几个可见第七节例9):

$$\sin x\sim x\,;\ \tan x\sim x\,;\ \arcsin x\sim x\,;\ \arctan x\sim x\,;\ 1-\cos x\sim\frac{1}{2}x^2\,;$$

$$\ln(1+x)\sim x\,;\ a^x-1\sim x\ln a\,,a>0\,;\ \mathrm{e}^x-1\sim x\,;\ (1+x)^\alpha-1\sim\alpha x\,,\alpha\neq0.$$

例2 求 $\lim\limits_{x\to0}\dfrac{\tan x+x^2}{\sin2x}$.

解 $\lim\limits_{x\to0}\dfrac{\tan x+x^2}{\sin2x}=\lim\limits_{x\to0}\left(\dfrac{\tan x}{\sin2x}+\dfrac{x^2}{\sin2x}\right)=\lim\limits_{x\to0}\dfrac{\tan x}{\sin2x}+\lim\limits_{x\to0}\dfrac{x^2}{\sin2x}$,而当 $x\to0$ 时,$\tan x\sim x$,$\sin2x\sim2x$,故

$$\lim_{x\to0}\frac{\tan x}{\sin2x}=\lim_{x\to0}\frac{x}{2x}=\frac{1}{2},$$

$$\lim_{x\to0}\frac{x^2}{\sin2x}=\lim_{x\to0}\frac{x^2}{2x}=\lim_{x\to0}\frac{x}{2}=0,$$

所以 $$\lim_{x\to0}\frac{\tan x+x^2}{\sin2x}=\frac{1}{2}+0=\frac{1}{2}.$$

例3 求 $\lim\limits_{x\to0}\dfrac{\sqrt[3]{1+5x^2}-1}{\ln(1+2x)\arctan\dfrac{x}{2}}$.

解 当 $x\to0$ 时,

$$\sqrt[3]{1+5x^2}-1=(1+5x^2)^{\frac{1}{3}}-1\sim\frac{1}{3}\times5x^2=\frac{5}{3}x^2,$$

$$\ln(1+2x)\sim2x,$$

$$\arctan\frac{x}{2}\sim\frac{x}{2},$$

所以
$$\lim_{x \to 0} \frac{\sqrt[3]{1+5x^2}-1}{\ln(1+2x)\arctan\frac{x}{2}} = \lim_{x \to 0} \frac{\frac{5}{3}x^2}{2x \cdot \frac{x}{2}} = \frac{5}{3}.$$

注 遇到函数的和、差求极限时,不能简单地对分子和分母代数和中的个别项进行等价无穷小量替代.例如

$$\lim_{x \to 0} \frac{\tan x - \sin x}{x^3} = \lim_{x \to 0} \frac{x-x}{3x} = 0,$$

这是错误的,因为此时 $\sin x \sim x - \frac{x^3}{6}$, $\tan x \sim x + \frac{x^3}{3}$,原理可参阅第三章第三节泰勒公式部分.

三、无穷大量

定义 3(数列情形) 设有数列 $\{x_n\}$, $\forall M > 0$(无论它有多大),$\exists N \in \mathbf{N}$,使得 $n > N$ 时,有
$$|x_n| > M \quad (x_n < -M \text{ 或 } x_n > M),$$
则称数列 $\{x_n\}$ 是 $n \to \infty$ 时的无穷大量(负无穷大量、正无穷大量),记为
$$\lim_{n \to \infty} x_n = \infty \quad (\lim_{n \to \infty} x_n = -\infty, \lim_{n \to \infty} x_n = +\infty).$$

定义 4(函数情形) 设函数 $f(x)$ 在 x_0 的某邻域内有定义(x_0 除外),$\forall M > 0$(无论它有多大),$\exists \delta > 0$,当 $0 < |x - x_0| < \delta$ 时,有
$$|f(x)| > M \quad (f(x) < -M \text{ 或 } f(x) > M),$$
则称函数 $f(x)$ 是 $x \to x_0$ 时的无穷大量(负无穷大量、正无穷大量),记为
$$\lim_{x \to x_0} f(x) = \infty \quad (\lim_{x \to x_0} f(x) = -\infty \text{ 或 } \lim_{x \to x_0} f(x) = +\infty).$$

无穷大量有时简称为无穷大.

注 1 无穷大量(∞)不是数,不管一个数有多大也不是无穷大量,且无穷大量与自变量的变化过程有关.

注 2 读者可自行写出 $x \to x_0^+$, $x \to x_0^-$, $x \to \infty$, $x \to +\infty$, $x \to -\infty$ 时 $f(x)$ 为无穷大量的定义.

例 4 证明 $\lim\limits_{x \to 1} \dfrac{1}{(1-x)^2} = +\infty$.

证 $\forall M > 0$,要使 $\dfrac{1}{(1-x)^2} > M$,只要 $(1-x)^2 < \dfrac{1}{M}$,所以取 $\delta = \dfrac{1}{\sqrt{M}}$,当 $0 < |x-1| < \delta$ 时,就有
$$\frac{1}{(1-x)^2} > \frac{1}{\delta^2} = M,$$
即
$$\lim_{x \to 1} \frac{1}{(1-x)^2} = +\infty.$$

下述定理描述了无穷大量与无穷小量之间的关系.

定理6 在同一个自变量的变化过程中,无穷大量的倒数是无穷小量;非零的无穷小量的倒数是无穷大量.

证 (1) 以数列情形为例证明定理的前半部分. 即,若 $\lim\limits_{n\to\infty} x_n = \infty$,则

$$\lim\limits_{n\to\infty} \frac{1}{x_n} = 0.$$

$\forall \varepsilon > 0$,因为 $\lim\limits_{n\to\infty} x_n = \infty$,根据无穷大的定义,对于 $M = \dfrac{1}{\varepsilon} > 0$,$\exists N \in \mathbf{N}$,当 $n > N$ 时,有 $|x_n| > M$,从而有

$$\left| \frac{1}{x_n} \right| = \frac{1}{|x_n|} < \frac{1}{M} = \varepsilon,$$

即

$$\lim\limits_{n\to\infty} \frac{1}{x_n} = 0.$$

(2) 以函数情形为例证明定理的后半部分. 即,若 $\lim\limits_{x\to x_0} f(x) = 0$ 且 $f(x) \neq 0$,则

$$\lim\limits_{x\to x_0} \frac{1}{f(x)} = \infty.$$

$\forall M > 0$,因为 $\lim\limits_{x\to x_0} f(x) = 0$,对于 $\varepsilon = \dfrac{1}{M} > 0$,$\exists \delta > 0$,当 $0 < |x - x_0| < \delta$ 时,有

$$|f(x)| < \varepsilon = \frac{1}{M},$$

即

$$\left| \frac{1}{f(x)} \right| = \frac{1}{|f(x)|} > M,$$

故

$$\lim\limits_{x\to x_0} \frac{1}{f(x)} = \infty. \qquad \square$$

习题 1-5

1. 说明下列各无穷小量之间的关系:

(1) $x\sin\sqrt{x}$ 与 $5x$ $(x\to 0^+)$;

(2) $\sqrt{x + \sqrt{x + \sqrt{x}}}$ 与 $\sqrt[8]{x}$ $(x\to 0^+)$;

(3) $x^2\sin\dfrac{1}{x}$ 与 x $(x\to 0)$;

(4) $\tan x - \sin x$ 与 x $(x\to 0)$;

(5) $\sqrt{1+x} - \sqrt{1-x}$ 与 x^2 $(x\to 0)$.

2. 求下列极限:

(1) $\lim\limits_{x\to\infty} \dfrac{\arctan x}{x}$;

(2) $\lim\limits_{x\to 0}(e^{2x} - 1)\cos\dfrac{1}{x}$;

(3) $\lim\limits_{x\to 0} \dfrac{x\ln(1+x)}{1 - \cos x}$;

(4) $\lim\limits_{x\to 0} \dfrac{\tan x - \sin x}{\tan^3 x}$;

(5) $\lim\limits_{x\to 0^+} \dfrac{1 - \sqrt{\cos x}}{x(1 - \cos\sqrt{x})}$;

(6) $\lim\limits_{x\to 0} \dfrac{\ln\cos x}{x^2}$.

3. 设 $f(x) = \begin{cases} \dfrac{1}{x}\sin x, & x < 0, \\ 0, & x = 0, \\ x\sin\dfrac{1}{x} + a, & x > 0, \end{cases}$ 且 $\lim\limits_{x\to 0} f(x)$ 存在,求常数 a.

4. 若 $\lim\limits_{x\to 1}\dfrac{x^2+ax+b}{\sin(x^2-1)}=3$，求 a,b 之值.

5. 设 $x\to 0$ 时，$e^{x\cos x^2}-e^x$ 与 x^n 是同阶无穷小，求 n 的值.

6. 已知函数 $f(x)$ 满足 $\lim\limits_{x\to 0}\dfrac{\sqrt{1+f(x)\sin 2x}-1}{e^{3x}-1}=2$，求 $\lim\limits_{x\to 0}f(x)$.

7. 写出下列各式的分析定义：

(1) $\lim\limits_{x\to a^+}f(x)=-\infty$；　　(2) $\lim\limits_{x\to a^-}f(x)=+\infty$；　　(3) $\lim\limits_{x\to a^-}f(x)=\infty$；

(4) $\lim\limits_{x\to -\infty}f(x)=+\infty$；　　(5) $\lim\limits_{x\to +\infty}f(x)=-\infty$；　　(6) $\lim\limits_{x\to\infty}f(x)=\infty$.

8. 函数 $y=x\cos x$ 在 $(-\infty,+\infty)$ 内是否有界？当 $x\to +\infty$ 时这个函数是否为无穷大？为什么？

第六节　函数的连续性

自然界中存在着许多连续变化的现象，如气温的改变、江水的流动等，这些现象表示为函数，即为连续函数. 连续性是描述函数性态的重要方面，连续函数是高等数学所要研究的一类重要函数. 本节主要介绍连续函数的概念与函数间断点的分类.

一、函数连续性的概念

首先观察下面两个函数图形(图 1-18)的区别：

$$f(x)=x^2;\quad g(x)=\begin{cases}x^2, & x\neq 0,\\ 1, & x=0.\end{cases}$$

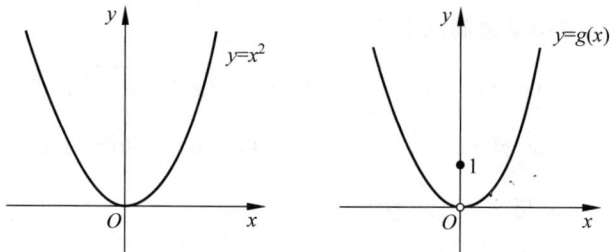

图　1-18

函数 $f(x)=x^2$ 的图形是连续不间断的曲线，而函数 $g(x)$ 的图形在 $x=0$ 处出现间断，因此在 $x=0$ 处，函数 $f(x)$ 和 $g(x)$ 在性质上有很大区别.

对 $f(x)$ 而言，当 $x\to 0$ 时，有 $\lim\limits_{x\to 0}f(x)=\lim\limits_{x\to 0}x^2=0$，又 $f(0)=0$，故在 $x=0$ 处极限值恰好等于函数值，即

$$\lim\limits_{x\to 0}f(x)=f(0).$$

对函数 $g(x)$ 而言，当 $x\to 0$ 时，也有 $\lim\limits_{x\to 0}g(x)=\lim\limits_{x\to 0}x^2=0$，但是 $g(0)=1$，所以在 $x=0$

处极限值不等于函数值,即

$$\lim_{x\to 0}g(x)\neq g(0).$$

定义 1　设函数 $y=f(x)$ 在点 x_0 的某个邻域内有定义,如果

$$\lim_{x\to x_0}f(x)=f(x_0),$$

则称函数 $f(x)$ 在点 x_0 处连续.

注 1　上述定义可以用 $\varepsilon-\delta$ 语言描述:设函数 $y=f(x)$ 在点 x_0 的某个邻域内有定义,如果 $\forall\varepsilon>0,\exists\delta>0$,当 $|x-x_0|<\delta$ 时,有

$$|f(x)-f(x_0)|<\varepsilon,$$

则称函数 $f(x)$ 在点 x_0 处连续.

这里的描述与极限定义的差别在于:没有要求 $0<|x-x_0|$,即点 x_0 包括在研究范围内,同时,$A=f(x_0)$,这说明极限值恰好等于函数值.

函数在一点连续的定义除了上述两种描述之外,还可以用函数的增量进行描述.记 $x-x_0=\Delta x$(不是"$\Delta\cdot x$",而是一个完整的符号),它表示自变量在 x_0 处的增量,其值可正可负,这时 $x=x_0+\Delta x$,对应函数值 $f(x)=f(x_0+\Delta x)$.当 x 从 x_0 变到 $x_0+\Delta x$ 时,函数 y 的对应增量为 $\Delta y=f(x_0+\Delta x)-f(x_0)$.

如果函数在 x_0 处连续,即有

$$\lim_{x\to x_0}f(x)=f(x_0),$$

移项后,得

$$\lim_{x\to x_0}[f(x)-f(x_0)]=0.$$

因 $x=x_0+\Delta x$,并且当 $x\to x_0$ 时,有 $\Delta x\to 0$,上述极限改写为

$$\lim_{\Delta x\to 0}[f(x_0+\Delta x)-f(x_0)]=\lim_{\Delta x\to 0}\Delta y=0.$$

即有以下注 2.

注 2　定义 1 可用增量描述:在点 x_0 处,如果当自变量增量趋于零时,函数值的增量也趋于零,则称函数在点 x_0 处连续.

如果函数在开区间 (a,b) 内每一点都连续,就称函数在开区间 (a,b) 内连续.如果区间含有端点,如闭区间 $[a,b]$,这时需要给出函数在端点 a,b 连续的定义.

如果 $\lim\limits_{x\to a^+}f(x)$ 存在且等于 $f(a)$,即

$$\lim_{x\to a^+}f(x)=f(a),$$

则称函数 $f(x)$ 在点 a 右连续.类似地,如果 $\lim\limits_{x\to b^-}f(x)$ 存在且等于 $f(b)$,即

$$\lim_{x\to b^-}f(x)=f(b),$$

则称函数 $f(x)$ 在点 b 左连续.

由单侧极限与双侧极限的关系易得:函数 $f(x)$ 在 x_0 点连续当且仅当 $f(x)$ 在 x_0 点左连续且右连续.

如果函数在 (a,b) 内连续,且在 a 点右连续,在 b 点左连续,则称函数在闭区间 $[a,b]$ 上连续.同理,可定义函数在区间 $[a,b),(a,b]$ 上连续.

前面已证明,$\forall x_0\in(-\infty,+\infty)$,对多项式 $P(x)$ 有 $\lim\limits_{x\to x_0}P(x)=P(x_0)$,这说明多项

式函数在区间$(-\infty,+\infty)$内是连续函数.对于有理函数$F(x)=\dfrac{P(x)}{Q(x)}$,若$Q(x_0)\neq 0$,则有$\lim\limits_{x\to x_0}F(x)=F(x_0)$,故有理函数在定义域内也是连续的.

函数$f(x)$在区间I上连续,有时用符号表示为$f(x)\in C(I)$.当$I=[a,b]$时,$f(x)\in C[a,b]$表示函数$f(x)$在闭区间$[a,b]$上连续.

例1 $f(x)=\begin{cases}x+2,&x\geqslant 0,\\x-2,&x<0\end{cases}$ 在$x=0$处是否连续?

解 $\lim\limits_{x\to 0^+}f(x)=\lim\limits_{x\to 0^+}(x+2)=2=f(0)$,所以$f(x)$在$x=0$处右连续;$\lim\limits_{x\to 0^-}f(x)=\lim\limits_{x\to 0^-}(x-2)=-2\neq f(0)$,所以$f(x)$在$x=0$处不左连续.总之,$f(x)$在$x=0$处不连续.

例2 研究函数$y=\lim\limits_{n\to\infty}\dfrac{x+x^2 e^{nx}}{1+e^{nx}}$的连续性.

解 当$x>0$时,$y=\lim\limits_{n\to\infty}\dfrac{xe^{-nx}+x^2}{e^{-nx}+1}=x^2$;当$x=0$时,$y=0$;当$x<0$时,$y=x$.即

$$y=\begin{cases}x^2,&x\geqslant 0,\\x,&x<0.\end{cases}$$

显然,当$x>0$或$x<0$时,函数连续;又$\lim\limits_{x\to 0^+}y=\lim\limits_{x\to 0^-}y=0=y(0)$,即函数在$x=0$处连续.故该函数在$(-\infty,+\infty)$内连续.

二、函数的间断点

设函数$f(x)$在x_0处连续,由定义知,它必须满足以下条件:

(i) 函数$f(x)$在x_0的某个邻域内有定义,尤其是在$x=x_0$处有定义,即$f(x_0)$存在;

(ii) $\lim\limits_{x\to x_0}f(x)$存在,它等价于

$$f(x_0+0)=f(x_0-0)=A;$$

(iii) 极限值$A=f(x_0)$.

假设函数$f(x)$在点x_0处不满足上述条件,则称函数$f(x)$在点x_0处不连续或间断,点x_0称为函数$f(x)$的不连续点或间断点.

函数间断点可分为以下两类:

(1) 第一类间断点

若函数$f(x)$在间断点x_0处左、右极限都存在,则称x_0为函数$f(x)$的第一类间断点.

例3 讨论下列函数在$x=0$处的连续性:

$$f(x)=\begin{cases}\dfrac{x}{|x|},&x\neq 0,\\0,&x=0.\end{cases}$$

解 容易算出

$$\lim\limits_{x\to 0^-}f(x)=\lim\limits_{x\to 0^-}\dfrac{x}{-x}=-1\quad 及\quad \lim\limits_{x\to 0^+}f(x)=\lim\limits_{x\to 0^+}\dfrac{x}{x}=1,$$

所以 $f(0+0)=1,f(0-0)=-1$ 都存在,即 $x=0$ 是函数 $f(x)$ 的第一类间断点.

注 1 例 3 中,$f(0+0)$ 与 $f(0-0)$ 都存在但是不相等,这样的间断点称为跳跃间断点.

注 2 若函数 $f(x)$ 在点 x_0 处没有定义,但 $\lim\limits_{x \to x_0} f(x)=A$,或 $f(x)$ 在 x_0 处有定义,但 $\lim\limits_{x \to x_0} f(x)=A \neq f(x_0)$,则称点 x_0 为函数 $f(x)$ 的可去间断点,此时 $f(x_0+0)=f(x_0-0)$.

例 4 函数 $f(x)=\dfrac{\sin x}{x}$ 在点 $x=0$ 处没有定义,而 $\lim\limits_{x \to 0} \dfrac{\sin x}{x}=1$ 存在,则 $x=0$ 是函数 $f(x)=\dfrac{\sin x}{x}$ 的可去间断点.

可去间断点的"可去"是指可以在函数的该点处重新定义或补充定义,使函数在该点处连续. 如上例中,$f(x)=\dfrac{\sin x}{x}$ 在 $x=0$ 处补充定义,使其函数值为 $A=1$,可以得到新的函数

$$g(x)=\begin{cases} \dfrac{\sin x}{x}, & x \neq 0, \\ 1, & x=0, \end{cases}$$

它在 $x=0$ 处是连续的.

(2) 第二类间断点

若函数 $f(x)$ 在点 x_0 处的左、右极限中至少有一个不存在,则称 x_0 为函数 $f(x)$ 的第二类间断点.

例 5 讨论函数 $f(x)=\dfrac{x^2}{1-\cos x}$ 的间断点及类型.

解 函数 $f(x)$ 在点 $x=2n\pi(n=0,\pm1,\pm2,\cdots)$ 处没有定义,所以这些点是 $f(x)$ 的间断点. 下面讨论间断点的类型.

(i) 当 $n=0$ 时,$x=0$,求得

$$\lim_{x \to 0} \frac{x^2}{1-\cos x}=2,$$

因此,$x=0$ 是函数 $f(x)$ 的可去间断点.

(ii) 当 $n \neq 0$ 时,$x=2n\pi \neq 0$,有

$$\lim_{x \to 2n\pi} \frac{1-\cos x}{x^2}=0,$$

即

$$\lim_{x \to 2n\pi} \frac{x^2}{1-\cos x}=\infty,$$

因此 $x=2n\pi(n=\pm1,\pm2,\cdots)$ 是函数 $f(x)$ 的第二类间断点.

注 在 x_0 处,单侧极限中有一个为无穷大的间断点也称为无穷间断点,例 5 中的 $x=2n\pi(n=\pm1,\pm2,\cdots)$ 即为无穷间断点.

例 6 $y=\sin\dfrac{1}{x}$ 在 $x=0$ 处没有定义,且 $x \to 0$ 时,函数值在 -1 与 $+1$ 之间振荡,故 $x=0$ 处函数极限不存在,$x=0$ 是 $y=\sin\dfrac{1}{x}$ 的第二类间断点,也称为该函数的振荡间断点.

习题 1-6

1. 若自变量 x 有增量 Δx,求相应的函数增量 Δy:

(1) $y=(ax+b)x$; 　　 (2) $y=10^x$.

2. 证明:

(1) $\Delta[f(x)+g(x)]=\Delta f(x)+\Delta g(x)$;

(2) $\Delta[f(x)\cdot g(x)]=g(x+\Delta x)\cdot\Delta f(x)+f(x)\cdot\Delta g(x)$.

3. 证明:若函数 $f(x)$ 是连续函数,则函数 $F(x)=|f(x)|$ 也是连续函数.

4. 若

$$f(x)=\begin{cases}\left|\dfrac{\sin x}{x}\right|, & x\neq0, \\ 1, & x=0,\end{cases}\qquad g(x)=\begin{cases}\dfrac{\sin x}{|x|}, & x\neq0, \\ 1, & x=0,\end{cases}$$

则函数 $f(x),g(x)$ 在 $x=0$ 处是否连续?

5. 讨论函数 $f(x)=\lim\limits_{n\to\infty}\dfrac{1-x^{2n}}{1+x^{2n}}x$($n$ 是正整数)的连续性.

6. 已知下列函数在指出点处间断,说明这些间断点的类别:

(1) $f(x)=\dfrac{\cos x}{(1+x)^2}$,$x=-1$; 　　　 (2) $f(x)=x\cos\dfrac{1}{x}$,$x=0$;

(3) $f(x)=\mathrm{e}^{-\frac{1}{x}}$,$x=0$; 　　　 (4) $f(x)=\dfrac{\cot x}{x^2-2x+2}$,$x=k\pi,k\in\mathbf{Z}$;

(5) $f(x)=\mathrm{e}^{-\frac{1}{x^2}}$,$x=0$; 　　　 (6) $f(x)=\begin{cases}\dfrac{x}{|x|}, & |x|\leqslant1,x\neq0, \\ 0, & x=0,\end{cases}$ $x=0$.

7. 已知下列函数在指出的点处间断,证明这些点是可去间断点,并补充或改变函数的定义使它在这些点处连续:

(1) $y=\dfrac{x^2-1}{x^2-3x+2}$,$x=1$; 　　　 (2) $y=\dfrac{x}{\tan x}$,$x=k\pi+\dfrac{\pi}{2}$,$k\in\mathbf{Z}$.

第七节　连续函数的运算与初等函数的连续性

高等数学中最常见到的函数多为初等函数,研究函数的连续性自然需要探讨初等函数的连续性.本节从初等函数的构造出发,通过研究连续函数的运算、基本初等函数的连续性,进而得到初等函数的连续性.

一、连续函数的运算

定理 1(四则运算)　若函数 $f(x),g(x)$ 在点 x_0 处连续,则:

(1) 它们的和、差、积在点 x_0 处连续,即 $f(x)\pm g(x)$,$f(x)\cdot g(x)$ 在点 x_0 处连续;

(2) 如果 $g(x_0) \neq 0$，那么它们的商 $\dfrac{f(x)}{g(x)}$ 在点 x_0 处连续.

证 记 $F(x) = f(x) + g(x)$，由函数在 x_0 处连续的定义及极限运算法则知，

$$\lim_{x \to x_0} F(x) = \lim_{x \to x_0} [f(x) + g(x)] = \lim_{x \to x_0} f(x) + \lim_{x \to x_0} g(x) = f(x_0) + g(x_0) = F(x_0),$$

即 $f(x) + g(x)$ 在点 x_0 处连续.

其他公式的证明完全类似. □

定理 2（复合运算） 设函数 $y = f(u)$ 与 $u = \varphi(x)$ 构成复合函数 $y = f[\varphi(x)]$，若 $u = \varphi(x)$ 在点 x_0 处连续，$f(u)$ 在点 $u_0 = \varphi(x_0)$ 处连续，则复合函数 $f[\varphi(x)]$ 在点 x_0 处连续.

证 由假设知

$$\lim_{x \to x_0} \varphi(x) = \varphi(x_0),$$

即

$$\lim_{x \to x_0} u = u_0;$$

以及

$$\lim_{u \to u_0} f(u) = f(u_0).$$

由复合函数求极限的定理知

$$\lim_{x \to x_0} f[\varphi(x)] \xlongequal{\diamondsuit u = \varphi(x)} \lim_{u \to u_0} f(u) = f(u_0) = f[\varphi(x_0)],$$

即复合函数 $f[\varphi(x)]$ 在点 x_0 处连续. □

注 应用复合函数求极限的定理时，曾要求 $x \neq x_0$ 时，有 $u \neq u_0$，而在 u_0 处，对 $\forall \varepsilon > 0$,

$$|f(u_0) - c| < \varepsilon$$

不一定成立. 而在函数连续的条件下，$c = f[\varphi(x_0)]$，$u_0 = \varphi(x_0)$，显然上面不等式成立，故上述要求可去掉.

后面研究初等函数的连续性时，由于在基本初等函数中存在反函数，且原函数与反函数在定义区间上严格单调，故此处相应介绍严格单调的连续函数所对应的反函数的连续性.

定理 3 若函数 $y = f(x)$ 在闭区间 $[a, b]$ 上严格单调增加（或减少）且连续，则其反函数 $x = f^{-1}(y)$ 也在闭区间 $[f(a), f(b)]$（或 $[f(b), f(a)]$）上严格单调增加（或减少）且连续.

证 反函数的存在性、严格单调性见第一节定理 1. 反函数的连续性用连续的定义直接可证，此处从略. □

注 将闭区间改为开区间 (a, b) 或无穷区间，定理仍成立.

二、初等函数的连续性

下面先证明六类基本初等函数在它们的定义域内都是连续的.

1. 常数函数

显然，常数函数 $y = c$ 在区间 $(-\infty, +\infty)$ 内连续.

2. 三角函数

例 1 $y = \sin x$ 在区间 $(-\infty, +\infty)$ 内连续.

证　$\forall x_0 \in (-\infty, +\infty)$,由和差化积公式,得

$$\left| \sin x - \sin x_0 \right| = \left| 2\sin\frac{\Delta x}{2}\cos\left(x_0 + \frac{\Delta x}{2}\right) \right| = 2\left| \sin\frac{\Delta x}{2} \right| \left| \cos\left(x_0 + \frac{\Delta x}{2}\right) \right|,$$

其中 $\Delta x = x - x_0$,又 $\left| \cos\left(x_0 + \dfrac{\Delta x}{2}\right) \right| \leqslant 1$,$\left| \sin\dfrac{\Delta x}{2} \right| < \left| \dfrac{\Delta x}{2} \right|$,由此推出

$$\left| \sin x - \sin x_0 \right| \leqslant 2 \times \left| \frac{\Delta x}{2} \right| \times 1 = \left| \Delta x \right| = \left| x - x_0 \right|.$$

$\forall \varepsilon > 0$,选取 $\delta = \varepsilon$,当 $\left| x - x_0 \right| < \delta$ 时,有

$$\left| \sin x - \sin x_0 \right| < \varepsilon,$$

即

$$\lim_{x \to x_0} \sin x = \sin x_0.$$

由函数连续的定义知,$\sin x$ 在区间 $(-\infty, +\infty)$ 内是连续函数.

例 2　$y = \cos x$ 在区间 $(-\infty, +\infty)$ 内连续.

证　$y = \cos x$ 可以看作是函数 $y = \sin u$ 与 $u = \dfrac{\pi}{2} - x$ 的复合函数,而 $y = \sin u$ 与 $u = \dfrac{\pi}{2} - x$ 在区间 $(-\infty, +\infty)$ 内都是连续的,由定理 2 知,$y = \cos x$ 在区间 $(-\infty, +\infty)$ 内连续.

例 3　$y = \tan x$,$y = \cot x$,$y = \sec x$,$y = \csc x$ 在相应定义域内是连续的.

证　$\tan x = \dfrac{\sin x}{\cos x}$,$\cot x = \dfrac{\cos x}{\sin x}$,$\sec x = \dfrac{1}{\cos x}$,$\csc x = \dfrac{1}{\sin x}$,连续性由定理 1 可得.

3. 反三角函数

例 4　反三角函数

$$y = \arcsin x, \quad x \in [-1, 1];$$
$$y = \arccos x, \quad x \in [-1, 1];$$
$$y = \arctan x, \quad x \in (-\infty, +\infty);$$
$$y = \text{arccot}\, x, \quad x \in (-\infty, +\infty)$$

在相应的区间上是连续函数.

证　因为函数 $y = \sin x$ 在 $\left[-\dfrac{\pi}{2}, \dfrac{\pi}{2} \right]$ 上严格单调增加且连续,由定理 3 知,它的反函数 $y = \arcsin x$ 在闭区间 $[-1, 1]$ 上也是严格单调增加且连续的.

类似地,可证明其余三个反三角函数的连续性.

4. 指数函数

例 5　指数函数 $y = a^x (a > 0, a \neq 1)$ 在区间 $(-\infty, +\infty)$ 内连续.

分析　只证 $a > 1$ 时 $y = a^x$ 连续即可.若 $a < 1$,令 $b = \dfrac{1}{a}$,则 $y = a^x = \dfrac{1}{b^x}$,其连续性转化为 b^x 的连续性,$b > 1$.

证　只证 $y = a^x (a > 1)$ 在区间 $(-\infty, +\infty)$ 内连续.

(1) 先证 $y = a^x (a > 1)$ 在点 $x = 0$ 处连续,即

$$\lim_{x \to 0} a^x = 1.$$

(i) 首先证 $\lim\limits_{x \to 0^+} a^x = 1$.

由第二节中数列极限定义中的例 4 知

$$\lim_{n \to \infty} a^{\frac{1}{n}} = 1,$$

故 $\forall \varepsilon > 0, \exists N \in \mathbf{N}$, 当 $n > N$ 时, 有

$$\left| a^{\frac{1}{n}} - 1 \right| < \varepsilon,$$

从而

$$1 < a^{\frac{1}{n}} < 1 + \varepsilon,$$

取 $n = N + 1$, 有

$$1 < a^{\frac{1}{N+1}} < 1 + \varepsilon,$$

故对上述 $\forall \varepsilon > 0$, 取 $\delta = \dfrac{1}{N+1}$, 则当 $0 < x < \delta$ 时, 有

$$1 < a^x < a^{\frac{1}{N+1}} < 1 + \varepsilon,$$

即

$$\lim_{x \to 0^+} a^x = 1.$$

(ii) 其次证 $\lim\limits_{x \to 0^-} a^x = 1$.

令 $x = -t$, 当 $x \to 0^-$ 时, $t \to 0^+$, 且 $a^x = \dfrac{1}{a^t}$, 于是由 (i) 知

$$\lim_{x \to 0^-} a^x = \lim_{t \to 0^+} \frac{1}{a^t} = \frac{1}{\lim\limits_{t \to 0^+} a^t} = 1.$$

由 (i), (ii) 可得

$$\lim_{x \to 0} a^x = 1.$$

(2) 再证 $y = a^x (a > 1)$ 在 $\forall x_0 \in (-\infty, +\infty)$ 处连续, 即

$$\lim_{x \to x_0} a^x = a^{x_0}.$$

因为

$$\lim_{x \to x_0} (a^x - a^{x_0}) = \lim_{x \to x_0} a^{x_0}(a^{x - x_0} - 1) = \lim_{\Delta x \to 0} a^{x_0}(a^{\Delta x} - 1) = a^{x_0}\left(\lim_{\Delta x \to 0} a^{\Delta x} - 1\right),$$

而由 (1) 可知

$$\lim_{\Delta x \to 0} a^{\Delta x} = 1,$$

故

$$\lim_{x \to x_0} (a^x - a^{x_0}) = a^{x_0}\left(\lim_{\Delta x \to 0} a^{\Delta x} - 1\right) = a^{x_0}(1 - 1) = 0,$$

即

$$\lim_{x \to x_0} a^x = a^{x_0}.$$

5. 对数函数

例 6　对数函数 $y = \log_a x (a > 0, a \neq 1)$ 在区间 $(0, +\infty)$ 内连续.

证 指数函数 $x=a^y (a>0, a\neq 1)$ 在区间 $(-\infty, +\infty)$ 内严格单调($a>1$ 时严格单调增加,$0<a<1$ 时严格单调减少),且由例 5 知它连续,故由定理 3 知其反函数 $y=\log_a x (a>0, a\neq 1)$ 在区间 $(0,+\infty)$ 内连续.

6. 幂函数

例 7 幂函数 $y=x^a (x>0)$ 在区间 $(0,+\infty)$ 内连续.

证 $y=x^a$ 是 $y=e^u$ 和 $u=a\ln x$ 的复合函数,而 $y=e^u$ 是 $(-\infty,+\infty)$ 内的连续函数,$u=a\ln x$ 是 $(0,+\infty)$ 内的连续函数,由定理 2 知 $y=x^a (x>0)$ 在区间 $(0,+\infty)$ 内连续.

如此,六类基本初等函数在它们的定义域内都是连续的.

因为初等函数是由六类基本初等函数经过有限次四则运算及复合运算而得到的,所以由基本初等函数的连续性、连续函数的四则运算和复合函数的连续性可以推知,初等函数在它们的定义区间内是连续函数,即得如下定理.

定理 4 所有初等函数在它们的定义区间内都是连续的.

注 1 若 $f(x)$ 为初等函数,x_0 为定义区间内一点,由连续性定义知

$$\lim_{x\to x_0} f(x)=f(x_0),$$

它将求极限问题转化为求函数值问题,这为计算初等函数的极限提供了一种简单方法.

注 2 若 $y=f(u)$ 在 $u=u_0$ 处连续,而 $u=\varphi(x)$,且 $\lim_{x\to x_0}\varphi(x)=u_0$,则

$$\lim_{x\to x_0} f[\varphi(x)]=f(u_0)=f\left[\lim_{x\to x_0}\varphi(x)\right],$$

特别地,$u=\varphi(x)$ 在 x_0 处连续时上式也成立.这说明连续函数的复合函数求极限值与求函数值次序可交换,计算复合函数的极限时常用此方法.

上述极限中的 $x\to x_0$ 也可换成 $x\to\infty$,此时,有类似的结论.

例 8 求 $\lim\limits_{x\to 1}\dfrac{\cos(x-1)}{\sqrt{1+x^2}+x}$.

解 因为 $x=1$ 为函数

$$f(x)=\frac{\cos(x-1)}{\sqrt{1+x^2}+x}$$

的定义区间内的点,由初等函数的连续性可知,

$$\lim_{x\to 1}\frac{\cos(x-1)}{\sqrt{1+x^2}+x}=\frac{\cos(1-1)}{\sqrt{1+1}+1}=\frac{1}{\sqrt{2}+1}.$$

例 9 求 $\lim\limits_{x\to 0}\dfrac{a^x-1}{x}$.

解 令 $a^x-1=t$,则 $x=\log_a(1+t)$,当 $x\to 0$ 时,有 $t\to 0$.于是

$$\lim_{x\to 0}\frac{a^x-1}{x}=\lim_{t\to 0}\frac{t}{\log_a(1+t)}=\lim_{t\to 0}\frac{1}{\frac{1}{t}\log_a(1+t)}=\frac{1}{\lim_{t\to 0}[\log_a(1+t)^{\frac{1}{t}}]}$$

$$=\frac{1}{\log_a[\lim_{t\to 0}(1+t)^{\frac{1}{t}}]}=\frac{1}{\log_a e}=\ln a.$$

注 上式结果可写为 $\lim\limits_{x\to 0}\dfrac{a^x-1}{x\ln a}=1$,即 $x\to 0$ 时,$a^x-1\sim x\ln a$;取 $a=e$,则 $e^x-1\sim x$.

类似地可证，$x \to 0$ 时 $\ln(1+x) \sim x$.

此外，注意到 $x \to 0$ 时 $\alpha \ln(1+x) \to 0$，故由上述可知

$$(1+x)^{\alpha} - 1 = e^{\alpha \ln(1+x)} - 1 \sim \alpha \ln(1+x) \sim \alpha x.$$

例 10　设 $\lim\limits_{x \to a} f(x) = A > 0, \lim\limits_{x \to a} g(x) = B$，则

$$\lim_{x \to a} f(x)^{g(x)} = A^B = \left[\lim_{x \to a} f(x) \right]^{\lim\limits_{x \to a} g(x)},$$

其中，形如 $y = f(x)^{g(x)}$ ($f(x) > 0$) 的函数称为幂指函数，它可写为 $y = e^{g(x)\ln f(x)}$，看作是 $y = e^u$ 和 $u = g(x)\ln f(x)$ 构成的复合函数.

证　由于指数函数和对数函数都是连续函数，因此由复合函数的连续性可知

$$\lim_{x \to a} f(x)^{g(x)} = \lim_{x \to a} e^{g(x)\ln f(x)} = e^{\lim\limits_{x \to a} [g(x)\ln f(x)]} = e^{\lim\limits_{x \to a} g(x) \cdot \lim\limits_{x \to a} [\ln f(x)]}$$

$$= e^{B \cdot \ln\left[\lim\limits_{x \to a} f(x)\right]} = e^{B\ln A} = e^{\ln A^B} = A^B.$$

注　上述结论中的极限过程 $x \to a$ 可以改为其他形式.

例 11　求 $\lim\limits_{x \to \infty} \left(\dfrac{x-1}{2x+1} \right)^{\frac{3x^2+5}{x^2+1}}$.

解　因为

$$\lim_{x \to \infty} \frac{x-1}{2x+1} = \frac{1}{2}, \quad \lim_{x \to \infty} \frac{3x^2+5}{x^2+1} = 3,$$

故

$$\lim_{x \to \infty} \left(\frac{x-1}{2x+1} \right)^{\frac{3x^2+5}{x^2+1}} = \left(\frac{1}{2} \right)^3 = \frac{1}{8}.$$

例 12　求 $\lim\limits_{x \to \infty} \left(1 + \dfrac{2}{x^2} \right)^{3x}$.

解　虽然 $\lim\limits_{x \to \infty} \left(1 + \dfrac{2}{x^2} \right) = 1$，但是 $\lim\limits_{x \to \infty} 3x = \infty$，它不是有限数，故不能直接利用上述公式，可以先进行恒等变形：

$$\lim_{x \to \infty} \left(1 + \frac{2}{x^2} \right)^{3x} = \lim_{x \to \infty} \left[\left(1 + \frac{2}{x^2} \right)^{\frac{x^2}{2}} \right]^{\frac{6}{x}} = e^0 = 1.$$

习题 1-7

1. 设 $f(x) = \begin{cases} \dfrac{x^2-4}{x-2}, & x \neq 2, \\ A, & x = 2. \end{cases}$ 式中 A 为何值时，函数连续？

2. 研究由函数 $f(x) = \mathrm{sgn}\,x$ 和 $g(x) = 1 + x^2$ 构成的复合函数 $f[g(x)]$ 和 $g[f(x)]$ 的连续性.

3. 求下列函数的间断点,并指出间断点类别:

(1) $f(x)=\dfrac{|x^2-1|}{x^2-1}$;

(2) $f(x)=\dfrac{\dfrac{1}{x}-\dfrac{1}{x+1}}{\dfrac{1}{x-1}-\dfrac{1}{x}}$;

(3) $f(x)=\lim\limits_{n\to\infty}\dfrac{n\sin x}{nx^2+1}\ (-1\leqslant x\leqslant 1)$;

(4) $f(x)=\lim\limits_{n\to\infty}\dfrac{x^n-1}{x^n+1}$.

4. 求极限:

(1) $\lim\limits_{x\to 3}\dfrac{\sqrt[4]{x}-3}{\sqrt{x}-9}$;

(2) $\lim\limits_{x\to-\infty}(\sqrt{x^2+x}-x)$;

(3) $\lim\limits_{x\to\infty}x[\ln(x+1)-\ln x]$;

(4) $\lim\limits_{x\to 1^+}\arctan\dfrac{1}{1-x}$;

(5) $\lim\limits_{x\to\infty}\mathrm{e}^{\frac{1}{x}}$;

(6) $\lim\limits_{x\to+\infty}(\sqrt{1+x+x^2}-\sqrt{1-x+x^2})$;

(7) $\lim\limits_{x\to 0}(3\mathrm{e}^{\frac{x}{x+1}}-1)^{\frac{\sin x}{x}}$;

(8) $\lim\limits_{x\to 0}(\cos x)^{\frac{1}{x^2}}$;

(9) $\lim\limits_{x\to\frac{\pi}{4}}(\tan x)^{\tan 2x}$.

5. 已知 $\lim\limits_{x\to 0}\left(\dfrac{1-\tan x}{1+\tan x}\right)^{\frac{1}{\sin kx}}=\mathrm{e}$,求常数 k.

6. 求 $\lim\limits_{t\to x}\left(\dfrac{\sin t}{\sin x}\right)^{\frac{x}{\sin t-\sin x}}$,记此极限为 $f(x)$,求 $f(x)$ 的间断点并指出其类型.

7. 举例说明:初等函数可以没有定义区间.

第八节　闭区间上连续函数的性质

函数 $f(x)$ 在 x_0 点连续时,有 $\lim\limits_{x\to x_0}f(x)=f(x_0)$,所以 $f(x)$ 在 x_0 点的邻域内具有一些局部性质,如局部有界性、局部保序性、局部保号性等.但当函数在闭区间上连续时,它在该区间上就具有一些整体性质.本节主要介绍闭区间上的连续函数具有的一些重要性质,这些性质在理论和应用中非常重要,有些性质的证明涉及较深的理论,这里不给出证明.

一、最值性与有界性

先说明最大值和最小值的概念.

定义 1　设函数 $f(x)$ 在集合 X 上有定义,如果有一点 $x_0\in X$,使得对任一 $x\in X$,都有

$$f(x)\leqslant f(x_0)\quad (f(x)\geqslant f(x_0)),$$

则称 $f(x_0)$ 是函数 $f(x)$ 在 X 上的最大值(最小值),x_0 称为最大值(最小值)点. $f(x)$ 在 X 上的最大值常记为 $\max\limits_{x\in X}f(x)$,最小值常记为 $\min\limits_{x\in X}f(x)$.

例 1　$y = 1 + \cos x$ 在 $[0, 2\pi]$ 上连续, 且有最大值 2 和最小值 0;

$$f(x) = \begin{cases} x, & 0 < x < 1, \\ \dfrac{1}{2}, & x = 0 \text{ 或 } 1 \end{cases} \quad \text{在开区间}(0, 1)\text{内连续, 但在闭区间上不连续, 该函数在}[0, 1]$$

上没有最大值和最小值;

$$f(x) = \begin{cases} 1 - 2x, & 0 \leqslant x < \dfrac{1}{2}, \\ 1, & x = \dfrac{1}{2}, \\ 3 - 2x, & \dfrac{1}{2} < x \leqslant 1 \end{cases} \quad \text{在闭区间}[0, 1]\text{上不连续}, x = \dfrac{1}{2}\text{ 是 }f(x)\text{ 的间断点, 函数}$$

$f(x)$ 在 $[0, 1]$ 上没有最大值和最小值.

由上述例子可以推想, 函数在闭区间上连续是存在最大值和最小值的充分条件.

定理 1(最值定理)　若函数 $f(x) \in C[a, b]$, 则至少存在一点 $\xi_1 \in [a, b]$, 使 $f(\xi_1)$ 是 $f(x)$ 在 $[a, b]$ 上的最大值; 又至少存在一点 $\xi_2 \in [a, b]$, 使 $f(\xi_2)$ 是 $f(x)$ 在 $[a, b]$ 上的最小值.

由上述定理立即推得:

定理 2(有界性定理)　在闭区间上连续的函数在该区间上一定有界.

证　设函数 $f(x)$ 在闭区间 $[a, b]$ 上连续, 由最值定理知, 函数 $f(x)$ 在闭区间 $[a, b]$ 上存在最大值 M 和最小值 m, 即 $\forall x \in [a, b]$, 有

$$m \leqslant f(x) \leqslant M,$$

这说明 $f(x)$ 在 $[a, b]$ 上有上界 M 和下界 m, 因此函数 $f(x)$ 在 $[a, b]$ 上有界.　□

二、零点定理与介值性

如果函数 $f(x)$ 满足 $f(x_0) = 0$, 就称 x_0 是函数 $f(x)$ 的一个零点.

定理 3(零点存在定理)　若函数 $f(x) \in C[a, b]$, 且 $f(a)$ 与 $f(b)$ 异号, 则在 (a, b) 内至少存在一点 ξ, 使得

$$f(\xi) = 0, \quad a < \xi < b.$$

这个定理的几何意义非常清楚: $f(a)$ 与 $f(b)$ 异号, 说明点 $A(a, f(a))$ 和点 $B(b, f(b))$ 分别位于上、下半平面, 因为函数 $f(x)$ 在闭区间 $[a, b]$ 上连续, 说明它的图形是一条连续曲线. 当一动点 P 从点 A 开始沿曲线移动, 这个过程中点 P 须穿过 x 轴至少一次, 才能最终到达点 B. 设在 $x = \xi$ 时点 P 到达 x 轴, 即 $f(\xi) = 0$(图 1-19).

注 1　如果函数 $f(x)$ 在开区间内连续, 或者在闭区间上不连续, 那么定理不一定成立. 例如

$$f(x) = \begin{cases} x + 1, & 0 < x \leqslant 1, \\ -1, & x = 0, \end{cases}$$

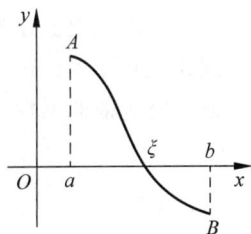

它在开区间 $(0, 1)$ 内连续, 且 $f(0) = -1$, $f(1) = 2$, 两值异号, 但 $f(x)$ 在 $(0, 1)$ 内 $f(x) > 1$, 不存在 $\xi \in (0, 1)$ 使 $f(\xi) = 0$.

又如

图　1-19

$$f(x) = \begin{cases} x-1, & -1 \leqslant x < 0, \\ x+1, & 0 \leqslant x \leqslant 1, \end{cases}$$

因为 $\lim\limits_{x \to 0^-} f(x) = -1 \neq f(0) = 1$，所以 $x=0$ 是 $f(x)$ 的间断点，虽然 $f(-1)=-2, f(1) = 2$，两值异号，但不存在 $\xi \in (-1,1)$ 使 $f(\xi)=0$.

注 2 $f(a)$ 与 $f(b)$ 异号，即 $f(a)f(b) < 0$，这是充分条件. 若该条件不成立，则定理可能不成立，反例很容易举出.

注 3   零点 $x = \xi$ 也可看作方程 $f(x)=0$ 的根.

由上述定理容易推得：

定理 4（介值定理）   设 $f(x) \in C[a,b]$ 且 $f(a) \neq f(b)$，μ 是介于 $f(a)$ 与 $f(b)$ 之间的任一个数，则在 (a,b) 内至少存在一点 ξ，使

$$f(\xi) = \mu, \quad \xi \in (a,b).$$

证   构造辅助函数

$$\varphi(x) = f(x) - \mu,$$

则 $\varphi(x)$ 在 $[a,b]$ 上连续. 又

$$\varphi(a) = f(a) - \mu, \quad \varphi(b) = f(b) - \mu,$$

因为 μ 介于 $f(a)$ 和 $f(b)$ 之间，所以 $\varphi(a)$ 与 $\varphi(b)$ 异号，由定理 3 可知，至少存在一点 $\xi \in (a,b)$，使 $\varphi(\xi)=0$，即

$$f(\xi) = \mu, \quad \xi \in (a,b).$$

由本定理与定理 1 易得介值定理的一般化描述：

推论   在闭区间上连续的函数必取得介于最大值 M 和最小值 m 之间的任何值.

证   设函数 $f(x)$ 在 $[a,b]$ 上最大值为 M、最小值为 m，且 $f(x_1)=m, f(x_2)=M$，而 $m \neq M, m < \mu < M$. $f(x)$ 在闭区间 $[x_1, x_2]$（或 $[x_2, x_1]$）上连续，由介值定理知，存在一点 $\xi \in (x_1, x_2)$（或 (x_2, x_1)），使

$$f(\xi) = \mu,$$

推论得证.

例 2   证明方程 $x^5 - 8x^4 - x^2 + 1 = 0$ 在 $(0,1)$ 中至少有一个根.

证   设 $f(x) = x^5 - 8x^4 - x^2 + 1$，显然 $f(x) \in C[0,1]$. 因为

$$f(0) = 1 > 0, \quad f(1) = -7 < 0,$$

所以由零点存在定理知，至少存在一点 $\xi \in (0,1)$，使

$$f(\xi) = 0,$$

即 $x = \xi$ 为所求方程的根.

注   可以证明上述方程至少有三个实根.

例 3   证明 $x + \sin x = 3$ 至少有一个正根.

证   构造辅助函数

$$f(x) = x + \sin x - 3,$$

显然有

$$f(0) = -3 < 0, \quad f(5) > 5 - 1 - 3 > 0,$$

且函数 $f(x)$ 在闭区间 $[0,5]$ 上连续. 由零点存在定理知，至少存在一点 $\xi \in (0,5)$，使

$$f(\xi) = \xi + \sin\xi - 3 = 0,$$

即 $x = \xi$ 是 $x + \sin x = 3$ 的一个正根.

例 4 设函数 $f:[0,1] \rightarrow [0,1]$,且 $f \in C[0,1]$,则至少存在一点 $\xi \in [0,1]$,使 $f(\xi) = \xi$.

证 若 $f(0) = 0$ 或 $f(1) = 1$,则 $\xi = 0$ 或 $\xi = 1$ 即为所求. 若 $f(0) \neq 0$ 且 $f(1) \neq 1$,由假设知 $0 \leqslant f(x) \leqslant 1$,构造辅助函数 $F(x) = f(x) - x$,显然,$F(0) > 0$,$F(1) < 0$,且 $F(x) \in C[0,1]$. 由零点存在定理知,存在 $\xi \in (0,1)$,使 $F(\xi) = 0$,即 $f(\xi) = \xi$.

注 $f(\xi) = \xi$ 说明 $f:\xi \rightarrow \xi$,即在函数 f 作用下,ξ 仍对应 ξ 本身,ξ 在函数 f 作用下不动,这样的 ξ 称为函数 f 的一个不动点.

*三、一致连续性

首先观察一个例子.

例 5 设函数 $f(x) = \dfrac{1}{x}$,$0 < x < 1$. 用 $\varepsilon - \delta$ 方法证明 $f(x)$ 在 $(0,1)$ 内是连续函数.

证 对任意一点 $x_0 \in (0,1)$,下面证明 $f(x)$ 在 $x = x_0$ 处连续.

$\forall \varepsilon > 0$,要使得

$$\left| f(x) - f(x_0) \right| = \left| \frac{1}{x} - \frac{1}{x_0} \right| = \left| \frac{x - x_0}{x x_0} \right| < \varepsilon, \tag{1}$$

先限定 $|x - x_0| < \delta_1 = \min\left\{ \dfrac{x_0}{2}, 1 - x_0 \right\}$,从而有 $x > \dfrac{x_0}{2} > 0$,这时,

$$\left| \frac{x - x_0}{x x_0} \right| < \frac{2|x - x_0|}{x_0^2}.$$

要使式(1)成立,只需

$$\frac{2|x - x_0|}{x_0^2} < \varepsilon,$$

即

$$|x - x_0| < \frac{x_0^2}{2}\varepsilon.$$

故取 $\delta = \min\left\{ \dfrac{x_0^2}{2}\varepsilon, \delta_1 \right\}$,当 $|x - x_0| < \delta$ 时,就有

$$\left| f(x) - f(x_0) \right| = \left| \frac{1}{x} - \frac{1}{x_0} \right| < \varepsilon,$$

即

$$\lim_{x \to x_0} f(x) = f(x_0),$$

$f(x)$ 在 $x = x_0$ 处连续.

本例中,对于给定的 $\varepsilon > 0$,求出的 δ 与 x_0 有关. 对其他的 $x \in (0,1)$,对相同的 ε 求得的 δ 并不适用. 但对某些函数而言,对 $\forall \varepsilon > 0$,在区间上任一点 x_0 处所求得的 δ 与 x_0 无关,它适用于区间上所有的点 x,只要有 $|x - x_0| < \delta$,就会使 $|f(x) - f(x_0)| < \varepsilon$. 这时,我们称这样的函数在区间上是一致连续的. 准确的定义为:

定义 2 设函数 $f(x)$ 在区间 I 上有定义,若对 $\forall \varepsilon > 0$,$\exists \delta > 0$,对 $\forall x_1, x_2 \in I$,当 $|x_1 - x_2| < \delta$ 时,就有

$$|f(x_1) - f(x_2)| < \varepsilon,$$

那么称函数 $f(x)$ 在区间 I 上是一致连续的.

定理 5(一致连续性定理)   如果函数 $f(x) \in C[a,b]$,那么它在 $[a,b]$ 上一致连续.

例 6   证明 $f(x) = x \sin \dfrac{1}{x}$ 在区间 $(0,1)$ 上是一致连续的.

证   将函数 $f(x)$ 在 $x=0, x=1$ 处补充定义. 因为 $\left| \sin \dfrac{1}{x} \right| \leqslant 1, \lim\limits_{x \to 0} x = 0$,因此有

$$\lim_{x \to 0} f(x) = \lim_{x \to 0} x \cdot \sin \frac{1}{x} = 0,$$

说明 $x=0$ 是 $f(x)$ 的可去间断点. 定义:

$$g(x) = \begin{cases} x \sin \dfrac{1}{x}, & 0 < x \leqslant 1, \\ 0, & x = 0, \end{cases}$$

则 $g(x)$ 是闭区间 $[0,1]$ 上的连续函数,由定理 5 知,$g(x)$ 在闭区间 $[0,1]$ 上是一致连续的,而 $(0,1) \subset [0,1]$,所以 $g(x)$ 在 $(0,1)$ 上也是一致连续的,即 $f(x)$ 在 $(0,1)$ 上一致连续.

习题 1-8

1. 证明:若 $f(x)$ 在 $(-\infty, +\infty)$ 内连续,且 $\lim\limits_{x \to \infty} f(x)$ 存在,则 $f(x)$ 必在 $(-\infty, +\infty)$ 内有界.

2. 证明方程 $x^5 - 4x = 1$ 至少有一个根介于 1 和 2 之间.

3. 证明方程 $x = a \sin x + b (a > 0, b > 0)$ 至少有一个不超过 $a + b$ 的正根.

4. 设 $f(x)$ 在 $[0,1]$ 上连续且 $f(0) = f(1)$. 证明:存在 $\xi \in [0,1]$,使

$$f(\xi) = f\left(\xi + \frac{1}{2}\right).$$

5. 若函数 $f(x) \in C(a,b)$,又 $a < x_1 < x_2 < \cdots < x_n < b$,则必有 $\xi \in [x_1, x_n]$,使得

$$f(x) = \frac{f(x_1) + f(x_2) + \cdots + f(x_n)}{n}.$$

第九节   工程应用举例

例 1(建筑中的共振)   在分析运转着的机器或地震对建筑结构的影响时,由结构动力学知道,结构的变形与动力系数 μ 有关. 现知 $\mu = \dfrac{1}{1 - \left(\dfrac{\theta}{\omega}\right)^2}$,其中 θ 是运转着的机器或地震的频率,ω 是建筑结构的自震频率. 请使用极限分析建筑中的共振现象.

解   当 θ 趋近 ω 时,$\dfrac{\theta}{\omega}$ 趋于 1,从而 μ 就趋向无穷大. 这时无论机器或地震的干扰力多么小,都会使建筑结构的变形很大,影响建筑结构的正常使用,甚至造成破坏,这种现象称为

共振.在建筑结构设计中,应该努力避免发生共振现象.

例 2（药品增量）　某药店 2021 年底对某药的保有量为 30 万盒,预计此后每月废弃上一月末药品保有量的 6%,并且每月新增药品数量相同.要求该药店对该药品的保有量不超过 60 万盒,那么每月新增药品数量不应超过多少盒?

解　设 2021 年底对某药的保有量为 a_1 万盒,以后每月末对该药的保有量依次为 a_2 万盒,a_3 万盒,……,每月新增药品 x 万盒,则

$$a_1 = 30, \quad a_n = (1 - 6\%)a_{n-1} + x, \quad n \geqslant 2,$$

如此可得

$$a_n = 0.94^{n-1} a_1 + 0.94^{n-2} x + \cdots + 0.94^2 x + 0.94 x + x,$$

所以

$$a_n = 0.94^{n-1} \times 30 + \frac{x(1 - 0.94^{n-1})}{1 - 0.94}, \quad n \in \mathbf{N},$$

且

$$\lim_{n \to \infty} a_n = \lim_{n \to \infty} 0.94^{n-1} \times 30 + \lim_{n \to \infty} \frac{x(1 - 0.94^{n-1})}{1 - 0.94} = \frac{x}{0.06}.$$

令 $\frac{x}{0.06} \leqslant 60$,得 $x \leqslant 3.6$ 万盒.

可见,每月新增药品的数量不应超过 3.6 万盒.

例 3（CO_2 的吸收）　空气通过盛有 CO_2 吸收剂的圆柱形器皿,已知该器皿吸收 CO_2 的量与 CO_2 的体积分数及吸收层厚度成正比.今有 CO_2 体积分数为 8% 的空气,通过厚度为 10cm 的吸收层后,CO_2 体积分数为 2%.问:

(1) 若吸收层厚度为 30cm,出口处空气中 CO_2 的体积分数是多少?

(2) 若要使出口处空气中 CO_2 的体积分数为 1%,吸收层厚度应为多少?

解　设吸收层厚度为 d(cm),现将吸收层等分成 n 小段,每小段的厚度为 $\frac{d}{n}$(cm).

已知该器皿吸收 CO_2 的量与 CO_2 的体积分数及吸收层厚度成正比.今有 CO_2 体积分数为 8% 的空气,设通过第 1 小段吸收层后,吸收 CO_2 的量为 $k \times 8\% \frac{d}{n}$(k 为常数),则空气中 CO_2 的体积分数为

$$8\% - k \times 8\% \frac{d}{n} = 8\% \left(1 - k \frac{d}{n} \right);$$

通过第 2 小段吸收层后,吸收 CO_2 的量为

$$k \times 8\% \left(1 - k \frac{d}{n} \right) \frac{d}{n},$$

空气中 CO_2 的体积分数为

$$8\% \left(1 - k \frac{d}{n} \right) - k \times 8\% \left(1 - k \frac{d}{n} \right) \frac{d}{n} = 8\% \left(1 - k \frac{d}{n} \right)^2;$$

以此类推,通过第 n 小段吸收层后,空气中 CO_2 的体积分数为

$$8\% \left(1 - k \frac{d}{n} \right)^n.$$

当 $n \to \infty$ 时，即将吸收层无限细分，通过厚度为 $d(\text{cm})$ 的吸收层后，出口处空气中 CO_2 的体积分数为

$$\lim_{n \to \infty} 8\% \left(1 - k\frac{d}{n}\right)^n = \lim_{n \to \infty} 8\% \left[\left(1 + \frac{1}{-\frac{n}{kd}}\right)^{-\frac{n}{kd}}\right]^{-kd} = 8\% \, e^{-kd}.$$

已知通过厚度为 10cm 的吸收层后，CO_2 的体积分数为 2%，即 $8\% \, e^{-10k} = 2\%$，解得 $k = \dfrac{\ln 2}{5}$。

(1) 若吸收层厚度为 30cm，即 $d = 30\text{cm}$，则出口处空气中 CO_2 的体积分数为

$$8\% \, e^{-\frac{\ln 2}{5} \times 30} = \frac{8\%}{2^6} = 0.125\%;$$

(2) 要使出口处空气中 CO_2 的体积分数为 1%，则 $8\% \, e^{-\frac{\ln 2}{5}d} = 1\%$，即 $2^{\frac{d}{5}} = 8\text{cm}$，$\dfrac{d}{5} = 3\text{cm}$，$d = 15\text{cm}$，即此时吸收层厚度为 15cm。

例4（电势函数） 分布于 y 轴上一点电荷的电势 φ 由以下公式定义：

$$\varphi(y) = \begin{cases} 2\pi\sigma(\sqrt{y^2 + a^2} - y), & y < 0, \\ 2\pi\sigma(\sqrt{y^2 + a^2} + y), & y \geqslant 0, \end{cases}$$

其中 σ, a 都是正常数，问 φ 在 $y = 0$ 处是否连续？

解 因为

$$\lim_{y \to 0^-} \varphi(y) = \lim_{y \to 0^-} 2\pi\sigma(\sqrt{y^2 + a^2} - y) = 2\pi\sigma a,$$

$$\lim_{y \to 0^+} \varphi(y) = \lim_{y \to 0^+} 2\pi\sigma(\sqrt{y^2 + a^2} + y) = 2\pi\sigma a,$$

故 $\lim\limits_{y \to 0} \varphi(y) = 2\pi\sigma a = \varphi(0)$，因此 φ 在 $y = 0$ 处连续。

数学发现的一般方法(一)——观察与实验

数学家欧拉曾说："数学这门学科，需要观察，也需要实验。"

数学观察法指的是人们认识事物或问题的数学特征的一种方法，即通过视觉获取信息，运用思维辨认其形式、结构和数量关系，从而发现某些规律或性质的方法。观察的基本目的在于获取有关的信息和数据，发现事物的特征、联系，为进一步了解数学对象的性质、规律以及构建新的模型或模式做准备，观察过程中包含着积极的数学思维过程。例如，通过观察下列算式

$$2^1 = 2, \quad 2^2 = 4, \quad 2^3 = 8, \quad 2^4 = 16, \quad 2^5 = 32, \quad 2^6 = 64, \quad 2^7 = 128, \quad 2^8 = 256, \cdots$$

不难发现，各算式的末位数字按照 2,4,8,6 的顺序循环出现，运用归纳可发现如下规律：

2^{4n+1} 的末位数是 2，2^{4n+2} 的末位数是 4，2^{4n+3} 的末位数是 8，2^{4n} 的末位数是 6。

实验法是人们根据科学研究的目的或教学的需要，运用一定的物质手段，在人为地控制或模拟自然现象的条件下，对研究对象及其相互关系进行考察，从而获得经验材料的方法，

相应的行为称为实验.采用数学观察法对数学对象进行实验的方法称为数学实验法,相应的行为称为数学实验.早期的实验方式有自然实验、数学建模;现在,随着计算机科学技术的发展,无论应用数学或纯粹数学,都可以运用计算机软件做大量的实验来验证数学发现结果.数学实验能促进数学发现,如数学史上著名的蒲丰(D. Buffon)投针实验可用来估计圆周率的值、"四色猜想"的证明依赖于计算机实验验证,等等.

第 二 章

导数与微分

　　高等数学包括微分学与积分学,自本章开始介绍微分学.微分学的基本概念是导数与微分,导数反映函数值相对于自变量的变化率,而微分则是自变量取值有小的变化时函数值变化量的一种近似.本章先介绍导数的概念,然后介绍导数的计算方法,最后讨论微分及其简单应用.下一章将进一步讨论导数的应用.

第一节　导数的概念

一、导数的定义

1. 引例

引例 1　质点的瞬时速度

　　设某质点作变速直线运动,在不同的时刻,质点速度一般是不同的,因此速度是时间的函数.在 t_0 时刻,速度函数的值 $v(t_0)$ 叫作质点在该时刻的瞬时速度,下面求瞬时速度 $v(t_0)$.为此,在该直线上引入原点和单位点使其成为数轴(一维坐标系).设质点于时刻 t 在直线上的位置坐标为 s,那么 s 是 t 的函数,称为位置函数,记为 $s=s(t)$.在 t_0 时刻附近取另一时刻 t,从 t_0 到 t 这一时段上,质点从位置 $s_0=s(t_0)$ 移到 $s=s(t)$,如果 $|t-t_0|$ 充分小,那么在这一小时段上质点近似于作匀速运动,因而其瞬时速度 $v(t_0)$ 可以用这一小时段上的平均速度

$$\bar{v}=\frac{s-s_0}{t-t_0}=\frac{s(t)-s(t_0)}{t-t_0}$$

来近似.t 越靠近 t_0,即时段越小,近似程度越高.因此,瞬时速度可以表示为

$$v(t_0)=\lim_{t\to t_0}\frac{s(t)-s(t_0)}{t-t_0}.$$

引例 2　曲线的切线斜率

　　设有平面曲线 C,M 是 C 上一点,如何定义 C 在 M 点处的切线?这个问题的物理背景之一是确定曲线运动在一点的速度的方向.根据直线的点斜式表示,要定义曲线 C 在点 M 处的切线,只要确定切线的斜率即可.在曲线 C 上另外取一点 N,连接点 M 与点 N 的直线叫作割线.让点 N 沿 C 趋于点 M,则割线绕点 M 转动,其极限位置就是 C 在点 M 处的切线.因此,切线的斜率应是割线斜率的极限.确定直角坐标系后,设 C 对应的函数为 $y=f(x)$,M 点的坐标为 $(x_0,f(x_0))$,N 点的坐标为 $(x,f(x))$,如图 2-1 所示,则割线 MN 的斜率为

$$\bar{k} = \frac{f(x) - f(x_0)}{x - x_0}.$$

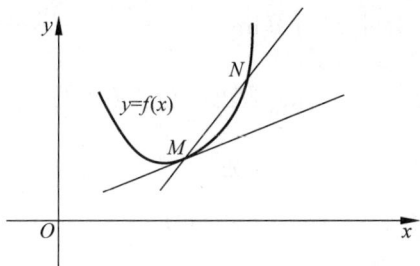

图 2-1

当 N 沿 C 趋于 M 时，$x \to x_0$，曲线在 M 点的切线斜率可以表示为

$$k = \lim_{x \to x_0} \frac{f(x) - f(x_0)}{x - x_0}.$$

上述两个例子的背景完全不同，但从数学观点看，它们都最终归结为同一类型极限问题

$$\lim_{\Delta x \to 0} \frac{\Delta y}{\Delta x},$$

其中 Δx 为自变量的增量，Δy 是 Δx 引出的函数值的增量. 这两个例子最终要刻画的都是函数值相对于自变量的变化率. 用数学语言概括、抽象出来就是下面要介绍的导数概念.

2. 函数在一点的导数

定义 1 设函数 $y = f(x)$ 在点 x_0 的某个邻域内有定义，当自变量 x 在点 x_0 处取得增量 Δx（要求 $x_0 + \Delta x$ 仍在该邻域内）时，函数也取得相应的增量 $\Delta y = f(x_0 + \Delta x) - f(x_0)$. 如果极限 $\lim\limits_{\Delta x \to 0} \dfrac{\Delta y}{\Delta x}$ 存在，则称函数 $y = f(x)$ 在点 x_0 处可导，并称该极限值为 $f(x)$ 在点 x_0 处的导数值，记为 $f'(x_0)$，即

$$f'(x_0) = \lim_{\Delta x \to 0} \frac{\Delta y}{\Delta x} = \lim_{\Delta x \to 0} \frac{f(x_0 + \Delta x) - f(x_0)}{\Delta x}.$$

有时为了在不同场合表述方便，函数 $y = f(x)$ 在点 x_0 处的导数值也简称为 $f(x)$ 在 x_0 处的导数，并用下述记号之一记之：

$$y'\big|_{x = x_0}, \quad \frac{\mathrm{d}y}{\mathrm{d}x}\bigg|_{x = x_0}, \quad \frac{\mathrm{d}f(x)}{\mathrm{d}x}\bigg|_{x = x_0}, \quad f'(x_0).$$

从定义可以看出，导数还可以如下表达：

$$f'(x_0) = \lim_{x \to x_0} \frac{f(x) - f(x_0)}{x - x_0};$$

$$f'(x_0) = \lim_{h \to 0} \frac{f(x_0 + h) - f(x_0)}{h}.$$

如果取 $h = -\Delta x$，由于 $h \to 0$ 当且仅当 $\Delta x \to 0$，故有

$$f'(x_0) = \lim_{\Delta x \to 0} \frac{f(x_0) - f(x_0 - \Delta x)}{\Delta x}.$$

例 1 求函数 $f(x) = x^2$ 在 $x = 1$ 处的导数.

解　$f'(1)=\lim\limits_{x\to 1}\dfrac{f(x)-f(1)}{x-1}=\lim\limits_{x\to 1}\dfrac{x^2-1}{x-1}=\lim\limits_{x\to 1}(x+1)=2.$

例 2　设 $f(x)$ 在 $x=a$ 处可导,计算 $\lim\limits_{x\to 0}\dfrac{f(a+x)-f(a-x)}{x}.$

解　$\lim\limits_{x\to 0}\dfrac{f(a+x)-f(a-x)}{x}=\lim\limits_{x\to 0}\dfrac{f(a+x)-f(a)}{x}+\lim\limits_{x\to 0}\dfrac{f(a-x)-f(a)}{-x}$

$$=2f'(a).$$

例 3　证明函数 $f(x)=\sqrt[3]{x}$ 在 $x=0$ 处不可导.

证　因为

$$\lim\limits_{\Delta x\to 0}\dfrac{f(0+\Delta x)-f(0)}{\Delta x}=\lim\limits_{\Delta x\to 0}\dfrac{\sqrt[3]{\Delta x}-0}{\Delta x}=\lim\limits_{\Delta x\to 0}\dfrac{1}{(\Delta x)^{\frac{2}{3}}}=+\infty,$$

所以函数 $y=\sqrt[3]{x}$ 在 $x=0$ 处不可导.

3. 单侧导数

在第一章介绍连续性时,给出了函数在一点的连续性和在区间上的连续性的概念,类似地,这里也希望有函数在一点的可导性和在区间上的可导性的概念.定义 1 已经给出了函数在一点可导的概念,下面介绍函数在区间上可导的概念.

当区间是开区间时,只需函数在区间内每一点可导就称函数在开区间内可导.但区间包括端点时,比如闭区间 $[a,b]$,此时函数在端点处只在单侧有定义,这时需要给出函数在端点可导的定义.导数是用极限来定义的,自然可以用左极限和右极限给出函数在端点的导数的定义.

定义 2　设函数 $y=f(x)$ 在点 x_0 的某个右(左)邻域内有定义,若

$$\lim\limits_{\substack{\Delta x\to 0^+\\(\Delta x\to 0^-)}}\dfrac{f(x_0+\Delta x)-f(x_0)}{\Delta x}=\lim\limits_{\substack{x\to x_0^+\\(x\to x_0^-)}}\dfrac{f(x)-f(x_0)}{x-x_0}$$

存在,则称此极限值为函数 $y=f(x)$ 在 x_0 点的右(左)导数,记为 $f'_+(x_0)(f'_-(x_0))$,即

$$f'_+(x_0)=\lim\limits_{\Delta x\to 0^+}\dfrac{f(x_0+\Delta x)-f(x_0)}{\Delta x}=\lim\limits_{x\to x_0^+}\dfrac{f(x)-f(x_0)}{x-x_0},$$

$$f'_-(x_0)=\lim\limits_{\Delta x\to 0^-}\dfrac{f(x_0+\Delta x)-f(x_0)}{\Delta x}=\lim\limits_{x\to x_0^-}\dfrac{f(x)-f(x_0)}{x-x_0}.$$

左导数和右导数统称为单侧导数.

注　易知,函数 $y=f(x)$ 在 x_0 点可导的充分必要条件是 $f'_-(x_0)$ 与 $f'_+(x_0)$ 都存在且 $f'_-(x_0)=f'_+(x_0)$.

如此,可以给出函数在区间上可导的定义了.如果函数 $y=f(x)$ 在开区间 (a,b) 内每一点处都可导,就称 $y=f(x)$ 在开区间 (a,b) 内可导;如果函数 $y=f(x)$ 在开区间 (a,b) 内可导且在 a 处右导数存在、在 b 处左导数存在,就称 $y=f(x)$ 在闭区间 $[a,b]$ 上可导.类似地可定义函数在区间 $(a,b]$,$[a,b)$ 上可导.

例 4　证明函数 $f(x)=|x|$ 在 $x=0$ 处不可导.

证 $f'_-(0) = \lim\limits_{\Delta x \to 0^-} \dfrac{f(0+\Delta x)-f(0)}{\Delta x} = \lim\limits_{\Delta x \to 0^-} \dfrac{-\Delta x - 0}{\Delta x} = -1,$

$f'_+(0) = \lim\limits_{\Delta x \to 0^+} \dfrac{f(0+\Delta x)-f(0)}{\Delta x} = \lim\limits_{\Delta x \to 0^+} \dfrac{\Delta x - 0}{\Delta x} = 1,$

因为 $f'_-(0) \neq f'_+(0)$，故 $f(x) = |x|$ 在 $x=0$ 处不可导.

例 5 讨论函数 $f(x) = \begin{cases} \dfrac{x}{1+\mathrm{e}^{\frac{1}{x}}}, & x \neq 0, \\ 0, & x = 0 \end{cases}$ 在 $x=0$ 处的可导性.

解 $f'_-(0) = \lim\limits_{x \to 0^-} \dfrac{f(x)-f(0)}{x-0} = \lim\limits_{x \to 0^-} \dfrac{1}{1+\mathrm{e}^{\frac{1}{x}}} = 1,$

$f'_+(0) = \lim\limits_{x \to 0^+} \dfrac{f(x)-f(0)}{x-0} = \lim\limits_{x \to 0^+} \dfrac{1}{1+\mathrm{e}^{\frac{1}{x}}} = 0,$

因为 $f'_-(0) \neq f'_+(0)$，故 $f(x)$ 在 $x=0$ 处不可导.

4. 导函数与基本初等函数的导数

当函数 $y=f(x)$ 在区间 I 上可导时，对于 I 内的每一个点 x，都对应 $f(x)$ 的唯一导数值 $f'(x)$，这种对应关系确定了在 I 上的一个函数，称为 $y=f(x)$ 的导函数，简称为 $f(x)$ 的导数，记为 $f'(x)$，有时也记为 y'、$\dfrac{\mathrm{d}f}{\mathrm{d}x}$ 或者 $\dfrac{\mathrm{d}y}{\mathrm{d}x}$.

显然，由函数在一点的导数的定义易得

$$f'(x) = \lim_{\Delta x \to 0} \frac{f(x+\Delta x)-f(x)}{\Delta x} = \lim_{h \to 0} \frac{f(x+h)-f(x)}{h}.$$

下面根据导数的定义求一些基本初等函数的导数.

（1）常数函数的导数

设 $f(x)=C$（常数），则

$$f'(x) = \lim_{h \to 0} \frac{f(x+h)-f(x)}{h} = \lim_{h \to 0} \frac{C-C}{h} = 0,$$

即

$$(C)' = 0.$$

（2）幂函数的导数

先看简单情况：$f(x)=x^n$，n 是自然数. 由

$$x^n - a^n = (x-a)(x^{n-1} + ax^{n-2} + \cdots + a^{n-1}),$$

有

$$f'(a) = \lim_{x \to a} \frac{x^n - a^n}{x-a} = \lim_{x \to a}(x^{n-1} + ax^{n-2} + \cdots + a^{n-1}) = na^{n-1},$$

即 $f(x)=x^n$ 在 $(-\infty, +\infty)$ 内可导，且

$$(x^n)' = nx^{n-1}.$$

对于一般的幂函数 $f(x)=x^\mu$（μ 为常数），后面将证明它在 $(0,+\infty)$ 内处处可导，且

$$(x^\mu)' = \mu x^{\mu-1}.$$

由此可以求出一些特殊幂函数的导数，例如

$$(\sqrt{x})' = \frac{1}{2\sqrt{x}}, \quad x > 0;$$

$$\left(\frac{1}{x}\right)' = -\frac{1}{x^2}, \quad x \neq 0.$$

（3）三角函数的导数

如果 $f(x) = \sin x$，那么由三角函数的和差化积公式得

$$f'(x) = \lim_{h \to 0} \frac{\sin(x+h) - \sin x}{h} = \lim_{h \to 0} \frac{1}{h} \cdot 2\cos\left(x + \frac{h}{2}\right)\sin\frac{h}{2}$$

$$= \lim_{h \to 0}\cos\left(x + \frac{h}{2}\right) \cdot \lim_{h \to 0} \frac{\sin\frac{h}{2}}{\frac{h}{2}} = \cos x,$$

即

$$(\sin x)' = \cos x.$$

用同样的方法可证

$$(\cos x)' = -\sin x.$$

关于 $\tan x, \cot x, \sec x$ 及 $\csc x$ 的导数将在下一节给出.

（4）指数函数的导数

设 $f(x) = a^x (a > 0, a \neq 1)$，由第一章讲过的极限

$$\lim_{h \to 0} \frac{a^h - 1}{h} = \ln a,$$

有　　　　　$$f'(x) = \lim_{h \to 0} \frac{a^{x+h} - a^x}{h} = \lim_{h \to 0} a^x \frac{a^h - 1}{h} = a^x \ln a,$$

即，指数函数 $f(x) = a^x$ 在定义域内可导，且

$$(a^x)' = a^x \ln a.$$

特别地，

$$(\mathrm{e}^x)' = \mathrm{e}^x.$$

（5）对数函数的导数

如果 $f(x) = \log_a x (a > 0, a \neq 1)$，那么当 $x > 0$ 时，注意到

$$\lim_{h \to 0}\left(1 + \frac{h}{x}\right)^{\frac{x}{h}} = \mathrm{e},$$

则有　　　　　$$f'(x) = \lim_{h \to 0} \frac{\log_a(x+h) - \log_a x}{h} = \lim_{h \to 0} \frac{1}{h}\left[\log_a\left(1 + \frac{h}{x}\right)\right]$$

$$= \lim_{h \to 0} \frac{1}{x}\left[\log_a\left(1 + \frac{h}{x}\right)^{\frac{x}{h}}\right] = \frac{1}{x \ln a},$$

即　　　　　　　　　　　　　$$(\log_a x)' = \frac{1}{x \ln a}.$$

特别地，

$$(\ln x)' = \frac{1}{x}.$$

其他基本初等函数的导数公式将在后面给出.

二、导数的几何意义

根据前面的引例 2 可知,函数 $y=f(x)$ 在 x_0 处可导等价于曲线 $y=f(x)$ 在点$(x_0,$ $f(x_0))$处有不垂直于 x 轴的切线,而导数 $f'(x_0)$ 的几何意义是:曲线 $y=f(x)$ 在点$(x_0,$ $f(x_0))$处的切线斜率.

当 $y=f(x)$ 在$(x_0,f(x_0))$处的切线存在时,切线方程为
$$y=f(x_0)+f'(x_0)(x-x_0),$$
而当 $f'(x_0)\neq 0$ 时,$y=f(x)$ 在点$(x_0,f(x_0))$处的法线方程为
$$y=f(x_0)-\frac{1}{f'(x_0)}(x-x_0).$$

例 6　求三次抛物线 $y=x^3$ 在点$(1,1)$处的切线.

解　由导数的几何意义知,该点的切线斜率为
$$f'(1)=3x^2\big|_{x=1}=3,$$
代入切线方程并化简,得
$$y=3x-2.$$

例 7　求双曲线 $y=\frac{1}{x}$ 在点$\left(\frac{1}{2},2\right)$处的法线方程.

解　由于
$$f'\left(\frac{1}{2}\right)=\left(\frac{1}{x}\right)'\Big|_{x=\frac{1}{2}}=-\frac{1}{x^2}\Big|_{x=\frac{1}{2}}=-4,$$
代入法线方程后化简,得
$$2x-8y+15=0.$$

三、函数可导性与连续性的关系

首先,如果 $y=f(x)$ 在 x_0 处可导,那么 $y=f(x)$ 在 x_0 处连续. 原因是
$$\lim_{x\to x_0}[f(x)-f(x_0)]=\lim_{x\to x_0}\left[\frac{f(x)-f(x_0)}{x-x_0}\cdot(x-x_0)\right]$$
$$=\lim_{x\to x_0}\frac{f(x)-f(x_0)}{x-x_0}\cdot\lim_{x\to x_0}(x-x_0)$$
$$=f'(x_0)\times 0=0,$$
即
$$\lim_{x\to x_0}f(x)=f(x_0).$$

其次,需要指出的是:$y=f(x)$ 在 x_0 处连续时未必在 x_0 处可导. 如:例 3 中,$f(x)=\sqrt[3]{x}$ 在 $x=0$ 处连续,但不可导;例 4 中,$f(x)=|x|$ 在 $x=0$ 处连续,但不可导.

例 8　求常数 a 和 b,使得函数
$$f(x)=\begin{cases}e^x, & -\infty<x<1,\\ ax+b, & 1\leqslant x<+\infty\end{cases}$$

在 $(-\infty,+\infty)$ 内可导.

解   对于任意给定的常数 a 和 b,在 $(-\infty,1)$ 内 $f(x)=\mathrm{e}^x$ 可导,在 $(1,+\infty)$ 内 $f(x)=ax+b$ 可导.因此,只要求 a 和 b 使 $f(x)$ 在 $x_0=1$ 处可导即可.由于可导的必要条件是连续,因此,应选择 a 和 b,使得

$$\lim_{x\to 1^-}f(x)=\lim_{x\to 1^+}f(x),$$

即 $\mathrm{e}=a+b$.而为使 $f(x)$ 在 $x_0=1$ 处可导,a 和 b 还要满足

$$f'_-(1)=f'_+(1),$$

即 $\mathrm{e}=a$,从而 $b=0$.由此所得函数

$$f(x)=\begin{cases}\mathrm{e}^x, & -\infty<x<1,\\ \mathrm{e}x, & 1\leqslant x<+\infty\end{cases}$$

在 $(-\infty,+\infty)$ 内可导.

习题 2-1

1. 设 $f(x)=5x^2+1$,试按定义计算 $f'(-1)$.

2. 证明：$(\cos x)'=-\sin x$.

3. 已知质点沿直线运动的运动规律为 $s=t^2+2t+1(\mathrm{m})$,求质点在时刻 $t=2\mathrm{s}$ 时的速度.

4. 证明：如果 $y=f(x)$ 在 x_0 处可导,那么 $\lim\limits_{h\to 0}\dfrac{f(x_0+h)-f(x_0-h)}{2h}=f'(x_0)$；反之,如果 $\lim\limits_{h\to 0}\dfrac{f(x_0+h)-f(x_0-h)}{2h}$ 存在,那么 $f'(x_0)$ 是否一定存在?

5. 设 $f(x)=\begin{cases}1-x, & -\infty<x<1,\\ (1-x)(2-x), & 1\leqslant x<+\infty,\end{cases}$ 求 $f'_+(1)$ 及 $f'_-(1)$.

6. 求下列函数的导数：

(1) $y=x^5$；   (2) $y=\dfrac{1}{\sqrt{x}}$；   (3) $y=x^3\cdot\sqrt[5]{x}$；   (4) $y=2^x$；   (5) $y=\log_2 x$.

7. 求曲线 $y=\cos x$ 在点 $\left(\dfrac{\pi}{3},\dfrac{1}{2}\right)$ 处的切线方程和法线方程.

8. 在三次抛物线 $y=x^3+1$ 上过 $x_1=1$ 及 $x_2=3$ 两点作割线,该抛物线上哪点处的切线与此割线平行?

9. 证明：双曲线 $xy=1$ 上任意一点处的切线与两条坐标轴所围成的三角形面积为常数.

10. 讨论下述函数在 $x_0=0$ 处的连续性及可导性：

(1) $y=|\sin x|$；   (2) $y=\begin{cases}x^\alpha\sin\dfrac{1}{x}, & x\neq 0,\\ 0, & x=0,\end{cases}\alpha>1.$

11. 设 $f(x)=\begin{cases}x^2, & x\leqslant 1,\\ ax+b, & x>1,\end{cases}$ 为使 $f(x)$ 在 $x_0=1$ 处可导,a 和 b 应取何值?

12. 函数 $f(x)=|x-1||(x-2)^2||x-3|\sin(x-1)$ 有几个不可导点?

13. 设函数 $f(x)=\lim\limits_{n\to\infty}\sqrt[n]{1+|x|^{3n}}$,判断 $f(x)$ 的可导性.

14. 已知函数 $f(x)$ 在 $x=1$ 处可导,且 $\lim\limits_{x\to 0}\dfrac{f(\mathrm{e}^{x^2})-3f(1+\sin^2 x)}{x^2}=2$,求 $f'(1)$.

第二节　函数的求导法则

在前一节中,根据导数的定义求出了一些基本初等函数的导数.对于比较复杂的函数,从定义出发求导数一般非常复杂,而用函数的求导法则来求会比较容易.本节先介绍常用的函数的求导法则,包括函数四则运算后的求导法则、反函数求导法则、复合函数求导法则,进而得到全部基本初等函数的求导公式,然后举例说明如何运用这些法则与公式计算较为复杂的初等函数的导数.

一、函数四则运算后的求导法则

对可导函数 $u(x)$ 及 $v(x)$,下面采用简单记号 $u'(x)=u',v'(x)=v'$.

定理 1　如果 $u(x)$ 及 $v(x)$ 可导,则 $u(x)\pm v(x)$ 可导,且
$$(u\pm v)'=u'\pm v'.$$

证　设 $f(x)=u(x)+v(x)$,则
$$
\begin{aligned}
f'(x)&=\lim_{h\to 0}\frac{u(x+h)+v(x+h)-u(x)-v(x)}{h}\\
&=\lim_{h\to 0}\left[\frac{u(x+h)-u(x)}{h}+\frac{v(x+h)-v(x)}{h}\right]\\
&=u'(x)+v'(x),
\end{aligned}
$$
因此,$u(x)+v(x)$ 也可导,且
$$(u+v)'=u'+v'.$$

类似地,可证 $u(x)-v(x)$ 可导,且
$$(u-v)'=u'-v'. \qquad\Box$$

这条法则可推广到有限个函数相加减的情形.

例 1　求函数 $y=x^3-\cos x+\mathrm{e}^x$ 的导数.

解　$y'=(x^3)'-(\cos x)'+(\mathrm{e}^x)'=3x^2+\sin x+\mathrm{e}^x$.

定理 2　如果 $u(x)$ 及 $v(x)$ 可导,则 $u(x)v(x)$ 也可导,且
$$(uv)'=u'v+uv'.$$

证　记 $f(x)=u(x)v(x)$,那么
$$
\begin{aligned}
f'(x)&=\lim_{h\to 0}\frac{u(x+h)v(x+h)-u(x)v(x)}{h}\\
&=\lim_{h\to 0}\frac{u(x+h)v(x+h)-u(x)v(x+h)+u(x)v(x+h)-u(x)v(x)}{h}
\end{aligned}
$$

$$= \lim_{h \to 0} \left[\frac{u(x+h) - u(x)}{h} v(x+h) + u(x) \frac{v(x+h) - v(x)}{h} \right]$$

$$= \lim_{h \to 0} \frac{u(x+h) - u(x)}{h} v(x+h) + u(x) \lim_{h \to 0} \frac{v(x+h) - v(x)}{h}$$

$$= u'(x)v(x) + u(x)v'(x).$$

注意 C 为常数时 $(C)' = 0$,因此

$$[Cu(x)]' = Cu'(x),$$

即常数因子可以从求导运算中提出,这是很常用的结论.

这条法则很容易推广到多个函数乘积的情形,如

$$(uvw)' = u'vw + uv'w + uvw'.$$

例 2 设 $f(x) = e^x(\cos x + \sin x)$,求 $f'(1)$.

解 由于

$$f'(x) = e^x(\cos x + \sin x) + e^x(\cos x - \sin x),$$

所以

$$f'(1) = e(\cos 1 + \sin 1) + e(\cos 1 - \sin 1) = 2e\cos 1.$$

定理 3 如果 $u(x)$ 及 $v(x)$ 都可导,且 $v(x) \neq 0$,则 $\frac{u(x)}{v(x)}$ 也可导,且

$$\left(\frac{u}{v} \right)' = \frac{u'v - uv'}{v^2}.$$

证 设 $f(x) = \frac{u(x)}{v(x)}$,则

$$f'(x) = \lim_{h \to 0} \frac{\frac{u(x+h)}{v(x+h)} - \frac{u(x)}{v(x)}}{h}$$

$$= \lim_{h \to 0} \frac{[u(x+h) - u(x)]v(x) - u(x)[v(x+h) - v(x)]}{v(x+h)v(x)h}$$

$$= \lim_{h \to 0} \frac{\frac{u(x+h) - u(x)}{h} v(x) - u(x) \frac{v(x+h) - v(x)}{h}}{v(x+h)v(x)}$$

$$= \frac{u'(x)v(x) - u(x)v'(x)}{v^2(x)}.$$

例 3 求 $y = \frac{x-1}{x+1}$ 的导数.

解 $y' = \frac{(x-1)'(x+1) - (x-1)(x+1)'}{(x+1)^2} = \frac{2}{(x+1)^2}.$

例 4 求 $y = \tan x, y = \cot x, y = \sec x, y = \csc x$ 的导数.

解 $(\tan x)' = \left(\frac{\sin x}{\cos x} \right)' = \frac{(\sin x)'\cos x - (\cos x)'\sin x}{\cos^2 x} = \frac{1}{\cos^2 x} = \sec^2 x;$

同理,可求得

$$(\cot x)' = -\frac{1}{\sin^2 x} = -\csc^2 x.$$

而

$$(\sec x)' = \left(\frac{1}{\cos x}\right)' = \frac{(1)' \times \cos x - 1 \times (\cos x)'}{\cos^2 x} = \frac{\sin x}{\cos^2 x} = \sec x \tan x ;$$

同理,可求得

$$(\csc x)' = -\frac{\cos x}{\sin^2 x} = -\csc x \cot x.$$

二、反函数的求导法则

定理 4 如果函数 $x = \varphi(y)$ 在区间 I_y 内严格单调、可导,且 $\varphi'(y) \neq 0$,则其反函数 $y = f(x)$ 在相应区间 $I_x = \{x \mid x = \varphi(y), y \in I_y\}$ 内也可导,且

$$f'(x) = \frac{1}{\varphi'(y)}.$$

证 因为函数 $x = \varphi(y)$ 在区间 I_y 内严格单调、可导(从而连续),因此由第一章知识知其反函数 $y = f(x)$ 存在,且在区间 I_x 内也严格单调、连续.

设自变量 x 取得增量 Δx,从而

$$\Delta y = f(x + \Delta x) - f(x), \quad \Delta x = \varphi(y + \Delta y) - \varphi(y).$$

因为 $y = f(x)$ 连续且严格单调,所以 $\Delta x \to 0$ 当且仅当 $\Delta y \to 0$,$\Delta x \neq 0$ 当且仅当 $\Delta y \neq 0$. 于是

$$f'(x) = \lim_{\Delta x \to 0} \frac{\Delta y}{\Delta x} = \lim_{\Delta y \to 0} \frac{1}{\frac{\Delta x}{\Delta y}} = \frac{1}{\varphi'(y)}. \qquad \square$$

注 1 上式可以简单地说成:反函数的导数等于直接函数导数的倒数.

注 2 上式右端出现的 y 应理解为由 $\varphi(y) = x$ 确定的 x 的函数,即 $y = f(x)$.

例 5 求 $y = \arcsin x$ 的导数.

解 $y = \arcsin x$ 是 $x = \sin y \left(|y| < \frac{\pi}{2}\right)$ 的反函数. 由定理 4 得

$$(\arcsin x)' = \frac{1}{(\sin y)'} = \frac{1}{\cos y}.$$

由于 $|y| < \frac{\pi}{2}$,因此

$$\cos y = \sqrt{1 - \sin^2 y} = \sqrt{1 - x^2},$$

故

$$(\arcsin x)' = \frac{1}{\sqrt{1 - x^2}}.$$

例 6 求 $y = \arctan x$ 的导数.

解 $y = \arctan x$ 是 $x = \tan y \left(|y| < \frac{\pi}{2}\right)$ 的反函数,由定理 4 得

$$(\arctan x)' = \frac{1}{(\tan y)'} = \cos^2 y.$$

由于

$$\frac{1}{\cos^2 y} = \sec^2 y = 1 + \tan^2 y = 1 + x^2,$$

所以

$$(\arctan x)' = \frac{1}{1+x^2}.$$

用例 5 和例 6 的方法还可证明：

$$(\arccos x)' = -\frac{1}{\sqrt{1-x^2}};$$

$$(\operatorname{arccot} x)' = -\frac{1}{1+x^2}.$$

三、复合函数的求导法则

有些函数的复杂性来源于函数的复合运算,比如 $\ln\tan x$, $\sin\dfrac{2x}{1+x^2}$ 等,这些复合函数的可导性与导数的计算可用下述复合函数的求导法则解决.

定理 5　如果 $u = \varphi(x)$ 在开区间 I_1 内可导, $y = f(u)$ 在开区间 I 内可导,并且 $x \in I_1$ 时, $\varphi(x) \in I$,那么复合函数 $y = f[\varphi(x)]$ 在 I_1 内可导,且

$$\frac{\mathrm{d}y}{\mathrm{d}x} = f'(u)\varphi'(x) \quad \text{或} \quad \frac{\mathrm{d}y}{\mathrm{d}x} = \frac{\mathrm{d}y}{\mathrm{d}u}\frac{\mathrm{d}u}{\mathrm{d}x}.$$

证　$\forall x_0 \in I_1$,下证 $\left.\dfrac{\mathrm{d}y}{\mathrm{d}x}\right|_{x=x_0} = f'(u_0)\varphi'(x_0)$.

由定理条件知, $u = \varphi(x)$ 在 x_0 处可导, $y = f(u)$ 在 $u_0 = \varphi(x_0)$ 处可导. 并有

$$\Delta u = \varphi(x_0 + \Delta x) - \varphi(x_0),$$

$$\Delta y = f[\varphi(x_0 + \Delta x)] - f[\varphi(x_0)] = f(u_0 + \Delta u) - f(u_0).$$

如果 $\Delta u \neq 0$,由于 $y = f(u)$ 在 u_0 处可导,则由 $\lim\limits_{\Delta u \to 0} \dfrac{\Delta y}{\Delta u} = f'(u_0)$ 知,

$$\frac{\Delta y}{\Delta u} = f'(u_0) + \alpha, \quad \alpha \to 0 (\Delta u \to 0),$$

从而

$$\Delta y = f'(u_0)\Delta u + \alpha \cdot \Delta u. \tag{$*$}$$

如果 $\Delta u = 0$,则规定 $\alpha = 0$,此时式($*$)仍然成立. 用 Δx 除式($*$)两端,得

$$\frac{\Delta y}{\Delta x} = f'(u_0)\frac{\Delta u}{\Delta x} + \alpha\frac{\Delta u}{\Delta x}. \tag{$**$}$$

由于 $u = \varphi(x)$ 在 x_0 处可导,因而在 x_0 处连续,故 $\Delta x \to 0$ 时 $\Delta u \to 0$,从而 $\Delta x \to 0$ 时必有 $\alpha \to 0$. 对式($**$)两端取极限,得

$$\lim_{\Delta x \to 0} \frac{\Delta y}{\Delta x} = f'(u_0)\varphi'(x_0),$$

即

$$\frac{\mathrm{d}y}{\mathrm{d}x}\bigg|_{x=x_0} = f'(u_0)\varphi'(x_0).$$ □

上述复合函数求导法则称为链式法则. 易知链式法则对多次复合运算得到的函数也成立, 如 $y=f(u), u=\varphi(v), v=\psi(x)$ 在相应点可导时, 有

$$\frac{\mathrm{d}y}{\mathrm{d}x} = \frac{\mathrm{d}y}{\mathrm{d}u}\frac{\mathrm{d}u}{\mathrm{d}v}\frac{\mathrm{d}v}{\mathrm{d}x}.$$

例 7　求 $y=\sin(\cos x)$ 的导数.

解　令 $u=\cos x$, 则复合关系为 $y=\sin u, u=\cos x$, 从而

$$\frac{\mathrm{d}y}{\mathrm{d}x} = \frac{\mathrm{d}y}{\mathrm{d}u}\frac{\mathrm{d}u}{\mathrm{d}v} = \cos u(-\sin x) = -\sin x\cos(\cos x).$$

对复合关系的分析熟练后, 就不必写出中间变量, 直接进行计算即可, 如下例.

例 8　求 $y=\ln\cos(\mathrm{e}^x)$ 的导数.

解　$y' = \dfrac{1}{\cos(\mathrm{e}^x)}[\cos(\mathrm{e}^x)]' = \dfrac{1}{\cos(\mathrm{e}^x)}[-\sin(\mathrm{e}^x)\cdot\mathrm{e}^x] = -\mathrm{e}^x\tan(\mathrm{e}^x).$

例 9　求 $y=x^\mu$ ($x>0, \mu$ 为常数, $\mu\neq 0$) 的导数.

解

$$y' = (x^\mu)' = (\mathrm{e}^{\mu\ln x})' = \mathrm{e}^{\mu\ln x}(\mu\ln x)' = x^\mu\cdot\mu\cdot\frac{1}{x} = \mu x^{\mu-1}.$$

四、初等函数的导数

前面已经给出了全部基本初等函数的求导公式, 还建立了函数和、差、积、商及复合运算的求导法则. 我们知道, 初等函数是由基本初等函数经过有限次四则运算和复合运算构成的, 因而我们实际上已经解决了初等函数的求导问题. 由于初等函数的求导运算贯穿本课程, 故而应该熟练掌握基本初等函数求导公式和函数求导法则. 本部分先把基本初等函数的求导公式归纳列出, 然后再举一些例子, 进一步说明这些求导公式及函数求导法则的应用方法.

1. 基本初等函数的导数公式

(1) $(C)'=0$;　　　　(2) $(x^\mu)'=\mu x^{\mu-1}$;　　　　(3) $(a^x)'=a^x\ln a$;

(4) $(\mathrm{e}^x)'=\mathrm{e}^x$;　　　　(5) $(\log_a x)'=\dfrac{1}{x\ln a}$;　　　　(6) $(\ln x)'=\dfrac{1}{x}$;

(7) $(\sin x)'=\cos x$;　　　　(8) $(\cos x)'=-\sin x$;　　　　(9) $(\tan x)'=\dfrac{1}{\cos^2 x}=\sec^2 x$;

(10) $(\cot x)'=-\dfrac{1}{\sin^2 x}=-\csc^2 x$;　　　　(11) $(\sec x)'=\sec x\tan x$;

(12) $(\csc x)'=-\csc x\cot x$;　　　　(13) $(\arcsin x)'=\dfrac{1}{\sqrt{1-x^2}}$;

(14) $(\arccos x)'=-\dfrac{1}{\sqrt{1-x^2}}$;　　　　(15) $(\arctan x)'=\dfrac{1}{1+x^2}$;

(16) $(\operatorname{arccot}x)' = -\dfrac{1}{1+x^2}$.

2. 初等函数求导举例

例 10　求 $y = x^x$ $(x > 0)$ 的导数.

解法 1　由于 $y = x^x = e^{x\ln x}$, 故
$$y' = (e^{x\ln x})' = e^{x\ln x}(x\ln x)' = x^x(\ln x + 1).$$

解法 2　对 $y = x^x$ 两边取对数, 得
$$\ln y = x\ln x,$$
y 可理解为 x 的函数, 左端看作是关于 x 的复合函数, 对上式两端求导数, 得
$$\frac{1}{y} \cdot y' = \ln x + 1,$$
从而
$$y' = x^x(\ln x + 1).$$

本例中的解法 1 也叫作指数求导法, 主要用于幂指函数 $y = \varphi(x)^{\psi(x)}$ $(\varphi(x) > 0)$ 的导数的计算:
$$\left[\varphi(x)^{\psi(x)}\right]' = \left[e^{\psi(x)\ln\varphi(x)}\right]' = e^{\psi(x)\ln\varphi(x)}\left[\psi(x)\ln\varphi(x)\right]'$$
$$= \varphi(x)^{\psi(x)}\left[\psi'(x)\ln\varphi(x) + \frac{\psi(x)}{\varphi(x)} \cdot \varphi'(x)\right].$$

本例中的解法 2 叫作对数求导法, 与指数求导法本质上是相同的, 主要用于形如
$$f(x) = f_1(x)f_2(x)\cdots f_m(x)$$
的函数的导数计算, 此时比较方便的原因是
$$\ln(ab) = \ln|a| + \ln|b|, \quad \ln\frac{b}{a} = \ln|b| - \ln|a|,$$
将函数的积、商的求导运算化为了和、差的求导运算.

例 11　求 $y = \ln|x|$ $(x \neq 0)$ 的导数.

解　当 $x > 0$ 时, $y = \ln x$, 从而
$$y' = \frac{1}{x};$$
当 $x < 0$ 时, $y = \ln(-x)$, 从而
$$y' = \frac{1}{-x}(-x)' = \frac{1}{x}.$$

总之, 只要 $x \neq 0$, 则必有
$$(\ln|x|)' = \frac{1}{x}.$$

例 12　求 $y = \sqrt{\dfrac{(x-1)(x-2)}{(x-3)(x-4)}}$ 的导数.

解　把函数改写为
$$y = \sqrt{\frac{|x-1||x-2|}{|x-3||x-4|}},$$
两边取对数, 得

$$\ln y = \frac{1}{2} [\ln |x-1| + \ln |x-2| - \ln |x-3| - \ln |x-4|],$$

两边求导数,并利用例 11 的结论,有

$$\frac{y'}{y} = \frac{1}{2} \left[\frac{1}{x-1} + \frac{1}{x-2} - \frac{1}{x-3} - \frac{1}{x-4} \right],$$

从而

$$y' = \frac{1}{2} \sqrt{\frac{(x-1)(x-2)}{(x-3)(x-4)}} \left[\frac{1}{x-1} + \frac{1}{x-2} - \frac{1}{x-3} - \frac{1}{x-4} \right].$$

注 在本例中,根号下取绝对值会使函数定义域发生改变,这里仅考虑了可导点处的情形,请读者自己分析其他情形.

习题 2-2

1. 求下列函数的导数:

(1) $y = \dfrac{x}{3} + \dfrac{3}{x} + \dfrac{x^2}{2} + \dfrac{2}{x^2}$; (2) $y = 5x^2 - 2^x + 3e^x$; (3) $y = \ln x - 2\log_2 x + 4\log_3 x$;

(4) $y = 2\tan x + \sec x + 4$; (5) $y = (\sqrt{x}+1)\left(\dfrac{1}{\sqrt{x}}+1\right)$; (6) $y = \sin x \cos x$;

(7) $y = x^3 \ln x$; (8) $y = 3e^x \sin x$; (9) $y = (1+x)(2-3x)$;

(10) $y = \dfrac{1-e^x}{1+e^x}$; (11) $y = \dfrac{1+\sin x}{x+\cos x}$; (12) $y = 3^x \cdot \ln x \cdot \sin x$.

2. 求曲线 $y = e^x + x^2 + \sin x$ 在点 $(0,1)$ 处的切线方程和法线方程.

3. 设 $y = 3\sin x + 4\tan x + 5^x + 6\log_3 x$,求 $y'|_{x=1}$.

4. 设 $y = g(x)$ 是函数 $f(x) = \ln x + \arctan x$ 的反函数,求 $g'\left(\dfrac{\pi}{4}\right)$.

5. 求下列函数的导数:

(1) $y = \ln(4+x^2)$; (2) $y = \sin(3x+2)$; (3) $y = (2x+5)^{100}$; (4) $y = e^{ax^2+bx+c}$;

(5) $y = \ln\ln\ln x$; (6) $y = \sin[\cos(ax+b)]$; (7) $y = [\arctan(a^x + \log_3 x)]^2$.

6. 求下列函数的导数:

(1) $y = x\ln(x+\sqrt{1+x^2}) - \sqrt{1+x^2}$; (2) $y = \ln\tan\left(\dfrac{x}{2} + \dfrac{\pi}{4}\right)$;

(3) $y = x[\sin(\ln x) - \cos(\ln x)]$; (4) $y = x\arcsin\sqrt{\dfrac{x}{1+x}} + \arctan\sqrt{x} - \sqrt{2} - \sqrt{x}$;

(5) $y = \sin^n x \cos nx$.

7. 设 $f(x)$ 可导,求下列函数的导数:

(1) $y = f(x^2)$; (2) $y = f(e^x)e^{f(x)}$; (3) $y = f\{f[f(x)]\}$.

8. 求下列函数的导数:

(1) $y = \left(\dfrac{x}{1+x}\right)^x$; (2) $y = \sqrt{x\sin x \sqrt{1-e^x}}$.

9. 设函数 $f(x) = (e^x-1)(e^{2x}-2)\cdots(e^{nx}-n)$,其中 n 为正整数,求 $f'(0)$.

10. 设函数 $f(x)=\begin{cases}\ln\sqrt{x}, & x\geqslant 1, \\ 2x-1, & x<1,\end{cases}$ $y=f(f(x))$，求 $\left.\dfrac{\mathrm{d}y}{\mathrm{d}x}\right|_{x=\mathrm{e}}$.

第三节　高 阶 导 数

由物理学知，速度是位置函数 $s=s(t)$ 关于时间 t 的导数，即 $v(t)=s'(t)$；加速度是速度关于时间的变化率，即速度 $v(t)$ 对时间 t 的导数，$a=v'(t)$，因此加速度 a 与 $s=s(t)$ 的关系为 $a=(s'(t))'$，记作 $s''(t)$，称为 $s(t)$ 的二阶导数.

一、高阶导数的定义

定义 1　函数 $f(x)$ 的导数 $f'(x)$ 仍然是 x 的函数. 如果 $f'(x)$ 可导，则把 $f'(x)$ 对 x 的导数叫作函数 $y=f(x)$ 的二阶导数，记作 y''，$f''(x)$，$\dfrac{\mathrm{d}^2 f}{\mathrm{d}x^2}$ 或 $\dfrac{\mathrm{d}^2 y}{\mathrm{d}x^2}$. 即

$$y''=(y')', \qquad \frac{\mathrm{d}^2 y}{\mathrm{d}x^2}=\frac{\mathrm{d}}{\mathrm{d}x}\left(\frac{\mathrm{d}y}{\mathrm{d}x}\right).$$

类似地，二阶导数的导数叫三阶导数，……，以此类推，$n-1$ 阶导数的导数叫 n 阶导数，分别记为

$$y''', \quad y^{(4)}, \quad \cdots, \quad y^{(n)};$$

或

$$\frac{\mathrm{d}^3 y}{\mathrm{d}x^3}, \quad \frac{\mathrm{d}^4 y}{\mathrm{d}x^4}, \quad \cdots, \quad \frac{\mathrm{d}^n y}{\mathrm{d}x^n}.$$

注 1　为表述方便，也称 $f'(x)$ 为 $y=f(x)$ 的一阶导数.

注 2　如果函数 $y=f(x)$ 的 n 阶导数存在，那么也称 $y=f(x)$ 为 n 阶可导函数. 二阶及二阶以上的导数统称为高阶导数.

高阶导数存在的必要条件是较低阶导数存在，可以用逐阶求导的方法求高阶导数.

例 1　求幂函数 $y=x^{\mu}$ 的 n 阶导数.

解　如果 μ 为自然数，$\mu=m$，那么

$$(x^m)'=mx^{m-1}, \quad (x^m)''=m(m-1)x^{m-2}, \quad \cdots, \quad (x^m)^{(m)}=m!,$$
$$(x^m)^{(n)}=0, \quad n>m;$$

如果 μ 不为自然数，那么

$$(x^{\mu})'=\mu x^{\mu-1}, \quad (x^{\mu})''=\mu(\mu-1)x^{\mu-2}, \quad \cdots.$$

用归纳法可知

$$(x^{\mu})^{(n)}=\mu(\mu-1)\cdots(\mu-n+1)x^{\mu-n}.$$

思考　$y=(ax+b)^n$ 的 n 阶导数是多少？

例 2　求下列函数的高阶导数：

$$y=a_m x^m+a_{m-1}x^{m-1}+\cdots+a_1 x+a_0,$$

其中，$a_m,\cdots,a_1,a_0$ 为常数，m 是正整数.

解　$y'=ma_m x^{m-1}+(m-1)a_{m-1}x^{m-2}+\cdots+2a_2 x+a_1,$

$$y''=m(m-1)a_m x^{m-2}+(m-1)(m-2)a_{m-1}x^{m-3}+\cdots+2\times1\times a_2,$$
$$\vdots$$
$$y^{(m)}=m!a_m,$$
$$y^{(n)}=0,\quad n>m.$$

例 3 求 $y=a^x(a>0,a\neq1)$ 的 n 阶导数.

解 $y'=a^x\ln a,y''=a^x\ln^2 a,\cdots,$ 归纳得
$$(a^x)^{(n)}=a^x\ln^n a.$$

特别地,有
$$(e^x)^{(n)}=e^x.$$

例 4 求 $y=\sin x$ 的 n 阶导数.

解 $y'=\cos x=\sin\left(x+\dfrac{\pi}{2}\right),$
$$y''=\left[\sin\left(x+\frac{\pi}{2}\right)\right]'=\cos\left(x+\frac{\pi}{2}\right)=\sin\left(x+2\times\frac{\pi}{2}\right),\quad\cdots,$$
归纳得
$$(\sin x)^{(n)}=\sin\left(x+n\cdot\frac{\pi}{2}\right).$$

类似地,有
$$(\cos x)^{(n)}=\cos\left(x+n\cdot\frac{\pi}{2}\right).$$

思考 $y=\sin(ax+b)$ 的 n 阶导数是多少?

例 5 求 $y=\dfrac{1}{a+x}(x\neq-a)$ 的 n 阶导数.

解 $y'=-\dfrac{1}{(a+x)^2},y''=\dfrac{2}{(a+x)^3},y'''=-\dfrac{3\times2}{(a+x)^4},\cdots,$
归纳得
$$\left(\frac{1}{a+x}\right)^{(n)}=(-1)^n\frac{n!}{(a+x)^{n+1}}.$$

思考 $y=\dfrac{1}{ax+b}$ 的 n 阶导数是多少?

例 6 求 $y=\ln(a+x)$ 的 n 阶导数.

解 $y'=\dfrac{1}{a+x},$ 由例 5 知
$$[\ln(a+x)]^{(n)}=\left(\frac{1}{a+x}\right)^{(n-1)}=(-1)^{n-1}\frac{(n-1)!}{(a+x)^n}.$$

思考 $y=\ln(ax+b)$ 的 n 阶导数是多少?

二、高阶导数的运算法则

对于绝大多数函数而言,直接求高阶导数的一般表达式并不容易,有时需要用间接求

法,即运用例 1 到例 6 的结果以及高阶导数的运算法则.高阶导数的运算法则主要有加减法法则和乘法法则.

运算法则 Ⅰ(加减法法则)   如果 $u=u(x)$ 和 $v=v(x)$ 都是 n 阶可导的,则
$$(u+v)^{(n)}=u^{(n)}+v^{(n)}, \quad (u-v)^{(n)}=u^{(n)}-v^{(n)}.$$
显然,用归纳法易得.

例 7   求 $y=\dfrac{1}{1-x^2}(x\neq\pm1)$ 的 n 阶导数.

解   由于
$$y=\frac{1}{2}\left(\frac{1}{1+x}-\frac{1}{x-1}\right),$$
利用运算法则 Ⅰ 及例 5 的结论知
$$y^{(n)}=\frac{1}{2}\left[\left(\frac{1}{1+x}\right)^{(n)}-\left(\frac{1}{x-1}\right)^{(n)}\right]=\frac{1}{2}\left[(-1)^n\frac{n!}{(1+x)^{n+1}}-(-1)^n\frac{n!}{(x-1)^{n+1}}\right]$$
$$=(-1)^n\cdot\frac{n!}{2}\left[\frac{1}{(x+1)^{n+1}}-\frac{1}{(x-1)^{n+1}}\right].$$
计算有理函数的高阶导数时,常采用本例的方法.

例 8   求函数 $y=\sin^3 x$ 的 n 阶导数.

解   先将函数变形:
$$y=\sin x\sin^2 x=\frac{1}{2}\sin x\cdot(1-\cos 2x)=\frac{3}{4}\sin x-\frac{1}{4}\sin 3x,$$
由例 4 易知
$$(\sin 3x)^{(n)}=3^n\sin\left(3x+n\cdot\frac{\pi}{2}\right),$$
从而
$$(\sin^3 x)^{(n)}=\frac{3}{4}\sin\left(x+n\cdot\frac{\pi}{2}\right)-\frac{3^n}{4}\sin\left(3x+n\cdot\frac{\pi}{2}\right).$$

运算法则 Ⅱ(乘法法则)   如果 $u=u(x)$ 和 $v=v(x)$ 都 n 阶可导,则
$$(uv)^{(n)}=\sum_{k=0}^{n}C_n^k u^{(n-k)}v^{(k)}, \tag{1}$$
其中,$u^{(0)}=u,v^{(0)}=v,u^{(1)}=u',v^{(1)}=v'$.

证   易得
$$(uv)'=u'v+uv',$$
$$(uv)''=u''v+2u'v'+uv'',$$
$$(uv)'''=u'''v+3u''v'+3u'v''+uv''',$$
$$\vdots$$
利用组合公式 $C_n^{k-1}+C_n^k=C_{n+1}^k$ 以及归纳法可得结论.   □

式(1)叫作莱布尼茨(Leibniz)公式,主要用于 $u(x)$ 和 $v(x)$ 的高阶导数表达式比较简单的情形.特别地,当 $v(x)$ 为低次多项式时,$v(x)$ 的阶数较高的导数都为零,此时式(1)右端大大简化.

例 9   设 $y=x^2\mathrm{e}^{2x}$,求 $y^{(20)}$.

解   令 $u(x)=\mathrm{e}^{2x},v(x)=x^2$,则
$$u^{(k)}=2^k\mathrm{e}^{2x}, \quad k=1,2,\cdots,20.$$
$$v'=2x, \quad v''=2, \quad v^{(k)}=0, \quad k=3,4,\cdots,20.$$

由莱布尼茨公式得

$$y^{(20)} = 2^{20} e^{2x} \cdot x^2 + 20 \times 2^{19} e^{2x} \cdot 2x + \frac{1}{2} \times 20 \times 19 \times 2^{18} \times 2 e^{2x}$$

$$= 2^{20} e^{2x} (x^2 + 20x + 95).$$

例 10 $y = x^2 \sin x$ ，求 $y^{(n)}$.

解 $y^{(n)} = (\sin x)^{(n)} x^2 + C_n^1 (\sin x)^{(n-1)} (x^2)' + C_n^2 (\sin x)^{(n-2)} (x^2)''$

$$= \sin\left(x + n \cdot \frac{\pi}{2}\right) \cdot x^2 + n \sin\left(x + (n-1)\frac{\pi}{2}\right) \times 2x +$$

$$\frac{n(n-1)}{2} \sin\left(x + (n-2)\frac{\pi}{2}\right) \times 2$$

$$= x^2 \sin\left(x + \frac{n\pi}{2}\right) + 2nx \sin\left(x + \frac{(n-1)\pi}{2}\right) + n(n-1)\sin\left(x + \frac{(n-2)\pi}{2}\right).$$

习题 2-3

1. 求下列函数的二阶导数：

(1) $y = x\sqrt{1+x^2}$ ；   (2) $y = e^{-x^2}$ ；   (3) $y = \tan x$ ；

(4) $y = x \ln x$ ；   (5) $y = x[\sin(\ln x) + \cos(\ln x)]$ ；   (6) $y = e^{-x}\sin x$.

2. 已知物体的运动规律为 $s = A\sin\omega t (A, \omega$ 为常数)，求物体运动的加速度，并验证：

$$\frac{d^2 s}{dt^2} + \omega^2 s = 0.$$

3. 验证函数 $y = e^{ax}\sin bx$ 满足 $y'' - 2ay' + (a^2 + b^2)y = 0$.

4. 若 $f''(x)$ 存在，求下列函数的二阶导数：

(1) $y = f(x^2)$ ；   (2) $y = \ln[f(x)]$ ；   (3) $y = xf(e^x)$.

5. 设函数 $y = \dfrac{1}{2x+3}$ ，求 $y^{(n)}(0)$.

6. 求下列函数的 n 阶导数：

(1) $y = xe^x$ ；   (2) $y = x \ln x$ ；   (3) $y = \dfrac{1}{x(1-x)}$ ；

(4) $y = \sin^2 x$ ；   (5) $y = \dfrac{x^2}{1-x}$ ；   (6) $y = \sin x \sin 2x \sin 3x, n = 10$.

7. 设 $y = x^2 \cos 2x$ ，求 $y^{(50)}$.

8. 求函数 $f(x) = x^2 \ln(1+x)$ 在 $x = 0$ 处的 n 阶导数 $f^{(n)}(0), n \geqslant 3$.

第四节   隐函数的导数

函数的表达方式是多种多样的. 前面遇到的函数多具有形式 $y = f(x)$ ，x 是自变量，y 是因变量，y 对 x 的依赖关系十分显然，这种表达方式叫显式表达，相应的函数叫显函数. 而有的函数，没有给出显式表达，自变量与因变量的函数关系隐含于某些方程中，这样的函数叫隐函数.确定隐函数的方程有时是直角坐标方程,有时是参数方程,有时是极坐标方程.

对于隐函数,自然希望将其化为显函数,再研究其性质.但有时化为显式表达很困难,这时就考虑直接从确定隐函数的方程入手对其进行研究.本节介绍隐函数的求导方法.

一、由直角坐标方程确定的函数的导数

本小节所讨论的隐函数是指由一个方程

$$F(x,y)=0 \tag{1}$$

所表示的因变量 y 与自变量 x 的函数关系.对于一般的方程(1),它未必确定了 y 是 x 的函数,例如 $x^2+y^2+1=0$.在什么条件下式(1)才确定了 y 为 x 的函数?这在第八章讨论.这里总是假定式(1)确定了 y 是 x 的函数,即 $y=y(x)$,并且还假定 $y(x)$ 是可导的.

由式(1)确定的函数 $y=y(x)$ 的导数计算方法如下:将式(1)理解为

$$F[x,y(x)]=0,$$

对方程两端关于 x 求导,得到含有 x,y,y' 的方程式

$$G(x,y,y')=0, \tag{2}$$

由式(2)解出 y' 即可得到一阶导数.将 y,y' 理解为 x 的函数,再对式(2)两端关于 x 求导,可以进一步求得二阶导数 y''.下面通过几个例子对这种方法予以说明.

例1 求 $e^y=xy$ 确定的隐函数 $y(x)$ 的导数.

解 对方程两端关于 x 求导,得

$$e^y y'=y+xy',$$

所以

$$y'=\frac{y}{e^y-x},$$

其中右端的 y 由 $e^y=xy$ 确定.

本例说明,隐函数的导数一般还是隐函数.

例2 求由 $xy+\ln y=1$ 确定的函数曲线 $y=y(x)$ 在点 $M(1,1)$ 处的切线方程.

解 对方程两端关于 x 求导,得

$$y+xy'+\frac{y'}{y}=0,$$

将 $x=1,y=1$ 代入上式,求得 $y'|_{x=1}=-\frac{1}{2}$,因此切线方程为

$$y-1=-\frac{1}{2}(x-1),$$

即

$$x+2y-3=0.$$

例3 求由 $x^2-xy+y^2=1$ 确定的函数 $y=y(x)$ 的二阶导数.

解 对方程两端关于 x 求导,得

$$2x-y-xy'+2yy'=0, \tag{3}$$

所以

$$y'=\frac{2x-y}{x-2y}. \tag{4}$$

对式(3)两端关于 x 再求导,得

$$2-y'-y'-xy''+2(y')^2+2yy''=0, \tag{5}$$

将式(4)代入式(5),解得

$$y'' = \frac{6}{(x-2y)^3}.$$

二、由参数方程确定的函数的导数

如果曲线上任意一点的坐标 x,y 都是某个变数 t 的函数,设

$$\begin{cases} x = \varphi(t), \\ y = \psi(t), \end{cases} \tag{6}$$

并且对于 t 的每一个允许的取值,由方程组(6)确定的点 (x,y) 都在这条曲线上,那么这个方程就叫作曲线的参数方程,变数 t 叫作参变数,简称参数. 如:

圆 $x^2 + y^2 = r^2$ 的参数方程为

$$\begin{cases} x = r\cos t, \\ y = r\sin t, \end{cases} \quad t \in [0,2\pi);$$

椭圆 $\dfrac{x^2}{a^2} + \dfrac{y^2}{b^2} = 1$ 的参数方程为

$$\begin{cases} x = a\cos t, \\ y = b\sin t, \end{cases} \quad t \in [0,2\pi).$$

参数方程满足某些条件时,就可以确定一个函数,比如上半圆周的参数方程

$$\begin{cases} x = \cos t, \\ y = \sin t, \end{cases} \quad t \in [0,\pi]$$

确定了函数 $y = \sqrt{1-x^2}$. 现在假设参数方程组(6)确定了函数 $y = y(x)$,并且设 $x = \varphi(t)$ 有反函数 $t = \varphi^{-1}(x)$,且满足反函数求导条件,下面分析如何计算 $y(x)$ 的导数.

由式(6)确定的函数可看成复合函数

$$y = \psi[\varphi^{-1}(x)],$$

利用复合函数及反函数求导法则得

$$\frac{dy}{dx} = \frac{dy}{dt}\frac{dt}{dx} = \frac{\psi'(t)}{\varphi'(t)}, \tag{7}$$

其中式(7)右端的 t 理解为由 $\varphi(t) = x$ 确定的 x 的函数.

式(7)也写成

$$\frac{dy}{dx} = \frac{\dfrac{dy}{dt}}{\dfrac{dx}{dt}}.$$

如果 $\varphi(t)$ 和 $\psi(t)$ 是二阶可导的,那么可以进一步求二阶导数:

$$y'' = \frac{dy'}{dx} = \frac{dy'}{dt}\frac{dt}{dx} = \frac{d}{dt}\left(\frac{\psi'(t)}{\varphi'(t)}\right)\frac{1}{\varphi'(t)} = \frac{\varphi'(t)\psi''(t) - \psi'(t)\varphi''(t)}{[\varphi'(t)]^3}. \tag{8}$$

例 4 在不计介质阻力的情况下,抛射体的运动轨迹的参数方程为

$$\begin{cases} x = v_1 t, \\ y = v_2 t - \dfrac{1}{2} g t^2, \end{cases}$$

其中,$v_1 = v_0 \cos\alpha$,$v_2 = v_0 \sin\alpha$,v_0 是初速度,α 是发射角,t 是参数(表征时间).求抛射体在时刻 t 的运动速度的大小及方向.

解 速度的水平分量为

$$\frac{\mathrm{d}x}{\mathrm{d}t} = v_1,$$

铅直分量为

$$\frac{\mathrm{d}y}{\mathrm{d}t} = v_2 - gt,$$

所以在时刻 t,物体的运动速度大小为

$$v = \sqrt{\left(\frac{\mathrm{d}x}{\mathrm{d}t}\right)^2 + \left(\frac{\mathrm{d}y}{\mathrm{d}t}\right)^2} = \sqrt{v_1^2 + (v_2 - gt)^2}.$$

速度的方向就是轨道曲线的切线方向. 设 β 为切线的倾角,那么有

$$\tan\beta = \frac{\mathrm{d}y}{\mathrm{d}x} = \frac{\dfrac{\mathrm{d}y}{\mathrm{d}t}}{\dfrac{\mathrm{d}x}{\mathrm{d}t}} = \frac{v_2 - gt}{v_1},$$

即

$$\beta = \arctan \frac{v_2 - gt}{v_1}.$$

由此可以看出,引力作用使运动方向随时间变化,这与物理结论是一致的.

例 5 已知摆线参数方程为 $\begin{cases} x = a(t - \sin t), \\ y = a(1 - \cos t), \end{cases}$ 求它所确定的函数的二阶导数.

解

$$\frac{\mathrm{d}y}{\mathrm{d}x} = \frac{\dfrac{\mathrm{d}y}{\mathrm{d}t}}{\dfrac{\mathrm{d}x}{\mathrm{d}t}} = \frac{a\sin t}{a(1 - \cos t)} = \cot \frac{t}{2}, \quad t \neq 2n\pi, n \in \mathbf{Z}.$$

$$\frac{\mathrm{d}^2 y}{\mathrm{d}x^2} = \frac{\mathrm{d}}{\mathrm{d}x}\left(\cot \frac{t}{2}\right) = \frac{\mathrm{d}}{\mathrm{d}t}\left(\cot \frac{t}{2}\right) \cdot \frac{\mathrm{d}t}{\mathrm{d}x} = -\frac{1}{2\sin^2 \dfrac{t}{2}} \frac{1}{a(1 - \cos t)}$$

$$= -\frac{1}{a(1 - \cos t)^2}, \quad t \neq 2n\pi, n \in \mathbf{Z}.$$

三、由极坐标方程确定的函数的导数

在平面上可以如下建立坐标系:取一定点 O,过 O 引一条射线 Ox.这样建立的坐标系叫作极坐标系,其中定点 O 叫作极点,射线 Ox 叫作极轴.

在极坐标系中,平面内任何一点 M 都有极坐标 (r,θ):r 表示点 M 到极点 O 的距离,即线段 OM 的长度(r 有时也用 ρ 表示),称为极径;θ 表示从极轴 Ox 沿逆时针方向到 OM 的角度,称为极角.

曲线上的点的极坐标所满足的关系式称为曲线的极坐标方程,如圆 $x^2+y^2=a^2$ 的极坐标方程为 $r=a$,圆 $(x-1)^2+y^2=1$ 的极坐标方程为 $r=2\cos\theta$.

极坐标方程满足某些条件时可以确定一个函数,比如上半圆周的极坐标方程 $r=1,0\leqslant\theta\leqslant\pi$ 确定了函数 $y=\sqrt{1-x^2}$.现在假设极坐标方程 $r=r(\theta)$ 确定了可导函数 $y=y(x)$,下面分析如何计算 $y(x)$ 的导数.

将极点当作原点,极轴当作 x 轴正半轴,建立直角坐标系,则易得直角坐标与极坐标的关系

$$\begin{cases} x=r(\theta)\cos\theta, \\ y=r(\theta)\sin\theta, \end{cases}$$

即将极坐标方程化为了参数方程,极角 θ 为参数.故由参数方程确定的函数的求导方法为

$$\frac{\mathrm{d}y}{\mathrm{d}x}=\frac{\dfrac{\mathrm{d}y}{\mathrm{d}\theta}}{\dfrac{\mathrm{d}x}{\mathrm{d}\theta}}=\frac{r'(\theta)\sin\theta+r(\theta)\cos\theta}{r'(\theta)\cos\theta-r(\theta)\sin\theta}=\frac{r'(\theta)\tan\theta+r(\theta)}{r'(\theta)-r(\theta)\tan\theta}. \tag{9}$$

例 6 设曲线的极坐标方程为 $r=r(\theta)$.求曲线在点 (r,θ) 处的切线方向.

解 设切点与极点之间的连线与切线之间的夹角为 $\psi(0\leqslant\psi\leqslant\pi)$,如图 2-2 所示,$\alpha$ 是切线相对极轴的仰角,那么

$$\psi=\alpha-\theta,$$

这说明 ψ 与 α 相互确定,确定了 ψ 就确定了切线的方向.由式(9)得

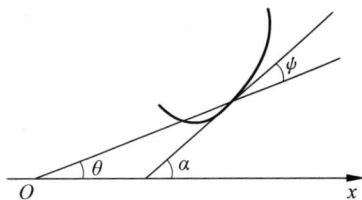

图 2-2

$$\tan\psi=\tan(\alpha-\theta)=\frac{\tan\alpha-\tan\theta}{1+\tan\alpha\tan\theta}=\frac{y'-\tan\theta}{1+y'\tan\theta}=\frac{r(\theta)}{r'(\theta)}, \tag{10}$$

其中,最后一个等式是把式(9)中 y' 的表达式代入前一等式中化简得到的.

习题 2-4

1. 求由下列方程确定的隐函数 $y=y(x)$ 的导数:

(1) $x^2+2xy-y^2=2x$; (2) $\sqrt{x}+\sqrt{y}=\sqrt{a}$; (3) $\mathrm{e}^{x+y}=xy$.

2. 求下列方程确定的隐函数 $y=y(x)$ 的二阶导数:

(1) $y^2+2\ln y=x^4$; (2) $\sqrt{x^2+y^2}=a\,\mathrm{e}^{\arctan\frac{y}{x}}(a>0)$;

(3) $y=1+x\mathrm{e}^y$; (4) $y=\sin(x+y)$.

3. 已知函数 $y=y(x)$ 由方程 $\mathrm{e}^y+6xy+x^2-1=0$ 确定,求 $y''(0)$.

4. 设 $y=f(x+y)$,f 二阶可导,且一阶导数不为 1.求 $\dfrac{\mathrm{d}^2y}{\mathrm{d}x^2}$.

5. 求下列参数方程确定的函数 $y=y(x)$ 的一阶导数及二阶导数：

(1) $\begin{cases} x=2t-t^2, \\ y=3t-t^3; \end{cases}$　　(2) $\begin{cases} x=a(t-\sin t), \\ y=a(1-\cos t); \end{cases}$　　(3) $\begin{cases} x=e^t\cos t, \\ y=e^t\sin t. \end{cases}$

6. 求曲线 $x=2t-t^2, y=3t-t^3$ 在 $t_0=1$ 处的切线方程及法线方程.

7. 设函数 $y=y(x)$ 由参数方程 $\begin{cases} x=2e^t+t+1, \\ y=4(t-1)e^t+t^2 \end{cases}$ 确定，求 $\dfrac{d^2y}{dx^2}\Big|_{t=0}$.

8. 求对数螺线 $\rho=e^\theta$ 在点 $(\rho,\theta)=\left(e^{\frac{\pi}{2}}, \dfrac{\pi}{2}\right)$ 处的切线的直角坐标方程.

9. 求垂直于直线 $2x+4y-3=0$，并与 $\dfrac{x^2}{2}-\dfrac{y^2}{7}=1$ 相切的直线方程.

10. 小石块落在平静水面产生同心波纹. 若最外一圈波半径的增大率总是 6m/s，问在石块投入后 2s 时扰动水面面积的增大率为多少？

11. 设函数 $f(x)$ 由方程 $y-x=e^{x(1-y)}$ 确定，求 $\lim\limits_{n\to\infty} n\left[f\left(\dfrac{1}{n}\right)-1\right]$.

12. 设函数 $y=y(x)$ 由方程 $xe^{f(y)}=e^y$ 确定，其中 f 具有二阶导数，且 $f'\neq 1$，求 $\dfrac{d^2y}{dx^2}$.

13. 设函数 $y=y(x)$ 由方程组 $\begin{cases} x=\arctan t, \\ 2y-ty^2+e^t=5 \end{cases}$ 所确定，求 $\dfrac{dy}{dx}$.

第五节　函数的微分

在工程应用中，经常会遇到函数值的计算问题，如果直接进行计算，可能耗时较长或计算困难，利用微分往往可以把计算公式用简单的近似公式来进行替代，从而简化计算.

一、微分的定义

引例　一块正方形金属薄片受温度变化的影响，其边长由 x_0 变为 $x_0+\Delta x$，问金属片的面积改变了多少？

解　设金属片的边长为 x，面积为 S，则 $S=x^2$，且面积改变量为

$$\Delta S=(x_0+\Delta x)^2-x_0^2=2x_0\Delta x+(\Delta x)^2.$$

可见，ΔS 由两部分构成：第一部分为 $2x_0\Delta x$，是 Δx 的线性函数；第二部分为 $(\Delta x)^2$，是 Δx 的非线性函数. 当 $|\Delta x|$ 很小时，计算第二部分比计算第一部分复杂；另一方面，当 $x_0\neq 0$ 时，第二部分是比第一部分高阶的无穷小，因此有近似公式

$$\Delta S\approx 2x_0\Delta x,$$

$2x_0\Delta x$ 虽然只是 ΔS 的近似，但已较好地反映了面积改变量，并且容易计算.

上述例子进一步描述为：当 $\Delta x\to 0$ 时，函数 $S(x)=x^2$ 的增量满足

$$\Delta S=2x_0\Delta x+o(\Delta x),$$

ΔS 的值可以用上式中的线性部分 $2x_0\Delta x$ 近似表示,即 $\Delta S\approx 2x_0\Delta x$. 推广到一般情况,便得到微分的定义.

定义 1 设函数 $y=f(x)$ 在区间 I 内有定义,$x_0,x_0+\Delta x\in I$. 如果函数 $y=f(x)$ 在 x_0 处的增量可表示为
$$\Delta y=f(x_0+\Delta x)-f(x_0)=A\Delta x+o(\Delta x),$$
其中,A 是与 x_0 有关但与 Δx 无关的常数,那么称函数 $y=f(x)$ 在 x_0 处可微,而上式中的线性主部 $A\Delta x$ 叫作函数 $y=f(x)$ 在点 x_0 处相应于自变量增量 Δx 的微分,记为 $\mathrm{d}y|_{x=x_0}$,即
$$\mathrm{d}y|_{x=x_0}=A\Delta x.$$

据此定义,引例中的函数 $S(x)=x^2$ 在 x_0 处可微,且微分为 $\mathrm{d}(x^2)|_{x=x_0}=2x_0\Delta x$.

用定义判定函数 $y=f(x)$ 可微需要证明 $\Delta y-A\Delta x$ 是 Δx 的高阶无穷小,一般比较烦琐.下面通过研究函数可微和可导的关系,给出函数可微的判定方法.

定理 1 函数 $y=f(x)$ 在 x_0 处可微的充分必要条件是 $y=f(x)$ 在 x_0 处可导.

证 如果 $y=f(x)$ 在 x_0 处可微,则 $\Delta y=A\Delta x+o(\Delta x)$,两端同除以 Δx 并取极限(注意 A 与 Δx 无关),有
$$\lim_{\Delta x\to 0}\frac{\Delta y}{\Delta x}=A,$$
即 $f(x)$ 在 x_0 处可导,且 $f'(x_0)=A$.

反之,如果 $y=f(x)$ 在 x_0 处可导,即
$$\lim_{\Delta x\to 0}\frac{\Delta y}{\Delta x}=f'(x_0),$$
则由极限的无穷小表示,有
$$\frac{\Delta y}{\Delta x}=f'(x_0)+\alpha,\quad \alpha\to 0(\Delta x\to 0),$$
即
$$\Delta y=f'(x_0)\Delta x+\alpha\Delta x,$$
而 $\alpha\Delta x=o(\Delta x)$,故
$$\Delta y=f'(x_0)\Delta x+o(\Delta x),$$
即 $y=f(x)$ 在 x_0 处可微. □

注 1 由上述证明过程可以得到,函数 $y=f(x)$ 在 x_0 处可微时,$A=f'(x_0)$,即微分的计算公式为
$$\mathrm{d}y|_{x=x_0}=f'(x_0)\Delta x;$$
记 $\Delta x=\mathrm{d}x$,则函数 $y=f(x)$ 在 x_0 处的微分为
$$\mathrm{d}y|_{x=x_0}=f'(x_0)\mathrm{d}x.$$

注 2 不强调具体的点时,函数 $y=f(x)$ 在任一点 x 的微分记作 $\mathrm{d}y$ 或 $\mathrm{d}f(x)$,即
$$\mathrm{d}y=f'(x)\mathrm{d}x.$$

注 3 微分的几何意义.如果函数 $y=f(x)$ 在 x_0 处可微,那么 $y=f(x)$ 在 x_0 处可导,从而函数曲线 $y=f(x)$ 在 $(x_0,f(x_0))$ 处有不与 x 轴垂直的切线
$$Y-f(x_0)=f'(x_0)(X-x_0),$$
(切线上的点表示为 (X,Y),以区别于曲线 $y=f(x)$ 上的点 (x,y)),当取 $X=x_0+\Delta x$

时,有
$$Y - f(x_0) = f'(x_0)\Delta x,$$
即
$$\Delta Y = \mathrm{d}y|_{x=x_0},$$
这表明 $y = f(x)$ 在 x_0 处的微分 $\mathrm{d}y$ 就是切线函数在 x_0 处的函数值增量(图 2-3).

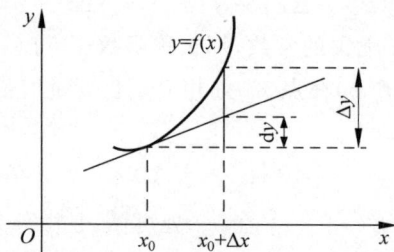

图　2-3

从图 2-3 中可以直观地看出,当 $|\Delta x|$ 很小时,可以用 $\mathrm{d}y$ 近似代替 Δy,而 $\mathrm{d}y$ 表示函数 $y = f(x)$ 在 x_0 处的切线段端点函数值增量,Δy 表示函数 $y = f(x)$ 在 x_0 处的曲线段端点函数值增量. 这种用局部切线段近似代替曲线段所体现的"以直代曲"的数学思想是微分学的基本思想之一,在自然科学和工程问题的研究中经常采用.

例 1　设 $y = x^3 - 2x + 1$. 取 $x_0 = 1$,对于 Δx 分别取值 $1, 0.1, 0.01$,计算 Δy 和 $\mathrm{d}y$.

解　由于 $f'(1) = 1$,因此在 $x_0 = 1$ 处,$\mathrm{d}y = \Delta x$. 计算结果如下:

$\Delta x = 1$ 时,$\Delta y = 5$,$\mathrm{d}y = 1$;

$\Delta x = 0.1$ 时,$\Delta y = 0.131$,$\mathrm{d}y = 0.1$;

$\Delta x = 0.01$ 时,$\Delta y = 0.0103$,$\mathrm{d}y = 0.01$.

不难看出,$|\Delta x|$ 越小,$\mathrm{d}y$ 近似 Δy 的程度越高.

例 2　求函数 $y = \ln x$ 的微分及在 $x = 3$ 处的微分值.

解　函数的微分为 $\mathrm{d}y = (\ln x)' \mathrm{d}x = \dfrac{1}{x}\mathrm{d}x$. 将 $x = 3$ 代入得 $\mathrm{d}y|_{x=3} = \dfrac{1}{3}\mathrm{d}x$.

二、微分运算法则与高阶微分

1. 微分运算法则

由上述注 2 知,计算函数微分的方法是:先计算函数的导数 $f'(x)$,然后写出微分
$$\mathrm{d}y = f'(x)\mathrm{d}x,$$
由此可见,每一个求导公式都对应一个微分公式.

对应于基本初等函数的导数公式,可以直接写出基本初等函数的微分公式,例如
$$\mathrm{d}(x^\mu) = \mu x^{\mu-1}\mathrm{d}x,$$
请读者自行写出其他基本初等函数的微分公式,作为练习.

对应于函数四则运算后的求导法则,容易推出函数四则运算后的微分法则:
$$\mathrm{d}(u \pm v) = \mathrm{d}u \pm \mathrm{d}v;$$
$$\mathrm{d}(uv) = v\mathrm{d}u + u\mathrm{d}v;$$
$$\mathrm{d}\left(\frac{u}{v}\right) = \frac{v\mathrm{d}u - u\mathrm{d}v}{v^2}, \quad v \neq 0.$$

对应于复合函数求导法则,也有相应的复合函数微分法则:设 $y=f(u)$ 和 $u=\varphi(x)$ 都可微,对于复合函数 $y=f[\varphi(x)]$,由复合函数的求导法则,有

$$\mathrm{d}y = \frac{\mathrm{d}y}{\mathrm{d}x}\mathrm{d}x = \frac{\mathrm{d}y}{\mathrm{d}u}\frac{\mathrm{d}u}{\mathrm{d}x}\mathrm{d}x = f'(u)\varphi'(x)\mathrm{d}x, \qquad (1)$$

由于 $\mathrm{d}u=\varphi'(x)\mathrm{d}x$,因此式(1)可写为

$$\mathrm{d}y = f'(u)\mathrm{d}u. \qquad (2)$$

式(1)、式(2)表明,无论 u 是中间变量还是自变量,微分形式 $\mathrm{d}y=f'(u)\mathrm{d}u$ 保持不变.这一性质叫作一阶微分形式不变性.

例 3 求函数 $y=\mathrm{e}^{ax^2+bx+c}$ 的微分.

解 方法 1

$$y' = (\mathrm{e}^{ax^2+bx+c})' = \mathrm{e}^{ax^2+bx+c}(ax^2+bx+c)' = (2ax+b)\mathrm{e}^{ax^2+bx+c},$$

故

$$\mathrm{d}y = (2ax+b)\mathrm{e}^{ax^2+bx+c}\mathrm{d}x.$$

方法 2

$$\mathrm{d}y = \mathrm{e}^{ax^2+bx+c}\mathrm{d}(ax^2+bx+c) = \mathrm{e}^{ax^2+bx+c}(2ax+b)\mathrm{d}x.$$

2. 高阶微分

函数 $y=f(x)$ 的一阶微分是 $\mathrm{d}y=f'(x)\mathrm{d}x$,其中 x 是自变量,$\mathrm{d}x=\Delta x$ 是 x 的增量,二者是独立的(Δx 的大小不依赖于 x 的大小),故可把 $\mathrm{d}y$ 看作关于 x 的函数,再求一次微分,即

$$\mathrm{d}(\mathrm{d}y) = [f'(x)\mathrm{d}x]'\mathrm{d}x = f''(x)(\mathrm{d}x)^2,$$

记 $\mathrm{d}(\mathrm{d}y)=\mathrm{d}^2y$,$(\mathrm{d}x)^2=\mathrm{d}x^2$,便有

$$\mathrm{d}^2y = f''(x)\mathrm{d}x^2,$$

称为函数 $y=f(x)$ 的二阶微分.

同理,可定义函数的:

三阶微分 $\qquad \mathrm{d}^3y = f'''(x)\mathrm{d}x^3$;

$\qquad\qquad\qquad \vdots \qquad\qquad\qquad \vdots$

n 阶微分 $\qquad \mathrm{d}^ny = f^{(n)}(x)\mathrm{d}x^n$.

函数的二阶微分、三阶微分、……、n 阶微分统称为函数的高阶微分.

需要说明的是,复合函数的高阶微分不再具有形式不变性.下面以二阶微分为例进行说明.

设 $y=f(x)$,$x=\varphi(t)$ 都是二阶可导的,由二阶微分的定义及复合函数求导法,复合函数 $y=f[\varphi(t)]$ 的二阶微分为

$$\mathrm{d}^2y = \{f[\varphi(t)]\}''\mathrm{d}t^2 = \{f'[\varphi(t)]\varphi'(t)\}'\mathrm{d}t^2$$
$$= [f''\cdot(\varphi')^2 + f'\cdot\varphi'']\mathrm{d}t^2 = f''(x)\mathrm{d}x^2 + f'\cdot\varphi''\mathrm{d}t^2,$$

可见,一般没有

$$\mathrm{d}^2y = f''(x)\mathrm{d}x^2,$$

即二阶微分没有形式不变性.

例 4 设 $y=\sin u$,$u=x^2$,求 d^2y.

解　先求 y 关于 x 的二阶导数：

$$\frac{\mathrm{d}y}{\mathrm{d}x} = \frac{\mathrm{d}y}{\mathrm{d}u} \cdot \frac{\mathrm{d}u}{\mathrm{d}x} = \cos u \cdot 2x = 2x\cos x^2,$$

$$\frac{\mathrm{d}^2 y}{\mathrm{d}x^2} = \frac{\mathrm{d}(2x\cos x^2)}{\mathrm{d}x} = 2\cos x^2 + 2x(-\sin x^2 \cdot 2x) = 2\cos x^2 - 4x^2\sin x^2,$$

故

$$\mathrm{d}^2 y = (2\cos x^2 - 4x^2\sin x^2)\mathrm{d}x^2.$$

三、微分的应用

1. 近似计算

根据函数微分的定义，若函数 $y = f(x)$ 在 x_0 处可微，则

$$f(x_0 + \Delta x) \approx f(x_0) + f'(x_0)\Delta x,$$

或

$$f(x) \approx f(x_0) + f'(x_0)(x - x_0).$$

如果 $f(x_0)$ 和 $f'(x_0)$ 容易计算，那么通过上式可以近似计算 $f(x_0 + \Delta x)$.

例 5　求 $\sin 31°$ 的近似值.

解　设 $f(x) = \sin x$，$x_0 = \dfrac{\pi}{6}$，$x = 31°$，$\Delta x = 1° = \dfrac{\pi}{180}$，则

$$\sin(x_0 + \Delta x) \approx \sin x_0 + \cos x_0 \cdot \Delta x,$$

从而

$$\sin 31° \approx \sin 30° + \cos 30° \cdot \Delta x = \frac{1}{2} + \frac{\sqrt{3}}{2} \times \frac{\pi}{180} \approx 0.515\,1.$$

例 6　上述近似计算公式用于一些常见的函数可得到工程上有用的近似分析公式.

解　取 $f(x) = \sqrt[n]{1+x}$，$x_0 = 0$，那么由于

$$f(0) = 1, \quad f'(0) = \frac{1}{n},$$

因此当 $|x|$ 充分小时，由近似计算公式得

$$\sqrt[n]{1+x} \approx 1 + \frac{1}{n}x;$$

取 $f(x) = \mathrm{e}^x$，$x_0 = 0$，则 $f(0) = 1$，$f'(0) = 1$，从而当 $|x|$ 充分小时，

$$\mathrm{e}^x \approx 1 + x;$$

取 $f(x) = \ln(1+x)$，$x_0 = 0$，则 $f(0) = 0$，$f'(0) = 1$，从而当 $|x|$ 充分小时，

$$\ln(1+x) \approx x;$$

取 $f(x) = \tan x$，$x_0 = 0$，则 $f(0) = 0$，$f'(0) = 1$，从而当 $|x|$ 充分小时，

$$\tan x \approx x.$$

例 7　一种球的半径为 1cm. 为了提高球面的光洁度，要在球面上镀一层铜，厚度为 0.01cm. 问：球的体积大约增加多少？每只球大约需要多少克铜？

解　由球的体积公式 $V = \dfrac{4}{3}\pi R^3$，有

$$\frac{\mathrm{d}V}{\mathrm{d}R} = 4\pi R^2,$$

取 $R = 1\mathrm{cm}$，$\Delta R = 0.01\mathrm{cm}$，则由近似计算公式得

$$\Delta V \approx \frac{\mathrm{d}V}{\mathrm{d}R}\bigg|_{R=1} \cdot \Delta R = 4\pi \times 0.01\mathrm{cm}^3 \approx 0.13\mathrm{cm}^3,$$

而铜的密度为 $8.9\mathrm{g/cm}^3$, 故

$$0.13 \times 8.9\mathrm{g} \approx 1.16\mathrm{g},$$

即球的体积大约增加 $0.13\mathrm{cm}^3$, 约需要 $1.16\mathrm{g}$ 铜.

2. 误差估计

生产实践中, 经常需要测量各种数据. 由于测量仪器的精度、测量条件、测量方法等的影响, 测得的数据往往带有误差, 这就导致根据测得的数据计算出来的其他数据也有误差.

定义 2　如果某个量的精确值为 A, 它的近似值为 a, 那么我们称 $|A-a|$ 为 a 的绝对误差, 而 $\left|\dfrac{A-a}{A}\right|$ 为 a 的相对误差$\left(A \text{ 获得困难, 常用 } \left|\dfrac{A-a}{a}\right| \text{ 代替}\right)$.

在实际工作中, 自然希望误差越小越好, 但显然, 不存在最小的实数, 从而没有最小的误差, 因而一般要求误差在一定范围内即可, 这个误差范围称为误差限.

定义 3　如果 $|A-a| \leqslant \delta_A$, 则称 δ_A 为测量 A 的绝对误差限, $\dfrac{\delta_A}{|A|}$ 叫作测量 A 的相对误差限$\left(\text{常用 } \dfrac{\delta_A}{|a|} \text{ 代替}\right)$.

例 8　设 $A=\pi, a=3.14$. 求测量 A 的绝对误差限.

解　因为不知道 π 的精确值, 所以绝对误差 $|A-a|$ 是无法直接精确计算的, 但

$$|\pi - 3.14| \leqslant 2 \times 10^{-3},$$

因此测量 A 的绝对误差限可以取 $\delta_A = 2 \times 10^{-3}$. 显然, 2×10^{-3} 不是测量 A 的最小绝对误差限, $\delta_1 = 1.6 \times 10^{-3}$ 是测量 A 的更小的绝对误差限.

若函数 $y=f(x)$ 在 x_0 处可微, 则

$$f(x_0 + \Delta x) - f(x_0) \approx f'(x_0)\Delta x, \tag{3}$$

$$\frac{f(x_0 + \Delta x) - f(x_0)}{f(x_0)} \approx \left[\frac{f'(x_0)}{f(x_0)} \cdot x_0\right]\frac{\Delta x}{x_0}. \tag{4}$$

式(3)、式(4)可用于近似误差估计. 其中, 式(3)用 Δx 估计 Δf, 从而可以导出绝对误差限; 式(4)用 x_0 的相对误差 $\dfrac{\Delta x}{x_0}$ 估计 $f(x_0)$ 的相对误差, 它同时还说明, 当 $\left|x_0 \dfrac{f'(x_0)}{f(x_0)}\right|$ 很大时, x_0 的小的相对误差会导致 $f(x_0)$ 的大的相对误差, 这种情况在工程上称为 $f(x_0)$ 关于 x_0 是敏感的.

例 9　一种元件为边长 2cm 的正方形, 加工过程中边长的绝对误差不超过 0.01cm, 试估计面积的绝对误差和相对误差.

解　由面积函数 $A(x)=x^2$, 取 $x_0=2\mathrm{cm}$, 而 $|\Delta x|=0.01\mathrm{cm}$, 则

$$|\Delta A| \approx 2x_0 \cdot |\Delta x| = 0.04\mathrm{cm}^2,$$

$$\left|\frac{\Delta A}{A}\right| \approx \frac{0.04}{4} = 0.01,$$

因此, 面积的绝对误差约为 $0.04\mathrm{cm}^2$, 相对误差约为 1%.

习题 2-5

1. 设 $y=5x^2$，对于 $x_0=2$，$\Delta x=0.1,0.001$，分别计算 Δy 和 $\mathrm{d}y$.

2. 求下列函数的微分：

(1) $y=\dfrac{1}{x}$；
                              (2) $y=\dfrac{1}{a}\arctan\dfrac{x}{a}$，$a>0$；

(3) $y=\dfrac{1}{2a}\ln\left|\dfrac{x-a}{x+a}\right|$；
                 (4) $y=\sin x-x\cos x$.

3. 设 $y=f(\ln x)\mathrm{e}^{f(x)}$，其中 $f(x)$ 可微，求 $\mathrm{d}y$.

4. 设方程 $x=y^y$ 确定了 y 是 x 的函数，求 $\mathrm{d}y$.

5. 已知 $y=\sin x^2$，求 $\mathrm{d}^2 y$.

6. 求 $\sin 29°$ 的近似值.

7. 求 $\arctan 1.05$ 的近似值.

8. 当 $|x|$ 很小时，证明下述近似公式：

(1) $\sqrt[n]{a^n+x}\approx a+\dfrac{x}{na^{n-1}}$，$a>0$；   (2) $\dfrac{1}{1-x}\approx 1+x$；   (3) $\arctan x\approx x$.

9. 设球的半径为 R，问：R 有 0.01 的绝对误差时，球面面积约有多大误差？

10. 设球的半径为 R，R 需通过测量确定，为使体积的相对误差大约不超过 0.01，问半径的测量误差大约不能超过多少？

11. 设 $y=(1+\sin x)^x$，求 $\mathrm{d}y|_{x=\pi}$.

12. 求下列方程确定的函数的微分 $\mathrm{d}y$.

(1) $x+y=1+\mathrm{e}^{xy}$；
                            (2) $y^2=x^2+x\ln y$.

第六节　工程应用举例

例 1（细胞体积增大率） 球形细胞体不断吸收水分，其半径按 1mm/min 的速率增大. 问：当其半径为 2mm 时，体积的增大率为多少？

解 因为球的体积 V 是半径 r 的函数，半径 r 是时间 t 的函数，$V=\dfrac{4}{3}\pi r^3$，$r=r(t)$，所以由复合函数求导法则可得

$$\frac{\mathrm{d}V}{\mathrm{d}t}=\frac{4}{3}\pi\cdot 3r^2\cdot\frac{\mathrm{d}r}{\mathrm{d}t}=4\pi r^2\cdot\frac{\mathrm{d}r}{\mathrm{d}t}.$$

又由题意可知，$\dfrac{\mathrm{d}r}{\mathrm{d}t}=1$，$r=2$，故 $\dfrac{\mathrm{d}V}{\mathrm{d}t}=4\pi\times 2^2\times 1\mathrm{mm}^3/\mathrm{min}=16\pi\mathrm{mm}^3/\mathrm{min}$，即细胞体积的增大率为 $16\pi\mathrm{mm}^3/\mathrm{min}$.

例 2（边际函数） 某产品总成本 C（单位：元）是产品产量 x（单位：个）的函数：

$$C=C(x)=900+\frac{x^2}{100},$$

求产量为 100 个水平上的平均单位成本值与边际成本值.

分析 经济分析中,人们常用"边际"这一概念来描述一个经济变量相对于另一个经济变量的变化情况. 常见的边际函数有:总成本函数 $C=C(x)$ 对产量 x 的一阶导数 $C'(x)$,称为边际成本函数;总收益函数 $R=R(x)$ 对产量的一阶导数 $R'(x)$,称为边际收益函数;总利润函数 $L=L(x)$ 对产量 x 的一阶导数 $L'(x)$,称为边际利润函数.

考虑边际成本函数:根据微分的概念,当产量在 x_0 水平上有了改变量 Δx 时,总成本函数的改变量 $\Delta C \approx \mathrm{d}C|_{x=x_0} = C'(x_0)\Delta x$. 特别地,若取 $\Delta x=1$,则有 $\Delta C \approx C'(x_0)$.

因此,在产量为 x_0 水平上的边际成本值可以近似表示在产量 x_0 水平上增加一个单位产量所需要增加的成本.

同理,在产量为 x_0 水平上的边际收益值可以近似表示在产量 x_0 水平上增加一个单位产量所获得的收益;在产量为 x_0 水平上的边际利润值可以近似表示在产量 x_0 水平上增加一个单位产量所获得的利润.

解 平均单位成本函数为

$$\overline{C}(x) = \frac{C(x)}{x} = \frac{900}{x} + \frac{x}{100},$$

所以在产量为 100 个水平上的平均单位成本值为

$$\overline{C}(100) = \frac{C(100)}{100} = \frac{900}{100} + \frac{100}{100} = 10.$$

边际成本函数为

$$C'(x) = \frac{x}{50},$$

所以在产量为 100 个水平上的边际成本值为 $C'(100)=2$.

上述结果说明,在生产 100 个产品时,均摊在每个产品上的成本为 10 元,而生产第 101 个产品所需增加的成本为 2 元.

例 3(电压改变量) 如图 2-4 所示,设有一电阻负载 $R=25\Omega$,现负载功率 P 从 400W 变到 401W,求负载两端电压 u 的改变量的近似值.

解 由电学知,负载功率 $P = \dfrac{u^2}{R}$,即 $u = \sqrt{RP}$,故 $\mathrm{d}u = \dfrac{1}{2}\sqrt{\dfrac{R}{P}}\,\mathrm{d}P$,因此电压 u 的改变量为

$$\Delta u \approx \mathrm{d}u = \frac{1}{2}\sqrt{\frac{25}{400}} \times 1\mathrm{V} = 0.125\mathrm{V}.$$

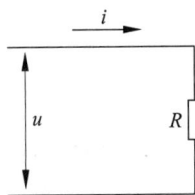

图 2-4

例 4(药丸裹糖量) 有一批球形药丸,半径为 1cm,在其表面要裹上一层糖衣,厚度为 0.01cm,试估计每颗药丸需要用糖多少克(假定糖的密度为 3.0g/cm^3).

解 所裹糖衣的体积为球半径从 1cm 增加 0.01cm 时球体体积的增量. 故由 $V = \dfrac{4}{3}\pi r^3$ 可知,所裹糖衣的体积为

$$\Delta V \approx \mathrm{d}V = \left(\frac{4}{3}\pi r^3\right)'\bigg|_{r=1} \cdot \Delta r = 4\pi \times 0.01 = 0.04\pi,$$

所裹糖衣的质量为 $m = 0.04\pi \times 3.0\mathrm{g} = 0.12\pi\mathrm{g}.$

例 5(光纤截面的误差) 光纤是光导纤维的简称,它是一种新型的光波导,现在实用的

光纤是一根比人的头发稍粗的玻璃丝,确保光纤光缆的质量至关重要. 光纤基本参数的测定是对光纤光缆质量的保证. 光纤的特性参数分为几何特性参数和光学特性参数,其中几何特性参数包括光纤长度、纤芯直径、包层直径、纤芯不圆度、包层不圆度、芯/包层同心度误差等.

设某厂生产的光纤直径平均值为 $D = 20\,\mu m$,绝对误差的平均值为 $2\,\mu m$,试计算其截面积,并估计其绝对误差和相对误差(取 $\pi = 3.14$).

解　圆面积 $S = \pi r^2 = \dfrac{1}{4}\pi D^2$,则 $S' = \dfrac{1}{2}\pi D$,截面积为

$$S = \frac{1}{4}\pi \times 20^2\,\mu m^2 = 314\,\mu m^2,$$

截面积的绝对误差为

$$\Delta S \approx dS = S' \cdot \Delta D = \frac{\pi}{2}D \cdot \Delta D = \frac{\pi}{2} \times 20 \times 2\,\mu m^2 = 62.8\,\mu m^2,$$

截面积的相对误差为

$$\frac{\Delta S}{S} \approx \frac{62.8}{314} = 20\%.$$

数学发现的一般方法(二)——归纳与猜想

归纳猜想法是通过对某类事物(数学对象)的个别或部分对象的研究归纳出或猜想出关于该类事物的一般结论的方法,也就是由特殊到一般的推理方法. 归纳时,往往要依赖于对数学对象的观察与猜想. 例如,运用观察法发现

$$1^3 = 1^2,$$
$$1^3 + 2^3 = (1+2)^2,$$
$$1^3 + 2^3 + 3^3 = (1+2+3)^2,$$
$$1^3 + 2^3 + 3^3 + 4^3 = (1+2+3+4)^2,$$

于是归纳猜想,应该具有公式

$$1^3 + 2^3 + 3^3 + \cdots + n^3 = (1+2+3+\cdots+n)^2.$$

历史上曾出现过很多由归纳猜想得出的著名数学难题,如费马猜想、四色猜想和哥德巴赫猜想等,有的已经被证明或解决,有的还未完全解决,但对这些数学难题的研究极大促进了数学的发展.

需要注意的是,有时用归纳猜想法得到的结论并不一定正确. 例如 1640 年,费马曾考察过形如 $2^{2^n}+1$ 的数(n 是自然数). 他发现,当 $n = 1, 2, 3, 4$ 时,具有这种形式的数都是素数. 于是他归纳猜想:所有形如 $2^{2^n}+1$ 的数都是素数. 但是 1732 年,欧拉发现,当 $n = 5$ 时,

$$2^{2^n} + 1 = 641 \times 6\,700\,417,$$

这表明它不是素数.

尽管归纳猜想法得出的结论有时是错误的,或者有待于验证,但是这种方法仍然是数学发现与创新的主要方法之一,其重要作用是论证推理所无法代替的.

第 三 章

微分中值定理与导数的应用

第二章中,作为函数值变化率引进了导数的概念,作为函数增量的近似引进了微分的概念,并讨论了它们的计算和相互关系.这一章将利用导数研究函数以及曲线的某些性态,并讨论它们在实际问题中的一些应用.

导数描述的是因变量关于自变量的变化率,故它反映了函数的某些变化情况,从而可用来得到函数的某些性质.但导数是变化率在一点的极限,反映的是函数在一点附近的局部特性.那如何用导数研究函数在区间上具有的整体性质呢? 把导数与函数在区间上的整体性质联系起来的纽带便是微分中值定理.本章先介绍微分中值定理,再以微分中值定理为基础得到用导数判定函数在区间上的一些整体性态的判定方法.

第一节　微分中值定理

微分中值定理主要包括罗尔定理、拉格朗日中值定理和柯西中值定理.它们是微积分学的基本定理,也是微分学中最重要的理论.这三个定理有着密切的联系,从某种意义上讲本质是相同的.首先看罗尔定理.

一、罗尔定理

定理 1(罗尔定理)　如果函数 $f(x)$ 满足

(1) 在闭区间 $[a,b]$ 上连续;

(2) 在开区间 (a,b) 内可导;

(3) 在区间端点的函数值相等,即 $f(a)=f(b)$;

则在开区间 (a,b) 内至少有一点 $\xi(a<\xi<b)$,使得

$$f'(\xi)=0.$$

分析　为了证明这个定理,先看一下定理的几何意义.设曲线的方程是 $y=f(x)$,$a\leqslant x\leqslant b$,$f(x)$ 满足定理的条件,如图 3-1 所示.曲线是连续不断的,端点的函数值相等,除端点外每点都有不垂直于 x 轴的切线.定理的结论是:在这些切线中至少有一条是水平的.从图中看,这样的点可能是在最大值或最小值处.我们要问,这样的最大值或最小值是否存在呢? 显然由定理的条件 (1)知,函数在 $[a,b]$ 上的最大值和最小值都存在.那么,这样的最大值和最小值处切线又是

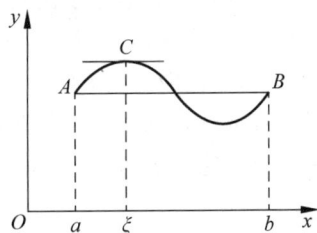

图　3-1

否存在呢? 再看定理的条件(2),最大值和最小值至少有一个在开区间(a,b)内取得即可. 如果最大值和最小值在端点处取得又会怎样呢? 下面给出详细的证明.

证　因为$f(x)$在闭区间$[a,b]$上连续,故由闭区间上连续函数的最值定理,$f(x)$在$[a,b]$上一定取得最大值M和最小值m. 根据上面的分析,分两种情况讨论:

(1) 若最大值M和最小值m均在端点处取得. 此时$M=f(a)=f(b)=m$,故$f(x)$在闭区间$[a,b]$上恒为常数,即$f(x)\equiv M,x\in[a,b]$,所以$f'(x)=0,x\in(a,b)$. 这时,ξ可取为(a,b)内的任一点.

(2) 若最大值M和最小值m至少有一个不在端点处取得. 不妨设最大值M不在端点处取得,则存在$\xi\in(a,b)$,使得$f(\xi)=M$. 下面证明ξ即为所求点,即$f'(\xi)=0$.

由于$\xi\in(a,b)$,所以$f'(\xi)$存在,从而左导数$f'_-(\xi)$和右导数$f'_+(\xi)$均存在且相等. 而$f(\xi)=M$是$f(x)$在$[a,b]$上的最大值,因此对任意Δx,只要$\xi+\Delta x\in[a,b]$,总有

$$f(\xi+\Delta x)\leqslant f(\xi),$$

即

$$f(\xi+\Delta x)-f(\xi)\leqslant 0.$$

所以

$$f'_-(\xi)=\lim_{\Delta x\to 0^-}\frac{f(\xi+\Delta x)-f(\xi)}{\Delta x}\geqslant 0,$$

$$f'_+(\xi)=\lim_{\Delta x\to 0^+}\frac{f(\xi+\Delta x)-f(\xi)}{\Delta x}\leqslant 0,$$

从而

$$f'(\xi)=f'_-(\xi)=f'_+(\xi)=0.$$

例 1　对$y=\sin x$在$[0,2\pi]$上验证罗尔定理的正确性.

解　显然$y=\sin x$在$[0,2\pi]$上连续,在$(0,2\pi)$内可导,且$f(0)=f(2\pi)=0$,即满足罗尔定理的条件. 又$f'(x)=\cos x$,有$f'\left(\frac{\pi}{2}\right)=0,f'\left(\frac{3\pi}{2}\right)=0$,故罗尔定理正确.

例 2　设函数$f(x)$在$[0,1]$上连续,在$(0,1)$内可导,且$f(0)=1,f(1)=0$. 试证在$(0,1)$内至少存在一点ξ,使得

$$\xi f'(\xi)+f(\xi)=0.$$

分析　函数$f(x)$满足罗尔定理的条件(1)和(2),不满足条件(3),要证的结论也不是罗尔定理的结论. 但把本例的结论改写为$[xf(x)]'|_{x=\xi}=0$,即成为罗尔定理的结论. 此时,函数$F(x)=xf(x)$也恰好满足罗尔定理的条件.

证　作辅助函数$F(x)=xf(x)$,则由$f(x)$的假设,显然$F(x)$在$[0,1]$上连续,在$(0,1)$内可导,且$F(0)=0=F(1)$,即$F(x)$满足罗尔定理的条件. 从而由罗尔定理知,至少存在一点$\xi\in(0,1)$,使得$F'(\xi)=0$,即

$$\xi f'(\xi)+f(\xi)=0.$$

罗尔定理的条件是比较苛刻的,定理的条件缺一就不能保证结论的正确性(有兴趣的读者可以试举各种情况的反例). 那么,如果去掉条件(3),定理的结论将变成什么呢? 这就是下面介绍的拉格朗日中值定理.

二、拉格朗日中值定理

定理 2（拉格朗日中值定理）　如果函数 $f(x)$ 满足

(1) 在闭区间 $[a,b]$ 上连续；

(2) 在开区间 (a,b) 内可导；

则在开区间 (a,b) 内至少有一点 $\xi(a<\xi<b)$，使得

$$f'(\xi)=\frac{f(b)-f(a)}{b-a}. \tag{1}$$

分析　为了证明定理，先看一下定理的几何意义．设曲线的方程是 $y=f(x)$，$a\leqslant x\leqslant b$，

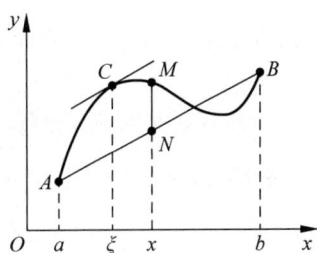

图　3-2

$f(x)$ 满足定理的条件，如图 3-2 所示．由图可见，$\dfrac{f(b)-f(a)}{b-a}$ 是弦 AB 的斜率，而 $f'(\xi)$ 是曲线在点 C 处的切线的斜率．也就是说，拉格朗日中值定理的几何意义是：如果连续曲线除端点外处处存在不垂直于 x 轴的切线，则曲线上至少存在一点 C，使曲线在点 C 的切线平行于曲线两个端点的连线 AB．本定理与罗尔定理相比，区别是在端点的函数值是否相等，在拉格朗日中值定理中令 $f(a)=f(b)$，则成为罗尔定理．因此，这启发我们利用罗尔定理来证明拉格朗日中值定理．为此，把拉格朗日中值定理中的曲线 $y=f(x)$ 减去直线 $y=f(a)+\dfrac{f(b)-f(a)}{b-a}(x-a)$，所得曲线就满足罗尔定理的条件，且该曲线上切线为零的点 ξ 恰好满足 $f'(\xi)=\dfrac{f(b)-f(a)}{b-a}$，从而应用罗尔定理得到拉格朗日中值定理的证明．

证　引进辅助函数

$$F(x)=f(x)-f(a)-\frac{f(b)-f(a)}{b-a}(x-a),$$

则 $F(x)$ 在 $[a,b]$ 上连续，在 (a,b) 内可导，且 $F(a)=F(b)=0$，即 $F(x)$ 满足罗尔定理的条件．从而由罗尔定理可知，在 (a,b) 内至少存在一点 ξ，使得 $F'(\xi)=0$，即

$$f'(\xi)-\frac{f(b)-f(a)}{b-a}=0,$$

因此

$$f'(\xi)=\frac{f(b)-f(a)}{b-a}. \qquad\square$$

式(1)可以写成

$$f(b)-f(a)=f'(\xi)(b-a), \tag{2}$$

显然式(2)对于 $b\leqslant a$ 也成立．通常把式(2)称为拉格朗日中值公式．

设 $x,x+\Delta x\in[a,b]$，$\Delta x>0$，或 $\Delta x<0$，则式(2)可以写为

$$f(x+\Delta x)-f(x)=f'(x+\theta\Delta x)\cdot\Delta x,\quad 0<\theta<1. \tag{3}$$

如果记 $f(x)$ 为 y，则 $\Delta y=f(x+\Delta x)-f(x)$，从式(3)又写成

$$\Delta y = f'(x + \theta \Delta x) \cdot \Delta x, \quad 0 < \theta < 1. \tag{4}$$

回想函数微分的概念,可微函数的增量有表示式:

$$\Delta y = f'(x)\Delta x + o(\Delta x),$$

当 Δx 很小时,微分 dy 是 Δy 的近似,误差是比 Δx 高阶的无穷小. 式(4)告诉我们,当 $f(x)$ 满足拉格朗日中值定理的条件时,只要 $x, x + \Delta x$ 是所给区间内的有限值,就有函数增量 Δy 的精确表示 $f'(x + \theta \Delta x) \cdot \Delta x (0 < \theta < 1)$. 因此式(4)也称为有限增量公式,拉格朗日中值定理也称为有限增量定理.

当函数 $f(x)$ 满足定理 2 的条件时,式(1)表明,导数函数 $f'(x)$ 必能在 (a,b) 中的某一点 ξ 处取得 $f(x)$ 在 $[a,b]$ 上的平均值,从而有时也把拉格朗日中值定理直接称为微分中值定理. 这种理解在物理上也有合理的解释:质点作直线运动,位置函数为 $s(t)$,速度函数为 $v(t)$,直观上,从时刻 t_1 到时刻 t_2 间,质点的平均速度 $\dfrac{s(t_2) - s(t_1)}{t_2 - t_1}$ 介于最小速度与最大速度之间,即存在某时刻 $\tau \in (t_1, t_2)$,使得 $\dfrac{s(t_2) - s(t_1)}{t_2 - t_1} = v(\tau) = s'(\tau)$.

例 3 设 $f(x)$ 在 $[a,b]$ 上连续,在 (a,b) 内可导. 证明:至少存在一点 $\xi \in (a,b)$,使得

$$\frac{bf(b) - af(a)}{b - a} = \xi f'(\xi) + f(\xi).$$

证 令 $F(x) = xf(x)$,则 $F(x) = xf(x)$ 在 $[a,b]$ 上连续,在 (a,b) 内可导,由拉格朗日中值定理,存在一点 $\xi \in (a,b)$,使得

$$F'(\xi) = \frac{F(b) - F(a)}{b - a},$$

即

$$\frac{bf(b) - af(a)}{b - a} = \xi f'(\xi) + f(\xi).$$

例 4 证明:当 $x > 0$ 时,有 $\dfrac{x}{1+x} < \ln(1+x) < x$.

证 设 $f(x) = \ln(1+x)$,则 $f(x)$ 在区间 $[0, x]$ 上满足拉格朗日中值定理的条件,从而存在 $\xi \in (0, x)$,使得

$$f(x) - f(0) = f'(\xi)x.$$

又 $f(0) = 0$,$f'(x) = \dfrac{1}{1+x}$,所以上式即 $\ln(1+x) = \dfrac{x}{1+\xi}$,而 $0 < \xi < x$,故

$$\frac{x}{1+x} < \frac{x}{1+\xi} < x,$$

从而

$$\frac{x}{1+x} < \ln(1+x) < x.$$

我们知道,在某一区间上是常数的函数的导数为零,自然要问:在一区间上导数为零的函数是否一定为常数呢?由拉格朗日中值定理,回答是肯定的. 这就是:

推论 如果函数 $f(x)$ 在区间 I 上的导数恒为零,则 $f(x)$ 在区间 I 上恒为常数.

证 对于区间 I 上的任意两点 x_1, x_2(不妨设 $x_1 < x_2$),在 $[x_1, x_2]$ 上应用拉格朗日中值定理,得

$$f(x_2) - f(x_1) = f'(\xi)(x_2 - x_1), \quad x_1 < \xi < x_2.$$

由假设知 $f'(\xi)=0$，所以 $f(x_2)-f(x_1)=0$，即 $f(x_2)=f(x_1)$. 由 x_1,x_2 的任意性可得：$f(x)$ 在 I 上恒为常数.

三、柯西中值定理

由上文已经知道，罗尔定理和拉格朗日中值定理的结论都是：曲线上至少存在一条切线，它是平行于曲线的两个端点的连线. 如果曲线由参数方程给出，即

$$\begin{cases} X=F(x), \\ Y=f(x), \end{cases} a\leqslant x\leqslant b,$$

如图 3-3 所示，曲线上点 (X,Y) 处的切线斜率为

$$\frac{\mathrm{d}Y}{\mathrm{d}X}=\frac{f'(x)}{F'(x)},$$

弦 AB 的斜率为

$$\frac{f(b)-f(a)}{F(b)-F(a)},$$

C 点的切线平行于弦 AB，即

$$\frac{f'(\xi)}{F'(\xi)}=\frac{f(b)-f(a)}{F(b)-F(a)},$$

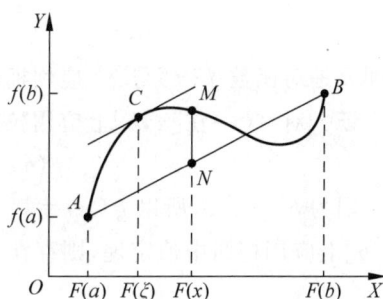

图　3-3

这就是下面介绍的柯西中值定理：

定理 3（柯西中值定理）　如果函数 $f(x)$ 和 $F(x)$ 满足

（1）均在闭区间 $[a,b]$ 上连续；

（2）均在开区间 (a,b) 内可导，且 $F'(x)\neq0,x\in(a,b)$；

则在开区间 (a,b) 内至少有一点 $\xi(a<\xi<b)$，使得

$$\frac{f(b)-f(a)}{F(b)-F(a)}=\frac{f'(\xi)}{F'(\xi)}. \tag{5}$$

分析　根据前面的分析，可以仿照拉格朗日中值定理的证明方法来完成柯西中值定理的证明.

证　由于 $F'(x)\neq0$，所以利用拉格朗日中值公式得到 $(a<b)$

$$F(b)-F(a)=F'(\eta)(b-a)\neq0.$$

仿照拉格朗日中值定理的证明，引进辅助函数

$$G(x)=f(x)-f(a)-\frac{f(b)-f(a)}{F(b)-F(a)}[F(x)-F(a)],$$

则 $G(x)$ 显然在 $[a,b]$ 上连续，在 (a,b) 内可导，且 $G(a)=G(b)=0$，即 $G(x)$ 满足罗尔定理的条件. 从而由罗尔定理可知，在 (a,b) 内至少存在一点 ξ，使得 $G'(\xi)=0$，即

$$f'(\xi)-\frac{f(b)-f(a)}{F(b)-F(a)}F'(\xi)=0,$$

从而得

$$\frac{f(b)-f(a)}{F(b)-F(a)}=\frac{f'(\xi)}{F'(\xi)}. \qquad\Box$$

例 5　设 $f(x)$ 在 $[a,b]$ 上连续，在 (a,b) 内可导. 若 $b>a\geqslant0$，试证在 (a,b) 内存在 ξ,η，使得

$$2\eta f'(\xi) = (a+b)f'(\eta).$$

分析　要证的结论是,在(a,b)内存在两点ξ和η,满足一个等式.这启发我们考虑利用两个定理或同一定理用两次而得.实际上,要证等式可改写为

$$f'(\xi) = (b+a)\frac{f'(\eta)}{2\eta},$$

进而有

$$f'(\xi)(b-a) = (b^2-a^2)\frac{f'(\eta)}{2\eta},$$

由拉格朗日中值定理,此等式的左边应等于$f(b)-f(a)$,从而又有

$$\frac{f(b)-f(a)}{b^2-a^2} = \frac{f'(\eta)}{2\eta},$$

这明显是对函数$f(x)$与x^2应用柯西中值定理的结果.

证　对$f(x)$在$[a,b]$上应用拉格朗日中值定理,则存在$\xi \in (a,b)$,使得

$$f(b)-f(a) = f'(\xi)(b-a). \tag{6}$$

因为$b > a \geqslant 0$,所以$g(x) = x^2$在(a,b)内有$g'(x) = 2x \neq 0$,从而对$f(x)$和$g(x)$在$[a,b]$上应用柯西中值定理,则存在$\eta \in (a,b)$,使得

$$\frac{f(b)-f(a)}{b^2-a^2} = \frac{f'(\eta)}{2\eta}. \tag{7}$$

由式(6)和式(7)立即得到

$$f'(\xi) = (b+a)\frac{f'(\eta)}{2\eta},$$

即

$$2\eta f'(\xi) = (a+b)f'(\eta).$$

很显然,三个定理中后者依次是前者的推广,反过来,前者又依次是后者的特例.从几何本质的解释上,三个定理代表的是相同的意义.

习题 3-1

1. 验证罗尔定理对函数$y = \ln\cos x$在区间$\left[-\dfrac{\pi}{6}, \dfrac{\pi}{6}\right]$上的正确性.

2. 验证拉格朗日中值定理对函数$y = x^2-5x+2$在区间$[0,1]$上的正确性;证明对任意二次多项式函数$y = px^2+qx+r$应用拉格朗日中值定理,所得的ξ总是位于区间的正中间.

3. 验证柯西中值定理对函数$f(x) = \sin x$和函数$g(x) = x+\cos x$在区间$\left[0, \dfrac{\pi}{2}\right]$上的正确性.

4. 不求出函数$f(x) = x(x-1)(x-2)(x-3)$的导数,说明方程$f'(x) = 0$的根的个数,并指出它们所在的区间.

5. 证明:方程$a_1\sin x + a_2\sin 3x + \cdots + a_n\sin(2n-1)x = 0$在$\left(0, \dfrac{\pi}{2}\right)$内至少有一实根,

其中 $a_1,a_2,\cdots,a_n$ 为实常数,且满足 $\displaystyle\sum_{k=1}^{n}\frac{a_k}{2k-1}=0$.

6. 设 $f(x)$ 在 $\left[0,\dfrac{\pi}{2}\right]$ 上连续,在 $\left(0,\dfrac{\pi}{2}\right)$ 内可导,且 $f\left(\dfrac{\pi}{2}\right)=0$. 试证存在一点 $\xi\in\left(0,\dfrac{\pi}{2}\right)$,使

$$f(\xi)+\tan\xi\cdot f'(\xi)=0.$$

7. 证明方程 $x^5+x-1=0$ 只有一个正根.

8. 若函数 $f(x)$ 在 (a,b) 内具有二阶导数,且 $f(x_1)=f(x_2)=f(x_3)$,其中 $a<x_1<x_2<x_3<b$. 证明:在 (x_1,x_3) 内至少有一点 ξ,使得 $f''(\xi)=0$.

9. 设 $f(x)=x^m(1-x)^n,m,n$ 为正整数,$x\in[0,1]$,则存在 $\xi\in(0,1)$,使 $\dfrac{m}{n}=\dfrac{\xi}{1-\xi}$.

10. 证明不等式 $\dfrac{a-b}{a}<\ln\dfrac{a}{b}<\dfrac{a-b}{b}$,其中 $a>b>0$.

11. 证明不等式 $e^x>1+x(x\neq0)$.

12. 证明恒等式 $\arcsin x+\arccos x=\dfrac{\pi}{2},-1\leqslant x\leqslant 1$.

13. 设 $f(x)$ 在 $[a,b]$ 上可微,且 a,b 同号. 证明:$\exists\xi\in(a,b)$ 使得

(1) $2\xi[f(b)-f(a)]=(b^2-a^2)f'(\xi)$;　　　　(2) $f(b)-f(a)=\xi\ln\dfrac{b}{a}f'(\xi)$.

14. 设 $f(x)$ 在 $[1,2]$ 上有二阶导数,且 $f(1)=f(2)=0$,又 $F(x)=(x-1)^2f(x)$,证明:在 $(1,2)$ 内至少存在一点 ξ,使得 $F''(\xi)=0$.

15. 已知函数 $f(x)$ 在 $[a,b]$ 上连续,在 (a,b) 内可导,且 $f(a)=f(b)=1$.证明:存在两个不同的点 $\xi,\eta\in(a,b)$,使得

$$e^{\eta-\xi}[f(\eta)+f'(\eta)]=1.$$

16. 设函数 $f(x)$ 在 $[a,b]$ 上连续,在 (a,b) 内可导,且 $f'(x)\neq0$.试证:存在 $\xi,\eta\in(a,b)$ 使得

$$\frac{f'(\xi)}{f'(\eta)}=\frac{e^b-e^a}{b-a}e^{-\eta}.$$

17. 设函数 $y=f(x)$ 在 $x=0$ 的某邻域内具有 n 阶导数,且 $f(0)=f'(0)=\cdots=f^{(n-1)}(0)=0$.试用柯西中值定理证明:

$$\frac{f(x)}{x^n}=\frac{f^{(n)}(\theta x)}{n!},\quad 0<\theta<1.$$

第二节　洛必达法则

在无穷小量阶的比较部分我们已经发现:自变量同一变化过程中,两个无穷小的比值的极限可能存在,也可能不存在,从表面上难以确定,需具体分析,这种极限式通常称为 $\dfrac{0}{0}$ 型不定式(或未定式).对于两个无穷大之比的极限也有类似的情形,对应的不定式称为 $\dfrac{\infty}{\infty}$ 型

不定式. 此外,除了上述两种基本类型的不定式外,还有其他类型的不定式,本节将讨论这些不定式,基本工具就是洛必达(L'Hospital)法则,它也称为不定式的定值法.

一、$\dfrac{0}{0}$ 型不定式

定理 1 设

(1) $\lim\limits_{x \to x_0} f(x) = 0$,$\lim\limits_{x \to x_0} g(x) = 0$;

(2) 在点 x_0 的某去心邻域内,$f'(x)$ 和 $g'(x)$ 都存在且 $g'(x) \neq 0$;

(3) $\lim\limits_{x \to x_0} \dfrac{f'(x)}{g'(x)}$ 存在(或为无穷大);

则

$$\lim_{x \to x_0} \frac{f(x)}{g(x)} = \lim_{x \to x_0} \frac{f'(x)}{g'(x)}.$$

证 因为极限 $\lim\limits_{x \to x_0} \dfrac{f(x)}{g(x)}$ 与 $f(x)$ 和 $g(x)$ 在 x_0 的定义无关,所以,为了方便,假设 $f(x_0) = g(x_0) = 0$. 于是由条件(1)和(2)知,$f(x)$ 和 $g(x)$ 在 x_0 的某一邻域内连续. 设 x 是该邻域内的一点,则在区间 $[x_0, x]$ (或 $[x, x_0]$)上,对 $f(x)$ 和 $g(x)$ 应用柯西中值定理,得

$$\frac{f(x)}{g(x)} = \frac{f(x) - f(x_0)}{g(x) - g(x_0)} = \frac{f'(\xi)}{g'(\xi)}, \quad \xi = x_0 + \theta(x - x_0), \quad 0 < \theta < 1.$$

令 $x \to x_0$,对上式两端求极限,注意到此时 $\xi \to x_0$,有

$$\lim_{x \to x_0} \frac{f(x)}{g(x)} = \lim_{\xi \to x_0} \frac{f'(\xi)}{g'(\xi)} = \lim_{x \to x_0} \frac{f'(x)}{g'(x)}. \qquad \square$$

这种确定不定式值的方法称为洛必达法则. 定理 1 说明,当 $\lim\limits_{x \to x_0} \dfrac{f'(x)}{g'(x)}$ 存在时,$\lim\limits_{x \to x_0} \dfrac{f(x)}{g(x)}$ 也存在且等于 $\lim\limits_{x \to x_0} \dfrac{f'(x)}{g'(x)}$;当 $\lim\limits_{x \to x_0} \dfrac{f'(x)}{g'(x)}$ 为无穷大时,$\lim\limits_{x \to x_0} \dfrac{f(x)}{g(x)}$ 也为无穷大. 如果 $\dfrac{f'(x)}{g'(x)}$ 当 $x \to x_0$ 时还是 $\dfrac{0}{0}$ 型,且 $f'(x)$ 和 $g'(x)$ 仍满足定理的条件,则可以继续应用洛必达法则,即

$$\lim_{x \to x_0} \frac{f(x)}{g(x)} = \lim_{x \to x_0} \frac{f'(x)}{g'(x)} = \lim_{x \to x_0} \frac{f''(x)}{g''(x)}.$$

注 $x \to x_0^-$,$x \to x_0^+$,$x \to \infty$,$x \to -\infty$,$x \to +\infty$ 时,叙述作相应调整后,定理仍成立.

例 1 求 $\lim\limits_{x \to 0} \dfrac{\mathrm{e}^{x^2} - 1}{x^2}$.

解 $\lim\limits_{x \to 0} \dfrac{\mathrm{e}^{x^2} - 1}{x^2} = \lim\limits_{x \to 0} \dfrac{2x\mathrm{e}^{x^2}}{2x} = \lim\limits_{x \to 0} \mathrm{e}^{x^2} = 1$.

例 2 求 $\lim\limits_{x \to 0} \dfrac{x - \sin x}{x^3}$.

解 $\lim\limits_{x \to 0} \dfrac{x - \sin x}{x^3} = \lim\limits_{x \to 0} \dfrac{1 - \cos x}{3x^2} = \lim\limits_{x \to 0} \dfrac{\sin x}{6x} = \dfrac{1}{6}$.

例3　求 $\lim\limits_{x\to 1}\dfrac{x^3-3x+2}{x^3-x^2-x+1}$.

解　$\lim\limits_{x\to 1}\dfrac{x^3-3x+2}{x^3-x^2-x+1}=\lim\limits_{x\to 1}\dfrac{3x^2-3}{3x^2-2x-1}=\lim\limits_{x\to 1}\dfrac{6x}{6x-2}=\dfrac{3}{2}$.

注　上题最后一步是由连续函数的极限求出的,这是因为极限 $\lim\limits_{x\to 1}\dfrac{6x}{6x-2}$ 已不是不定式,故不能继续使用洛必达法则.

例4　求 $\lim\limits_{x\to 0}\dfrac{\ln(1+x^2+2x^3)}{1-\sqrt{1-\sin x^2}}$.

解　$\lim\limits_{x\to 0}\dfrac{\ln(1+x^2+2x^3)}{1-\sqrt{1-\sin x^2}}=\lim\limits_{x\to 0}\dfrac{(1+\sqrt{1-\sin x^2})\cdot\ln(1+x^2+2x^3)}{\sin x^2}$

$=\lim\limits_{x\to 0}\dfrac{(1+\sqrt{1-\sin x^2})(x^2+2x^3)}{\sin x^2}=2\lim\limits_{x\to 0}\dfrac{x^2+2x^3}{\sin x^2}$

$=2\lim\limits_{x\to 0}\dfrac{2x+6x^2}{2x\cos x^2}=2$.

注　上题计算过程中先用有理化方法和等价代换($\ln(1+x^2+2x^3)\sim(x^2+2x^3)$)的方法化简极限,然后再利用洛必达法则,且在用之前又把极限 $\lim\limits_{x\to 0}(1+\sqrt{1-\sin x^2})$ 先求出来. 这些技巧在应用洛必达法则求极限时是经常使用的.

二、$\dfrac{\infty}{\infty}$ 型不定式

定理2　设

(1) $\lim\limits_{x\to x_0}f(x)=\infty$,$\lim\limits_{x\to x_0}g(x)=\infty$;

(2) 在点 x_0 的某去心邻域内,$f'(x)$ 和 $g'(x)$ 都存在且 $g'(x)\neq 0$;

(3) $\lim\limits_{x\to x_0}\dfrac{f'(x)}{g'(x)}$ 存在(或为无穷大);

则

$$\lim\limits_{x\to x_0}\dfrac{f(x)}{g(x)}=\lim\limits_{x\to x_0}\dfrac{f'(x)}{g'(x)}.$$

这是求 $\dfrac{\infty}{\infty}$ 型不定式值的洛必达法则,证明从略. 需要指出的是,当 $x\to x_0^-$,$x\to x_0^+$,$x\to\infty$, $x\to -\infty$,$x\to +\infty$ 时,叙述作相应调整后,定理仍成立.

例5　求 $\lim\limits_{x\to 2^+}\dfrac{\cos x\ln(x-2)}{\ln(e^x-e^2)}$.

解　$\lim\limits_{x\to 2^+}\dfrac{\cos x\ln(x-2)}{\ln(e^x-e^2)}=\lim\limits_{x\to 2^+}\cos x\cdot\lim\limits_{x\to 2^+}\dfrac{\ln(x-2)}{\ln(e^x-e^2)}=\cos 2\cdot\lim\limits_{x\to 2^+}\dfrac{\dfrac{1}{x-2}}{\dfrac{e^x}{e^x-e^2}}$

$=\cos 2\cdot\lim\limits_{x\to 2^+}e^{-x}\cdot\lim\limits_{x\to 2^+}\dfrac{e^x-e^2}{x-2}=\cos 2\cdot e^{-2}\cdot\lim\limits_{x\to 2^+}e^x=\cos 2$.

例 6　求 $\lim\limits_{x\to+\infty}\dfrac{\ln x}{x^{\alpha}}$，$\alpha>0$.

解　$\lim\limits_{x\to+\infty}\dfrac{\ln x}{x^{\alpha}}=\lim\limits_{x\to+\infty}\dfrac{\dfrac{1}{x}}{\alpha x^{\alpha-1}}=\lim\limits_{x\to+\infty}\dfrac{1}{\alpha x^{\alpha}}=0.$

例 7　求 $\lim\limits_{x\to+\infty}\dfrac{x^{n}}{\mathrm{e}^{\alpha x}}$，$n$ 为自然数，$\alpha>0$.

解　连续应用 n 次洛必达法则，有

$$\lim_{x\to+\infty}\frac{x^{n}}{\mathrm{e}^{\alpha x}}=\lim_{x\to+\infty}\frac{nx^{n-1}}{\alpha\,\mathrm{e}^{\alpha x}}=\lim_{x\to+\infty}\frac{n(n-1)x^{n-2}}{\alpha^{2}\,\mathrm{e}^{\alpha x}}=\cdots=\lim_{x\to+\infty}\frac{n\,!}{\alpha^{n}\,\mathrm{e}^{\alpha x}}=0.$$

三、其他类型的不定式

对于其他一些形如 $0\cdot\infty,\infty-\infty,0^{0},1^{\infty},\infty^{0}$ 的不定式，可以先化为 $\dfrac{0}{0}$ 或 $\dfrac{\infty}{\infty}$ 型不定式后再应用洛必达法则计算.

例 8　求 $\lim\limits_{x\to0^{+}}x^{n}\ln x$，$n>0$.

解　原式是 $0\cdot\infty$ 型不定式，化为 $\dfrac{\infty}{\infty}$ 型.

$$\lim_{x\to0^{+}}x^{n}\ln x=\lim_{r\to0^{+}}\frac{\ln x}{x^{-n}}=\lim_{x\to0^{+}}\frac{\dfrac{1}{x}}{-nx^{-n-1}}=\lim_{x\to0^{+}}\frac{x^{n}}{-n}=0.$$

例 9　求 $\lim\limits_{x\to1}\left(\dfrac{x}{x-1}-\dfrac{1}{\ln x}\right)$.

解　原式是 $\infty-\infty$ 型不定式，通分后化为 $\dfrac{0}{0}$ 型.

$$\lim_{x\to1}\left(\frac{x}{x-1}-\frac{1}{\ln x}\right)=\lim_{x\to1}\frac{x\ln x-x+1}{(x-1)\ln x}=\lim_{x\to1}\frac{\ln x}{\ln x+\dfrac{x-1}{x}}=\lim_{x\to1}\frac{x\ln x}{x\ln x+x-1}$$

$$=\lim_{x\to1}\frac{\ln x+1}{\ln x+2}=\frac{1}{2}.$$

例 10　求 $\lim\limits_{x\to+\infty}\left[x-x^{2}\ln\left(1+\dfrac{1}{x}\right)\right]$.

解　原式是 $\infty-\infty$ 型不定式. 令 $x=\dfrac{1}{t}$，有

$$\lim_{x\to+\infty}\left[x-x^{2}\ln\left(1+\frac{1}{x}\right)\right]=\lim_{t\to0^{+}}\frac{t-\ln(1+t)}{t^{2}}=\lim_{t\to0^{+}}\frac{1-\dfrac{1}{1+t}}{2t}=\lim_{t\to0^{+}}\frac{1}{2(1+t)}=\frac{1}{2}.$$

例 11　求 $\lim\limits_{x\to+\infty}\left(\cos\dfrac{1}{x}+\sin\dfrac{2}{x}\right)^{x}$.

解　原式是 1^{∞} 型不定式. 令 $x=\dfrac{1}{t}$，再取对数，有

$$\lim_{t \to 0^+} \frac{1}{t} \ln(\cos t + \sin 2t) = \lim_{t \to 0^+} \frac{-\sin t + 2\cos 2t}{\cos t + \sin 2t} = 2,$$

所以
$$\lim_{x \to +\infty} \left(\cos \frac{1}{x} + \sin \frac{2}{x}\right)^x = e^2.$$

例 12 求 $\lim\limits_{n \to \infty} n^{\sin \frac{1}{n}}$.

解 这是 ∞^0 型的数列极限,不能直接用洛必达法则,但由前面所学的海涅定理,只需

计算 $\lim\limits_{x \to +\infty} x^{\sin \frac{1}{x}}$ 即可,这是函数极限,经过转化之后就可以应用洛必达法则了.

$$\lim_{x \to +\infty} x^{\sin \frac{1}{x}} = \lim_{x \to +\infty} e^{\sin \frac{1}{x} \cdot \ln x} = e^{\lim\limits_{x \to +\infty} \sin \frac{1}{x} \cdot \ln x} = e^{\lim\limits_{x \to +\infty} \frac{\ln x}{x}} = e^{\lim\limits_{x \to +\infty} \frac{1}{x}} = 1,$$

所以
$$\lim_{n \to \infty} n^{\sin \frac{1}{n}} = 1.$$

习题 3-2

1. 求下列极限:

(1) $\lim\limits_{x \to 0} \dfrac{\sin ax}{\sin bx}, b \neq 0$;   (2) $\lim\limits_{x \to 0} \dfrac{e^x - e^{-x}}{\tan x}$;   (3) $\lim\limits_{x \to a} \dfrac{\cos x - \cos a}{x - a}$;

(4) $\lim\limits_{x \to \frac{\pi}{2}} \dfrac{\ln \sin x}{(\pi - 2x)^2}$;   (5) $\lim\limits_{x \to 0} \dfrac{x\left(1 - \cos \dfrac{x}{2}\right)}{\tan x - \sin x}$;   (6) $\lim\limits_{x \to 0} \dfrac{\tan x - x}{x^2 \tan 2x}$;

(7) $\lim\limits_{x \to 0^+} \dfrac{\ln \tan 6x}{\ln \tan 2x}$;   (8) $\lim\limits_{x \to 2^-} \dfrac{\sin x \ln(2 - x)}{\ln(e^2 - e^x)}$;   (9) $\lim\limits_{x \to 0} x \cot 2x$;

(10) $\lim\limits_{x \to \frac{\pi}{2}} (\sec x - \tan x)$;   (11) $\lim\limits_{x \to \infty} (\sqrt[3]{x^3 + x^2 + x + 1} - x)$;

(12) $\lim\limits_{x \to 1} \left(\dfrac{1}{x - 1} - \dfrac{1}{\ln x}\right)$;   (13) $\lim\limits_{x \to 0^+} x^x$;   (14) $\lim\limits_{x \to \infty} \left(\cos \dfrac{1}{x} + \dfrac{1}{x} \sin \dfrac{1}{x}\right)^{x^2}$;

(15) $\lim\limits_{x \to 0} \left(\dfrac{e^x - 1}{x}\right)^{\frac{1}{x}}$;   (16) $\lim\limits_{x \to 0} (1 + 3x)^{\frac{2}{\sin x}}$;   (17) $\lim\limits_{x \to 0^+} \left(\dfrac{1}{x}\right)^{\tan x}$;

(18) $\lim\limits_{n \to \infty} nq^n, 0 < q < 1, n \in \mathbf{N}$;   (19) $\lim\limits_{n \to \infty} n^2 \left(\arctan \dfrac{a}{n} - \arctan \dfrac{a}{n + 1}\right)$.

2. 验证极限 $\lim\limits_{x \to \infty} \dfrac{x - \sin x}{x + \sin x}$ 存在,但不能使用洛必达法则.

3. a, b 为何值时,$\lim\limits_{x \to 0} \left(\dfrac{\sin 3x}{x^3} + \dfrac{a}{x^2} + b\right) = 0$?

4. 设 $f(x)$ 具有二阶连续导数,在 $x = 0$ 的某去心邻域内 $f(x) \neq 0$,并且 $\lim\limits_{x \to 0} \dfrac{f(x)}{x} = 0$,

$f''(0) = 4$. 求 $\lim\limits_{x \to 0} \left(1 + \dfrac{f(x)}{x}\right)^{\frac{1}{x}}$.

5. 设 $a>0,b>0$, 且 $a\neq 1,b\neq 1$, 求 $\lim\limits_{n\to\infty}\left(\dfrac{\sqrt[n]{a}+\sqrt[n]{b}}{2}\right)^{n}$.

6. 试确定常数 A,B,C 的值, 使得 $e^{x}(1+Bx+Cx^{2})=1+Ax+o(x^{3})$, 其中 $o(x^{3})$ 是当 $x\to 0$ 时比 x^{3} 高阶的无穷小.

第三节　泰勒公式

对比较复杂的函数进行研究时, 经常使用的方法是把复杂的函数用简单的函数近似表示. 我们知道, 多项式函数在构成、运算、性质等方面都是比较简单清晰的, 所以在实际应用中, 经常用多项式函数近似表示其他的函数.

比如, 在进行微分的近似计算或无穷小的比较时已知, 当 $|x|$ 很小时, 有近似表示
$$e^{x}\approx 1+x,\quad \sin x\approx x,\quad \ln(1+x)\approx x,$$
这些都是在 $x=0$ 的邻域内用一次多项式去近似表示函数, 并且误差是比 x 高阶的无穷小.

显然这些近似表示的精度不高. 例如, 用 x 近似 $\sin x$, 只有在 $x=0$ 的一个小邻域内可以, 当 x 较大时显然是不行的. 因此, 要达到高精度, 可以考虑用高次多项式来近似表示函数, 并给出相应的误差表示.

设函数 $f(x)$ 在 x_{0} 的某邻域内有直到 $n+1$ 阶的导数, 下面寻找 n 次多项式
$$P_{n}(x)=a_{0}+a_{1}(x-x_{0})+a_{2}(x-x_{0})^{2}+\cdots+a_{n}(x-x_{0})^{n},\tag{1}$$
来近似表示 $f(x)$, 并且为了提高表示的精度, 要求误差(即 $f(x)-P_{n}(x)$)是当 $x\to x_{0}$ 时比 $(x-x_{0})^{n}$ 高阶的无穷小.

为此, 我们假设 $P_{n}(x)$ 和 $f(x)$ 在 x_{0} 处有相同的函数值, 且有直到 n 阶的相同导数值, 即有
$$P_{n}(x_{0})=f(x_{0}),P_{n}'(x_{0})=f'(x_{0}),P_{n}''(x_{0})=f''(x_{0}),\cdots,P_{n}^{(n)}(x_{0})=f^{(n)}(x_{0}).$$

现由这 $(n+1)$ 个条件确定多项式 $P_{n}(x)$ 的系数 $a_{0},a_{1},\cdots,a_{n}$. 为此, 对 $P_{n}(x)$ 求各阶导数, 代入 $x=x_{0}$, 并利用上面各式, 容易得到
$$a_{0}=f(x_{0}),\quad a_{1}=f'(x_{0}),\quad a_{2}=\frac{1}{2!}f''(x_{0}),\quad\cdots,\quad a_{n}=\frac{1}{n!}f^{(n)}(x_{0}),$$
从而式(1)成为
$$P_{n}(x)=f(x_{0})+f'(x_{0})(x-x_{0})+\frac{f''(x_{0})}{2!}(x-x_{0})^{2}+\cdots+\frac{f^{(n)}(x_{0})}{n!}(x-x_{0})^{n}.\tag{2}$$

那么, 用式(2)给出的多项式来近似 $f(x)$, 其误差是不是比 $(x-x_{0})^{n}$ 高阶的无穷小? 又误差能否表示出来? 这就要用到下面的定理.

泰勒(Taylor)中值定理　如果函数 $f(x)$ 在 x_{0} 的某个邻域 $U(x_{0})$ 内有直到 $n+1$ 阶的导数, 则当 $x\in U(x_{0})$ 时, 有
$$f(x)=f(x_{0})+f'(x_{0})(x-x_{0})+\frac{f''(x_{0})}{2!}(x-x_{0})^{2}+\cdots+\frac{f^{(n)}(x_{0})}{n!}(x-x_{0})^{n}+R_{n}(x),\tag{3}$$

其中 $\qquad R_n(x)=o[(x-x_0)^n]$（皮亚诺型余项）；

或者 $\qquad R_n(x)=\dfrac{f^{(n+1)}(\xi)}{(n+1)!}(x-x_0)^{n+1}$（拉格朗日型余项），

其中 ξ 是介于 x_0 与 x 之间的某个值，即 $\xi=x_0+\theta(x-x_0),0<\theta<1$.

证 首先证明皮亚诺型的余项公式. 令

$$R_n(x)=f(x)-P_n(x),$$

则 $R_n(x)$ 在 $U(x_0)$ 内有 $n+1$ 阶导数，且由求 $P_n(x)$ 的假设知

$$R_n(x_0)=R'_n(x_0)=R''_n(x_0)=\cdots=R_n^{(n)}(x_0)=0, \tag{4}$$

故由洛必达法则，并注意到 $R_n^{(k)}(x)(k=0,1,2,\cdots,n)$ 的连续性，得

$$\lim_{x\to x_0}\frac{R_n(x)}{(x-x_0)^n}=\lim_{x\to x_0}\frac{R'_n(x)}{n(x-x_0)^{n-1}}=\lim_{x\to x_0}\frac{R''_n(x)}{n(n-1)(x-x_0)^{n-2}}=\cdots=\lim_{x\to x_0}\frac{R_n^{(n)}(x)}{n!},$$
$$=0,$$

此即 $\qquad R_n(x)=o[(x-x_0)^n].$

下证拉格朗日型的余项公式. 同上，由式(4)，累次利用柯西中值定理，得

$$\frac{R_n(x)}{(x-x_0)^{n+1}}=\frac{R_n(x)-R_n(x_0)}{(x-x_0)^{n+1}-0}=\frac{R'_n(\xi_1)}{(n+1)(\xi_1-x_0)^n}=\frac{R'_n(\xi_1)-R'_n(x_0)}{(n+1)(\xi_1-x_0)^n-0}$$
$$=\cdots=\frac{R_n^{(n)}(\xi_n)}{(n+1)!(\xi_n-x_0)}=\frac{R_n^{(n)}(\xi_n)-R_n^{(n)}(x_0)}{(n+1)!(\xi_n-x_0)-0}=\frac{R_n^{(n+1)}(\xi)}{(n+1)!},$$

其中，ξ_k 在 x_0 和 ξ_{k-1} 之间 $(k=1,2,\cdots,n+1),\xi_0=x,\xi_{n+1}=\xi$.

又 $P_n^{(n+1)}(x)=0$，故 $R_n^{(n+1)}(x)=f^{(n+1)}(x)$，所以

$$R_n(x)=\frac{f^{(n+1)}(\xi)}{(n+1)!}(x-x_0)^{n+1},$$

其中 ξ 是介于 x_0 与 x 之间的某个值. $\qquad\square$

式(3)称为函数 $f(x)$ 在 $x=x_0$ 处（或按 $(x-x_0)$ 的幂展开）的 n 阶泰勒公式.

注 1 当 $n=0$ 时，由式(3)，具有拉格朗日型余项的泰勒公式为

$$f(x)=f(x_0)+f'(\xi)(x-x_0) \quad (\xi\text{ 在 } x_0 \text{ 与 } x \text{ 之间}),$$

它恰为拉格朗日中值公式，所以泰勒中值定理是拉格朗日中值定理的推广.

注 2 如果 $x_0=0$，则泰勒公式(3)称为麦克劳林(Maclaurin)公式：

$$f(x)=f(0)+f'(0)x+\frac{f''(0)}{2!}x^2+\cdots+\frac{f^{(n)}(0)}{n!}x^n+R_n(x), \tag{5}$$

其中， $\qquad R_n(x)=o(x^n) \quad$（皮亚诺型余项）

或 $\qquad R_n(x)=\dfrac{f^{(n+1)}(\theta x)}{(n+1)!}x^{n+1}, \quad 0<\theta<1 \quad$（拉格朗日型余项）.

注 3 由泰勒公式，用 $P_n(x)$ 近似表示 $f(x)$ 时，误差为 $|R_n(x)|$. 如果当 $x\in U(x_0)$ 时有 $|f^{(n+1)}(x)|\leqslant M$，则有误差估计式

$$|R_n(x)|=\left|\frac{f^{(n+1)}(\xi)}{(n+1)!}(x-x_0)^{n+1}\right|\leqslant\frac{M}{(n+1)!}|x-x_0|^{n+1};$$

在麦克劳林公式中，相应的误差估计式为

$$| R_n(x) | \leqslant \frac{M}{(n+1)!} | x |^{n+1}.$$

例 1　写出函数 $f(x) = e^x$ 的 n 阶麦克劳林公式,并估计误差.

解　由于 $f'(x) = f''(x) = \cdots = f^{(n)}(x) = e^x$,所以

$$f(0) = f'(0) = f''(0) = \cdots = f^{(n)}(0) = 1,$$

从而得到 e^x 的 n 阶麦克劳林公式:

$$e^x = 1 + x + \frac{x^2}{2!} + \cdots + \frac{x^n}{n!} + \frac{e^{\theta x}}{(n+1)!} x^{n+1}, \quad 0 < \theta < 1.$$

用多项式函数 $P_n(x) = 1 + x + \frac{x^2}{2!} + \cdots + \frac{x^n}{n!}$ 近似表示函数 e^x 时,误差为

$$| R_n(x) | = \left| \frac{e^{\theta x}}{(n+1)!} x^{n+1} \right| < \frac{e^{|x|}}{(n+1)!} | x |^{n+1}.$$

如果 $x = 1$,则有

$$e \approx 1 + 1 + \frac{1}{2!} + \cdots + \frac{1}{n!},$$

其误差为

$$| R_n(x) | = \frac{e}{(n+1)!} < \frac{3}{(n+1)!},$$

当 $n = 10$ 时,可算出 $e \approx 2.718\,282$,误差不超过 10^{-6}.

例 2　写出函数 $f(x) = \sin x$ 的 n 阶麦克劳林公式.

解　由 $f^{(k)}(x) = \sin\left(x + \frac{k\pi}{2}\right), k = 0, 1, 2, \cdots$,得

$$f^{(2m)}(0) = 0, \quad f^{(2m+1)}(0) = (-1)^m, \quad m = 0, 1, 2, \cdots,$$

令 $n = 2m$,则有

$$\sin x = x - \frac{x^3}{3!} + \frac{x^5}{5!} - \cdots + (-1)^{m-1} \frac{x^{2m-1}}{(2m-1)!} + R_{2m}(x),$$

其中

$$R_{2m}(x) = \frac{\sin\left[\theta x + (2m+1)\frac{\pi}{2}\right]}{(2m+1)!} x^{2m+1}, \quad 0 < \theta < 1,$$

可见

$$| R_{2m}(x) | \leqslant \frac{|x|^{2m+1}}{(2m+1)!}.$$

如果分别取 $m = 1, 2, 3$,则可以得到 $\sin x$ 的近似表示为

$$\sin x \approx x, \quad \sin x \approx x - \frac{1}{3!} x^3, \quad \sin x \approx x - \frac{1}{3!} x^3 + \frac{1}{5!} x^5,$$

误差分别不超过 $\frac{1}{3!}|x|^3, \frac{1}{5!}|x|^5, \frac{1}{7!}|x|^7$.它们的图形见图 3-4.

类似地,读者可自行计算 $\cos x$, $(1+x)^\alpha$(α 是常数),$\ln(1+x)$ 的麦克劳林公式.

为方便使用,将这些常用函数的带皮亚诺型余项的麦克劳林公式概括如下:

(1) $e^x = 1 + x + \frac{x^2}{2!} + \cdots + \frac{x^n}{n!} + o(x^n)$;

(2) $\sin x = x - \frac{x^3}{3!} + \frac{x^5}{5!} - \cdots + (-1)^{m-1} \frac{x^{2m-1}}{(2m-1)!} + o(x^{2m})$;

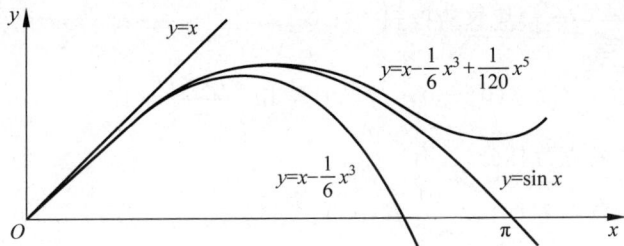

图 3-4

(3) $\cos x = 1 - \dfrac{x^2}{2!} + \dfrac{x^4}{4!} - \cdots + (-1)^m \dfrac{x^{2m}}{(2m)!} + o(x^{2m+1})$;

(4) $(1+x)^\alpha = 1 + \alpha x + \dfrac{\alpha(\alpha-1)}{2!}x^2 + \cdots + \dfrac{\alpha(\alpha-1)\cdots(\alpha-n+1)}{n!}x^n + o(x^n)$;

(5) $\dfrac{1}{1-x} = 1 + x + x^2 + x^3 + \cdots + x^n + o(x^n)$;

(6) $\dfrac{1}{1+x} = 1 - x + x^2 - x^3 + \cdots + (-1)^n x^n + o(x^n)$;

(7) $\ln(1+x) = x - \dfrac{x^2}{2} + \dfrac{x^3}{3} - \cdots + (-1)^{n-1}\dfrac{x^n}{n} + o(x^n)$.

例 3 求函数 $f(x) = (1+\cos 2x)\sin^2 x$ 带皮亚诺型余项的麦克劳林展开式.

解 $f(x) = (1+\cos 2x)\dfrac{1-\cos 2x}{2} = \dfrac{1-\cos^2 2x}{2} = \dfrac{1}{4}(1-\cos 4x)$

$$= \dfrac{1}{4}\left\{1 - \left[1 - \dfrac{(4x)^2}{2!} + \dfrac{(4x)^4}{4!} - \cdots + (-1)^m \dfrac{(4x)^{2m}}{(2m)!} + o(x^{2m+1})\right]\right\}$$

$$= \dfrac{4}{2!}x^2 - \dfrac{4^3}{4!}x^4 + \dfrac{4^5}{6!}x^6 + \cdots + (-1)^{m+1}\dfrac{4^{2m-1}}{(2m)!}x^{2m} + o(x^{2m+1}).$$

例 4 求 $f(x) = \ln x$ 按 $x-2$ 的幂展开的带皮亚诺型余项的泰勒公式.

解 $f(x) = \ln x = \ln(2+x-2) = \ln\left[2\left(1+\dfrac{x-2}{2}\right)\right] = \ln 2 + \ln\left(1+\dfrac{x-2}{2}\right)$

$$= \ln 2 + \dfrac{x-2}{2} - \dfrac{1}{2}\left(\dfrac{x-2}{2}\right)^2 + \dfrac{1}{3}\left(\dfrac{x-2}{2}\right)^3 - \cdots + (-1)^{n-1}\dfrac{1}{n}\left(\dfrac{x-2}{2}\right)^n +$$

$$o((x-2)^n).$$

例 5 证明：当 $x \neq 0$ 时,不等式 $e^x > 1+x$ 成立.

证 由麦克劳林公式有

$$e^x = 1 + x + \dfrac{1}{2}e^{\theta x}x^2, \quad 0 < \theta < 1,$$

显然,当 $x \neq 0$ 时,$\dfrac{1}{2}e^{\theta x}x^2 > 0$,所以

$$e^x > 1+x.$$

例 6 设 $\lim\limits_{x \to 0}\dfrac{f(x)}{x} = 1$,函数 $f(x)$ 存在二阶导数且 $f''(x) > 0$.证明：$f(x) \geqslant x$.

证 因为 $\lim\limits_{x\to 0}\dfrac{f(x)}{x}=1$，故容易得到

$$f(0)=0,\quad f'(0)=\lim_{x\to 0}\frac{f(x)}{x}=1.$$

将 $f(x)$ 展开为麦克劳林公式，有

$$f(x)=f(0)+f'(0)x+\frac{1}{2}f''(\theta x)x^2=x+\frac{1}{2}f''(\theta x)x^2,\quad 0<\theta<1,$$

由于 $f''(x)>0$，所以

$$f(x)\geqslant x.$$

例 7 计算 $\lim\limits_{x\to 0}\dfrac{\cos x-\mathrm{e}^{-\frac{x^2}{2}}}{x^2[x+\ln(1-x)]}$.

解

$$\lim_{x\to 0}\frac{\cos x-\mathrm{e}^{-\frac{x^2}{2}}}{x^2[x+\ln(1-x)]}=\lim_{x\to 0}\frac{1-\dfrac{x^2}{2!}+\dfrac{x^4}{4!}+o(x^4)-\left[1-\dfrac{x^2}{2}+\dfrac{x^4}{2!\ 4}+o(x^4)\right]}{x^2\left[x+(-x)-\dfrac{x^2}{2}+o(x^2)\right]}$$

$$=\lim_{x\to 0}\frac{-\dfrac{x^4}{12}+o(x^4)}{-\dfrac{x^4}{2}+o(x^4)}=\lim_{x\to 0}\frac{-\dfrac{1}{12}+\dfrac{o(x^4)}{x^4}}{-\dfrac{1}{2}+\dfrac{o(x^4)}{x^4}}=\frac{1}{6}.$$

习题 3-3

1. 按 $(x-3)$ 的乘幂展开函数 $f(x)=x^4-4x^3+3x^2+2x-1$.

2. 求函数 $y=\sqrt{x}$ 在 $x_0=4$ 处的带拉格朗日型余项的三阶泰勒公式.

3. 求函数 $f(x)=\tan x$ 的带有拉格朗日型余项的三阶麦克劳林公式.

4. 求函数 $f(x)=\dfrac{1}{x}$ 在 $x=1$ 处的带拉格朗日型余项与皮亚诺型余项的泰勒公式.

5. 求 $f(x)=\ln x$ 按 $x-2$ 的方幂展开的带皮亚诺型余项的泰勒公式.

6. 求函数 $f(x)=(1+\cos 2x)\sin^2 x$ 带皮亚诺型余项的麦克劳林展开式.

7. 应用 e^x 的三阶麦克劳林公式求 $\sqrt{\mathrm{e}}$ 的近似值，并求误差.

8. 应用 $\sin x$ 的三阶泰勒公式近似计算 $\sin 18°$，并估计误差.

9. 利用泰勒公式求下列极限：

(1) $\lim\limits_{x\to +\infty}(\sqrt[3]{x^3+3x^2}-\sqrt[4]{x^4-2x^3})$;　　　　(2) $\lim\limits_{x\to 0}\dfrac{\cos x-\mathrm{e}^{-\frac{x^2}{2}}}{x^2[x+\ln(1-x)]}$;

(3) $\lim\limits_{x\to 0}\dfrac{1+\dfrac{1}{2}x^2-\sqrt{1+x^2}}{(\cos x-\mathrm{e}^{x^2})\sin x^2}$.

10. 已知极限 $\lim\limits_{x\to 0}\dfrac{x-\arctan x}{x^k}=c$，其中 c,k 为常数，且 $c\neq 0$，求 c,k 的值.

11. 设 $f(x)$ 在 (a,b) 内二阶可导,且 $f''(x) \geqslant 0$,证明:对于 (a,b) 内任意两点 x_1 与 x_2,及 $0 \leqslant t \leqslant 1$,有 $f[(1-t)x_1 + tx_2] \leqslant (1-t)f(x_1) + tf(x_2)$.

12. 设函数 $f(x)$ 在 $[-1,1]$ 上具有三阶连续导数,且 $f(-1)=0,f(1)=1,f'(0)=0$. 证明:在 $(-1,1)$ 内至少存在一点 ξ,使得 $f'''(\xi)=3$.

第四节　函数单调性的判定

单调性是函数的一种重要性态,其定义已经在第一章第一节中作了介绍.本节利用导数给出函数单调性的判定方法.

首先,如果函数 $y=f(x)$ 在区间 $[a,b]$ 上单调增加(单调减少),则它的图形是一条沿 x 轴正向上升(下降)的曲线,如图 3-5 所示.这时,曲线上各点处的切线斜率是非负的(非正的),即 $f'(x) \geqslant 0(f'(x) \leqslant 0)$.也就是说,对于可导的函数 $f(x)$,如果 $f(x)$ 在区间 $[a,b]$ 上单调增加,则有 $f'(x) \geqslant 0$;如果 $f(x)$ 在区间 $[a,b]$ 上单调减少,则有 $f'(x) \leqslant 0$.

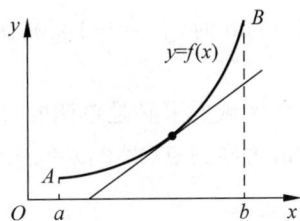

(a) 函数图形上升时切线斜率非负　　(b) 函数图形下降时切线斜率非正

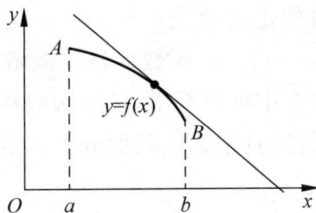

图　3-5

反之,能否用导数的符号来判定函数的单调性呢?

定理 1　设函数 $y=f(x)$ 在 $[a,b]$ 上连续,在 (a,b) 内可导,则 $y=f(x)$ 在 $[a,b]$ 上单调增加(单调减少)当且仅当在 (a,b) 内 $f'(x) \geqslant 0(f'(x) \leqslant 0)$.

证　只证明单调增加的情形,单调减少的情形可类似地证明.

充分性　设 x_1,x_2 是 $[a,b]$ 上的任意两点,不妨设 $x_1 < x_2$,则由拉格朗日中值定理得
$$f(x_2) - f(x_1) = f'(\xi)(x_2 - x_1) \geqslant 0 \quad (x_2 > x_1, f'(\xi) \geqslant 0),$$
由 x_1,x_2 的任意性知,函数 $y=f(x)$ 在 $[a,b]$ 上单调增加.

必要性　设 x 为 (a,b) 内任一点,当 Δx 充分小时,仍有 $x+\Delta x \in (a,b)$.由于 $f(x)$ 在 (a,b) 内单调增加,所以总有
$$\frac{f(x+\Delta x) - f(x)}{\Delta x} \geqslant 0,$$
令 $\Delta x \to 0$,由导数的定义以及极限的性质可得 $f'(x) \geqslant 0$.　□

对于严格单调性的判定,这里仅介绍充分条件.

定理 2　设函数 $y=f(x)$ 在 $[a,b]$ 上连续,在 (a,b) 内可导.如果在 (a,b) 内 $f'(x) > 0$ $(f'(x) < 0)$,则函数 $y=f(x)$ 在 $[a,b]$ 上严格单调增加(严格单调减少).

证　只证明严格单调增加,严格单调减少可类似地证明.

设 x_1,x_2 是 $[a,b]$ 上的任意两点,不妨设 $x_1 < x_2$,则由拉格朗日中值定理得

$$f(x_2)-f(x_1)=f'(\xi)(x_2-x_1)>0 \quad (x_2>x_1,f'(\xi)>0),$$

由 x_1,x_2 的任意性知,函数 $y=f(x)$ 在 $[a,b]$ 上严格单调增加.

注 如果把定理中的闭区间换成其他区间(包括无穷区间),结论也成立.

例 1 判定函数 $y=x-\sin x$ 在 $[-\pi,\pi]$ 上的单调性.

解 由于在 $(-\pi,\pi)$ 内 $y'=1-\cos x\geq0$,所以由定理 1 知,函数 $y=x-\sin x$ 在 $[-\pi,\pi]$ 上单调增加.又 $y'=1-\cos x$ 只在 $x=0$ 处为零,所以可判定函数 $y=x-\sin x$ 在 $[-\pi,\pi]$ 上严格单调增加.

例 2 讨论函数 $y=x-\ln(1+x)$ 的单调性.

解 函数 $y=x-\ln(1+x)$ 的定义域是 $(-1,+\infty)$,因为

$$y'=1-\frac{1}{1+x},$$

所以,当 $-1<x<0$ 时 $y'<0$,$y=x-\ln(1+x)$ 严格单调减少;当 $0<x<+\infty$ 时 $y'>0$,$y=x-\ln(1+x)$ 严格单调增加.

例 3 讨论函数 $y=|x|$ 的单调性.

解 此函数的定义域是 $(-\infty,+\infty)$.显然当 $x<0$ 时,$y'=-1<0$,函数严格单调减少;当 $x>0$ 时 $y'=1>0$,函数严格单调增加.

从例 2 和例 3 中可以看出,虽然函数在整个定义区域上未必是单调的,但在不同的区间上有不同的增减性,且增减区间的分界点恰是导数值为零的点(例 2,$x=0$)或导数不存在的点(例 3,$x=0$).

例 4 讨论函数 $y=2x^3-9x^2+12x-3$ 的单调性.

解 函数的定义域是 $(-\infty,+\infty)$.

$$y'=6x^2-18x+12=6(x-1)(x-2).$$

显然有导数为零的点 $x_1=1,x_2=2$,这两个点恰是增减区间的分界点.事实上,当 $x<1$ 时,$f'(x)>0$,$f(x)$ 严格单调增加;当 $1<x<2$ 时,$f'(x)<0$,$f(x)$ 严格单调减少;当 $x>2$ 时,$f'(x)>0$,$f(x)$ 严格单调增加(图 3-6).

注 虽然此题中使导数为零的点恰是函数增减区间的分界点,但显然不是所有的导数为零的点都是增减区间的分界点(例 1 中的 $x=0$).

利用函数的单调性可以证明一些不等式,下面举例说明.

图 3-6

例 5 证明:当 $x>1$ 时,$2\sqrt{x}>3-\frac{1}{x}$.

证 令 $f(x)=2\sqrt{x}-3+\frac{1}{x}$,则 $f(1)=0$.又

$$f'(x)=\frac{1}{\sqrt{x}}-\frac{1}{x^2}=\frac{1}{x^2}(x\sqrt{x}-1)>0, \quad x>1,$$

所以在 $[1,+\infty)$ 上 $f(x)$ 严格单调增加,从而当 $x>1$ 时,$f(x)>f(1)=0$,因此有 $2\sqrt{x}>3-\frac{1}{x}$.

例 6 证明:当 $x>0$ 时,$\sin x>x-\frac{1}{6}x^3$.

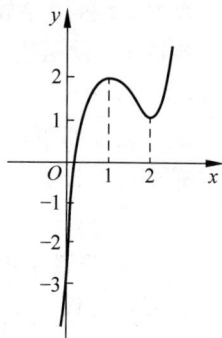

证   令 $f(x)=\sin x-x+\dfrac{1}{6}x^3$，则 $f(0)=0$，且

$$f'(x)=\cos x-1+\frac{1}{2}x^2,$$

显然 $f'(0)=0$. 再对上式求导，得

$$f''(x)=-\sin x+x>0, \quad x>0,$$

所以，当 $x>0$ 时，$f'(x)$ 严格单调增加，故 $f'(x)>f'(0)=0$，进而 $f(x)$ 严格单调增加，故 $f(x)>f(0)=0$. 因此，当 $x>0$ 时，有

$$\sin x>x-\frac{1}{6}x^3.$$

习题 3-4

1. 判定下列函数的单调性：

(1) $f(x)=1-x^3$；   (2) $f(x)=x+\cos x\,(0\leqslant x\leqslant 2\pi)$；(3) $f(x)=\arctan x-x$.

2. 确定下列函数的单调区间：

(1) $y=x^3-3x+b$；(2) $y=2x+\dfrac{8}{x}\,(x>0)$；   (3) $y=\ln(x+\sqrt{1+x^2}\,)$；

(4) $y=\sqrt[3]{x^2}$；   (5) $y=\dfrac{1}{x^2+x+1}$；   (6) $y=x^n\mathrm{e}^{-x}\,(n>0,x\geqslant 0)$.

3. 证明下列不等式：

(1) 当 $x>0$ 时，$1+\dfrac{1}{2}x>\sqrt{1+x}$；(2) 当 $x>0$ 时，$1+x\ln(x+\sqrt{1+x^2}\,)>\sqrt{1+x^2}$；

(3) 当 $0<x<\dfrac{\pi}{2}$ 时，$\sin x+\tan x>2x$；(4) 当 $0<x<\dfrac{\pi}{2}$ 时，$\tan x>x+\dfrac{1}{3}x^3$；

(5) 当 $x>4$ 时，$2^x>x^2$；   (6) 当 $x\neq 0$ 时，$\dfrac{\mathrm{e}^x+\mathrm{e}^{-x}}{2}>1+\dfrac{x^2}{2}$.

4. 求出使不等式 $\arctan x+\dfrac{x^3}{3}<x$ 成立的最大范围.

5. 试证方程 $x2^x=1$ 当 $x>0$ 时只有一个实根.

6. 证明：当 $x>0$ 时，$\ln\dfrac{\mathrm{e}^x-1}{x}<x$.

7. 讨论方程 $\ln x=ax\,(a>0)$ 有几个实根.

8. 单调函数的导函数是否必为单调函数？利用函数 $f(x)=x+\sin x$ 进行分析.

9. 证明：函数 $f(x)=\begin{cases} x+2x^2\sin\dfrac{1}{x}, & x\neq 0, \\ 0, & x=0 \end{cases}$ 虽然满足 $f'(0)>0$，但在 $x=0$ 的任何

邻域内都不单调.

10. 设 $\mathrm{e}<a<b<\mathrm{e}^2$，证明：$\ln^2 b-\ln^2 a>\dfrac{4}{\mathrm{e}^2}(b-a)$.

第五节　曲线的凹凸性

函数的单调性反映在图形上,就是曲线的上升或下降.描述函数性态时,仅有上升与下降是不够的,因为曲线在上升或下降的过程中还有一个弯曲方向的问题.如图 3-7 所示,两条弧线都是上升的,但 $\overset{\frown}{ACB}$ 是(向上)凸起的,$\overset{\frown}{ADB}$ 是(向上)凹陷的.为了更好地把握函数的性态,本节研究函数曲线的凹凸问题.

首先给出凹弧和凸弧的定义(图 3-8).

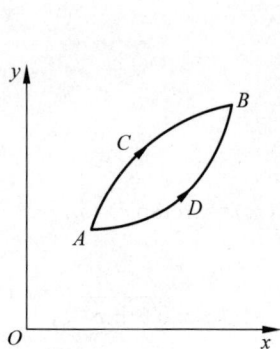

图　3-7

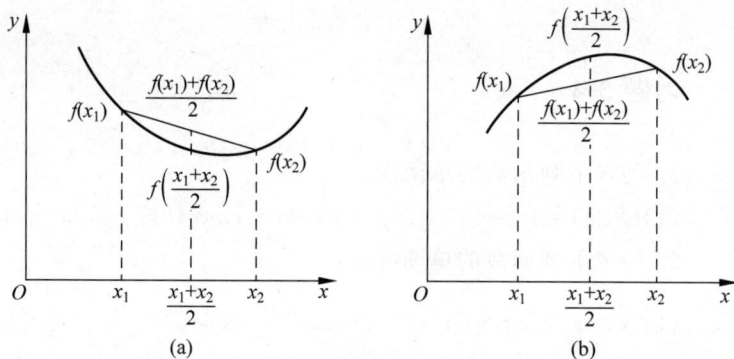

图　3-8

定义　设 $f(x)$ 在区间 I 上连续,如果对 I 上任意两点 $x_1,x_2(x_1\neq x_2)$,恒有

$$f\left(\frac{x_1+x_2}{2}\right)<\frac{f(x_1)+f(x_2)}{2},$$

则称 $f(x)$ 在 I 上的图形是(向上)凹的(或凹弧);如果恒有

$$f\left(\frac{x_1+x_2}{2}\right)>\frac{f(x_1)+f(x_2)}{2},$$

则称 $f(x)$ 在 I 上的图形是(向上)凸的(或凸弧).

如果函数在 I 上存在二阶导数,则可用二阶导数的符号来判定函数曲线的凹凸性.

定理　设 $f(x)$ 在 $[a,b]$ 上连续,在 (a,b) 内具有一阶和二阶导数,那么

(1) 若在 (a,b) 内 $f''(x)>0$,则 $f(x)$ 在 $[a,b]$ 上的图形是凹的;

(2) 若在 (a,b) 内 $f''(x)<0$,则 $f(x)$ 在 $[a,b]$ 上的图形是凸的.

证　只证情形(1),情形(2)可类似证明.

设 x_1 和 x_2 是 $[a,b]$ 上的任意两点 $(x_1\neq x_2)$,记 $x_0=\dfrac{x_1+x_2}{2}$,则由泰勒公式有

$$f(x_1)=f(x_0)+f'(x_0)(x_1-x_0)+\frac{1}{2}f''(\xi_1)(x_1-x_0)^2,$$

$$f(x_2)=f(x_0)+f'(x_0)(x_2-x_0)+\frac{1}{2}f''(\xi_2)(x_2-x_0)^2,$$

由于 $f''(x)>0$,所以 $f''(\xi_1)>0$,$f''(\xi_2)>0$,将上面两式相加得

$$f(x_1) + f(x_2) > 2f(x_0) = 2f\left(\frac{x_1 + x_2}{2}\right),$$

即
$$\frac{f(x_1) + f(x_2)}{2} > f\left(\frac{x_1 + x_2}{2}\right),$$

所以 $f(x)$ 在 $[a,b]$ 上的图形是凹的. □

例 1 判定曲线 $y = e^x$ 的凹凸性.

解 函数的定义区间为 $(-\infty, +\infty)$. 因为 $y' = y'' = e^x > 0$, 所以曲线在 $(-\infty, +\infty)$ 内是凹的.

例 2 讨论曲线 $f(x) = (x^2 - 1)^3 + 1$ 的凹凸性.

解 函数的定义区间是 $(-\infty, +\infty)$.
$$y' = 6x(x^2 - 1)^2, \quad y'' = 6(x^2 - 1)(5x^2 - 1).$$

令 $y'' = 0$, 得
$$x_1 = -1, \quad x_2 = -\sqrt{\frac{1}{5}}, \quad x_3 = \sqrt{\frac{1}{5}}, \quad x_4 = 1,$$

所以当 $x \in (-\infty, -1)$ 时, $y'' > 0$, 曲线是凹的; 当 $x \in \left(-1, -\sqrt{\frac{1}{5}}\right)$ 时, $y'' < 0$, 曲线是凸的; 当 $x \in \left(-\sqrt{\frac{1}{5}}, \sqrt{\frac{1}{5}}\right)$ 时, $y'' > 0$, 曲线是凹的; 当 $x \in \left(\sqrt{\frac{1}{5}}, 1\right)$ 时, $y'' < 0$, 曲线是凸的; 当 $x \in (1, +\infty)$ 时, $y'' > 0$, 曲线是凹的 (参见图 3-9).

在例 2 中, 我们看到曲线上的四个点

$$(-1, 1), \quad \left(-\sqrt{\frac{1}{5}}, 1 - \left(\frac{4}{5}\right)^3\right), \quad \left(\sqrt{\frac{1}{5}}, 1 - \left(\frac{4}{5}\right)^3\right), \quad (1, 1)$$

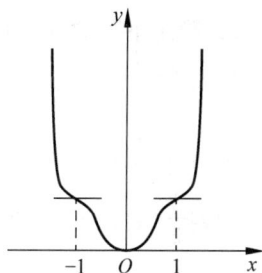

图 3-9

都是曲线凹凸变化的分界点. 连续曲线上凹弧与凸弧的分界点称为曲线的拐点.

由上面的定理知, 用二阶导数的符号可以判定曲线的凹凸性. 因此, 要寻找曲线的拐点, 只要找出曲线二阶导数符号发生变化的分界点即可. 这样的分界点处, 二阶导数可能存在, 也可能不存在. 如果在拐点 $(x_0, f(x_0))$ 处二阶导数存在, 因为拐点是二阶导数符号发生变化的分界点, 故此时在拐点处必有 $f''(x_0) = 0$. 综合上述分析, 我们给出求曲线拐点的步骤:

(1) 确定函数 $f(x)$ 的定义域.

(2) 求 $f''(x)$. 令 $f''(x) = 0$, 解出方程在定义域内的实根, 并求出定义域内 $f''(x)$ 不存在的点.

(3) 对于 (2) 中求出的每一个实根或二阶导数不存在的点 x_0, 考察 $f''(x)$ 在 x_0 两侧邻近的符号, 如果两侧符号相反, 则 $(x_0, f(x_0))$ 是拐点, 否则不是拐点.

例 3 求曲线 $f(x) = x^3 - \frac{3}{2}x^2 - 6x + 8$ 的拐点.

解 函数的定义区间为 $(-\infty, +\infty)$. $f''(x) = 6x - 3$, 令 $f''(x) = 0$, 得 $x = \frac{1}{2}$.

当 $x < \frac{1}{2}$ 时 $f''(x) < 0$, 而当 $x > \frac{1}{2}$ 时 $f''(x) > 0$, 所以 $\left(\frac{1}{2}, \frac{19}{4}\right)$ 是曲线的拐点.

例 4 求曲线 $f(x)=(x-3)^4(x+1)$ 的拐点及凹凸区间.

解 函数的定义区间为 $(-\infty,+\infty)$. $f''(x)=4(x-3)^2(5x-3)$, 令 $f''(x)=0$, 得 $x_1=\dfrac{3}{5}, x_2=3$.

当 $x<\dfrac{3}{5}$ 时, $f''(x)<0$, 曲线是凸的; 当 $\dfrac{3}{5}<x<3$ 时, $f''(x)>0$, 曲线是凹的; 当 $x>3$ 时, $f''(x)>0$, 曲线是凹的.

所以曲线的凸区间为 $\left(-\infty,\dfrac{3}{5}\right)$, 凹区间为 $\left(\dfrac{3}{5},+\infty\right)$; $\left(\dfrac{3}{5},f\left(\dfrac{3}{5}\right)\right)$ 是曲线的拐点, $(3,0)$ 不是曲线的拐点.

例 5 求曲线 $f(x)=x^{1/3}$ 的拐点.

解 函数的定义区间为 $(-\infty,+\infty)$. 显然函数在 $x=0$ 处不可导, 当 $x\neq 0$ 时有 $f''(x)=-\dfrac{2}{9x^{5/3}}$. 当 $x<0$ 时 $f''(x)>0$, 而当 $x>0$ 时 $f''(x)<0$, 所以 $(0,0)$ 是曲线的拐点.

习题 3-5

1. 判定下列曲线的凹凸性:

(1) $y=2\ln x+x$;   (2) $y=e^x+e^{-x}$;   (3) $y=x^3$;   (4) $y=x\arctan x$.

2. 确定下列曲线的拐点和凹凸区间:

(1) $y=2x^3+3x^2-12x+14$;   (2) $y=(x+1)^4+e^x$;

(3) $y=\ln(x^2+1)$;   (4) $y=(x-2)^{5/3}$.

3. 利用函数曲线的凹凸性证明不等式:

(1) $\dfrac{1}{2}(x^n+y^n)>\left(\dfrac{x+y}{2}\right)^n$ $(x>0,y>0,x\neq y,n>1)$;   (2) $\dfrac{e^x+e^y}{2}>e^{\frac{x+y}{2}}$ $(x\neq y)$.

4. 问 a,b 为何值时, 点 $(1,3)$ 为曲线 $y=ax^3+bx^2$ 的拐点?

5. 确定函数曲线 $y=x^3+ax^2+bx+c$ 中的常数 a,b,c, 使得点 $(1,-1)$ 为其拐点, 且在点 $x=0$ 处有极大值 1.

6. 试证明曲线 $y=\dfrac{x-1}{x^2+1}$ 有三个拐点位于同一直线上.

7. 确定 $y=k(x^2-3)^2$ 中的常数 k, 使曲线的拐点处的法线通过原点.

8. 设 $f(x)$ 在 x_0 的某邻域内有三阶连续导数, 且 $f''(x_0)=0, f'''(x_0)\neq 0$, 证明点 $(x_0, f(x_0))$ 必为曲线 $y=f(x)$ 的拐点.

第六节 函数的极值

生活中, 经常遇到某个量在一定范围内取值最大或最小的情况, 比如: 山脉含有多个山峰, 每个山峰附近有海拔最高点、最低点; 将每天分成若干时间段, 每个时间段内有最高气温、最低气温; 汽车在高速公路上行驶, 某个时间段内有最大速度、最小速度; 等等. 本节对这些在某范围内取得最大、最小值的点进行专门讨论.

定义 设函数 $f(x)$ 在区间 (a,b) 内有定义，x_0 是 (a,b) 内的一个点. 如果存在点 x_0 的一个邻域，对于该邻域内的一切 x，有 $f(x) \leqslant f(x_0)$ 成立，则称 $f(x_0)$ 是函数 $f(x)$ 的一个极大值；如果存在点 x_0 的一个邻域，对于该邻域内的一切 x，有 $f(x) \geqslant f(x_0)$ 成立，则称 $f(x_0)$ 是函数 $f(x)$ 的一个极小值.

函数的极大值和极小值统称为函数的极值. 使函数取得极值的点称为极值点.

注 函数极值的概念是局部性的，同一个函数的极大值不一定比极小值大. 如图 3-10 所示，极大值 $f(x_2)$ 就比极小值 $f(x_6)$ 小.

那么，函数在什么情况下取得极值，什么情况下不取得极值呢？从图 3-10 中可以看出：在函数取得极值处，如果导数存在，则导数为零（点 x_1, x_2, x_4, x_5, x_6）；但在导数为零的点处，却不一定取得极值（点 x_3）. 推广至一般情形，即得可导函数取得极值的必要条件.

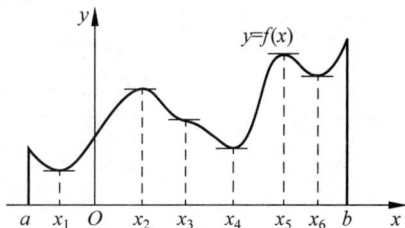

图 3-10

定理 1（必要条件） 设函数 $f(x)$ 在点 x_0 处可导，且在 x_0 处取得极值，则

$$f'(x_0) = 0.$$

证 不妨设 $f(x_0)$ 是极大值. 由极大值的定义，存在 x_0 的一个去心邻域，使对此去心邻域内的任何 x，有 $f(x) < f(x_0)$ 成立. 从而当 $x < x_0$ 时，$\dfrac{f(x) - f(x_0)}{x - x_0} > 0$，因此

$$f'(x_0) = f'_-(x_0) = \lim_{x \to x_0^-} \frac{f(x) - f(x_0)}{x - x_0} \geqslant 0;$$

当 $x > x_0$ 时，$\dfrac{f(x) - f(x_0)}{x - x_0} < 0$，因此

$$f'(x_0) = f'_+(x_0) = \lim_{x \to x_0^+} \frac{f(x) - f(x_0)}{x - x_0} \leqslant 0.$$

故有

$$f'(x_0) = 0. \qquad \square$$

使导数为零的点（即方程 $f'(x) = 0$ 的实根）称为函数 $f(x)$ 的驻点.

由前面的讨论知，驻点是可能的极值点，定理 1 只是必要条件. 下面的定理 2 和定理 3 给出判定极值的充分条件.

定理 2（第一种充分条件） 设函数 $f(x)$ 在点 x_0 的一个去心邻域内可导，在点 x_0 连续.

(1) 如果对于此邻域内的点有：当 $x < x_0$ 时 $f'(x) \geqslant 0$，当 $x > x_0$ 时 $f'(x) \leqslant 0$，则函数 $f(x)$ 在 x_0 处取得极大值.

(2) 如果对于此邻域内的点有：当 $x < x_0$ 时 $f'(x) \leqslant 0$，当 $x > x_0$ 时 $f'(x) \geqslant 0$，则函数 $f(x)$ 在 x_0 处取得极小值.

(3) 如果对于此邻域内的点 $f'(x)$ 恒为正或恒为负，则函数 $f(x)$ 在 x_0 处没有极值.

证 (1) 由函数的单调性判别法可知，当 $x < x_0$ 时 $f(x)$ 单调增加，当 $x > x_0$ 时 $f(x)$ 单调减少，因此 $f(x_0)$ 是 $f(x)$ 的一个极大值（图 3-11(a)）.

类似地可以证明(2)(图 3-11(b))和(3)(图 3-11(c),(d)).

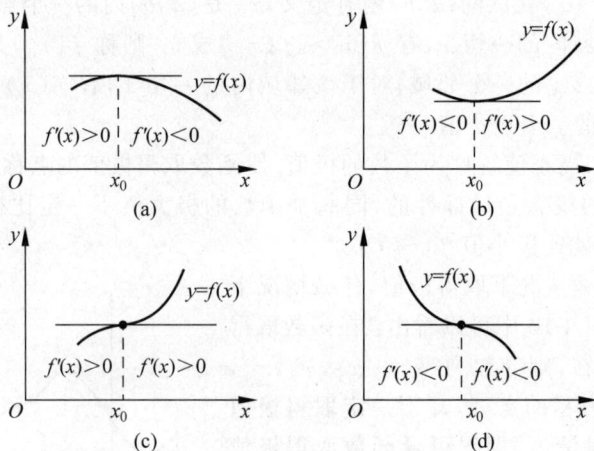

图 3-11

例 1 求函数 $f(x)=x^3-\dfrac{3}{2}x^2-6x+8$ 的极值.

解 因为 $f'(x)=3x^2-3x-6=3(x+1)(x-2)$,所以得驻点 $x_1=-1,x_2=2$. 当 $x\in(-\infty,-1)$ 时 $f'(x)>0$,当 $x\in(-1,2)$ 时 $f'(x)<0$,因此 $f(-1)=\dfrac{23}{2}$ 是极大值. 同理,$f(2)=-2$ 是极小值.

上述第一种充分条件利用的是函数的单调性. 如果函数 $f(x)$ 在驻点的二阶导数存在且不为零,则可利用函数的凹凸性判定极值.

定理 3(第二种充分条件) 设函数 $f(x)$ 在点 x_0 具有二阶导数,且 $f'(x_0)=0$,$f''(x_0)\neq 0$,则:

(1) 当 $f''(x_0)<0$ 时,函数 $f(x)$ 在点 x_0 取得极大值;

(2) 当 $f''(x_0)>0$ 时,函数 $f(x)$ 在点 x_0 取得极小值.

证 (1) 由二阶导数的定义有

$$f''(x_0)=\lim_{x\to x_0}\frac{f'(x)-f'(x_0)}{x-x_0}<0,$$

由极限的性质,在 x_0 的足够小的去心邻域内,有

$$\frac{f'(x)-f'(x_0)}{x-x_0}<0,$$

又 $f'(x_0)=0$,故

$$\frac{f'(x)}{x-x_0}<0.$$

运用定理 2,由上式很容易分析出,$f(x)$ 在 x_0 处取得极大值. 同理可证(2).

例 2 求函数 $f(x)=(x-1)^2(x^2-3)$ 的极值.

解 $f'(x)=2(x-1)(x+1)(2x-3)$,从而驻点为

$$x_1=-1,\quad x_2=1,\quad x_3=\frac{3}{2}.$$

又

$$f''(x) = 4(3x^2 - 3x - 1),$$

所以 $\qquad f''(-1) = 20, \quad f''(1) = -4, \quad f''\left(\dfrac{3}{2}\right) = 5,$

故 $f(-1) = -8$ 是极小值，$f(1) = 0$ 是极大值，$f\left(\dfrac{3}{2}\right) = -\dfrac{3}{16}$ 是极小值.

例 3 求函数 $f(x) = (x^2 - 1)^3 + 1$ 的极值.

解 $f'(x) = 6x(x^2 - 1)^2$，从而驻点为

$$x_1 = -1, \quad x_2 = 0, \quad x_3 = 1.$$

又

$$f''(x) = 6(x^2 - 1)(5x^2 - 1),$$

所以 $\qquad f''(-1) = 0, \quad f''(0) = 6, \quad f''(1) = 0,$

从而 $f(0) = 0$ 是函数的极小值，但 $f(-1) = f(1) = 0$ 由二阶导数无法判定.

因为当 $x \in (-2, -1)$ 时 $f'(x) < 0$，当 $x \in (-1, 0)$ 时 $f'(x) < 0$，所以 $f(-1)$ 不是极值. 同理，$f(1)$ 也不是极值(参见图 3-9).

以上讨论的函数都是可导的，给出了两个充分条件判定极值，且第二种充分条件还要求二阶导数存在，但有些函数可能在不可导点处取得极值. 例如，$y = |x|$ 在 $x = 0$ 处取得极小值，显然它在 $x = 0$ 处不可导. 这时如果用增减性来判定(仿照第一种充分条件)，也能够得到极小值的结论.

例 4 求函数 $f(x) = 1 - (x - 2)^{2/3}$ 的极值.

解 函数的定义域为 $(-\infty, +\infty)$. 当 $x \neq 2$ 时，有

$$f'(x) = \frac{-2}{3(x - 2)^{1/3}},$$

从而没有驻点，只有一个导数不存在的点 $x = 2$.

当 $x \in (-\infty, 2)$ 时，$f'(x) > 0$，函数严格单调增加；当 $x \in (2, +\infty)$ 时，$f'(x) < 0$，函数严格单调减少. 因此，$f(2) = 1$ 是函数的极大值(图 3-12).

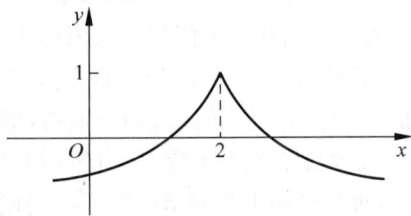

图 3-12

最后，我们总结求极值的步骤如下：

(1) 先确定函数 $f(x)$ 的定义域.

(2) 求出导数 $f'(x)$，确定出函数的驻点和导数不存在的点(含在定义域中).

(3) 考察导数 $f'(x)$ 在驻点或导数不存在点邻近的符号变化情况，确定出极值点；或者求出二阶导数 $f''(x)$，考察其在驻点处的值的符号，确定出极值点.

(4) 求出函数在各个极值点处的函数值，得到 $f(x)$ 的全部极值.

习题 3-6

1. 求下列函数的极值：

(1) $y = \dfrac{1}{3}x^3 - x^2 - 3x + 9$;　　(2) $y = 2x^3 - 3x^2$;　　(3) $y = x - \ln(1 + x)$;

(4) $y = x + \sqrt{1-x}$;　　　(5) $y = \dfrac{1+3x}{\sqrt{4+5x^2}}$;　　　(6) $y = \dfrac{3x^2+4x+4}{x^2+x+1}$;

(7) $y = e^x \cos x$;　　　(8) $y = 2e^x + e^{-x}$;　　　(9) $y = x + \tan x$;

(10) $y = 3 - 2(x+1)^{1/3}$.

2. 试问 a 为何值时,函数 $f(x) = a \sin x + \dfrac{1}{3} \sin 3x$ 在 $x = \dfrac{\pi}{3}$ 处取得极值? 它是极大值还是极小值? 并求之.

3. 试证:如果函数 $f(x) = ax^3 + bx^2 + cx + d$ 满足条件 $b^2 - 3ac < 0$,则 $f(x)$ 没有极值.

4. 设函数 $f(x)$ 在 x_0 的某邻域内有直到 n 阶的连续导数,且 $f^{(k)}(x_0) = 0 (k = 1, 2, \cdots, n-1)$,$f^{(n)}(x_0) \neq 0$.试证:当 n 为奇数时,$f(x_0)$ 不是极值;当 n 为偶数时是极值. 且 $f^{(n)}(x_0) > 0$ 时,$f(x_0)$ 是极小值;$f^{(n)}(x_0) < 0$ 时,$f(x_0)$ 是极大值.

5. 设函数 $y = f(x)$ 由方程 $y^3 + xy^2 + x^2 y + 6 = 0$ 确定,求 $f(x)$ 的极值.

6. 试确定方程 $e^x = ax^2 (a > 0)$ 的根的个数,并指出每个根所在的范围.

第七节　函数最值的求法

在数学上,如果函数 $f(x)$ 在闭区间 $[a,b]$ 上连续,则由前面学习的闭区间上连续函数的性质可知,$f(x)$ 在 $[a,b]$ 上存在最大值与最小值,如何求出这些最值呢?

此外,在现实生活、工程技术和科学实验等领域中,经常遇到"产量最多"、"成本最低"、"效益最高"、"利润最大"和"用料最省"等问题,称这样的问题为最优化问题. 最优化问题在数学上可归结为求某一函数(称为目标函数)的最大值或最小值问题. 复杂最优化问题的解决要用到运筹学等多门类知识,本节仅讨论能用导数求解的简单最优化问题.

先分析函数最小值与最大值的求法. 假设函数 $f(x)$ 在闭区间 $[a,b]$ 上连续,在开区间 (a,b) 内除有限个点外可导,且至多有有限个驻点. 这样,由极值的定义,如果最大值(或最小值)$f(x_0)$ 在开区间 (a,b) 内取得(即 $x_0 \in (a,b)$),则 $f(x_0)$ 也是极大值(或极小值),从而 x_0 一定是驻点或不可导点. 当然,$f(x)$ 的最大值(或最小值)也可能在区间的端点处取得. 因此,可按照如下步骤求函数 $f(x)$ 在 $[a,b]$ 上的最大值和最小值:

(1) 求出 $f(x)$ 在开区间 (a,b) 内的驻点以及不可导点;

(2) 算出函数 $f(x)$ 在上述驻点、不可导点处的值及在区间端点处的值 $f(a)$,$f(b)$;

(3) 比较(2)中诸值的大小,其中最大的便是 $f(x)$ 在 $[a,b]$ 上的最大值,最小的就是 $f(x)$ 在 $[a,b]$ 上的最小值.

例 1　求函数 $f(x) = x^3 - 5x^2 + 3x + 2$ 在区间 $[0,4]$ 上的最大值和最小值.

解　因为

$$f'(x) = 3x^2 - 10x + 3 = (3x-1)(x-3),$$

所以,函数 $f(x)$ 在 $(0,4)$ 内的驻点是 $x_1 = \dfrac{1}{3}$,$x_2 = 3$. 又

$$f(0) = 2, \quad f\left(\dfrac{1}{3}\right) = \dfrac{67}{27}, \quad f(3) = -7, \quad f(4) = -2,$$

故函数在 $[0,4]$ 上的最大值是 $f\left(\dfrac{1}{3}\right)=\dfrac{67}{27}$,最小值是 $f(3)=-7$.

特别地,如果函数 $f(x)$ 在区间 (a,b) 内可导且有唯一驻点 x_0,若 $f(x_0)$ 是极大值,则它就是 $f(x)$ 在区间 (a,b) 内的最大值;若 $f(x_0)$ 是极小值,则它就是 $f(x)$ 在区间 (a,b) 内的最小值.

例 2 在什么条件下,外切于半径为 1 的圆的等腰三角形的面积最小?

解 如图 3-13 所示,设 $OA=x$,则
$$AD=x+1,\quad AE=\sqrt{x^2-1},$$
从而
$$DC=\dfrac{x+1}{\sqrt{x^2-1}},$$
所以三角形的面积
$$S(x)=\dfrac{(x+1)^2}{\sqrt{x^2-1}},\quad x>1.$$

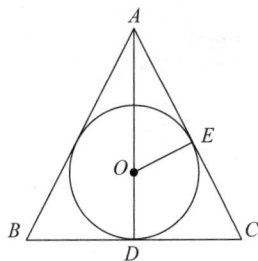

图 3-13

由
$$S'(x)=\dfrac{(x+1)^2(x-2)}{(x^2-1)^{3/2}}$$
可知,当 $x>1$ 时有唯一驻点 $x=2$. 又 $1<x<2$ 时 $S'(x)<0$,$x>2$ 时 $S'(x)>0$,所以 $S(2)$ 是最小值. 这时三角形的三条边 $AB=BC=CA=2\sqrt{3}$,也即三角形为等边三角形.

例 3 若 $0\leqslant x\leqslant 1,p>1$,证明:
$$\dfrac{1}{2^{p-1}}\leqslant x^p+(1-x)^p\leqslant 1.$$

证 设 $f(x)=x^p+(1-x)^p,x\in[0,1]$,则
$$f'(x)=p[x^{p-1}-(1-x)^{p-1}].$$
令 $f'(x)=0$,在 $(0,1)$ 内得唯一驻点 $x=\dfrac{1}{2}$. 又
$$f\left(\dfrac{1}{2}\right)=\dfrac{1}{2^{p-1}},\quad f(0)=f(1)=1,$$
所以
$$f\left(\dfrac{1}{2}\right)\leqslant f(x)\leqslant f(1),$$
即
$$\dfrac{1}{2^{p-1}}\leqslant x^p+(1-x)^p\leqslant 1,\quad x\in[0,1].$$

在求解最优化问题时,一般将需要求的最值变量设为目标变量(因变量),把影响目标变量的变量设为自变量,建立目标函数,然后求该函数的最大值或最小值即可.

需要指出的是,在最优化问题中往往根据问题的性质就可以断定目标函数确实具有最大值或最小值,而且一定在定义区间内部取得. 这时如果求得目标函数在定义区间内部只有一个驻点,则不必具体讨论该点是不是极值点,直接就可以断定该点就是所求的最值点.

例 4 某种物资一年(按 360 天计算)需用量为 24 000 件,现整批间隔进货(即当库存量下降到零时,随即订购、到货,平均的库存量为批量的一半). 若每次的订购费用为 64 元,每

件物品的年保管费用为 4.8 元,试求最优订购批量(使每年保管费用与订购费用之和最小的批量)、最优订购次数、最优进货周期和最小费用.

解 设每批订购 Q 件,总费用为 C 元,由题意得

$$C = 订购费用 + 保管费用$$

$$= 64 \times \frac{24\,000}{Q} + 4.8 \times \frac{Q}{2},$$

求导数得

$$C' = -\frac{64 \times 24\,000}{Q^2} + 2.4,$$

令 $C' = 0$,得

$$Q = \sqrt{\frac{64 \times 24\,000}{2.4}} = 800.$$

又因 $C''(800) > 0$,故 $Q = 800$ 件时总费用最小.

最优订购批次为

$$\frac{24\,000}{800} 批 = 30 批.$$

最优进货周期为

$$\frac{360}{30} 天 = 12 天.$$

最小总费用为

$$C = \left(64 \times \frac{24\,000}{800} + 4.8 \times \frac{800}{2}\right) 元 = 3\,840 元.$$

例5 工兵为了破坏敌人公路,在路面下埋炸药包进行爆破.实践表明,爆破部分呈倒圆锥体,而锥面母线长就是炸药包的爆破半径.试问:爆破半径为 R 的炸药包,埋在路面下多深才能使爆破体积最大?

解 如图 3-14 所示,设 h 为炸药包被埋的深度,则爆破体积为

$$V = \frac{1}{3}\pi r^2 h = \frac{1}{3}\pi(R^2 - h^2)h.$$

根据问题的实际意义,显然 h 应在 $(0, R)$ 内取值.

求导得

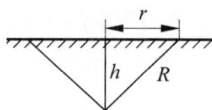

图 3-14

$$V' = \frac{1}{3}\pi R^2 - \pi h^2.$$

在 $(0, R)$ 内只有一个驻点 $h = \frac{\sqrt{3}}{3}R$. 所以当炸药埋藏深度为 $h = \frac{\sqrt{3}}{3}R$ 时,其爆破体积最大.

例6 在地面上以初速度 v 和抛射角 α 发射一个抛射体,抛射角为多大时使得抛射体射程最大?求出抛射体的飞行时间、射程和最大高度.若初速度为 400 m/s,抛射角为 $\frac{\pi}{3}$,则抛射体的飞行时间、射程和最大高度是多少?

解 假设初速度为 v,抛射角为 α,时间为 t.

抛射体的飞行高度方程为

$$y(t) = tv\sin\alpha - \frac{1}{2}gt^2,$$

令

$$t\left(v\sin\alpha - \frac{1}{2}gt\right) = 0,$$

得

$$t = 0, \quad t = \frac{2v\sin\alpha}{g},$$

因为抛射体在时刻 $t=0$ 发射，故 $t=\dfrac{2v\sin\alpha}{g}$ 必然是抛射体碰到地面的时刻. 此时抛射体的水平距离，即射程为

$$x(t)\Big|_{t=\frac{2v\sin\alpha}{g}} = v\cos\alpha \cdot t\Big|_{t=\frac{2v\sin\alpha}{g}} = \frac{v^2}{g}\sin 2\alpha,$$

当 $\sin 2\alpha = 1$ 即 $\alpha = \dfrac{\pi}{4}$ 时射程最大.

抛射体在它的竖直速度为零时高度最大，令

$$y'(t) = v\sin\alpha - gt = 0,$$

得

$$t = \frac{v\sin\alpha}{g},$$

从而最大高度为

$$y(t)\Big|_{t=\frac{v\sin\alpha}{g}} = v\sin\alpha\left(\frac{v\sin\alpha}{g}\right) - \frac{1}{2}g\left(\frac{v\sin\alpha}{g}\right)^2 = \frac{(v\sin\alpha)^2}{2g}.$$

根据以上分析，可得初速度为 $400\mathrm{m/s}$，抛射角为 $\dfrac{\pi}{3}$ 时，抛射体的飞行时间、射程和最大高度如下：

飞行时间
$$t = \frac{2v\sin\alpha}{g} = \frac{2\times400}{9.8}\times\sin\frac{\pi}{3}\mathrm{s} \approx 70.70\mathrm{s}.$$

射程
$$x(t)_{\max} = \frac{v^2}{g}\sin 2\alpha = \frac{400^2}{9.8}\times\sin\frac{2\pi}{3}\mathrm{m} \approx 14\,139\mathrm{m}.$$

最大高度
$$y(t)_{\max} = \frac{(v\sin\alpha)^2}{2g} = \frac{\left(400\sin\frac{\pi}{3}\right)^2}{2\times9.8}\mathrm{m} \approx 6\,122\mathrm{m}.$$

习题 3-7

1. 求下列函数的最大值和最小值：

(1) $y = x^4 - 8x^2 + 2, x\in[-1,3]$；

(2) $y = 2x^3 + 3x^2 - 12x + 14, x\in[-3,4]$；

(3) $y = x + \sqrt{1-x}, x\in[-5,1]$；

(4) $y = x + \dfrac{3}{2}x^{\frac{2}{3}}, x\in\left[-8,\dfrac{1}{8}\right]$.

2. 求函数 $y = x^2 - \dfrac{54}{x}(x<0)$ 在何处取得最小值？

3. 求函数 $y = \dfrac{x}{x^2+1}(x\geqslant0)$ 在何处取得最大值？

4. 某单位要靠墙壁盖一间长方形小屋，现有存砖只够砌 $20\mathrm{m}$ 长的墙壁. 问应围成怎样

的长方形,才能使这间小屋的面积最大?

5. 某农场需建一个面积为 512m^2 的矩形的晒谷场,一边可用原来的石条围沿,另三边需砌新石条围沿.问:晒谷场的长与宽各为多少米时,才能使砌新石条围沿所需的材料最省?

6. 某地区防空洞的截面形状由半圆加长方形构成:上方是半圆,下方是长方形.截面的面积为 5m^2,问底部宽为多少时才能使截面的周长最小,从而使建造时所用的材料最省?

7. 要造一体积为定数 V 的圆柱形油罐,问底半径 r 和高 h 分别为多少时才能使表面积最小?这时底半径与高的比是多少?

8. 铁路线上 AB 段的距离为 100km.工厂 C 距 A 处 20km,AC 垂直于 AB(图 3-15).为了运输需要,要在 AB 线上选定一点 D 向工厂修筑一条公路.已知铁路上每千米货运的运费与公路上每千米货运的运费之比为 $3:5$.为了使货物从供应站 B 运到工厂 C 的运费最省,问 D 点应选在何处?

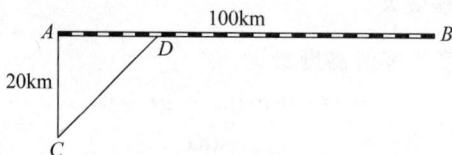

图　3-15

9. 假设某种商品的需求量 Q 是单价 P(元)的函数:$Q=12\,000-80P$.商品的总成本 C 是需求量 Q 的函数:$C=25\,000+50Q$.每单位商品需要纳税 2 元,试求使销售利润最大的商品价格和最大利润额.

10. 某房地产公司有 50 套公寓要出租,当租金定为每月 180 元时,公寓会全部租出去.当租金每月增加 10 元时,就有一套公寓租不出去,而租出去的房子每月需花费 20 元的整修维护费.试问房租定为多少元时房地产公司可获得最大收入?

11. 设 $0<\alpha<1$,证明不等式 $x^{\alpha}-\alpha x\leqslant 1-\alpha,x\geqslant 0$.

12. 在数 $1,\sqrt{2},\sqrt[3]{3},\sqrt[4]{4},\cdots,\sqrt[n]{n},\cdots$ 中求出最大的数.

13. 设 $f(x)=nx(1-x)^n$,n 为自然数.试求:

(1) $f(x)$ 在 $0\leqslant x\leqslant 1$ 上的最大值 $M(n)$;

(2) $\lim\limits_{n\to\infty}M(n)$.

14. 有一杠杆,支点在它的一端,在距支点 0.1m 处挂一质量为 49kg 的物体.加力于杠杆的另一端使杠杆保持水平(图 3-16).如果杠杆每米的质量为 5kg,求最省力的杆长.

15. 从一块半径为 R 的圆形铁片上挖去一个扇形做成一个漏斗(图 3-17),问留下的扇形的中心角 φ 取多少时,做成的漏斗的容积最大?

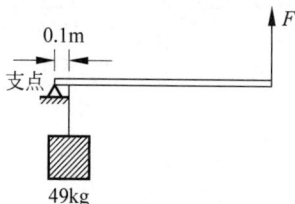

图　3-16

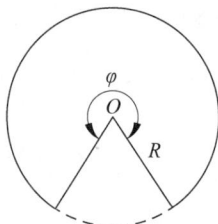

图　3-17

16. 某人利用原材料每天要制作 5 个贮藏橱. 假设外来木材的运送成本为 6 000 元, 而贮存每个单位材料的成本为 8 元. 为使他在两次运送期间的制作周期内平均每天的成本最小, 每次他应该订多少原材料以及多长时间订一次货?

第八节　函数的图形

前面几节讨论了函数的增减性、极值以及函数曲线的凹凸性和拐点. 这些都是函数的基本性态, 有了这些性态, 就可以比较准确地把握函数图形的特点. 这一节, 我们就利用这些性态描绘函数的图形.

为更加准确地描绘出函数的图形, 先复习一下曲线的渐近线.

一、曲线的渐近线

定义　设 $y=f(x)$ 为一曲线, 如果曲线 $y=f(x)$ 的点趋于无穷时, 存在直线 L 与曲线的距离趋于零, 则称此直线 L 为曲线 $y=f(x)$ 的一条渐近线.

例如, 反比例函数 $y=\dfrac{1}{x}$ 的渐近线为两条坐标轴, 即 $x=0, y=0$. (图 3-18)

曲线的渐近线可如下分情况求出.

1. 垂直(铅直)渐近线

如图 3-19 所示, 若曲线 $y=f(x)$ 有垂直渐近线 $x=c$, 则易见: 当 $x \to c$(或 c^{+}, c^{-})时, $f(x) \to \infty$(或 $+\infty, -\infty$). 故要求 $y=f(x)$ 的垂直渐近线, 只需找出某个 c, 使得

$$\lim_{x \to c(c^{+},c^{-})} f(x)=\infty(+\infty,-\infty),$$ 此时垂直渐近线为 $x=c$.

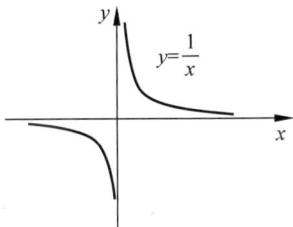

图　3-18

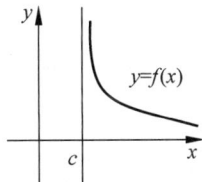

图　3-19

2. 斜渐近线

如图 3-20 所示, 设曲线 $y=f(x)$ 有斜渐近线为 $y=ax+b$, 任取曲线上一点 $M(x, f(x))$, 由渐近线的定义, 应有

$$\lim_{x \to \infty(+\infty,-\infty)} MK=0,$$

即

$$\lim_{x \to \infty(+\infty,-\infty)} MP\cos\alpha=0,$$

但 $\tan\alpha=a$, 所以 α 是常量, 故

$$\lim_{x \to \infty(+\infty,-\infty)} MP=0,$$

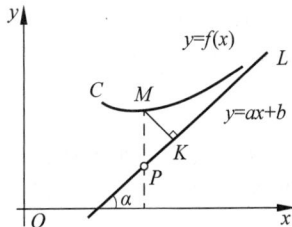

图　3-20

即
$$\lim_{x\to\infty(+\infty,-\infty)}(f(x)-ax-b)=0,$$

可得
$$b=\lim_{x\to\infty(+\infty,-\infty)}(f(x)-ax). \tag{1}$$

再由 $\lim\limits_{x\to\infty(+\infty,-\infty)}(f(x)-ax-b)=0$ 变形得

$$\lim_{x\to\infty(+\infty,-\infty)}x\left(\frac{f(x)}{x}-a-\frac{b}{x}\right)=0,$$

必有
$$\lim_{x\to\infty(+\infty,-\infty)}\left(\frac{f(x)}{x}-a-\frac{b}{x}\right)=0,$$

即
$$\lim_{x\to\infty(+\infty,-\infty)}\left(\frac{f(x)}{x}-a\right)=0,$$

也即
$$a=\lim_{x\to\infty(+\infty,-\infty)}\frac{f(x)}{x}. \tag{2}$$

利用式(1)、式(2)求出 a,b 后即得曲线 $y=f(x)$ 的斜渐近线 $y=ax+b$.

3. 水平渐近线

在斜渐近线 $y=ax+b$ 中令 $a=0$ 即可. 由式(1)知,如果求出 $b=\lim\limits_{x\to\infty(+\infty,-\infty)}f(x)$,则曲线 $y=f(x)$ 的水平渐近线为 $y=b$.

例 1   求曲线 $y=\dfrac{x^3}{x^2+2x-3}$ 的渐近线.

解 $y=\dfrac{x^3}{(x+3)(x-1)}$,由 $\lim\limits_{\substack{x\to-3\\(x\to1)}}f(x)=\infty$ 知,曲线有垂直渐近线 $x=-3$ 与 $x=1$;

又因

$$a=\lim_{x\to\infty}\frac{f(x)}{x}=\lim_{x\to\infty}\frac{x^2}{x^2+2x-3}=1,$$

$$b=\lim_{x\to\infty}(f(x)-ax)=\lim_{x\to\infty}\frac{-2x^2+3x}{x^2+2x-3}=-2,$$

故曲线有斜渐近线 $y=x-2$;而

$$\lim_{x\to\infty}f(x)=\lim_{x\to\infty}\frac{x^3}{(x+3)(x-1)}$$

不存在,因此曲线无水平渐近线.

二、函数图形的描绘

利用函数的性态描绘函数图形的一般步骤如下:

(1) 确定函数 $y=f(x)$ 的定义域及函数所具有的某些特性(如奇偶性、周期性、对称性等);

(2) 求出一阶导数和二阶导数,并通过解方程 $f'(x)=0$ 和 $f''(x)=0$,得到驻点和二阶导数为零的点,以及一阶导数和二阶导数不存在的点,用这些点把定义域分为几个子区间;

(3) 确定 $f'(x)$ 和 $f''(x)$ 在各子区间的符号,并由此判定函数图形的升降和凹凸,以及极值和拐点(列表);

（4）确定函数曲线的水平、铅直和斜渐近线；

（5）求出函数在（2）中得到的点处的函数值，确定函数与坐标轴的交点；

（6）根据以上步骤讨论所得出的性态，描点作图.

例 2　描绘函数 $y = x^3 - x^2 - x + 1$ 的图形.

解　函数的定义区间是 $(-\infty, +\infty)$，无对称性.

$$f'(x) = (3x+1)(x-1), \quad f''(x) = 2(3x-1).$$

令 $f'(x) = 0$，得驻点 $x_1 = -\dfrac{1}{3}, x_2 = 1$；令 $f''(x) = 0$，得 $x_3 = \dfrac{1}{3}$. 这三个点把定义域分为

$$\left(-\infty, -\frac{1}{3}\right), \quad \left[-\frac{1}{3}, \frac{1}{3}\right], \quad \left[\frac{1}{3}, 1\right], \quad [1, +\infty).$$

根据定理的结论讨论性态，如下表：

x	$\left(-\infty, -\dfrac{1}{3}\right)$	$-\dfrac{1}{3}$	$\left(-\dfrac{1}{3}, \dfrac{1}{3}\right)$	$\dfrac{1}{3}$	$\left(\dfrac{1}{3}, 1\right)$	1	$(1, +\infty)$
$f'(x)$	+	0	−	−	−	0	+
$f''(x)$	−	−	−	0	+	+	+
$y = f(x)$ 的图形	↗	极大	↘	拐点	↘	极小	↗

注：记号 ↗ 表示曲线弧上升而且是凸的；↘ 表示曲线弧下降而且是凸的；↘ 表示曲线弧下降而且是凹的；↗ 表示曲线弧上升而且是凹的.

又当 $x \to +\infty$ 时 $f(x) \to +\infty, \dfrac{f(x)}{x} \to +\infty$；当 $x \to -\infty$ 时 $f(x) \to -\infty, \dfrac{f(x)}{x} \to +\infty$；$x$ 趋向固定值时 $f(x)$ 有界，因此函数曲线无渐近线.

求出相应函数值 $f\left(-\dfrac{1}{3}\right) = \dfrac{32}{27}, f\left(\dfrac{1}{3}\right) = \dfrac{16}{27}, f(1) = 0, f(-1) = 0, f(0) = 1$，再补充 $f\left(\dfrac{3}{2}\right) = \dfrac{5}{8}$. 描点作图（图 3-21）.

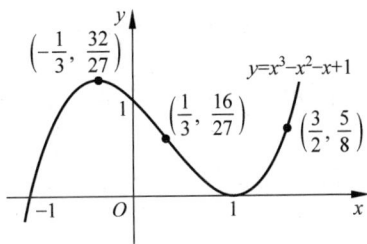

图　3-21

例 3　描绘函数 $y = \dfrac{1}{\sqrt{2\pi}} \mathrm{e}^{-\frac{x^2}{2}}$ 的图形.

解　函数的定义区间是 $(-\infty, +\infty)$，为偶函数，故只讨论 $x \geqslant 0$ 的情况即可. 求一阶和二阶导数，有

$$f'(x) = -\frac{1}{\sqrt{2\pi}} x \mathrm{e}^{-\frac{x^2}{2}}, \quad f''(x) = \frac{1}{\sqrt{2\pi}} \mathrm{e}^{-\frac{x^2}{2}} (x^2 - 1).$$

令 $f'(x) = 0$，在 $[0, +\infty)$ 上得驻点 $x_1 = 0$；令 $f''(x) = 0$，在 $[0, +\infty)$ 上得点 $x_2 = 1$. 从而把 $[0, +\infty)$ 分为 $[0, 1], [1, +\infty)$.

根据定理的结论讨论性态，列成下表：

x	0	$(0, 1)$	1	$(1, +\infty)$
$f'(x)$	0	−	−	−

续表

$f''(x)$	—	—	0	+
$y=f(x)$的图形	极大	↘	拐点	↘

由于 $\lim\limits_{x\to+\infty} f(x)=0$,所以图形有一条水平渐近线 $y=0$;无铅直渐近线和斜渐近线.

计算函数值 $f(0)=\dfrac{1}{\sqrt{2\pi}}$,$f(1)=\dfrac{1}{\sqrt{2\pi\mathrm{e}}}$,补充函数值 $f(2)=\dfrac{1}{\sqrt{2\pi}\,\mathrm{e}^2}$;画出渐近线,应用对称性,根据讨论的性态描点作图(图 3-22).

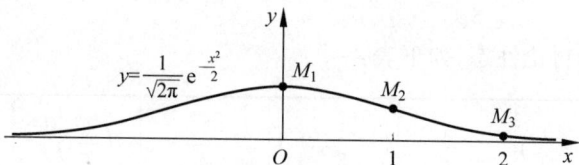

$$y=\frac{1}{\sqrt{2\pi}}\mathrm{e}^{-\frac{x^2}{2}}$$

图   3-22

习题 3-8

1. 求曲线 $y=\dfrac{x}{x+1}$ 的垂直渐近线.

2. 求曲线 $y=\dfrac{x^2}{2x+1}$ 的斜渐近线方程.

3. 求曲线 $y=\dfrac{x^2}{x+1}$ 的渐近线.

4. 确定曲线 $y=\dfrac{1}{x}+\ln(1+\mathrm{e}^x)$ 的渐近线的条数.

5. 确定曲线 $y=\dfrac{x^2+x}{x^2-1}$ 的渐近线的条数.

6. 描绘函数 $y=\dfrac{x}{1+x^2}$ 的图形.

7. 设 $y=\dfrac{x^2}{x+1}$,讨论函数的性态并作图.

第九节   曲线的曲率

在生产实践和工程技术中,有时需要研究曲线的弯曲程度,比如:铁路、高速公路的弯道的设计,拱桥承重能力的计算,船体中钢梁的弯曲限制等.这就需要讨论如何用数量来描述曲线的弯曲程度.为此,本节引进曲率的概念,并给出曲率的计算方法.

一、弧微分

为了研究曲率,先介绍弧微分的概念.以下设函数 $f(x)$ 在区间 (a,b) 内有连续导数.

对于曲线 $y=f(x)$,在其上取定一点 $M_0(x_0,y_0)$ 作为量度弧长的基点(图 3-23),并规定依 x 增大的方向为曲线的正向.对于曲线上任意一点 $M(x,y)$,定义有向弧段 $\overset{\frown}{M_0M}$ 的值 s (简称为弧 s)如下:s 的绝对值等于该弧段的长度,当有向弧段 $\overset{\frown}{M_0M}$ 的方向与曲线的正向一致时 $s>0$,相反时 $s<0$.易知弧值 s 是 x 的单调增函数 $s=s(x)$.下面求 $s(x)$ 的微分.

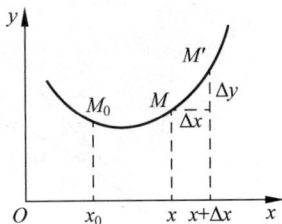

图　3-23

设 $x,x+\Delta x\in(a,b)$,分别对应曲线 $y=f(x)$ 上的点 M 和 M',则相应的弧 s 的增量为 $\Delta s=\overset{\frown}{M_0M'}-\overset{\frown}{M_0M}=\overset{\frown}{MM'}$,所以

$$\left(\frac{\Delta s}{\Delta x}\right)^2=\left(\frac{\overset{\frown}{MM'}}{\Delta x}\right)^2=\left(\frac{\overset{\frown}{MM'}}{|MM'|}\right)^2\frac{|MM'|^2}{(\Delta x)^2}=\left(\frac{\overset{\frown}{MM'}}{|MM'|}\right)^2\frac{(\Delta x)^2+(\Delta y)^2}{(\Delta x)^2}$$

$$=\left(\frac{\overset{\frown}{MM'}}{|MM'|}\right)^2\left[1+\left(\frac{\Delta y}{\Delta x}\right)^2\right],$$

于是

$$\frac{\Delta s}{\Delta x}=\pm\sqrt{\left(\frac{\overset{\frown}{MM'}}{|MM'|}\right)^2\cdot\left[1+\left(\frac{\Delta y}{\Delta x}\right)^2\right]}.$$

令 $\Delta x\to 0$,则 $M'\to M$,此时有

$$\lim_{M'\to M}\left(\frac{\overset{\frown}{MM'}}{|MM'|}\right)^2=1,$$

又

$$\lim_{\Delta x\to 0}\frac{\Delta y}{\Delta x}=y',$$

所以得

$$\frac{\mathrm{d}s}{\mathrm{d}x}=\pm\sqrt{1+y'^2},$$

而 $s=s(x)$ 是 x 的单调增加函数,所以根式前的符号应取正号,于是有

$$\mathrm{d}s=\sqrt{1+y'^2}\,\mathrm{d}x, \tag{1}$$

称为弧微分公式.

二、曲率及其计算公式

我们知道,不同曲线的弯曲程度是不一样的,同一条曲线在不同位置的弯曲程度一般也不一样.怎样衡量曲线的弯曲程度呢?

在图 3-24 中可以看出,弧段 $\overset{\frown}{M_1M_2}$ 比较平直,当动点沿此弧段从 M_1 移动到 M_2 时,切线转过的角度 φ_1 较小;弧段 $\overset{\frown}{M_2M_3}$ 弯曲程度较大,当动点沿此弧段从 M_2 移动到 M_3 时,

切线转过的角度 φ_2 比较大.

但是,切线转过角度的大小也不能完全反映曲线弯曲的程度.例如,图 3-25 中的两段曲线 $\overset{\frown}{M_1 M_2}$ 和 $\overset{\frown}{N_1 N_2}$,尽管切线转过的角度相同,都是 φ,然而弯曲程度不同,短弧段比长弧段弯曲得厉害.

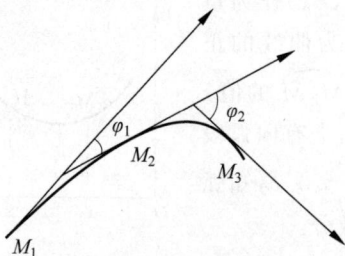

图　3-24

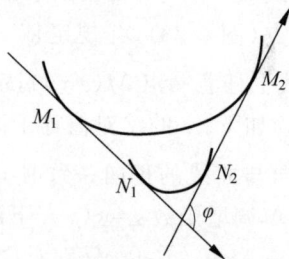

图　3-25

综上可见,曲线的弯曲程度不仅依赖于切线转过的角度,还依赖于弧段的长度,且与前者成正比关系,与后者成反比关系.

为了描述曲线的弯曲程度,我们引进曲率的概念.

设函数 $y = f(x)$ 具有连续的导数,即其相应的函数曲线 C 是光滑的.在曲线 C 上选定 M_0 点作为量度弧 s 的基点.设曲线上的点 M 对应于弧 s,点 M 处的切线的倾角为 α(与 Ox 轴的夹角),曲线上另一点 M' 对应于弧 $s + \Delta s$,切线倾角为 $\alpha + \Delta \alpha$(图 3-26).弧段 $\overset{\frown}{MM'}$ 的长度是 $|\Delta s|$,动点从 M 移动到 M' 时切线转过的角度是 $|\Delta \alpha|$.

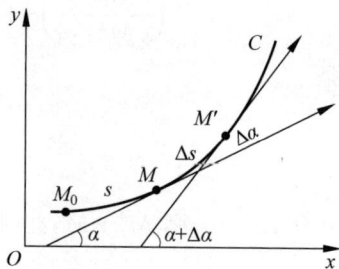

图　3-26

用比值 $\dfrac{|\Delta \alpha|}{|\Delta s|}$,即单位弧段上切线转过的角度的大小来表示弧段 $\overset{\frown}{MM'}$ 的平均弯曲程度,这个比值叫作弧段 $\overset{\frown}{MM'}$ 的平均曲率,记为 $\overline{K}$,即

$$\overline{K} = \left| \frac{\Delta \alpha}{\Delta s} \right|.$$

类似于从平均速度引进瞬时速度的方法,当 $\Delta s \to 0$ 时(即 $M' \to M$ 时),平均曲率 $\overline{K}$ 的极限叫作曲线 C 在点 M 处的曲率,记为 K,即

$$K = \lim_{\Delta s \to 0} \left| \frac{\Delta \alpha}{\Delta s} \right|.$$

曲线在一点的曲率用于描述曲线在这点的弯曲程度.

如果 $\lim\limits_{\Delta s \to 0} \dfrac{\Delta \alpha}{\Delta s} = \dfrac{\mathrm{d} \alpha}{\mathrm{d} s}$ 存在,则 K 可以表示为

$$K = \left| \frac{\mathrm{d} \alpha}{\mathrm{d} s} \right|. \tag{2}$$

下面先就直线和圆两种特殊的曲线分析式(2)的合理性.

对于直线来说,其切线与自身重合,所以 $\Delta \alpha = 0$,$\dfrac{\Delta \alpha}{\Delta s} = 0$,从而 $K = \left| \dfrac{\mathrm{d} \alpha}{\mathrm{d} s} \right| = 0$(图 3-27).

这表示直线上任意点处的弯曲程度是零,即直线不弯曲,与我们的直觉认识一致.

对于半径为 a 的圆,如图 3-28 所示,点 M 和点 M' 处的切线夹角 $\Delta\alpha$ 等于圆心角 $\angle MDM'$,但 $\angle MDM' = \dfrac{\Delta s}{a}$,即 $\Delta\alpha = \dfrac{\Delta s}{a}$,故 $\dfrac{\Delta\alpha}{\Delta s} = \dfrac{1}{a}$,于是

$$K = \left| \frac{\mathrm{d}\alpha}{\mathrm{d}s} \right| = \frac{1}{a},$$

这表示圆上每一点的曲率都等于圆半径的倒数. 即圆在各点的弯曲程度是一样的,且半径大的圆弯曲得轻,半径小的圆弯曲得厉害.

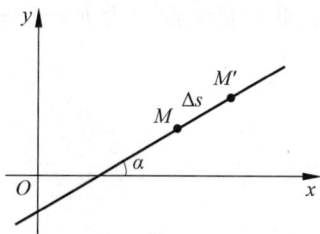

图 3-27

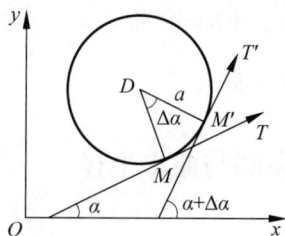

图 3-28

下面就一般情况导出曲率的计算公式.

设曲线的直角坐标方程为 $y = f(x)$,且 $f(x)$ 具有二阶导数(从而曲线光滑). 由于 $\tan\alpha = y'$,两端对 x 求导得 $\sec^2\alpha \dfrac{\mathrm{d}\alpha}{\mathrm{d}x} = y''$,即有

$$\frac{\mathrm{d}\alpha}{\mathrm{d}x} = \frac{y''}{1+\tan^2\alpha} = \frac{y''}{1+y'^2},$$

于是

$$\mathrm{d}\alpha = \frac{y''}{1+y'^2}\mathrm{d}x.$$

又由式(1)知

$$\mathrm{d}s = \sqrt{1+y'^2}\,\mathrm{d}x,$$

从而由式(2)中的曲率表达式得到曲率 K 的计算公式为

$$K = \frac{|y''|}{(1+y'^2)^{3/2}}. \tag{3}$$

如果曲线由参数方程 $\begin{cases} x = \varphi(t) \\ y = \psi(t) \end{cases}$ 给出,则容易计算出

$$K = \frac{|\varphi'(t)\psi''(t) - \varphi''(t)\psi'(t)|}{[\varphi'^2(t) + \psi'^2(t)]^{3/2}}. \tag{4}$$

例 1 求曲线 $y = \ln x$ 在点 $(\mathrm{e}, 1)$ 处的曲率.

解 由于 $y' = \dfrac{1}{x}$,$y'' = -\dfrac{1}{x^2}$,所以在点 $(\mathrm{e}, 1)$ 处有

$$y'\big|_{x=\mathrm{e}} = \frac{1}{\mathrm{e}}, \quad y''\big|_{x=\mathrm{e}} = -\frac{1}{\mathrm{e}^2},$$

因此,所求点处的曲率

$$K = \frac{\left| -\dfrac{1}{e^2} \right|}{\left(1 + \dfrac{1}{e^2} \right)^{3/2}} = \frac{e}{(e^2 + 1)^{3/2}}.$$

例 2   抛物线 $y = ax^2 + bx + c$ 在哪一点的曲率最大?

解   由于 $y' = 2ax + b$，$y'' = 2a$，所以在任意一点处的曲率

$$K = \frac{|2a|}{[1 + (2ax + b)^2]^{3/2}},$$

从而易知当 $2ax + b = 0$，即 $x = -\dfrac{b}{2a}$ 时，K 取最大值，此时最大曲率为 $K = |2a|$，即抛物线在顶点处的曲率最大.

三、曲率圆与曲率半径

由上一部分内容知，圆上每点处的曲率都是半径的倒数，即 $K = \dfrac{1}{R}$，弯曲程度与圆的半径成反比. 反过来，我们可以在曲线的每一点定义一个半径为曲率的倒数的圆.

设曲线 $y = f(x)$ 在点 M 处的曲率为 $K(K \neq 0)$，曲线在点 M 处的法线为 L，在 L 位于曲线凹的一侧的一段上取一点 D，使 $|DM| = \dfrac{1}{K} = R$，则以 D 为圆心、以 R 为半径的圆叫作曲线在点 M 处的曲率圆，圆心 D 叫作曲线在点 M 处的曲率中心，曲率圆的半径 R 叫作曲线在点 M 处的曲率半径(图 3-29). 即

$$R = \frac{1}{K} = \frac{(1 + y'^2)^{3/2}}{|y''|} \tag{5}$$

显然，曲线在点 M 处的弯曲程度和点 M 处的曲率圆的弯曲程度相同，曲率圆和曲线在点 M 处有相同的切线，且凹向相同.

例 3   设工件内表面的截线为抛物线 $y = 0.4x^2$(图 3-30). 现在要用砂轮磨削其内表面，问用直径多大的砂轮比较合适?

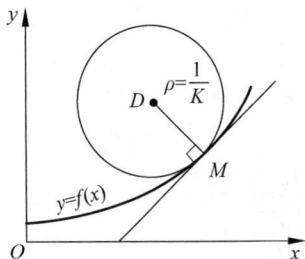

图 3-29

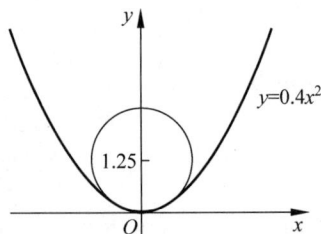

图 3-30

解   为了在磨削时不使砂轮与工件接触点附近的部分磨去太多，砂轮的半径应不大于抛物线上各点处的曲率半径. 由例 2 可知，抛物线顶点处的曲率最大，从而曲率半径最小. 因此，只要求出抛物线 $y = 0.4x^2$ 在顶点 $O(0,0)$ 处的曲率半径即可.

$$y' = 0.8x, \quad y'' = 0.8,$$

可得顶点处的曲率半径

$$R = \frac{(1 + y'^2)^{3/2}}{|y''|}\bigg|_{(0,0)} = \frac{1}{0.8} = 1.25,$$

因此选用的砂轮的半径不得超过 1.25 个单位长,即直径不得超过 2.5 个单位长.

习题 3-9

1. 求椭圆 $4x^2 + y^2 = 4$ 在点 $(0,2)$ 处的曲率.

2. 求抛物线 $y = x^2 - 4x + 3$ 在顶点处的曲率和曲率半径.

3. 求曲线 $y = \ln(\sec x)$ 在点 (x, y) 处的曲率和曲率半径.

4. 求曲线 $x = a\cos^3 t, y = a\sin^3 t$ 在 $t = t_0$ 时的曲率.

5. 对数曲线 $y = \ln x$ 上哪一点处的曲率半径最小?求出该点处的曲率半径.

6. 一飞机沿抛物线路径 $y = \dfrac{x^2}{10\,000}$(y 轴铅直向上,单位为 m)作俯冲飞行,在坐标原点 O 处飞机的速度为 $v = 200\text{m/s}$,飞行员的体重 $G = 70\text{kg}$. 求飞机俯冲至最低点即原点 O 处时座椅对飞行员的反作用力.

7. 汽车连同载重共 5t,在抛物线拱桥上行驶,速度为 21.6km/h,桥的跨度为 10m,拱的矢高为 0.25m. 求汽车越过桥顶时对桥的压力.

第十节 工程应用举例

例 1(雷达测距问题) 飞机飞行时,雷达利用波瓣的俯仰测定了仰角为 $x = \dfrac{3\pi}{10}$,利用脉冲信号测定了距离为 $s = 20\text{km}$,设飞机飞行高度为 $h(\text{m})$,则利用 $h = s\sin x$ 可求出飞机飞行高度.现假设没有三角函数表,能否用其他方法快速求出飞机飞行高度(误差小于 5m)?

解 要想快速确定所测目标的高度,利用泰勒公式,将三角函数 $\sin x$ 展开成多项式近似计算. 因为 $\sin x$ 在 $x = 0$ 处的泰勒公式为

$$\sin x = x - \frac{1}{3!}x^3 + \frac{1}{5!}x^5 - \frac{1}{7!}x^7 + \cdots + \frac{(-1)^{m-1}}{(2m-1)!}x^{2m-1} + R_{2m}(x)$$
$$= p_n(x) + R_n(x).$$

故 $h = s\sin x = sp_n(x) + sR_n(x)$,将仰角 $x = \dfrac{3\pi}{10}$ 和距离 $s = 20\text{km} = 20\,000\text{m}$ 代入上式计算.

当 $n = 1$ 时,取高度 $h_1 = sp_1(x) = sx = 18\,849.5\text{m}$,误差 $|R| \leqslant 2\,790.6\text{m}$,不符合要求.

当 $n = 3$ 时,取高度 $h_3 = sp_3(x) = s\left(x - \dfrac{x^3}{3!}\right) = 16\,058.9\text{m}$,误差 $|R| \leqslant 1\,240.2\text{m}$,不符合要求.

当 $n = 5$ 时,取高度 $h_5 = sp_5(x) = s\left(x - \dfrac{x^3}{3!} + \dfrac{x^5}{5!}\right) = 16\,183.0\text{m}$,误差 $|R| \leqslant 2.6\text{m}$,符合

要求.

因此,飞机的飞行高度大约为 16 183m. 要想提高计算精度,只要增大 n 的取值即可.

例 2(鱼群的适度捕捞)   鱼群是一种可再生的资源. 若目前鱼群的总量为 x(kg),经过一年的成长与繁殖,第二年鱼群的总量变为 y(kg). 反映 x 与 y 之间相互关系的曲线称为再生产曲线,记为 $y=f(x)$. 现设鱼群的再生产曲线为 $y=rx\left(1-\dfrac{x}{N}\right)$, $r>1$, $N>0$,皆为常数. 为保障鱼群的总量维持稳定,在捕鱼时必须注意适度捕捞. 问鱼群的总量控制在何值时,才能获得最大的持续捕获量?

解   首先对再生产曲线作些说明. 再生产曲线中, r 为自然增长率, N 为自然环境能够负担的最大鱼群数量. 由于 $r>1$,所以一般可认为鱼群总量为 $y=rx$. 但是,由于自然资源的限制,当鱼群的数量增长到一定程度时,其生长环境就会恶化,鱼群数量也会相应地减少,鱼群增长率也会降低. 为此,我们乘上一个修正因子 $1-\dfrac{x}{N}$,故鱼群总量为

$$y=rx\left(1-\frac{x}{N}\right).$$

设每年的捕获量为 $h(x)$,则第二年的鱼群总量为 $y=f(x)-h(x)$. 要限制鱼群总量保持在某一数值 x,则 $x=f(x)-h(x)$,故

$$h(x)=f(x)-x=rx\left(1-\frac{x}{N}\right)-x=(r-1)x-\frac{r}{N}x^2.$$

现求 $h(x)$ 的最大值. 由 $h'(x)=(r-1)-\dfrac{2r}{N}x=0$ 解出唯一驻点 $x_0=\dfrac{r-1}{2r}N$. 因为 $h''(x)=-\dfrac{2r}{N}<0$,故 $x_0=\dfrac{r-1}{2r}N$ 为 $h(x)$ 的极大值点,也为最大值点. 因此,鱼群规模控制在 $x_0=\dfrac{r-1}{2r}N$ 时,可以获得最大的持续捕获量,且最大的持续捕获量为

$$h(x_0)=(r-1)x_0-\frac{r}{N}x_0^2=(r-1)\frac{r-1}{2r}N-\frac{r}{N}\left(\frac{r-1}{2r}N\right)^2=\frac{(r-1)^2}{4r}N.$$

例 3(咳嗽问题)   肺内压力的增加可以引起咳嗽,而肺内压力的增加伴随着气管半径的缩小,那么气管半径的缩小是促进还是阻碍空气在气管内的流动?

解   为简单起见,把气管理想化为一个圆柱形的管子. 记管半径为 r,管长为 l,管两端的压力差为 p, η 为流体的黏滞度. 由物理学知识,在单位时间内流过管子的流体的体积为

$$V=\frac{\pi p r^4}{8\eta l}.$$

实验证明,当压力差 p 增加,且在 $\left[0,\dfrac{r_0}{2a}\right]$ 范围内时,半径 r 按照方程

$$r=r_0-ap$$

减少,其中 r_0 为无压力差时的管半径, a 为正常数.

一方面,因 $r=r_0-ap$ 在条件 $0\leqslant p\leqslant\dfrac{r_0}{2a}$ 时成立,故将 $p=\dfrac{r_0-r}{a}$ 代入 $0\leqslant p\leqslant\dfrac{r_0}{2a}$,得 $\dfrac{r_0}{2}\leqslant r\leqslant r_0$,进而有

$$p = \frac{r_0 - r}{a}, \quad \frac{r_0}{2} \leqslant r \leqslant r_0.$$

于是

$$V = \frac{\pi(r_0 - r)r^4}{8\eta la} = k(r_0 - r)r^4, \quad \frac{r_0}{2} \leqslant r \leqslant r_0,$$

其中 $k = \dfrac{\pi}{8\eta la}$ 为常数.

由 $V'(r) = kr^3(4r_0 - 5r) = 0$ 得驻点 $r = \dfrac{4}{5}r_0 \in \left[\dfrac{r_0}{2}, r_0\right]$. 当 $r \in \left(\dfrac{r_0}{2}, \dfrac{4}{5}r_0\right)$ 时，$V'(r) > 0$；

当 $r \in \left(\dfrac{4}{5}r_0, r_0\right)$ 时，$V'(r) < 0$. 由此可见，当 $r = \dfrac{4}{5}r_0$ 时，单位时间内流过气管的空气体积最大.

另一方面，如果用 v 表示空气在气管内流动的速度，显然有 $V = v \cdot \pi r^2$，故

$$v = \frac{V}{\pi r^2} = \frac{k}{\pi}(r_0 - r)r^2,$$

再由 $v'(r) = \dfrac{k}{\pi}(2r_0 - 3r)r = 0$ 得驻点 $r = \dfrac{2}{3}r_0 \in \left[\dfrac{r_0}{2}, r_0\right]$，同理可知当 $r = \dfrac{2}{3}r_0$ 时，v 取得最大值.

从上述两方面看，气管收缩（在一定范围内）有助于咳嗽，它可以促进气管内空气的流动，从而使气管内的异物能较快地被清除掉.

例 4（房梁设计） 建造房屋时，要考虑房梁的设计. 把一根直径为 d 的圆木锯成截面为矩形的梁（图 3-31）. 问矩形截面的高 h 和宽 b 应如何选择才能使梁的抗弯截面模量 W 最大？（已知抗弯截面模量与截面的高 h 的平方和宽 b 的乘积成正比，比例系数 $k > 0$）

解 由于 b 与 h 有以下关系：

$$h^2 = d^2 - b^2,$$

所以

$$W = kbh^2 = k(d^2 b - b^3), \quad b \in (0, d),$$

$$W' = k(d^2 - 3b^2).$$

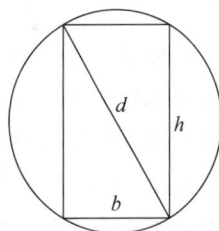

图 3-31

令 $W' = 0$，得唯一驻点 $b = \sqrt{\dfrac{1}{3}}d$. 此时，

$$h^2 = d^2 - b^2 = d^2 - \frac{1}{3}d^2 = \frac{2}{3}d^2,$$

即

$$h = \sqrt{\frac{2}{3}}d,$$

从而

$$d : h : b = \sqrt{3} : \sqrt{2} : 1.$$

例 5（光的折射） 求一条光线从光速为 c_1 的介质中的点 A 穿过水平界面射入到光速为 c_2 的介质中点 B 的路径. 如图 3-32 所示，点 A 和点 B 位于 xOy 平面上且两种介质的分界线为 x 轴，点 P 在介质分界线上，$(0, a)$，$(l, -b)$ 和 $(x, 0)$

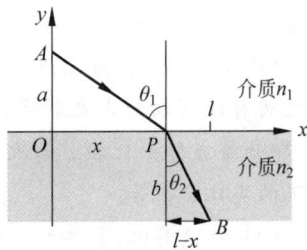

图 3-32

分别表示点 A,B 和 P 的坐标, θ_1 和 θ_2 分别表示入射角和折射角.

　　解　因为光线从点 A 到点 B 会以最快的路径行进,所以我们要寻求使行进时间最短的路径.

　　光线从点 A 到点 P 所需要的时间为 $t_1=\dfrac{AP}{c_1}$,从点 P 到点 B 所需要的时间为 $t_2=\dfrac{PB}{c_2}$,故光线从点 A 到点 B 所需要的时间 t(目标函数)为

$$t=t_1+t_2=\frac{AP}{c_1}+\frac{PB}{c_2}=\frac{\sqrt{a^2+x^2}}{c_1}+\frac{\sqrt{b^2+(l-x)^2}}{c_2}.$$

　　函数 t 是关于 x 的一个可微函数,其定义区间为 $[0,l]$.下面要求的是函数 t 在该闭区间上的最小值.由

$$t'=\frac{x}{c_1\sqrt{a^2+x^2}}-\frac{l-x}{c_2\sqrt{b^2+(l-x)^2}}=\frac{\sin\theta_1}{c_1}-\frac{\sin\theta_2}{c_2}$$

可知,在 $x=0$ 处, $t'<0$;在 $x=l$ 处, $t'>0$.而 t' 在 $[0,l]$ 上连续,由零点定理知,在 $x=0$ 和 $x=l$ 之间必存在一点 x_0 使 $t'=0$.易验证 $t''>0$,故 t' 是增函数,所以这样的点唯一.故光线是从 $x=x_0$ 处射入另外一种介质的,此时有

$$\frac{\sin\theta_1}{c_1}=\frac{\sin\theta_2}{c_2},$$

这个方程描述的就是光的折射定律.

数学发现的一般方法(三)——类比与联想

　　类比法就是根据两种不同的数学对象之间在某些方面相似或相同,从而推出它们在其他方面也可能相似或相同的推理方法.它是以比较为基础的一种从特殊到特殊的推理方法,这是一种或然性的推理,其结论是否正确还需要经过严格的证明.类比法在科学史上占有重要的地位.牛顿的万有引力定律是通过把天体运动与自由落体运动作类比来发现的;当代生物学家正是在用"动物特性"作类比的基础上建立了仿生学.

　　类比的形式主要有:

　　(1)表层类比,形式或结构上的简单类比.这种类比得出的结论的可靠性较差.例如,从数量运算满足 $a(b+c)=ab+ac$ 表层类比出向量积运算满足 $\boldsymbol{a}\times(\boldsymbol{b}+\boldsymbol{c})=\boldsymbol{a}\times\boldsymbol{b}+\boldsymbol{a}\times\boldsymbol{c}$,结论是对的;但是,从数量运算 $ab=ba$ 表层类比出 $\boldsymbol{a}\times\boldsymbol{b}=\boldsymbol{b}\times\boldsymbol{a}$,结论却是错的.虽然表层类比得出的结论不一定正确,但常常可以启发我们的思路,帮助我们发现新问题以作进一步探索.

　　(2)深层类比,方法或模式上的纵向类比,也称为实质性类比.若对象 A 与 B 的类似属性之间有较密切的内在联系,就可能形成实质性类比.例如,空间问题与平面问题之间的类比,即升维或降维比较;高次方程与低次方程的类比;多元问题与一元问题的类比;无限与有限的类比;等等.

　　(3)沟通类比,各学科、各分支之间的横向类比.例如,把概率论中的事件 A 与集合论中的集合 A 建立类比,使概率论的运算可通过集合的运算来描述,就是一种成功的沟通

类比.

联想指的是由当前感知或思考的某种事物引起对其他相关事物的思考. 数学联想法是指以联想为中介,进行数学发现、探求解题思路、由此及彼地思考问题的一种方法.

古希腊哲学家亚里士多德在论述联想时指出:"我们的思维是从与正在寻求的事物相类似的事物、相反的事物或者与它相接近的事物开始进行的,然后便追寻与它相关联的事物,由此而产生联想."这一观点后来便发展成指导联想的三个基本法则:

(1) 类似联想法则,指由感知或思考的事物引起对与它相类似的事物的回忆或思考,即联想效应中的对应事物是与作为触发点的事物相类似的. 例如,一元函数的性质与多元函数的性质、无穷区间上的广义积分与级数、重积分与定积分等,因为有许多相类似之处,常引起由此及彼的联想.

(2) 相反联想法则,指由触发点事物引起对与它相反或对立的事物的回忆或思考. 例如,素数与合数、积分与微分、收敛与发散、一个空间及与其对偶空间、一个定理与它的逆定理、充分条件与必要条件等,因为它们在概念上是相反或对立的,所以容易触发联想.

(3) 接近联想法则,两个或多个事物在头脑中产生的时间或空间相同或相近或二者有一定因果关系,使得以其中一个为触发点引起对另一个的回忆或思考. 例如,正项级数与比较判别法、交错级数与莱布尼茨判别法、勒贝格积分与勒贝格可测集、二次曲线(曲面)的化简与它的几种标准形式、矩阵与行列式、线性方程组与克莱姆法则等,容易使我们由其中一个联想到另一个相关事物.

第 四 章

不定积分

微分学的基本问题是寻求已知函数的导数或微分.然而,在实际中,经常会遇到与求导运算相反的一类问题,即寻求一个未知函数,使其导数为已知的函数,这是积分学的基本问题.例如,在研究一个质点的运动时,若已知它在各个不同时刻的速度 $v=v(t)$,需要求出它的运动规律 $s=s(t)$,即求出 $s(t)$,使 $s'(t)=v(t)$.类似的问题还有很多.这些问题尽管背景不同,但数学表述却是一致的:已知函数 $f(x)$,求函数 $F(x)$,使 $F'(x)=f(x)$. $F(x)$ 称为 $f(x)$ 的一个原函数.

这种由某个函数求出原函数的运算(事实上是导数或微分的逆运算)称为不定积分.本章将介绍不定积分的概念及其计算方法,这是积分学的基础.

第一节   不定积分的概念与性质

一、原函数与不定积分的概念

定义 1   设 $f(x)$ 在某一区间 I 上有定义.如果存在一个函数 $F(x)$,使得在该区间上每一点都有 $F'(x)=f(x)$,则称 $F(x)$ 是 $f(x)$ 在区间 I 上的一个原函数.

如: $F(x)=\dfrac{1}{2}x^2$ 是 $f(x)=x$ 的一个原函数,$\sin x$ 是 $\cos x$ 的一个原函数.

注   原函数的概念也可表述为:若 $\mathrm{d}F(x)=f(x)\mathrm{d}x$,则 $F(x)$ 是 $f(x)$ 的一个原函数.

关于此概念,有三个基本问题:一是原函数的存在性,即满足什么条件的函数才有原函数? 二是原函数的个数,即如果某函数有原函数,那么有多少个? 三是不同原函数之间的关系,即如果某函数有不同的原函数,那么它们之间有什么关系?

定理 1(原函数存在定理)   如果函数 $f(x)$ 在区间 I 上连续,则 $f(x)$ 在区间 I 上的原函数存在.

对这个定理将在第五章给出证明.

定理 2   若 $F(x)$ 是 $f(x)$ 在区间 I 上的一个原函数,则函数族 $\{F(x)+C\,|-\infty<C<+\infty\}$ 就是 $f(x)$ 在 I 上的全体原函数.

证   首先,如果 $F(x)$ 是 $f(x)$ 的一个原函数,则对任意常数 C,都有
$$[F(x)+C]'=f(x),$$
因此函数族中的任一个函数都是 $f(x)$ 的原函数.

其次,设 $G(x)$ 是 $f(x)$ 的不同于 $F(x)$ 的任一原函数,则

$$G'(x) = f(x),$$

因此　　　　　$[G(x) - F(x)]' = G'(x) - F'(x) = f(x) - f(x) = 0,$

所以　　　　　　　　$G(x) - F(x) = C,$

即　　　　　　　　　$G(x) = F(x) + C,$

所以任意一个原函数都可以表示为 $F(x) + C$ 的形式.

总之，$\{F(x) + C \mid -\infty < C < +\infty\}$ 是 $f(x)$ 的全体原函数.　　　□

定义 2　函数 $f(x)$ 在区间 I 上带有任意常数项的原函数称为 $f(x)$ 在区间 I 上的不定积分，记作

$$\int f(x)\,\mathrm{d}x,$$

其中，$\int$ 称为积分号，$f(x)$ 称为被积函数，x 称为积分变量，$f(x)\,\mathrm{d}x$ 称为被积表达式.

由定理 2 知，要求 $f(x)$ 的不定积分，只要求出 $f(x)$ 在区间 I 上的一个原函数 $F(x)$，再加上任意常数 C 即可. 即

$$\int f(x)\,\mathrm{d}x = F(x) + C.$$

例 1　求 $\int x^3\,\mathrm{d}x$.

解　因为 $\left(\dfrac{1}{4}x^4\right)' = x^3$，所以

$$\int x^3\,\mathrm{d}x = \frac{1}{4}x^4 + C.$$

例 2　求 $\displaystyle\int \frac{\mathrm{d}x}{\sqrt{1-x^2}}$.

解　因为 $(\arcsin x)' = \dfrac{1}{\sqrt{1-x^2}}$，所以

$$\int \frac{\mathrm{d}x}{\sqrt{1-x^2}} = \arcsin x + C.$$

例 3　设曲线通过点 $(1,2)$，且其上任一点处的切线斜率等于这点横坐标的两倍，求此曲线的方程.

解　设所求的曲线方程为 $y = f(x)$，按题设，曲线上任一点 (x,y) 处的切线斜率为

$$y' = 2x,$$

即 $y = f(x)$ 是 $2x$ 的一个原函数.

因为 $\int 2x\,\mathrm{d}x = x^2 + C$，故必有某个常数 C 使 $f(x) = x^2 + C$，即曲线方程为 $y = x^2 + C$. 又所求曲线通过点 $(1,2)$，故

$$2 = 1 + C, \quad C = 1$$

于是所求曲线方程为

$$y = x^2 + 1.$$

注　不定积分的几何意义. 若 $F(x)$ 是 $f(x)$ 的一个原函数，则 $f(x)$ 的不定积分为 $F(x) + C$. 在几何上，对固定的常数 C，曲线 $y = F(x) + C$ 称为函数 $f(x)$ 的积分曲线，当 C

任意选取时,它代表一族曲线(图 4-1).这族曲线中,横坐标同为 x 的点,其纵坐标之间相差一个常数,切线斜率均为 $f(x)$,即切线是相互平行的.鉴于此,有时称不定积分在几何上表示一族相互"平行"的曲线.

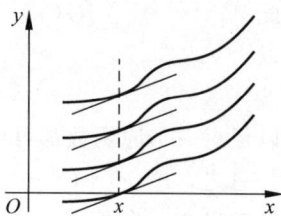

图   4-1

例 4   质点以初速 v_0 铅直上抛,不计阻力,求它的运动规律.

解   设质点抛出时刻为 $t=0$,该时刻质点所在位置为 x_0,设在时刻 t 时,质点运动到位置 $x=x(t)$.于是质点在时刻 t 时,向上运动的速度为

$$\frac{\mathrm{d}x}{\mathrm{d}t}=v(t),$$

向上运动的加速度为

$$\frac{\mathrm{d}^2 x}{\mathrm{d}^2 t}=\frac{\mathrm{d}v}{\mathrm{d}t}=a(t),$$

由题意 $a(t)=-g$,即

$$\frac{\mathrm{d}v}{\mathrm{d}t}=-g,$$

于是

$$v(t)=\int(-g)\mathrm{d}t=-gt+C_1,$$

由 $v(0)=v_0$ 得 $v_0=C_1$,于是

$$v(t)=-gt+v_0.$$

又 $\frac{\mathrm{d}x}{\mathrm{d}t}=v(t)$,所以

$$x(t)=\int v(t)\mathrm{d}t=\int(-gt+v_0)\mathrm{d}t=-\frac{1}{2}gt^2+v_0 t+C_2,$$

由 $x_0=x(0)$,得 $x_0=C_2$,则所求运动规律为

$$x(t)=-\frac{1}{2}gt^2+v_0 t+x_0.$$

通常,求一个已知函数 $f(x)$ 的不定积分 $\int f(x)\mathrm{d}x$ 的运算方法称为积分法,运算过程称为"积分" $f(x)$,或说对 $f(x)$"求积".如果一个函数的原函数存在,也称这个函数是"可积分"的或"可积"的.由定理 1 可知,初等函数在其定义区间内是可积的.

比较微分与不定积分,不难看出:

$$\mathrm{d}\int f(x)\mathrm{d}x=f(x)\mathrm{d}x \quad 或 \quad \left[\int f(x)\mathrm{d}x\right]'=f(x),$$

$$\int \mathrm{d}f(x)=f(x)+C \quad 或 \quad \int f'(x)\mathrm{d}x=f(x)+C,$$

其中 C 为任意常数.由此可以说,在相差一个任意常数的情况下,积分运算与微分运算是互逆的.

二、基本积分公式

与基本初等函数的导数公式对应,可得不定积分的基本公式:

(1) $\int k\,\mathrm{d}x = kx + C(k$ 为常数$)$；

(2) $\int x^{\alpha}\,\mathrm{d}x = \dfrac{1}{\alpha+1}x^{\alpha+1} + C(\alpha \neq -1)$；

(3) $\int \dfrac{1}{x}\,\mathrm{d}x = \ln|x| + C(x \neq 0)$；

(4) $\int a^{x}\,\mathrm{d}x = \dfrac{a^{x}}{\ln a} + C(a > 0, a \neq 1)$；

(5) $\int \mathrm{e}^{x}\,\mathrm{d}x = \mathrm{e}^{x} + C$；

(6) $\int \sin x\,\mathrm{d}x = -\cos x + C$；

(7) $\int \cos x\,\mathrm{d}x = \sin x + C$；

(8) $\int \sec^{2}x\,\mathrm{d}x = \tan x + C$；

(9) $\int \csc^{2}x\,\mathrm{d}x = -\cot x + C$；

(10) $\int \sec x\tan x\,\mathrm{d}x = \sec x + C$；

(11) $\int \csc x\cot x\,\mathrm{d}x = -\csc x + C$；

(12) $\int \dfrac{1}{\sqrt{1-x^{2}}}\,\mathrm{d}x = \arcsin x + C$；

(13) $\int \dfrac{1}{1+x^{2}}\,\mathrm{d}x = \arctan x + C$；

(14) $\int \mathrm{sh}x\,\mathrm{d}x = \mathrm{ch}x + C$；

(15) $\int \mathrm{ch}x\,\mathrm{d}x = \mathrm{sh}x + C$.

以(3)为例给出证明：

当 $x > 0$ 时，$(\ln x)' = \dfrac{1}{x}$；当 $x < 0$ 时，$(\ln|x|)' = [\ln(-x)]' = \dfrac{1}{-x}\cdot(-1) = \dfrac{1}{x}$.

例 5 求 $\int x^{2}\sqrt{x}\,\mathrm{d}x$.

解 $\int x^{2}\sqrt{x}\,\mathrm{d}x = \int x^{\frac{5}{2}}\,\mathrm{d}x = \dfrac{1}{\frac{5}{2}+1}x^{\frac{5}{2}+1} + C = \dfrac{2}{7}x^{\frac{7}{2}} + C = \dfrac{2}{7}x^{3}\sqrt{x} + C$.

例 6 求 $\int \dfrac{\mathrm{d}x}{x\sqrt[3]{x}}$.

解 $\int \dfrac{\mathrm{d}x}{x\sqrt[3]{x}} = \int x^{-\frac{4}{3}}\,\mathrm{d}x = \dfrac{x^{-\frac{4}{3}+1}}{-\frac{4}{3}+1} + C = -3x^{-\frac{1}{3}} + C = -\dfrac{3}{\sqrt[3]{x}} + C$.

三、不定积分的性质

由积分运算与求导运算的互逆性，可得：

性质 1 若 $f(x)$ 可积，则

$$\int kf(x)\,\mathrm{d}x = k\int f(x)\,\mathrm{d}x, \quad k\text{ 为非零常数.}$$

性质 2 若 $f(x), g(x)$ 可积，则

$$\int [f(x) + g(x)]\,\mathrm{d}x = \int f(x)\,\mathrm{d}x + \int g(x)\,\mathrm{d}x. \tag{1}$$

证 对式(1)右边求导数，得

$$\left[\int f(x)\mathrm{d}x + \int g(x)\mathrm{d}x\right]' = f(x) + g(x),$$

这说明式(1)右端是 $f(x)+g(x)$ 的原函数.式(1)右端虽然有两个积分号,形式上有两个任意常数,但两个任意常数之和相当于一个任意常数,因而式(1)右端是 $f(x)+g(x)$ 的不定积分. □

注 由性质 1 和性质 2,得

$$\int [f(x) - g(x)]\mathrm{d}x = \int f(x)\mathrm{d}x - \int g(x)\mathrm{d}x.$$

进一步地,对任意常数 a,b,恒有如下的线性关系成立:

$$\int [af(x) + bg(x)]\mathrm{d}x = a\int f(x)\mathrm{d}x + b\int g(x)\mathrm{d}x.$$

例 7 求 $\displaystyle\int \left(\frac{2a}{\sqrt{x}} + \frac{b}{x^2} + 3\mathrm{e}\sqrt[3]{x^2}\right)\mathrm{d}x$.

解 $\displaystyle\int \left(\frac{2a}{\sqrt{x}} + \frac{b}{x^2} + 3\mathrm{e}\sqrt[3]{x^2}\right)\mathrm{d}x = 2a\int x^{-\frac{1}{2}}\mathrm{d}x + b\int \frac{\mathrm{d}x}{x^2} + 3\mathrm{e}\int x^{\frac{2}{3}}\mathrm{d}x$

$$= 4a\sqrt{x} - \frac{b}{x} + \frac{9}{5}\mathrm{e}x^{\frac{5}{3}} + C.$$

例 8 求 $\displaystyle\int \frac{x^4}{1+x^2}\mathrm{d}x$.

解 $\displaystyle\int \frac{x^4}{1+x^2}\mathrm{d}x = \int \frac{x^4-1+1}{1+x^2}\mathrm{d}x = \int \left(x^2-1+\frac{1}{1+x^2}\right)\mathrm{d}x$

$$= \frac{1}{3}x^3 - x + \arctan x + C.$$

例 9 求 $\displaystyle\int \cos^2\frac{x}{2}\mathrm{d}x$.

解 $\displaystyle\int \cos^2\frac{x}{2}\mathrm{d}x = \int \frac{1+\cos x}{2}\mathrm{d}x = \frac{1}{2}(x+\sin x) + C.$

例 10 求 $\displaystyle\int \frac{\mathrm{d}x}{\sin^2 x\cos^2 x}$.

解 $\displaystyle\int \frac{\mathrm{d}x}{\sin^2 x\cos^2 x} = \int \frac{\sin^2 x+\cos^2 x}{\sin^2 x\cos^2 x}\mathrm{d}x = \int \frac{1}{\cos^2 x}\mathrm{d}x + \int \frac{1}{\sin^2 x}\mathrm{d}x$

$$= \tan x - \cot x + C.$$

不定积分最直接的计算方法就是将它进行恒等变形,然后利用不定积分的性质化简,直至可以直接套用基本积分公式,因此要注意积累和总结变形与化简的方法. 如:

$$\int \tan^2 x\,\mathrm{d}x = \int (\sec^2 x - 1)\mathrm{d}x = \int \sec^2 x\,\mathrm{d}x - \int \mathrm{d}x = \tan x - x + C;$$

$$\int a^{2x}\mathrm{e}^{x+1}\mathrm{d}x = \int \mathrm{e}(a^2\mathrm{e})^x\mathrm{d}x = \mathrm{e}\int (a^2\mathrm{e})^x\mathrm{d}x = \mathrm{e}\frac{(a^2\mathrm{e})^x}{\ln(a^2\mathrm{e})} + C = \frac{a^{2x}\mathrm{e}^{x+1}}{1+2\ln|a|} + C.$$

习题 4-1

1. 计算下列不定积分：

(1) $\int \dfrac{3}{\sqrt{1-x^2}}dx$；

(2) $\int (x^2+1)^3 dx$；

(3) $\int \left(\dfrac{1-x}{x}\right)^2 dx$；

(4) $\int (\sqrt{x}+1)(\sqrt{x^3}-1)dx$；

(5) $\int \sec x(\sec x-\tan x)dx$；

(6) $\int \dfrac{2\times 3^x - 3\times 5^x}{2^{x+1}}dx$；

(7) $\int \cot^2 x\, dx$；

(8) $\int \dfrac{3x^4+3x^2+1}{x^2+1}dx$；

(9) $\int \dfrac{1}{1+\cos 2x}dx$；

(10) $\int \dfrac{\cos 2x}{\cos x-\sin x}dx$；

(11) $\int \dfrac{1+\cos^2 x}{1+\cos 2x}dx$；

(12) $\int \dfrac{dx}{x^2(1+x^2)}$.

2. 一曲线通过点 $(e^2,3)$，且在任一点处的切线斜率等于该点横坐标的倒数，求该曲线的方程.

3. 一物体由静止开始运动，经 t 秒后的速度是 $3t^2(\text{m/s})$，问：

(1) 在 3s 后物体离开出发点的距离是多少？ (2) 物体走完 360m 需要多少时间？

4. 卫星天线通常是一金属抛物面，由一抛物线绕某轴旋转而成. 通信专家研究表明，这样的抛物线一般满足各点处的切线斜率是该点横坐标的两倍. 如果抛物线过点 $(1,-1)$，求抛物线的方程.

5. 已知某产品生产 x 个单位时总收入 $R(x)$ 的变化率为 $R'(x)=200-\dfrac{x}{100}(x\geqslant 0)$. 求生产了 100 个单位产品时的总收入.

6. 一辆小汽车以 30km/h 的速度行驶，在距离交叉路口 10m 处发现交通信号灯中的黄灯亮起，司机立即刹车制动. 如果制动后的速度满足 $v=8.3-2.7t(\text{m/s})$，问制动距离是多少？ 司机是否会闯红灯？

7. 设 $f(x)=e^{|x|}$，求 $f(x)$ 的原函数 $F(x)$.

8. 设 $f(x^2-1)=\ln\dfrac{x^2}{x^2-2}$，且 $f(\varphi(x))=\ln x$，求 $\int \varphi(x)dx$.

第二节 不定积分的换元积分法

利用基本积分公式与性质可以计算一些比较简单的不定积分，对于较为复杂的不定积分有必要研究其他的计算方法. 本节把复合函数的微分法反过来用于求不定积分，利用中间变量的代换，得到复合函数的积分法，称为不定积分的换元积分法. 它可以分成两类.

一、第一类换元法（凑微分法）

当所求不定积分可凑成 $\int f[\varphi(x)]\varphi'(x)dx$ 且 $\int f(u)du$ 容易积分时，可使用第一类换

元法,具体如下:

定理 1 设函数 $f(u)$ 在区间 I 上连续,$u=\varphi(x)$ 有连续导数,且 φ 的值域包含在 I 内,则有第一类换元公式:

$$\int f[\varphi(x)]\varphi'(x)\mathrm{d}x = \left[\int f(u)\mathrm{d}u\right]_{u=\varphi(x)}. \tag{1}$$

证 因为 $f(u)$ 连续,其原函数存在,记为 $F(u)$,则 $F'(u)=f(u)$ 或 $\int f(u)\mathrm{d}u = F(u)+C$,即

$$\left[\int f(u)\mathrm{d}u\right]_{u=\varphi(x)} = F[\varphi(x)]+C,$$

由复合函数求导法则,有

$$\{F[\varphi(x)]+C\}' = F'[\varphi(x)]\varphi'(x) = f[\varphi(x)]\varphi'(x),$$

所以 $\left[\int f(u)\mathrm{d}u\right]_{u=\varphi(x)}$ 确是含有任意常数项的 $f[\varphi(x)]\varphi'(x)$ 的原函数.因此式(1)成立.

□

如何应用式(1)求不定积分呢? 设要求的不定积分是 $\int g(x)\mathrm{d}x$,将 $g(x)$ 变形为 $f[\varphi(x)]\varphi'(x)$,则

$$\int g(x)\mathrm{d}x = \int f[\varphi(x)]\varphi'(x)\mathrm{d}x = \left[\int f(u)\mathrm{d}u\right]_{u=\varphi(x)},$$

求出右端积分即可.

例 1 求 $\int x^2 e^{x^3}\mathrm{d}x$.

解 被积函数 $x^2 e^{x^3}$ 可以写成 $\frac{1}{3}e^{x^3}(x^3)'$,故令 $u=x^3$,则

$$\int x^2 e^{x^3}\mathrm{d}x = \int \frac{1}{3}e^{x^3}(x^3)'\mathrm{d}x = \frac{1}{3}\int e^u \mathrm{d}u = \frac{1}{3}e^u + C = \frac{1}{3}e^{x^3}+C.$$

例 2 求 $\int \frac{1}{3+2x}\mathrm{d}x$.

解 被积函数 $\frac{1}{3+2x}$ 可以写成 $\frac{1}{2}\times\frac{1}{3+2x}(3+2x)'$.故令 $u=3+2x$,则

$$\int \frac{1}{3+2x}\mathrm{d}x = \frac{1}{2}\int \frac{1}{3+2x}(3+2x)'\mathrm{d}x = \frac{1}{2}\int \frac{1}{3+2x}\mathrm{d}(3+2x)$$
$$= \frac{1}{2}\int \frac{1}{u}\mathrm{d}u = \frac{1}{2}\ln|u|+C = \frac{1}{2}\ln|3+2x|+C.$$

注 一般地,求 $\int f(ax+b)\mathrm{d}x\,(a\neq 0)$ 时,常采用变换 $u=ax+b$.

例 3 求 $\int (\ln x)^3 \frac{\mathrm{d}x}{x}$.

解 被积函数 $(\ln x)^3 \frac{1}{x}$ 可以写成 $(\ln x)^3(\ln x)'$.故令 $u=\ln x$,则

$$\int (\ln x)^3 \frac{\mathrm{d}x}{x} = \int (\ln x)^3(\ln x)'\mathrm{d}x = \int u^3 \mathrm{d}u = \frac{1}{4}u^4+C = \frac{1}{4}(\ln x)^4+C.$$

注 求 $\int f(\ln x)\dfrac{1}{x}\mathrm{d}x$ 时，常采用变换 $u=\ln x$.

当对变量代换比较熟练后，就可直接用"凑微分"的方法，而不必写出换元公式.

例 4 求 $\int \dfrac{\mathrm{d}x}{a^2+x^2}(a\neq 0)$.

解 $\int \dfrac{\mathrm{d}x}{a^2+x^2}=\dfrac{1}{a}\int \dfrac{\mathrm{d}\left(\frac{x}{a}\right)}{1+\left(\frac{x}{a}\right)^2}=\dfrac{1}{a}\arctan\dfrac{x}{a}+C.$

例 5 求 $\int \dfrac{\mathrm{d}x}{x^2-a^2}(a\neq 0)$.

解 $\int \dfrac{\mathrm{d}x}{x^2-a^2}=\dfrac{1}{2a}\int\left(\dfrac{1}{x-a}-\dfrac{1}{x+a}\right)\mathrm{d}x=\dfrac{1}{2a}\left[\int\dfrac{\mathrm{d}(x-a)}{x-a}-\int\dfrac{\mathrm{d}(x+a)}{x+a}\right]$

$=\dfrac{1}{2a}(\ln|x-a|-\ln|x+a|)+C=\dfrac{1}{2a}\ln\left|\dfrac{x-a}{x+a}\right|+C.$

例 6 求 $\int \dfrac{\mathrm{d}x}{\sqrt{a^2-x^2}}\ (a>0)$.

解 $\int \dfrac{\mathrm{d}x}{\sqrt{a^2-x^2}}=\int\dfrac{\mathrm{d}x}{a\sqrt{1-\left(\frac{x}{a}\right)^2}}=\int\dfrac{\mathrm{d}\left(\frac{x}{a}\right)}{\sqrt{1-\left(\frac{x}{a}\right)^2}}=\arcsin\dfrac{x}{a}+C.$

被积函数中含有三角函数时，计算过程中常常用到三角恒等式.

例 7 求 $\int \tan x\,\mathrm{d}x$.

解 $\int \tan x\,\mathrm{d}x=\int\dfrac{\sin x}{\cos x}\mathrm{d}x=-\int\dfrac{1}{\cos x}\mathrm{d}\cos x=-\ln|\cos x|+C.$

同理可得

$$\int \cot x\,\mathrm{d}x=\ln|\sin x|+C.$$

例 8 求 $\int \sec x\,\mathrm{d}x$.

解 $\int \sec x\,\mathrm{d}x=\int\dfrac{\sec x(\sec x+\tan x)\mathrm{d}x}{\sec x+\tan x}=\int\dfrac{(\sec^2 x+\sec x\tan x)\mathrm{d}x}{\sec x+\tan x}$

$=\int\dfrac{\mathrm{d}(\sec x+\tan x)}{\sec x+\tan x}=\ln|\sec x+\tan x|+C.$

由此结果还可以得到

$$\int \csc x\,\mathrm{d}x=\int\sec\left(x-\dfrac{\pi}{2}\right)\mathrm{d}x=\int\sec\left(x-\dfrac{\pi}{2}\right)\mathrm{d}\left(x-\dfrac{\pi}{2}\right)$$

$$=\ln\left|\sec\left(x-\dfrac{\pi}{2}\right)+\tan\left(x-\dfrac{\pi}{2}\right)\right|+C$$

$$=\ln|\csc x-\cot x|+C.$$

例 9　求 $\int \cos^2 x \, \mathrm{d}x$.

解　$\int \cos^2 x \, \mathrm{d}x = \int \dfrac{1 + \cos 2x}{2} \mathrm{d}x = \dfrac{1}{2}\left(\int \mathrm{d}x + \int \cos 2x \, \mathrm{d}x \right)$

$= \dfrac{1}{2} \int \mathrm{d}x + \dfrac{1}{4} \int \cos 2x \, \mathrm{d}2x = \dfrac{1}{2} x + \dfrac{1}{4} \sin 2x + C.$

例 10　求 $\int \cos^4 x \, \mathrm{d}x$.

解　$\int \cos^4 x \, \mathrm{d}x = \int (\cos^2 x)^2 \mathrm{d}x = \int \left[\dfrac{1}{2}(1 + \cos 2x) \right]^2 \mathrm{d}x$

$= \dfrac{1}{4} \int (1 + 2\cos 2x + \cos^2 2x) \mathrm{d}x = \dfrac{1}{4} \int \left(\dfrac{3}{2} + 2\cos 2x + \dfrac{1}{2} \cos 4x \right) \mathrm{d}x$

$= \dfrac{1}{4}\left(\dfrac{3}{2} x + \sin 2x + \dfrac{1}{8} \sin 4x \right) + C = \dfrac{3}{8} x + \dfrac{1}{4} \sin 2x + \dfrac{1}{32} \sin 4x + C.$

例 11　求 $\int \sin^3 x \, \mathrm{d}x$.

解　$\int \sin^3 x \, \mathrm{d}x = \int \sin^2 x \sin x \, \mathrm{d}x = -\int (1 - \cos^2 x) \mathrm{d}\cos x$

$= -\int \mathrm{d}\cos x + \int \cos^2 x \, \mathrm{d}\cos x = -\cos x + \dfrac{1}{3} \cos^3 x + C.$

例 12　求 $\int \sin^2 x \cos^5 x \, \mathrm{d}x$.

解　$\int \sin^2 x \cos^5 x \, \mathrm{d}x = \int \sin^2 x \cos^4 x \, \mathrm{d}\sin x = \int \sin^2 x (1 - \sin^2 x)^2 \mathrm{d}\sin x$

$= \int (\sin^2 x - 2\sin^4 x + \sin^6 x) \mathrm{d}\sin x$

$= \dfrac{1}{3} \sin^3 x - \dfrac{2}{5} \sin^5 x + \dfrac{1}{7} \sin^7 x + C.$

例 13　求 $\int \cos 3x \cos 2x \, \mathrm{d}x$.

解　$\int \cos 3x \cos 2x \, \mathrm{d}x = \dfrac{1}{2} \int (\cos x + \cos 5x) \mathrm{d}x = \dfrac{1}{2} \sin x + \dfrac{1}{10} \sin 5x + C.$

二、第二类换元法

第二类换元法在形式上与第一类换元法正好相反. 有时我们发现, 虽然 $\int f(x) \mathrm{d}x$ 不易求解, 但适当令 $x = \phi(t)$, 将 $\int f(x) \mathrm{d}x$ 化为 $\int f[\phi(t)] \phi'(t) \mathrm{d}t$ 却容易计算.

定理 2　设函数 $f(x)$ 在区间 I 上连续, 又设 $x = \phi(t)$ 在与 I 对应的区间上严格单调、有连续的导函数, 且 $\phi'(t) \neq 0$, 则有第二类换元公式:

$$\int f(x) \mathrm{d}x = \left[\int f[\phi(t)] \phi'(t) \mathrm{d}t \right]_{t = \phi^{-1}(x)}, \tag{2}$$

其中 $t = \phi^{-1}(x)$ 是 $x = \phi(t)$ 的反函数.

证 由定理所给条件，$f[\phi(t)]\phi'(t)$ 是连续的，从而存在原函数. 设它的一个原函数为 $\Phi(t)$，并记 $\Phi(\phi^{-1}(x)) = F(x)$，由复合函数求导法则及反函数求导公式，得

$$F'(x) = \frac{\mathrm{d}\Phi}{\mathrm{d}t} \frac{\mathrm{d}t}{\mathrm{d}x} = f[\phi(t)]\phi'(t) \frac{1}{\phi'(t)} = f[\phi(t)] = f(x),$$

即 $F(x)$ 是 $f(x)$ 的一个原函数. 所以

$$\int f(x)\mathrm{d}x = F(x) + C = \Phi(\phi^{-1}(x)) + C = \left[\int f[\phi(t)]\phi'(t)\mathrm{d}t\right]_{t=\phi^{-1}(x)}. \qquad \square$$

当被积函数是无理式时，常用式(2)计算不定积分.

例 14 求 $\int \sqrt{a^2 - x^2}\,\mathrm{d}x\,(a > 0)$.

解 令 $x = a\sin t, t \in \left[-\frac{\pi}{2}, \frac{\pi}{2}\right]$，则

$$\mathrm{d}x = a\cos t\,\mathrm{d}t, \quad t = \arcsin\frac{x}{a}.$$

所以

$$\int \sqrt{a^2 - x^2}\,\mathrm{d}x = a^2 \int \cos^2 t\,\mathrm{d}t = a^2 \int \frac{1}{2}(1 + \cos 2t)\mathrm{d}t$$

$$= \frac{a^2}{2}\left(t + \frac{1}{2}\sin 2t\right) + C = \frac{a^2}{2}(t + \sin t\cos t) + C.$$

当 $t \in \left[-\frac{\pi}{2}, \frac{\pi}{2}\right]$ 时，$\cos t = \sqrt{1 - \sin^2 t} = \sqrt{1 - \frac{x^2}{a^2}} = \frac{1}{a}\sqrt{a^2 - x^2}$，所以

$$\int \sqrt{a^2 - x^2}\,\mathrm{d}x = \frac{a^2}{2}\arcsin\frac{x}{a} + \frac{1}{2}x\sqrt{a^2 - x^2} + C.$$

注 本例中，将 $\cos t$ 化为关于 x 的函数时，也可根据 $\sin t = \frac{x}{a}$ 作出辅助三角形(图 4-2)，直接求得 $\cos t = \frac{\sqrt{a^2 - x^2}}{a}$.

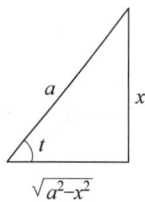

例 15 求 $\int \frac{\mathrm{d}x}{\sqrt{a^2 + x^2}}\,(a > 0)$.

图 4-2

解 设 $x = a\tan t, t \in \left(-\frac{\pi}{2}, \frac{\pi}{2}\right)$，则

$$\int \frac{\mathrm{d}x}{\sqrt{a^2 + x^2}} = \int \frac{a\sec^2 t}{a\sec t}\mathrm{d}t = \int \sec t\,\mathrm{d}t,$$

利用例 8 的结果，并注意到 $\sec t > 0, \sec t > |\tan t|$，有

$$\int \frac{\mathrm{d}x}{\sqrt{a^2 + x^2}} = \ln(\sec t + \tan t) + C,$$

又 $\sec^2 t = 1 + \tan^2 t$，而 $t \in \left(-\frac{\pi}{2}, \frac{\pi}{2}\right)$，所以 $\sec t = \sqrt{1 + \tan^2 t}$，但 $\tan t = \frac{x}{a}$，代入得

$$\sec t = \sqrt{1 + \frac{x^2}{a^2}} = \frac{\sqrt{a^2 + x^2}}{a},$$

从而

$$\int \frac{\mathrm{d}x}{\sqrt{a^2+x^2}} = \ln\left(\frac{x}{a} + \frac{\sqrt{a^2+x^2}}{a}\right) + C = \ln(x + \sqrt{a^2+x^2}) + C_1,$$

其中 $C_1 = C - \ln a$ 仍是任意常数.

注 本例中,将 $\sec t$ 化为关于 x 的函数时,也可以根据 $\tan t = \dfrac{x}{a}$ 作出辅

助三角形(图 4-3),直接写出 $\cos t = \dfrac{a}{\sqrt{a^2+x^2}}$,从而 $\sec t = \dfrac{1}{\cos t} = \dfrac{\sqrt{a^2+x^2}}{a}$.

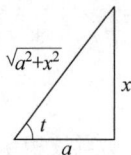

例 16 求 $\displaystyle\int \frac{\mathrm{d}x}{\sqrt{x^2-a^2}} (a > 0)$.

图 4-3

解 先考虑 $x \in (a, +\infty)$,令 $x = a\sec t, t \in \left(0, \dfrac{\pi}{2}\right)$,则

$$\int \frac{\mathrm{d}x}{\sqrt{x^2-a^2}} = \int \sec t \,\mathrm{d}t = \ln(\sec t + \tan t) + C,$$

因为 $\tan^2 t = \sec^2 t - 1, t \in \left(0, \dfrac{\pi}{2}\right)$,所以 $\tan t = \sqrt{\sec^2 t - 1}$. 又 $\sec t = \dfrac{x}{a}$,代入得

$$\tan t = \sqrt{\frac{x^2}{a^2} - 1} = \frac{\sqrt{x^2-a^2}}{a},$$

从而

$$\int \frac{\mathrm{d}x}{\sqrt{x^2-a^2}} = \ln\left(\frac{x}{a} + \frac{\sqrt{x^2-a^2}}{a}\right) + C = \ln(x + \sqrt{x^2-a^2}) + C_1, \quad C_1 = C - \ln a.$$

类似地,当 $x \in (-\infty, -a)$ 时,有

$$\int \frac{\mathrm{d}x}{\sqrt{x^2-a^2}} = \ln(-x - \sqrt{x^2-a^2}) + C.$$

两部分可统一成

$$\int \frac{\mathrm{d}x}{\sqrt{x^2-a^2}} = \ln|x + \sqrt{x^2-a^2}| + C.$$

注 本例中,将 $\tan t$ 化为关于 x 的函数时,也可根据 $\sec t = \dfrac{x}{a}$ 作出辅

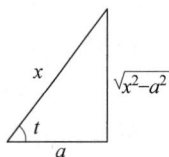

助三角形(图 4-4),直接写出 $\tan t = \dfrac{\sqrt{x^2-a^2}}{a}$.

图 4-4

以上几例中,被积函数有理化时所使用的均为三角代换,但有的不定积分在计算时不能使用三角代换或使用三角代换时比较繁琐,此时应根据被积函数的特点来灵活选用换元公式.

例 17 求 $\displaystyle\int \frac{\sqrt{x}}{1+\sqrt{x}}\mathrm{d}x$.

解 可令 $\sqrt{x} = t$,则 $\mathrm{d}x = 2t\,\mathrm{d}t$,从而

$$\int \frac{\sqrt{x}}{1+\sqrt{x}}\mathrm{d}x = 2\int \frac{t^2}{1+t}\mathrm{d}t = 2\int \frac{t^2-1+1}{1+t}\mathrm{d}t = 2\int \left(t - 1 + \frac{1}{1+t}\right)\mathrm{d}t$$

$$= x - 2\sqrt{x} + 2\ln(1+\sqrt{x}) + C.$$

例 18　求 $\displaystyle\int \frac{x^5}{\sqrt{1+x^2}}\mathrm{d}x$.

解　本题若利用三角代换,过程会复杂些. 这里,根据题目特征,令 $t=\sqrt{1+x^2}$,则 $x^2=t^2-1$,$x\,\mathrm{d}x=t\,\mathrm{d}t$,从而

$$\int \frac{x^5}{\sqrt{1+x^2}}\mathrm{d}x=\int \frac{x^4}{\sqrt{1+x^2}}x\,\mathrm{d}x=\int \frac{(t^2-1)^2}{t}t\,\mathrm{d}t=\int (t^4-2t^2+1)\mathrm{d}t$$

$$=\frac{1}{5}t^5-\frac{2}{3}t^3+t+C=\frac{1}{15}(8-4x^2+3x^4)\sqrt{1+x^2}+C.$$

当被积函数中分母的阶较高时,可采用倒代换 $x=\dfrac{1}{t}$.

例 19　求 $\displaystyle\int \frac{1}{x(x^7+2)}\mathrm{d}x$.

解　令 $x=\dfrac{1}{t}$,则 $\mathrm{d}x=-\dfrac{1}{t^2}\mathrm{d}t$,从而

$$\int \frac{1}{x(x^7+2)}\mathrm{d}x=\int \frac{t}{\left(\frac{1}{t}\right)^7+2}\left(-\frac{1}{t^2}\right)\mathrm{d}t=-\int \frac{t^6}{1+2t^7}\mathrm{d}t$$

$$=-\frac{1}{14}\ln|1+2t^7|+C=-\frac{1}{14}\ln|2+x^7|+\frac{1}{2}\ln|x|+C.$$

例 20　求 $\displaystyle\int \frac{1}{x^4\sqrt{x^2+1}}\mathrm{d}x\ (x>0)$.

解　令 $x=\dfrac{1}{t}$,则 $\mathrm{d}x=-\dfrac{1}{t^2}\mathrm{d}t$,从而

$$\int \frac{1}{x^4\sqrt{x^2+1}}\mathrm{d}x=\int \frac{1}{\left(\frac{1}{t}\right)^4\sqrt{\left(\frac{1}{t^2}\right)+1}}\left(-\frac{1}{t^2}\right)\mathrm{d}t$$

$$=-\int \frac{t^3}{\sqrt{1+t^2}}\mathrm{d}t=-\frac{1}{2}\int \frac{t^2}{\sqrt{1+t^2}}\mathrm{d}(t^2)$$

$$\xlongequal{u=t^2}-\frac{1}{2}\int \frac{u}{\sqrt{1+u}}\mathrm{d}u=\frac{1}{2}\int \frac{1-1-u}{\sqrt{1+u}}\mathrm{d}u$$

$$=\frac{1}{2}\int \left(\frac{1}{\sqrt{1+u}}-\sqrt{1+u}\right)\mathrm{d}(1+u)$$

$$=-\frac{1}{3}(\sqrt{1+u})^3+\sqrt{1+u}+C$$

$$=-\frac{1}{3}\left(\frac{\sqrt{1+x^2}}{x}\right)^3+\frac{\sqrt{1+x^2}}{x}+C.$$

由本节例题得到几个常用的不定积分,以后遇到此类积分时,可直接将其当作公式使用.下面将它们添加到基本积分公式中(见本书 137 页),即

(16) $\displaystyle\int \tan x\,\mathrm{d}x=-\ln|\cos x|+C$;　　　(17) $\displaystyle\int \cot x\,\mathrm{d}x=\ln|\sin x|+C$;

(18) $\int \sec x \, \mathrm{d}x = \ln | \sec x + \tan x | + C$； (19) $\int \csc x \, \mathrm{d}x = \ln | \csc x - \cot x | + C$；

(20) $\int \dfrac{1}{a^2 + x^2} \mathrm{d}x = \dfrac{1}{a} \arctan \dfrac{x}{a} + C$； (21) $\int \dfrac{1}{x^2 - a^2} \mathrm{d}x = \dfrac{1}{2a} \ln \left| \dfrac{x-a}{x+a} \right| + C$；

(22) $\int \dfrac{1}{\sqrt{a^2 - x^2}} \mathrm{d}x = \arcsin \dfrac{x}{a} + C$； (23) $\int \dfrac{\mathrm{d}x}{\sqrt{x^2 + a^2}} = \ln(x + \sqrt{x^2 + a^2}) + C$，

(24) $\int \dfrac{\mathrm{d}x}{\sqrt{x^2 - a^2}} = \ln | x + \sqrt{x^2 - a^2} | + C$.

习题 4-2

1. 计算下列不定积分：

(1) $\int (2x+3)^{11} \mathrm{d}x$； (2) $\int 2x \, \mathrm{e}^{x^2} \mathrm{d}x$； (3) $\int x \sqrt{1 - x^2} \, \mathrm{d}x$；

(4) $\int \dfrac{x^3}{9 + x^2} \mathrm{d}x$； (5) $\int \dfrac{1}{\mathrm{e}^x + \mathrm{e}^{-x}} \mathrm{d}x$； (6) $\int \dfrac{\mathrm{d}x}{x \ln x \ln(\ln x)}$；

(7) $\int \tan \sqrt{1 + x^2} \cdot \dfrac{x \, \mathrm{d}x}{\sqrt{1 + x^2}}$； (8) $\int \dfrac{\mathrm{d}x}{1 + \cos x}$； (9) $\int \dfrac{\mathrm{d}x}{1 + \sin x}$；

(10) $\int \dfrac{\arctan \sqrt{x}}{(1+x)\sqrt{x}} \mathrm{d}x$； (11) $\int \tan^3 x \sec x \, \mathrm{d}x$； (12) $\int \dfrac{\sin x \cos x}{1 + \sin^4 x} \mathrm{d}x$.

2. 计算下列不定积分：

(1) $\int \dfrac{\mathrm{d}x}{x \sqrt{x^2 - 1}}$； (2) $\int x^3 \sqrt{4 - x^2} \, \mathrm{d}x$； (3) $\int \dfrac{\mathrm{d}x}{\sqrt{(x^2 + 1)^3}}$；

(4) $\int \dfrac{x+1}{\sqrt[3]{3x+1}} \mathrm{d}x$； (5) $\int \dfrac{\sqrt{x}}{1 + x} \mathrm{d}x$； (6) $\int \dfrac{1}{\sqrt{x}(4-x)} \mathrm{d}x$；

(7) $\int \dfrac{x+1}{x^2 \sqrt{x^2 - 1}} \mathrm{d}x$； (8) $\int \dfrac{1}{x(x^5 + 1)} \mathrm{d}x$； (9) $\int \dfrac{\mathrm{d}x}{\sqrt{1 + \mathrm{e}^{2x}}}$.

3. 某一太阳能电池所存储的能量为 $Q(x)$，其面板与太阳接触的表面积为 x，已知能量变化率为 $\dfrac{\mathrm{d}Q}{\mathrm{d}x} = \dfrac{0.005}{\sqrt{0.01x + 1}}$，且满足 $Q(0) = 0$. 求 $Q(x)$ 的函数表达式.

4. 求 $\int \dfrac{\mathrm{d}x}{\sin 2x + 2\sin x}$.

5. 计算 $\int \dfrac{7\cos x - 3\sin x}{5\cos x + 2\sin x} \mathrm{d}x$.

6. 计算 $\int 2\mathrm{e}^x \sqrt{1 - \mathrm{e}^{2x}} \, \mathrm{d}x$.

7. 求 $\int \dfrac{\mathrm{d}x}{a^2 \sin^2 x + b^2 \cos^2 x}$ （a, b 是不全为零的非负常数）.

第三节 不定积分的分部积分法

上一节介绍的换元积分法是基于复合函数求导法则得到的,本节利用两个函数乘积的求导法则,得到另一种基本积分法——分部积分法.

设函数 $u=u(x)$ 与 $v=v(x)$ 均具有连续导数,由函数乘积的求导法则得

$$(uv)'=u'v+uv',$$

移项,得

$$uv'=(uv)'-u'v.$$

两边求不定积分,得

$$\int uv'\mathrm{d}x=uv-\int u'v\mathrm{d}x. \tag{1}$$

式(1)称为分部积分公式.该式说明,当求 $\int uv'\mathrm{d}x$ 困难,而求 $\int u'v\mathrm{d}x$ 容易时,可用此公式.式(1)也可写作

$$\int u\mathrm{d}v=uv-\int v\mathrm{d}u. \tag{2}$$

一般地,被积函数是基本初等函数中两类函数的乘积时,选用分部积分法求不定积分.使用式(2)时,按照反三角函数、对数函数、幂函数、三角函数、指数函数的次序,排在前面的函数选为 u,次序在后的函数当作 v'(即积分时将其放到 d 后变成 $\mathrm{d}v$).

例1 求 $\int x\cos x\mathrm{d}x$.

解 设 $u=x,\mathrm{d}v=\cos x\mathrm{d}x$(即 $v'=\cos x$),则

$$\int x\cos x\mathrm{d}x=\int x\mathrm{d}(\sin x)=x\sin x-\int \sin x\mathrm{d}x=x\sin x+\cos x+C.$$

注 若令 $u=\cos x,\mathrm{d}v=x\mathrm{d}x$,则代入式(2)后被积函数中 x 的次数会变高,导致积分更复杂.

例2 求 $\int x^2\mathrm{e}^x\mathrm{d}x$.

解 设 $u=x^2,\mathrm{d}v=\mathrm{e}^x\mathrm{d}x$(即 $v'=\mathrm{e}^x$),则

$$\int x^2\mathrm{e}^x\mathrm{d}x=\int x^2\mathrm{d}(\mathrm{e}^x)=x^2\mathrm{e}^x-\int \mathrm{e}^x\mathrm{d}(x^2)=x^2\mathrm{e}^x-2\int x\mathrm{e}^x\mathrm{d}x=x^2\mathrm{e}^x-2\int x\mathrm{d}\mathrm{e}^x$$

$$=x^2\mathrm{e}^x-2\left(x\mathrm{e}^x-\int \mathrm{e}^x\mathrm{d}x\right)=x^2\mathrm{e}^x-2x\mathrm{e}^x+2\mathrm{e}^x+C.$$

熟练后可不必写出 u,v.

例3 求 $\int x\ln x\mathrm{d}x$.

解 $\int x\ln x\mathrm{d}x=\dfrac{1}{2}\int \ln x\mathrm{d}(x^2)=\dfrac{1}{2}x^2\ln x-\dfrac{1}{2}\int x^2\mathrm{d}(\ln x)=\dfrac{1}{2}x^2\ln x-\dfrac{1}{2}\int x^2\cdot\dfrac{1}{x}\mathrm{d}x$

$\qquad =\dfrac{1}{2}x^2\ln x-\dfrac{1}{2}\int x\mathrm{d}x=\dfrac{x^2}{2}\ln x-\dfrac{x^2}{4}+C.$

例4 求 $\int x\arctan x\mathrm{d}x$.

解 $\displaystyle\int x\arctan x\,\mathrm{d}x=\frac{1}{2}\int\arctan x\,\mathrm{d}(x^2)=\frac{x^2}{2}\arctan x-\frac{1}{2}\int x^2\,\mathrm{d}(\arctan x)$

$\displaystyle\qquad=\frac{x^2}{2}\arctan x-\frac{1}{2}\int x^2\cdot\frac{1}{1+x^2}\mathrm{d}x$

$\displaystyle\qquad=\frac{x^2}{2}\arctan x-\frac{1}{2}\int\left(1-\frac{1}{1+x^2}\right)\mathrm{d}x$

$\displaystyle\qquad=\frac{x^2}{2}\arctan x-\frac{1}{2}(x-\arctan x)+C.$

例 5 求 $\displaystyle\int e^x\sin x\,\mathrm{d}x$.

解 $\displaystyle\int e^x\sin x\,\mathrm{d}x=\int\sin x\,\mathrm{d}(e^x)=e^x\sin x-\int e^x\,\mathrm{d}(\sin x)=e^x\sin x-\int e^x\cos x\,\mathrm{d}x$

$\displaystyle\qquad=e^x\sin x-\int\cos x\,\mathrm{d}(e^x)=e^x\sin x-\left(e^x\cos x-\int e^x\,\mathrm{d}(\cos x)\right)$

$\displaystyle\qquad=e^x(\sin x-\cos x)-\int e^x\sin x\,\mathrm{d}x,$

移项并整理得

$$\int e^x\sin x\,\mathrm{d}x=\frac{e^x}{2}(\sin x-\cos x)+C.$$

灵活应用分部积分法,可以解决许多不定积分的计算问题.

例 6 求 $\displaystyle\int\arctan x\,\mathrm{d}x$.

解 $\displaystyle\int\arctan x\,\mathrm{d}x=x\arctan x-\int x\,\mathrm{d}(\arctan x)=x\arctan x-\int x\cdot\frac{\mathrm{d}x}{1+x^2}$

$\displaystyle\qquad=x\arctan x-\frac{1}{2}\int\frac{\mathrm{d}(1+x^2)}{1+x^2}=x\arctan x-\frac{1}{2}\ln(1+x^2)+C.$

例 7 求 $\displaystyle\int\sec^3 x\,\mathrm{d}x$.

解 $\displaystyle\int\sec^3 x\,\mathrm{d}x=\int\sec x\,\mathrm{d}(\tan x)=\sec x\tan x-\int\sec x\tan^2 x\,\mathrm{d}x$

$\displaystyle\qquad=\sec x\tan x-\int\sec x(\sec^2 x-1)\mathrm{d}x$

$\displaystyle\qquad=\sec x\tan x-\int\sec^3 x\,\mathrm{d}x+\int\sec x\,\mathrm{d}x$

$\displaystyle\qquad=\sec x\tan x+\ln|\sec x+\tan x|-\int\sec^3 x\,\mathrm{d}x,$

移项并整理得

$$\int\sec^3 x\,\mathrm{d}x=\frac{1}{2}(\sec x\tan x+\ln|\sec x+\tan x|)+C.$$

例 8 求 $\displaystyle I_n=\int\frac{\mathrm{d}x}{(x^2+a^2)^n}$,其中 n 为正整数.

解 设 $\displaystyle u=\frac{1}{(x^2+a^2)^n},\mathrm{d}v=\mathrm{d}x$,则 $\displaystyle\mathrm{d}u=\frac{-2nx}{(x^2+a^2)^{n+1}}\mathrm{d}x,v=x$. 于是

$$I_n = \frac{x}{(x^2+a^2)^n} + 2n\int \frac{x^2}{(x^2+a^2)^{n+1}}\mathrm{d}x = \frac{x}{(x^2+a^2)^n} + 2n\int \frac{x^2+a^2-a^2}{(x^2+a^2)^{n+1}}\mathrm{d}x$$

$$= \frac{x}{(x^2+a^2)^n} + 2nI_n - 2na^2 I_{n+1},$$

所以 $$I_{n+1} = \frac{1}{2na^2}\left[\frac{x}{(x^2+a^2)^n} + (2n-1)I_n\right],$$

即 $$I_n = \frac{1}{a^2}\left[\frac{1}{2(n-1)}\frac{x}{(x^2+a^2)^{n-1}} + \frac{2n-3}{2n-2}I_{n-1}\right], \quad n=2,3,\cdots.$$

而 $$I_1 = \frac{1}{a}\arctan\frac{x}{a} + C,$$

因此,任意给定 $n \geqslant 1$ 均可求出相应的 I_n.

习题 4-3

1. 求解下列不定积分:

(1) $\displaystyle\int x\,\mathrm{e}^{-x}\,\mathrm{d}x$;

(2) $\displaystyle\int (x^2+x+1)\sin(2x)\,\mathrm{d}x$;

(3) $\displaystyle\int x\sin x\cos x\,\mathrm{d}x$;

(4) $\displaystyle\int x^2\arctan x\,\mathrm{d}x$;

(5) $\displaystyle\int \frac{\sin^2 x}{\mathrm{e}^x}\,\mathrm{d}x$;

(6) $\displaystyle\int \arcsin x\,\mathrm{d}x$;

(7) $\displaystyle\int \sin(\ln x)\,\mathrm{d}x$;

(8) $\displaystyle\int \frac{(\ln x)^2}{x^2}\,\mathrm{d}x$;

(9) $\displaystyle\int \frac{\ln(\ln x)}{x}\,\mathrm{d}x$;

(10) $\displaystyle\int \mathrm{e}^{\sqrt{x}}\,\mathrm{d}x$;

(11) $\displaystyle\int \ln(x+\sqrt{1+x^2})\,\mathrm{d}x$;

(12) $\displaystyle\int \mathrm{e}^x\sin^2 x\,\mathrm{d}x$.

2. 设 $f(\ln x) = \dfrac{\ln(1+x)}{x}$,计算 $\displaystyle\int f(x)\,\mathrm{d}x$.

3. 已知函数 $f(x)=\begin{cases}2(x-1), & x<1,\\ \ln x, & x\geqslant 1,\end{cases}$ 求 $f(x)$ 的原函数.

4. 求 $\displaystyle\int \frac{\arctan\mathrm{e}^x}{\mathrm{e}^{2x}}\,\mathrm{d}x$.

5. 计算 $\displaystyle\int \mathrm{e}^{2x}(\tan x+1)^2\,\mathrm{d}x$.

第四节 几类特殊函数的不定积分

前面介绍了不定积分的基本的计算方法,灵活运用这些方法,能计算许多不定积分. 本节讨论一些特殊类型函数的积分及它们有规律可循的求积方法.

一、有理函数的不定积分

两个多项式函数的商所表示的函数称为有理函数(有理分式),其一般形式为

$$R(x) = \frac{P(x)}{Q(x)} = \frac{a_0 x^n + a_1 x^{n-1} + \cdots + a_{n-1} x + a_n}{b_0 x^m + b_1 x^{m-1} + \cdots + b_{m-1} x + b_m}, \tag{1}$$

其中 m, n 都是非负整数, $a_0, a_1, \cdots, a_n$ 及 $b_0, b_1, \cdots, b_m$ 都是实数,且 $a_0, b_0 \neq 0$. 当 $n < m$ 时,式(1)称为真分式;当 $n \geq m$ 时,式(1)称为假分式.

利用多项式的除法,假分式总能化为一个多项式和一个真分式的和,而多项式的不定积分容易计算,故只需研究真分式的不定积分.

设式(1)中 $n < m$,且分子 $P(x)$ 与分母 $Q(x)$ 已无公因式. 下面要用到两个基本结论.

结论 1   实系数多项式 $Q(x)$ 总能分解为一些实系数的一次因式与二次不可约因式的方幂的乘积,即

$$Q(x) = b_0 (x-a)^\alpha \cdots (x-b)^\beta (x^2 + px + q)^\lambda \cdots (x^2 + rx + s)^\mu. \tag{2}$$

其中 $a, \cdots, b, p, q, \cdots, r, s$ 为实数; $p^2 - 4q < 0, \cdots, r^2 - 4s < 0$; $\alpha, \cdots, \beta$ 及 $\lambda, \cdots, \mu$ 为正整数.

结论 2   如果 $Q(x)$ 分解成式(2)的形式,则真分式 $\dfrac{P(x)}{Q(x)}$ 可唯一地分解为部分分式之和:

$$\begin{aligned}
\frac{P(x)}{Q(x)} &= \frac{A_1}{x-a} + \frac{A_2}{(x-a)^2} + \cdots + \frac{A_\alpha}{(x-a)^\alpha} + \cdots + \frac{B_1}{x-b} + \frac{B_2}{(x-b)^2} + \cdots + \frac{B_\beta}{(x-b)^\beta} + \\
&\quad \frac{M_1 x + N_1}{x^2 + px + q} + \frac{M_2 x + N_2}{(x^2 + px + q)^2} + \cdots + \frac{M_\lambda x + N_\lambda}{(x^2 + px + q)^\lambda} + \cdots + \\
&\quad \frac{R_1 x + S_1}{x^2 + rx + s} + \frac{R_2 x + S_2}{(x^2 + rx + s)^2} + \cdots + \frac{R_\mu x + S_\mu}{(x^2 + rx + s)^\mu},
\end{aligned} \tag{3}$$

其中 $A_i, B_i, M_i, N_i, R_i, S_i$ 都是常数.

结论 2 中真分式分解为部分分式的规则是:

若式(2)中有形如 $(x-a)^\alpha$ 的一次因式的幂,则式(3)中相应地含有由 α 个部分分式构成的和

$$\frac{A_1}{x-a} + \frac{A_2}{(x-a)^2} + \cdots + \frac{A_\alpha}{(x-a)^\alpha};$$

若式(2)中有形如 $(x^2 + px + q)^\lambda$ 的二次不可约式的幂,则式(3)中相应地含有由 λ 个部分分式构成的和

$$\frac{M_1 x + N_1}{x^2 + px + q} + \frac{M_2 x + N_2}{(x^2 + px + q)^2} + \cdots + \frac{M_\lambda x + N_\lambda}{(x^2 + px + q)^\lambda}.$$

式(3)中的所有常数 $A_i, B_i, M_i, N_i, R_i, S_i$ 都通过待定系数法求得.

这样,真分式的不定积分问题就归结为部分分式的不定积分问题.

归纳起来,真分式 $\dfrac{P(x)}{Q(x)}$ 的不定积分可按如下步骤进行:

第一步,将分母 $Q(x)$ 在实数范围进行因式分解,分解为式(2)的形式;

第二步,将真分式 $\dfrac{P(x)}{Q(x)}$ 写成形如式(3)的部分分式和的待定形式;

第三步,求出式(3)中的待定系数(一般利用通分或取特殊值,列出待定系数的方程组);

第四步,求出各个部分分式的不定积分.

由式(3)不难看出,部分分式的不定积分实质上只有四种基本类型(a,p,q,M,N 都是实数,$n>1$ 是整数,$p^2-4q<0$):

$$（\text{I}）\int \frac{1}{x-a}\mathrm{d}x; \qquad\qquad （\text{II}）\int \frac{1}{(x-a)^n}\mathrm{d}x;$$

$$（\text{III}）\int \frac{Mx+N}{x^2+px+q}\mathrm{d}x; \qquad\qquad （\text{IV}）\int \frac{Mx+N}{(x^2+px+q)^n}\mathrm{d}x.$$

相应的积分方法如下:

$（\text{I}）\displaystyle\int \frac{1}{x-a}\mathrm{d}x = \ln|x-a|+C.$

$（\text{II}）\displaystyle\int \frac{1}{(x-a)^n}\mathrm{d}x = \frac{1}{1-n}(x-a)^{1-n}+C(n>1).$

$（\text{III}）\displaystyle\int \frac{Mx+N}{x^2+px+q}\mathrm{d}x = \int \frac{Mx+N}{\left(x+\frac{p}{2}\right)^2+\frac{4q-p^2}{4}}\mathrm{d}x$,令 $t=x+\frac{p}{2}$,为了表示方便,记

$r^2=\dfrac{4q-p^2}{4}$,则

$$\int \frac{Mx+N}{x^2+px+q}\mathrm{d}x = \int \frac{Mt+N-\frac{Mp}{2}}{t^2+r^2}\mathrm{d}t = M\int \frac{t}{t^2+r^2}\mathrm{d}t + \left(N-\frac{Mp}{2}\right)\int \frac{1}{t^2+r^2}\mathrm{d}t$$

$$= M\frac{1}{2}\int \frac{1}{t^2+r^2}\mathrm{d}(t^2+r^2) + \left(N-\frac{Mp}{2}\right)\frac{1}{r}\int \frac{1}{1+\left(\frac{t}{r}\right)^2}\mathrm{d}\frac{t}{r}$$

$$= \frac{M}{2}\ln(t^2+r^2) + \frac{2N-Mp}{2r}\arctan \frac{t}{r}+C.$$

将 $t=x+\dfrac{p}{2}$ 代入即可.

$（\text{IV}）\displaystyle\int \frac{Mx+N}{(x^2+px+q)^n}\mathrm{d}x.$ 与(III)相同,将被积函数分母配方,令 $t=x+\frac{p}{2}$,并且记

$r^2=\dfrac{4q-p^2}{4}$,则得

$$\int \frac{Mx+N}{(x^2+px+q)^n}\mathrm{d}x = \int \frac{Mx+N}{\left(\left(x+\frac{p}{2}\right)^2+\frac{4q-p^2}{4}\right)^n}\mathrm{d}x = \int \frac{Mt+N-\frac{Mp}{2}}{(t^2+r^2)^n}\mathrm{d}t$$

$$= M\int \frac{t}{(t^2+r^2)^n}\mathrm{d}t + \left(N-\frac{Mp}{2}\right)\int \frac{1}{(t^2+r^2)^n}\mathrm{d}t,$$

第一部分中,$\displaystyle\int \frac{t}{(t^2+r^2)^n}\mathrm{d}t = \frac{1}{2}\int \frac{1}{(t^2+r^2)^n}\mathrm{d}(t^2+r^2) = \frac{1}{2(1-n)}(t^2+r^2)^{1-n}+C;$

第二部分中,令 $I_n = \displaystyle\int \frac{1}{(t^2+r^2)^n}\mathrm{d}t$,用分部积分法导出其递推公式如下:

$$I_n = \int \frac{1}{(t^2+r^2)^n} dt = \frac{1}{r^2}\int \frac{t^2+r^2-t^2}{(t^2+r^2)^n} dt = \frac{1}{r^2}I_{n-1} - \frac{1}{r^2}\int \frac{t^2}{(t^2+r^2)^n} dt$$

$$= \frac{1}{r^2}I_{n-1} + \frac{1}{2r^2(n-1)}\int t\, d\frac{1}{(t^2+r^2)^{n-1}} = \frac{1}{r^2}I_{n-1} + \frac{1}{2r^2(n-1)}\left[\frac{t}{(t^2+r^2)^{n-1}} - I_{n-1}\right],$$

整理得到递推公式

$$I_n = \frac{2n-3}{2r^2(n-1)}I_{n-1} + \frac{t}{2r^2(n-1)(t^2+r^2)^{n-1}},$$

反复利用上述递推公式,计算 I_n 最终归结为计算 I_1,而

$$I_1 = \int \frac{1}{t^2+r^2} dt = \frac{1}{r}\int \frac{1}{1+\left(\frac{t}{r}\right)^2} d\frac{t}{r} = \frac{1}{r}\arctan\frac{t}{r} + C.$$

将 $t = x + \frac{p}{2}$ 代入即可.

如此,第(Ⅳ)类部分分式的不定积分便可算出了.

通过上述分析可见,有理函数的不定积分是可以按照确定步骤求积的,而且,对于具体的不定积分,求解过程中并不是各种类型的部分分式都出现.下面看几个例子.

例 1 求 $\int \frac{x^4+1}{x^3-1} dx$.

解 被积函数是假分式,经整理得

$$\frac{x^4+1}{x^3-1} = \frac{x(x^3-1)+x+1}{x^3-1} = x + \frac{x+1}{x^3-1},$$

而

$$x^3-1 = (x-1)(x^2+x+1),$$

所以,真分式必可分解成如下的部分分式之和:

$$\frac{x+1}{x^3-1} = \frac{A}{x-1} + \frac{Bx+C}{x^2+x+1}.$$

再由待定系数法求参数 A,B,C,为此,对上式两端通分,得

$$\frac{x+1}{x^3-1} = \frac{A(x^2+x+1)+(x-1)(Bx+C)}{(x-1)(x^2+x+1)} = \frac{(A+B)x^2+(A-B+C)x+(A-C)}{(x-1)(x^2+x+1)}.$$

由左右两端分子恒等,得系数满足的关系

$$\begin{cases} A+B=0, \\ A-B+C=1, \\ A-C=1. \end{cases}$$

解之,得 $A=\frac{2}{3}, B=-\frac{2}{3}, C=-\frac{1}{3}$,所以

$$\frac{x+1}{x^3-1} = \frac{2}{3(x-1)} - \frac{2x+1}{3(x^2+x+1)}.$$

因此

$$\int \frac{x^4+1}{x^3-1} dx = \int x\, dx + \int \frac{2}{3(x-1)} dx - \int \frac{2x+1}{3(x^2+x+1)} dx$$

$$= \frac{x^2}{2} + \frac{2}{3}\ln|x-1| - \frac{1}{3}\int \frac{d(x^2+x+1)}{x^2+x+1}$$

$$= \frac{x^2}{2} + \frac{2}{3}\ln|x-1| - \frac{1}{3}\ln(x^2+x+1) + C.$$

例 2 求 $\displaystyle\int \frac{x^2+1}{x(x-1)^2}dx$.

解 可直接考虑分解成部分分式之和. 为此, 设

$$\frac{x^2+1}{x(x-1)^2}=\frac{A}{x}+\frac{B}{x-1}+\frac{C}{(x-1)^2}.$$

为求待定参数, 将右边通分, 得

$$x^2+1=A(x-1)^2+Bx(x-1)+Cx.$$

此式中, 令 $x=1$, 得 $C=2$; $x=0$, 得 $A=1$; $x=-1$, 得 $B=0$. 所以

$$\int \frac{x^2+1}{x(x-1)^2}dx=\int \frac{dx}{x}+\int \frac{2}{(x-1)^2}dx=\ln|x|-\frac{2}{x-1}+C.$$

例 3 求不定积分 $\displaystyle\int \frac{x^2+2x-1}{(x-1)(x^2-x+1)}dx$.

解 设

$$\frac{x^2+2x-1}{(x-1)(x^2-x+1)}=\frac{A}{x-1}+\frac{Bx+C}{x^2-x+1},$$

去分母, 得 $\qquad x^2+2x-1=A(x^2-x+1)+(Bx+C)(x-1)$,

令 $x=1$, 得 $A=2$; 令 $x=0$, 得 $-1=A-C$, 所以 $C=3$; 令 $x=2$, 得 $7=3A+2B+C$, 所以 $B=-1$. 因此

$$\frac{x^2+2x-1}{(x-1)(x^2-x+1)}=\frac{2}{x-1}-\frac{x-3}{x^2-x+1},$$

$$\int \frac{x^2+2x-1}{(x-1)(x^2-x+1)}dx=\int\left(\frac{2}{x-1}-\frac{x-3}{x^2-x+1}\right)dx=2\int \frac{dx}{x-1}-\int \frac{x-3}{x^2-x+1}dx,$$

而

$$\int \frac{dx}{x-1}=\ln|x-1|+C_1;$$

$$\int \frac{x-3}{x^2-x+1}dx=\int \frac{x-3}{\left(x-\frac{1}{2}\right)^2+\frac{3}{4}}dx\xrightarrow{t=x-\frac{1}{2}}\int \frac{t-\frac{5}{2}}{t^2+\frac{3}{4}}dt$$

$$=\int \frac{t}{t^2+\frac{3}{4}}dt-\frac{5}{2}\int \frac{1}{t^2+\frac{3}{4}}dt=\frac{1}{2}\ln\left(t^2+\frac{3}{4}\right)-\frac{5}{\sqrt{3}}\int \frac{1}{1+\left(\frac{2t}{\sqrt{3}}\right)^2}d\frac{2t}{\sqrt{3}}$$

$$=\frac{1}{2}\ln\left(t^2+\frac{3}{4}\right)-\frac{5}{\sqrt{3}}\arctan\frac{2t}{\sqrt{3}}+C_2$$

$$=\frac{1}{2}\ln(x^2-x+1)-\frac{5}{\sqrt{3}}\arctan\frac{2x-1}{\sqrt{3}}+C_2,$$

所以

$$\int \frac{x^2+2x-1}{(x-1)(x^2-x+1)}dx=2\int \frac{dx}{x-1}-\int \frac{x-3}{x^2-x+1}dx$$

$$=2\ln|x-1|-\frac{1}{2}\ln(x^2-x+1)+\frac{5}{\sqrt{3}}\arctan\frac{2x-1}{\sqrt{3}}+C$$

$$= \ln \frac{(x-1)^2}{\sqrt{x^2-x+1}} + \frac{5}{\sqrt{3}} \arctan \frac{2x-1}{\sqrt{3}} + C.$$

上面介绍的有理函数求积法是一般性方法,对于具体问题,仍需根据被积函数的特点尽可能灵活简便地处理. 如

$$\int \frac{x^2+2}{(x-1)^4} dx \xlongequal{t=x-1} \int \frac{(t+1)^2+2}{t^4} dt = \int \left(\frac{1}{t^2} + \frac{2}{t^3} + \frac{3}{t^4} \right) dt,$$

以及

$$\int \frac{x^2}{x^6+1} dx = \frac{1}{3} \int \frac{dx^3}{1+(x^3)^2}.$$

二、三角有理函数的不定积分

由三角函数及常数经过有限次四则运算构成的式子称为三角有理式或三角有理函数. 由于其他的三角函数都能用正弦、余弦表示,故三角有理函数不定积分的基本形式为 $\int R(\sin x, \cos x) dx.$

三角有理函数的不定积分通常可经变换 $u = \tan \dfrac{x}{2}$ 化为关于 u 的有理函数的积分. 即

$$\sin x = 2\sin \frac{x}{2} \cos \frac{x}{2} = \frac{2\tan \frac{x}{2}}{\sec^2 \frac{x}{2}} = \frac{2\tan \frac{x}{2}}{1+\tan^2 \frac{x}{2}} = \frac{2u}{1+u^2};$$

$$\cos x = \cos^2 \frac{x}{2} - \sin^2 \frac{x}{2} = \frac{1-\tan^2 \frac{x}{2}}{\sec^2 \frac{x}{2}} = \frac{1-\tan^2 \frac{x}{2}}{1+\tan^2 \frac{x}{2}} = \frac{1-u^2}{1+u^2};$$

$$dx = d(2\arctan u) = \frac{2}{1+u^2} du.$$

从而

$$\int R(\sin x, \cos x) dx = \int R \left(\frac{2u}{1+u^2}, \frac{1-u^2}{1+u^2} \right) \frac{2}{1+u^2} du,$$

为有理函数的不定积分.

例 4 求 $\displaystyle\int \frac{1+\sin x}{\sin x (1+\cos x)} dx.$

解 作变换 $u = \tan \dfrac{x}{2}$,则

$$\sin x = \frac{2u}{1+u^2}, \quad \cos x = \frac{1-u^2}{1+u^2}, \quad dx = \frac{2}{1+u^2} du.$$

所以

$$\int \frac{1+\sin x}{\sin x (1+\cos x)} dx = \int \frac{1}{2} \left(u+2+\frac{1}{u} \right) du = \frac{1}{4} u^2 + u + \frac{1}{2} \ln |u| + C$$

$$= \frac{1}{4}\tan^2 \frac{x}{2} + \tan \frac{x}{2} + \frac{1}{2}\ln\left|\tan \frac{x}{2}\right| + C.$$

原则上,三角有理式的积分皆可通过万能公式化为有理函数的积分,但这种通用方法往往计算起来比较繁琐.为了简便,计算三角有理函数的积分时应充分利用三角恒等式(如诱导公式、倍角公式、积化和差、和差化积等)或其他方法.

比如,形如 $\int R(\sin^2 x, \cos^2 x, \tan x)\mathrm{d}x$ 的积分,计算时一般选用 $t = \tan x$. 因为此时:

$$\sin^2 x = \frac{1}{\csc^2 x} = \frac{1}{1+\cot^2 x} = \frac{1}{1+\frac{1}{\tan^2 x}} = \frac{1}{1+\frac{1}{t^2}} = \frac{t^2}{1+t^2},$$

$$\cos^2 x = \frac{1}{\sec^2 x} = \frac{1}{1+\tan^2 x} = \frac{1}{1+t^2},$$

$$\mathrm{d}x = \mathrm{d}(\arctan t) = \frac{1}{1+t^2}\mathrm{d}t,$$

故

$$\int R(\sin^2 x, \cos^2 x, \tan x)\mathrm{d}x = \int R\left(\frac{t^2}{1+t^2}, \frac{1}{1+t^2}, t\right)\frac{1}{1+t^2}\mathrm{d}t,$$

为有理函数的积分.

例 5　求 $\int \frac{1-\tan x}{1+\tan x}\mathrm{d}x$.

解　$\int \frac{1-\tan x}{1+\tan x}\mathrm{d}x \xlongequal{t=\tan x} \int \frac{1-t}{1+t}\frac{1}{1+t^2}\mathrm{d}t = \int \left(\frac{1}{1+t} - \frac{t}{1+t^2}\right)\mathrm{d}t$

$$= \ln|1+t| - \frac{1}{2}\ln(1+t^2) + C = \ln\frac{|1+t|}{\sqrt{1+t^2}} + C = \ln\frac{|1+\tan x|}{\sqrt{1+\tan^2 x}} + C$$

$$= \ln\frac{|1+\tan x|}{|\sec x|} + C = \ln|\cos x + \sin x| + C.$$

更多例子可参看第二节例 7~例 13.

三、某些无理函数的不定积分

先讨论 $\int R\left(x, \sqrt[n]{\frac{ax+b}{cx+d}}\right)\mathrm{d}x\,(n>1, ad-bc\neq 0)$ 型的积分.计算此类积分时,令 $u=\sqrt[n]{\frac{ax+b}{cx+d}}$,就可将其化为有理函数的积分.

例 6　求 $\int \frac{\sqrt{x+1}}{x-3}\mathrm{d}x$.

解　令 $u=\sqrt{x+1}$,则 $x=u^2-1, \mathrm{d}x=2u\,\mathrm{d}u$. 所以

$$\int \frac{\sqrt{x+1}}{x-3}\mathrm{d}x = \int \frac{u}{u^2-4}2u\,\mathrm{d}u = 2\int\left(1+\frac{4}{u^2-4}\right)\mathrm{d}u = 2u + 2\int\left(\frac{1}{u-2}-\frac{1}{u+2}\right)\mathrm{d}u$$

$$= 2u + 2\ln\left|\frac{u-2}{u+2}\right| + C = 2\sqrt{x+1} + 2\ln\left|\frac{\sqrt{x+1}-2}{\sqrt{x+1}+2}\right| + C.$$

例 7   求 $\displaystyle\int \frac{1}{(1+x)\sqrt{2+x-x^2}}\mathrm{d}x$.

解 $\displaystyle\int \frac{1}{(1+x)\sqrt{2+x-x^2}}\mathrm{d}x = \int \frac{1}{(1+x)\sqrt{(1+x)(2-x)}}\mathrm{d}x$

$$= \int \frac{1}{(1+x)^2\sqrt{\dfrac{2-x}{1+x}}}\mathrm{d}x ,$$

令 $u = \sqrt{\dfrac{2-x}{1+x}}$,则 $x = \dfrac{2-u^2}{1+u^2}$, $\mathrm{d}x = \dfrac{-6u\,\mathrm{d}u}{(1+u^2)^2}$,故

$$\int \frac{1}{(1+x)\sqrt{2+x-x^2}}\mathrm{d}x = \int \frac{1}{\left(1+\dfrac{2-u^2}{1+u^2}\right)^2}\frac{1}{u}\frac{-6u\,\mathrm{d}u}{(1+u^2)^2}$$

$$= -\frac{2}{3}\int \mathrm{d}u = -\frac{2}{3}u + C = -\frac{2}{3}\sqrt{\frac{2-x}{1+x}} + C.$$

其次讨论 $\displaystyle\int R(x,\sqrt{ax^2+bx+c})\mathrm{d}x$ 型的积分. 计算此类积分时,一般做法是将被积函数根号下部分配方,得 $ax^2+bx+c = a\left[\left(x+\dfrac{b}{2a}\right)^2 + \dfrac{4ac-b^2}{4a^2}\right]$,并令 $u = x + \dfrac{b}{2a}$,原积分化为 $\displaystyle\int R(u,\sqrt{Au^2+B})\mathrm{d}u$ 的形式,再用三角代换化为有理函数的积分(见第二节例14~例16).

需要说明的是,一个不定积分的计算方法常常并不唯一,多练多想,发现简单计算方法是有必要的. 比如计算 $\displaystyle\int \frac{\mathrm{d}x}{x\sqrt{x^2+x+1}}$ 时,如果用上面介绍的一般性方法,将被积函数根号下的一元二次多项式配方、换元,计算过程会很繁琐;若令 $\sqrt{x^2+x+1} = t - x$,则计算过程会比较简单.

最后,有一些函数的不定积分虽然存在,但却无法用初等函数表示出来,比如

$$\int e^{-x^2}\mathrm{d}x , \quad \int \ln(\sin x)\mathrm{d}x , \quad \int \frac{\mathrm{d}x}{\ln x} , \quad \int \frac{\sin x}{x}\mathrm{d}x , \quad \int \frac{e^x}{x}\mathrm{d}x ,$$

即初等函数的原函数不一定是初等函数. 有鉴于此,下一章中会学习运用积分形式来定义某些非初等函数.

习题 4-4

1. 计算下列不定积分:

(1) $\displaystyle\int \frac{2x+3}{x^2+3x-10}\mathrm{d}x$;

(2) $\displaystyle\int \frac{x+3}{x^2-5x+6}\mathrm{d}x$;

(3) $\displaystyle\int \frac{x^5+x^4-8}{x^3-x}\mathrm{d}x$;

(4) $\displaystyle\int \frac{x\,\mathrm{d}x}{(x+1)(x+2)(x+3)}$;

(5) $\int \dfrac{1}{x(x-1)^2}\mathrm{d}x$;

(6) $\int \dfrac{x-5}{x^3-3x^2+4}\mathrm{d}x$;

(7) $\int \dfrac{x\,\mathrm{d}x}{x^2+x+1}$;

(8) $\int \dfrac{x-2}{x^2+2x+3}\mathrm{d}x$;

(9) $\int \dfrac{\mathrm{d}x}{(x^2+1)(x^2+x+1)}$;

(10) $\int \dfrac{x^3}{(x-1)^{100}}\mathrm{d}x$;

(11) $\int \dfrac{x^{2n-1}}{x^n+1}\mathrm{d}x$;

(12) $\int \dfrac{x^2}{(x^2+2x+2)^2}\mathrm{d}x$.

2. 计算下列不定积分：

(1) $\int \cos^4 x \sin^4 x\,\mathrm{d}x$;

(2) $\int \dfrac{1}{\cos^8 x}\mathrm{d}x$;

(3) $\int \dfrac{1}{3+\cos x}\mathrm{d}x$;

(4) $\int \dfrac{1}{2+\sin x}\mathrm{d}x$;

(5) $\int \dfrac{\mathrm{d}x}{1+\sin x+\cos x}$;

(6) $\int \dfrac{\mathrm{d}x}{2\sin x-\cos x+5}$;

(7) $\int \dfrac{\mathrm{d}x}{3+\sin^2 x}$;

(8) $\int \dfrac{1}{\sin^4 x}\mathrm{d}x$;

(9) $\int \dfrac{1}{\sin^2 x+a^2\cos^2 x}\mathrm{d}x\,(a\neq 0)$.

3. 计算下列不定积分：

(1) $\int \dfrac{(\sqrt{x})^3+1}{\sqrt{x}+1}\mathrm{d}x$;

(2) $\int x\sqrt{3+4x}\,\mathrm{d}x$;

(3) $\int \dfrac{\sqrt{x+1}-1}{\sqrt{x+1}+1}\mathrm{d}x$;

(4) $\int \dfrac{1}{1+\sqrt[3]{x+1}}\mathrm{d}x$;

(5) $\int \dfrac{\mathrm{d}x}{\sqrt{x}+\sqrt[4]{x}}$;

(6) $\int \dfrac{\sqrt[3]{x}}{x(\sqrt{x}+\sqrt[3]{x})}\mathrm{d}x$;

(7) $\int \sqrt{\dfrac{1-x}{1+x}}\,\dfrac{\mathrm{d}x}{x}$;

(8) $\int \dfrac{\mathrm{d}x}{\sqrt[3]{(x+1)^2(x-1)^4}}$;

(9) $\int \dfrac{1}{\sqrt{2x^2-x+2}}\mathrm{d}x$.

4. 计算不定积分：

(1) $\int \dfrac{1}{x^4+1}\mathrm{d}x$;

(2) $\int \dfrac{-x^2-2}{(x^2+x+1)^2}\mathrm{d}x$;

(3) $\int \dfrac{1}{1+\mathrm{e}^{x/2}+\mathrm{e}^{x/3}+\mathrm{e}^{x/6}}\mathrm{d}x$.

5. 求不定积分：

(1) $\int \dfrac{1+\sin x}{\sin 3x+\sin x}\mathrm{d}x$;

(2) $\int \ln\left(1+\sqrt{\dfrac{1+x}{x}}\right)\mathrm{d}x$, $x>0$.

6. 计算不定积分：

(1) $\displaystyle\int \frac{x+\sin x}{1+\cos x}\,\mathrm{d}x$;   (2) $\displaystyle\int \mathrm{e}^{\sin x}\frac{x\cos^3 x-\sin x}{\cos^2 x}\,\mathrm{d}x$;   (3) $\displaystyle\int \frac{x^3\arccos x}{\sqrt{1-x^2}}\,\mathrm{d}x$.

第五节   工程应用举例

例 1（交通信号中黄灯闪烁时间的设置）   路口的交通指挥灯信号有红、黄、绿三种颜色,在绿灯转换成红灯之前通常是亮一段时间的黄灯后才变成红灯信号.交通指挥灯信号设置合理,既可保证交通安全,又能避免某一方向的车流等待太久,减少司机、乘客的烦恼.如何合理设置城市交通流下黄灯闪烁的时间?

解   黄灯信号的作用之一是：当机动车驶到设有红绿灯的路口时,提醒驾驶员注意红绿灯信号,当遇到红灯时应立即停车让横向的车流和人流通过,但已越过停止线的车辆可以继续行驶;黄灯信号的作用之二是：当黄灯闪烁时,机动车、行人在保证安全的原则下通行.

停车是需要时间的,在这段时间内,车辆仍将向前行驶一段距离 L,这就是说,在离路口距离为 L 处存在一条停车线,如图 4-5 所示,对于黄灯亮时已经过线的车辆,则应当保证它们仍能穿过马路而不能与横向车流相撞.道路的宽度 D 是已知的,现在的问题是如何确定 L 的大小.

L 应当划分为两段：L_1 和 L_2,其中 L_1 是驾驶员发现黄灯亮起时他判断应当刹车的反应时间内机动车行驶的距离,L_2 为机动车制动后到停下来车辆行驶的距离,即刹车距离.L_1 是容易计算的,因为交通部门对驾驶员

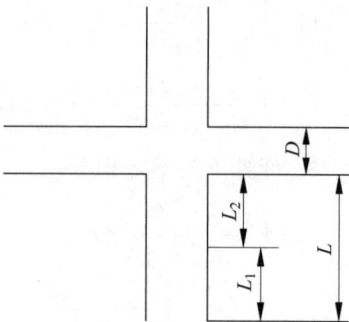

图   4-5

的平均反应时间 t_1 早有测算,而在城市不同路况的道路上对车辆行驶速度 v_0 已有明确规定,就是选择适当的行驶速度 v_0 使交通流量达到最大,于是有 $L_1=v_0 t_1$.

刹车距离 L_2 可通过下述方法求得.假设汽车在城市路面上以速度 v_0 匀速行驶,到某处需要减速停车,汽车以等加速度 $a=-a_0$ 刹车.设开始刹车的时刻为 $t=0$,刹车后减速行驶,其速度函数 $v(t)$ 满足

$$\frac{\mathrm{d}v}{\mathrm{d}t}=-a_0,\quad\text{即}\quad \mathrm{d}v=-a_0\,\mathrm{d}t,$$

两边积分得 $v(t)=-a_0 t+C,\quad C$ 为任意常数,
由初始条件 $v(0)=v_0$,得 $C=v_0$.这样,$v(t)=v_0-a_0 t$.

当汽车停住时,$v(t)=0$,从而 $t=\dfrac{v_0}{a_0}$,于是从刹车时刻到汽车停下来,汽车行驶的距离为

$$s=\int v(t)\,\mathrm{d}t=\int (v_0-a_0 t)\,\mathrm{d}t=v_0 t-\frac{1}{2}a_0 t^2,\quad 0\leqslant t\leqslant \frac{v_0}{a_0},$$

于是

$$L_2 = v_0 \cdot \frac{v_0}{a_0} - \frac{1}{2}a_0\left(\frac{v_0}{a_0}\right)^2 = \frac{v_0^2}{2a_0}.$$

那么,黄灯究竟应当亮多久呢? 通过上面的推导可知,黄灯闪烁时间包括从驾驶员看到黄灯开始到汽车停下来行驶距离

$$L = v_0 t_1 + \frac{v_0^2}{2a_0}$$

所用的时间和让已经过线的车辆顺利穿过路口所用的时间. 因此,黄灯闪烁的时间至少应为

$$T = \frac{D+L}{v_0}.$$

例 2(滑块的运动方程) 建筑机械中常采用曲柄连杆结构,把圆周运动化为直线运动. 坐标系选择如图 4-6 所示,若滑块运动的速度为 $\dfrac{\mathrm{d}s}{\mathrm{d}t} = \dfrac{-r^2\omega\sin2\omega t}{2\sqrt{l^2-r^2\sin^2\omega t}} - r\omega\sin\omega t$,其中 l,r,ω 都是常数,求滑块的运动方程.

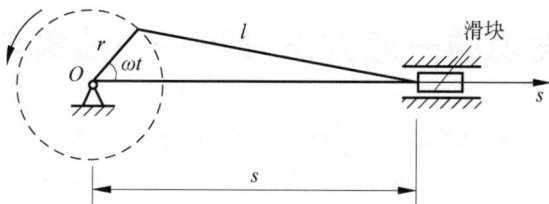

图 4-6

解 $s = \displaystyle\int\left(\frac{-r^2\omega\sin2\omega t}{2\sqrt{l^2-r^2\sin^2\omega t}} - r\omega\sin\omega t\right)\mathrm{d}t = \int\frac{-r^2\omega\sin\omega t\cos\omega t}{\sqrt{l^2-r^2\sin^2\omega t}}\mathrm{d}t - \int r\omega\sin\omega t\,\mathrm{d}t$

$= \displaystyle\int\mathrm{d}\sqrt{l^2-r^2\sin^2\omega t} - \int r\sin\omega t\,\mathrm{d}(\omega t) = \sqrt{l^2-r^2\sin^2\omega t} + r\cos\omega t + C.$

因为 $s(0)=l+r$,故 $C=0$. 于是运动方程为 $s = \sqrt{l^2-r^2\sin^2\omega t} + r\cos\omega t$.

例 3(石油消耗量) 近年来,世界范围内每年的石油消耗率呈指数增长,增长指数大约为 0.07. 1970 年初,消耗率大约为每年 161 亿桶. 设 $R(t)$ 表示从 1970 年起第 t 年的石油消耗率,则 $R(t)=161\mathrm{e}^{0.07t}$(亿桶). 试用此式估算从 1970 年到 1990 年间石油消耗的总量.

解 设 $T(t)$ 表示从 1970 年起($t=0$)直到第 t 年的石油消耗总量. 下面求从 1970 年到 1990 年间石油消耗的总量,即求 $T(20)$.

由于 $T(t)$ 是石油消耗总量,所以 $T'(t)$ 就是石油消耗率 $R(t)$,即 $T'(t)=R(t)$,故

$$T(t) = \int R(t)\mathrm{d}t = \int 161\mathrm{e}^{0.07t}\mathrm{d}t = \frac{161}{0.07}\mathrm{e}^{0.07t} + C = 2\,300\mathrm{e}^{0.07t} + C,$$

因为 $T(0)=0$,所以 $C=-2\,300$,因此 $T(t)=2\,300(\mathrm{e}^{0.07t}-1)$.

从 1970 年到 1990 年间石油消耗的总量为

$$T(20) = 2\,300(\mathrm{e}^{0.07\times20}-1) \text{ 亿桶} \approx 7\,027 \text{ 亿桶}.$$

例 4(机场跑道长度的设计) 根据机场的等级不同,机场的跑道长度差别很大. 最大的 4E 级国际机场的跑道一般都超过 5km,可以起降任何大型飞机;最小的 1A 级机场跑道只有几百米,只能供轻型飞机使用. 设某型号的战斗机着陆后的速度函数为 $v(t)=100-\dfrac{4}{15}t^3$,则

战斗机着陆时至少需要多长的跑道?

解　战斗机着陆时会作变速直线运动,从最初着地到完全停止它会滑行一段距离,跑道的距离应大于这个值.设战斗机着陆后的位置函数为 $s(t)$,则由已知条件可得

$$\frac{\mathrm{d}s}{\mathrm{d}t}=100-\frac{4}{15}t^3,$$

积分得

$$s=\int\left(100-\frac{4}{15}t^3\right)\mathrm{d}t=100t-\frac{1}{15}t^4+C,$$

因为 $s(0)=0$,故 $C=0$,从而 $s=100t-\frac{1}{15}t^4$.

飞机完全停止时,$v=0$,求得 $t=\sqrt[3]{375}$,代入 $s=100t-\frac{1}{15}t^4$,计算得

$$s=375\sqrt[3]{3}\,\mathrm{m}\approx541\mathrm{m},$$

因此,战斗机着陆时至少需要 541m 的跑道.

数学发现的一般方法(四)——抽象与概括

抽象指的是透过事物的现象、深入事物的里层,把事物的本质抽取出来的过程.通过抽象来研究问题的方法就是抽象法.数学抽象就是利用抽象的分析方法来获得数学概念、构造数学模型,建立起数学理论的数学思维活动,它着眼于客观世界的空间形式和数量关系,以及在结构上与之相关联的形式和关系(模式).

抽象的过程是经过一系列的比较、区分和取舍(舍弃和抽取)的思维操作来实现的.实际上,通过比较才能达到区分的目的,通过舍弃非本质差异或非需要的个性,才能抽取所需的共性.比如,人们通过比较,发现了一头羊、一棵树、一块石头、一个人等单个事物所具有的共性;也是通过比较,发现了一头羊与两头羊的差异,并把它们区分开来;然后人们舍弃了羊、树、石头和人在形态、重量、体积和其他方面的差异,抽取了它们的数量特点,形成了数 1 的概念.

数学抽象的具体形式多种多样,除了直接对所考虑的一类对象进行抽象外,多数是间接抽象,即基于已有的数学模式的再抽象,这里仅简单介绍三类:

(1) 弱抽象,是指由原型(被抽象的对象,可能是现实原型或已有的数学模式,特别是概念等)中选取某些特征或侧面,从中抽取共性,得到比原型更为普遍、更为一般的新模式(概念或模型等),并使前者成为后者的特例.因此,弱抽象也称为"概念扩张式抽象".例如,距离的概念,最早考虑的是位于同一直线上的两点之间的距离;舍去"单点"和"同一直线上"的限制,可得到三维空间中"点与直线""直线与直线"之间的距离的概念;进一步舍去"点"和"直线"的限制,就可得到空间中任意两个"几何体"之间的距离;再进一步舍去"现实三维空间"及"几何体"的限制,就可得到 N 维欧氏空间中任意两个点集之间的距离的概念;若进一步舍去 N 维欧氏空间的限制,就可得到度量空间中任意两个点集之间的距离的概念.

(2) 强抽象,是指通过引入新特征来强化原型的数学抽象,使获得的新模式(概念或模型等)是原型的特例.例如,从函数的一般性定义出发,引入连续性的新概念,然后把具有连续性特征的函数定义为函数的一个特例,即连续函数,那么连续函数这一新概念就是原型的

强抽象.

（3）理想化抽象，指根据数学研究的需要，人为地构造出一些理想化的对象的思维过程.所谓理想化的对象其实是对现实对象的一种更高层次的抽象.例如，几何中的点是没有长度、宽度和高度的；线是没有宽度和厚度的；面是没有厚度的.它们在现实中不存在，是现实中各种点、线、面的共有属性的理想化抽象.

概括法是指从研究的个别或部分对象中总括共性，并把它推广到更大的一类对象中去，形成更一般的概念或更一般的模式的方法.概括的过程是思维从特殊到一般的发展过程，由紧密关联的两个步骤组成：第一步是"总括共性"，从研究的个别或部分对象中抽取可以推广的共性，即更大一类对象所具有的共性；第二步是"概为一般"，指明具有上述抽取的共性的更大一类对象，形成更一般的新模式(概念或模型等).如果说"总括共性"是概括的基础和准备阶段，则"概为一般"就是概括的实现阶段，概括把从小范围总括的共性转化成大范围里新模式的共性.

概括常分为经验概括与科学(理论)概括.经验概括是从客观事实出发，以对个别事物的观察陈述为基础，上升为普通的认识，是一种低层次的概括；科学概括是建立在经验概括和思维活动的基础上对事物本质属性的认识，是高层次的概括.例如，根据解题的经验和有关的理论指导，总结出各种常微分方程类型及其解法，这是经验概括；而进一步认识到由高阶向低阶、由多元向一元化归，概括出降次、消元替换的各种化归策略和法则，这就是科学的概括.在数学学习和科研中，需要经验概括，更需要进一步的科学概括，后者是数学创新的主要方法之一.

第 五 章

定积分

第四章学习的是一元函数积分学的第一部分内容——不定积分,现在要讨论的是积分学的第二部分内容——定积分.在历史上,定积分的发展起初是完全独立的,看起来与不定积分没有什么关系.到 17 世纪,牛顿(Newton)和莱布尼茨(Leibniz)在前人大量工作的基础上,先后找出了定积分与不定积分的联系,推动了积分学的发展,使之成为解决实际问题的有力工具.本章先介绍定积分的概念、性质与计算方法,接着以这些理论为基础,分析和解决一些几何、物理中的问题,建立计算这些几何、物理量的公式.需要强调的是,在解决这些几何、物理问题的过程中,要学会运用元素法将一个量表达成定积分的分析方法.

第一节　定积分的概念

一、定积分的定义

引例 1(曲边梯形的面积)　设 $y=f(x)$ 在区间 $[a,b]$ 上非负,连续.由直线 $x=a$,$x=b$,$y=0$ 及曲线 $y=f(x)$ 所围成的图形(图 5-1)称为曲边梯形,其中曲线段称为曲边.求曲边梯形的面积 A.

我们知道,矩形面积等于其底与高的乘积.而曲边梯形在其底边上各点处的高是变动的,它的面积就不能按矩形面积公式来计算.然而,由于函数 $f(x)$ 在 $[a,b]$ 上是连续的,在 $[a,b]$ 的一个很小的子区间上的变化是很小的,因此,如果限制在一个很小的局部来看,曲边梯形接近于矩形.基于这一事实,通过以下步骤来计算它的面积.

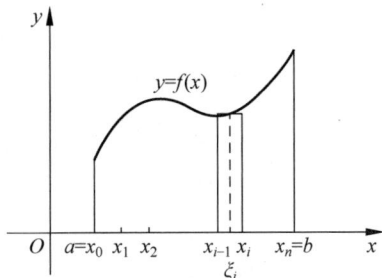

图　5-1

第一步：分割.即把曲边梯形划分为许多窄曲边梯形.为此,在区间 $[a,b]$ 中任意插入 $n-1$ 个分点

$$a=x_0 < x_1 < \cdots < x_{i-1} < x_i < \cdots < x_{n-1} < x_n = b,$$

从而区间 $[a,b]$ 分成了 n 个小区间

$$[x_0,x_1],\quad [x_1,x_2],\quad \cdots,\quad [x_{i-1},x_i],\quad \cdots,\quad [x_{n-1},x_n],$$

各小区间的长度依次为

$$\Delta x_1 = x_1 - x_0,\quad \Delta x_2 = x_2 - x_1,\quad \cdots,\quad \Delta x_i = x_i - x_{i-1},\quad \cdots,\quad \Delta x_n = x_n - x_{n-1},$$

用直线 $x=x_i(i=1,2,\cdots,n-1)$ 把曲边梯形分为 n 个窄曲边梯形.设这 n 个窄曲边梯形的

面积分别为 $\Delta A_1, \Delta A_2, \cdots, \Delta A_n$，则

$$A = \Delta A_1 + \Delta A_2 + \cdots + \Delta A_n.$$

第二步：近似. 即把每个窄曲边梯形近似看作一个窄矩形，从而可求出其面积的近似值. 为此，在每个小区间 $[x_{i-1}, x_i]$ 上任取一点 ξ_i，用以 Δx_i 为底、$f(\xi_i)$ 为高的窄矩形近似替代对应的第 i 个窄曲边梯形，从而得

$$\Delta A_i \approx f(\xi_i) \Delta x_i, \quad i = 1, 2, \cdots, n.$$

第三步：求和. 即把窄矩形的面积加起来，所得之和作为曲边梯形面积 A 的近似值. 即

$$A = \Delta A_1 + \Delta A_2 + \cdots + \Delta A_n \approx f(\xi_1) \Delta x_1 + f(\xi_2) \Delta x_2 + \cdots + f(\xi_n) \Delta x_n$$

$$= \sum_{i=1}^{n} f(\xi_i) \Delta x_i.$$

第四步：取极限. 即求曲边梯形面积的精确值. 随着对区间 $[a, b]$ 的划分不断加细，第三步所得近似值的精确度将不断提高，并不断逼近面积的精确值. 记

$$\lambda = \max\{\Delta x_1, \Delta x_2, \cdots, \Delta x_n\},$$

并令 $\lambda \to 0$（这样可保证所有小区间的长度都无限小），取上述和式的极限，就得到曲边梯形的面积

$$A = \lim_{\lambda \to 0} \sum_{i=1}^{n} f(\xi_i) \Delta x_i.$$

引例 2（变速直线运动的路程）　设某物体作直线运动，已知其速度 $v = v(t)$ 在时间间隔 $[T_1, T_2]$ 上是 t 的连续函数，且 $v(t) \geqslant 0$. 计算物体在这段时间内所经过的路程 s.

我们知道，如果物体作匀速直线运动，则路程等于速度与时间的乘积. 现在速度不是常量而是变量，不能按上述方法计算路程 s. 然而，物体运动的速度函数 $v = v(t)$ 是连续变化的，在很短的一段时间里，速度的变化是很小的，物体的运动可近似地看作匀速运动. 基于这一事实，按照以下步骤来计算路程 s.

第一步：分割. 即把整段路程划分成许多小段路程之和. 为此，在时间间隔 $[T_1, T_2]$ 中任意插入 $(n-1)$ 个分点

$$T_1 = t_0 < t_1 < t_2 < \cdots < t_{i-1} < t_i < \cdots < t_{n-1} < t_n = T_2,$$

把 $[T_1, T_2]$ 分成 n 个小段

$$[t_0, t_1], \quad [t_1, t_2], \quad \cdots, \quad [t_{i-1}, t_i], \quad \cdots, \quad [t_{n-1}, t_n],$$

各小段时间的长度依次为

$$\Delta t_1 = t_1 - t_0, \quad \Delta t_2 = t_2 - t_1, \quad \cdots, \quad \Delta t_i = t_i - t_{i-1}, \quad \cdots, \quad \Delta t_n = t_n - t_{n-1},$$

相应地，在各段时间内物体经过的路程依次为

$$\Delta s_1, \Delta s_2, \cdots, \Delta s_n,$$

则

$$s = \Delta s_1 + \Delta s_2 + \cdots + \Delta s_n.$$

第二步：近似. 即把每个时间段内的运动都近似看作匀速运动，从而可求出该时间段内所经过路程的近似值. 为此，在每一时间段 $[t_{i-1}, t_i]$ $(i = 1, 2, \cdots, n)$ 上任取一个时刻 τ_i，以 τ_i 时刻的速度 $v(\tau_i)$ 替代 $[t_{i-1}, t_i]$ 上各个时刻的速度，得到这段时间内物体所经过的路程的近似值为

$$v(\tau_i) \Delta t_i, \quad i = 1, 2, \cdots, n.$$

第三步：求和. 即把这 n 个时间段内物体经过的路程的近似值加起来,得到全路程的近似值,即有

$$s = \Delta s_1 + \Delta s_2 + \cdots + \Delta s_n \approx v(\tau_1)\Delta t_1 + v(\tau_2)\Delta t_2 + \cdots + v(\tau_n)\Delta t_n = \sum_{i=1}^{n} v(\tau_i)\Delta t_i.$$

第四步：取极限. 即求路程的精确值. 随着对时间间隔 $[T_1, T_2]$ 的划分不断加细,第三步所得的近似值的精确度将不断提高,并不断逼近路程的精确值 s. 记

$$\lambda = \max\{\Delta t_1, \Delta t_2, \cdots, \Delta t_n\},$$

当 $\lambda \to 0$ 时,取上述和式的极限,就得到变速直线运动的路程

$$s = \lim_{\lambda \to 0} \sum_{i=1}^{n} v(\tau_i)\Delta t_i.$$

从上面两个例子可以看到：所要计算的量,即曲边梯形的面积 A 及变速直线运动的路程 s 的实际意义虽然不同(前者是几何量,后者是物理量),但它们都取决于一个函数及其自变量的变化区间——曲边梯形的面积取决于它的高度 $y = f(x)$ 及其底边上的点 x 的变化区间 $[a, b]$; 变速直线运动的路程取决于它的速度 $v = v(t)$ 以及时间 t 的变化区间 $[T_1, T_2]$. 此外,计算这些量的方法与步骤相同,最后都归结为具有相同结构的一种特定和的极限——曲边梯形的面积为

$$A = \lim_{\lambda \to 0} \sum_{i=1}^{n} f(\xi_i)\Delta x_i;$$

变速直线运动的路程为

$$s = \lim_{\lambda \to 0} \sum_{i=1}^{n} v(\tau_i)\Delta t_i.$$

类似这样的例子还有很多,抓住它们在数量关系上的共同本质加以概括,即可抽象出定积分的定义.

定义 设函数 $f(x)$ 在区间 $[a, b]$ 上有界,在 $[a, b]$ 中任意插入 $n-1$ 个分点

$$a = x_0 < x_1 < x_2 < \cdots < x_{i-1} < x_i < \cdots < x_{n-1} < x_n = b,$$

从而区间 $[a, b]$ 分成了 n 个小区间

$$[x_0, x_1], \quad [x_1, x_2], \quad \cdots, \quad [x_{i-1}, x_i], \quad \cdots, \quad [x_{n-1}, x_n],$$

各小区间的长度依次为

$$\Delta x_1 = x_1 - x_0, \quad \Delta x_2 = x_2 - x_1, \quad \cdots, \quad \Delta x_i = x_i - x_{i-1}, \quad \cdots, \quad \Delta x_n = x_n - x_{n-1},$$

在每个小区间 $[x_{i-1}, x_i]$ 上任取一点 ξ_i,作和

$$\sum_{i=1}^{n} f(\xi_i)\Delta x_i,$$

记 $\lambda = \max\{\Delta x_1, \Delta x_2, \cdots, \Delta x_n\}$. 如果存在常数 I,使得不论对区间 $[a, b]$ 怎样分法,也不论在小区间 $[x_{i-1}, x_i]$ 上点 ξ_i 怎样取法,只要当 $\lambda \to 0$ 时,和式总趋于 I,那么就称 I 为函数 $f(x)$ 在区间 $[a, b]$ 上的定积分,记为 $\int_a^b f(x)\mathrm{d}x$, 即

$$\int_a^b f(x)\mathrm{d}x = \lim_{\lambda \to 0} \sum_{i=1}^{n} f(\xi_i)\Delta x_i,$$

其中 $f(x)$ 称为被积函数, $f(x)\mathrm{d}x$ 称为被积表达式, x 称为积分变量, a 与 b 分别称为积分

下限与积分上限,[a,b]称为积分区间,$\sum\limits_{i=1}^{n}f(\xi_i)\Delta x_i$ 称为积分和.

注1 定积分中涉及的极限过程 $\lambda \to 0$ 表示对区间[a,b]的划分越来越细密的过程.随着 $\lambda \to 0$,必有小区间的个数 $n \to \infty$. 反之,$n \to \infty$ 并不能保证 $\lambda \to 0$.

注2 定积分是和式 $\sum\limits_{i=1}^{n}f(\xi_i)\Delta x_i$ 的极限,它仅与被积函数 $f(x)$ 及积分区间[a,b]有关,而与所用积分变量的符号无关. 即如果既不改变被积函数 f,也不改变积分区间[a,b],而只把积分变量 x 改写为其他字母,如 t,或 u 等,那么定积分的值不变,即有

$$\int_a^b f(x)\mathrm{d}x = \int_a^b f(t)\mathrm{d}t = \int_a^b f(u)\mathrm{d}u.$$

如果 $f(x)$ 在[a,b]上的定积分存在,那么称 $f(x)$ 在[a,b]上可积.

对于定积分,自然有这样一个重要问题:函数 $f(x)$ 在区间[a,b]上满足什么条件才可积? 下面给出两个充分条件:

定理1 如果 $f(x)$ 在区间[a,b]上连续,则 $f(x)$ 在[a,b]上可积.

定理2 如果 $f(x)$ 在区间[a,b]上有界,且只有有限个间断点,则 $f(x)$ 在[a,b]上可积.

利用定积分的定义,前面所讨论的两个实际问题可表述如下:曲线 $y=f(x)(f(x)\geqslant 0)$,x 轴及两条直线 $x=a,x=b$ 所围成的曲边梯形的面积 A 等于函数 $f(x)$ 在区间[a,b]上的定积分. 即

$$A = \int_a^b f(x)\mathrm{d}x;$$

物体以变速 $v=v(t)(v(t)\geqslant 0)$ 作直线运动,从时刻 T_1 到时刻 T_2 所经过的路程 s 等于函数 $v(t)$ 在区间 $[T_1,T_2]$ 上的定积分,即

$$s = \int_{T_1}^{T_2} v(t)\mathrm{d}t.$$

例1 利用定义计算定积分 $\int_0^1 x^2 \mathrm{d}x$.

解 因为被积函数 $f(x)=x^2$ 在积分区间[0,1]上连续,而连续函数是可积的,所以积分与区间[0,1]的分法及点 ξ_i 的取法无关. 因此,为了便于计算,不妨把区间[0,1]分成 n 等分,分点为 $x_i = \dfrac{i}{n}(i=1,2,\cdots,n-1)$,这样每个小区间的长度 $\Delta x_i = \dfrac{1}{n}(i=1,2,\cdots,n)$,取 $\xi_i = x_i = \dfrac{i}{n}(i=1,2,\cdots,n)$. 于是得和式

$$\sum_{i=1}^{n}f(\xi_i)\Delta x_i = \sum_{i=1}^{n}\xi_i^2 \Delta x_i = \sum_{i=1}^{n}\left(\frac{i}{n}\right)^2 \cdot \frac{1}{n} = \frac{1}{n^3}\sum_{i=1}^{n}i^2 = \frac{1}{n^3}\frac{1}{6}n(n+1)(2n+1)$$
$$= \frac{1}{6}\left(1+\frac{1}{n}\right)\left(2+\frac{1}{n}\right),$$

当 $\lambda \to 0$,即 $n \to \infty$ 时,取上式右端的极限,由定积分的定义,得

$$\int_0^1 x^2 \mathrm{d}x = \lim_{\lambda \to 0}\sum_{i=1}^{n}\xi_i^2 \Delta x_i = \lim_{n \to \infty}\frac{1}{6}\left(1+\frac{1}{n}\right)\left(2+\frac{1}{n}\right) = \frac{1}{3}.$$

类似例 1 中的方法,可用定积分的定义来计算形如 $\dfrac{1}{n}\sum\limits_{i=1}^{n}f\left(\dfrac{i}{n}\right)$ 的和式的极限:定积分存在时,它的值与积分区间的分法、点 ξ_i 的取法无关,如此,取积分区间为 $[0,1]$;对 $[0,1]$ 采用特殊分法——n 等分,则 $\Delta x_i=\dfrac{1}{n},\lambda=\dfrac{1}{n}$;取特殊点 $\xi_i=\dfrac{i}{n}$,则和式极限

$$\lim_{n\to\infty}\frac{1}{n}\sum_{i=1}^{n}f\left(\frac{i}{n}\right)=\lim_{n\to\infty}\sum_{i=1}^{n}f\left(\frac{i}{n}\right)\frac{1}{n}=\lim_{\lambda\to 0}\sum_{i=1}^{n}f(\xi_i)\Delta x_i=\int_{0}^{1}f(x)\,\mathrm{d}x.$$

例 1 中得到的是 $\lim\limits_{n\to\infty}\dfrac{1}{n}\sum\limits_{i=1}^{n}\left(\dfrac{i}{n}\right)^2=\displaystyle\int_0^1 x^2\,\mathrm{d}x$.

例 2　用定积分表示极限 $\lim\limits_{n\to\infty}\dfrac{1}{n^2}(\sqrt{n}+\sqrt{2n}+\cdots+\sqrt{n^2})$.

解　$\lim\limits_{n\to\infty}\dfrac{1}{n^2}(\sqrt{n}+\sqrt{2n}+\cdots+\sqrt{n^2})=\lim\limits_{n\to\infty}\dfrac{1}{n}\left(\sqrt{\dfrac{1}{n}}+\sqrt{\dfrac{2}{n}}+\cdots+\sqrt{\dfrac{n}{n}}\right)=$
$\lim\limits_{n\to\infty}\dfrac{1}{n}\sum\limits_{i=1}^{n}\sqrt{\dfrac{i}{n}}$,因为 $f(x)=\sqrt{x}$ 在区间 $[0,1]$ 上连续,故可积,所以

$$\lim_{n\to\infty}\frac{1}{n}\sum_{i=1}^{n}\sqrt{\frac{i}{n}}=\int_0^1\sqrt{x}\,\mathrm{d}x,$$

即　　　　　$$\lim_{n\to\infty}\frac{1}{n^2}(\sqrt{n}+\sqrt{2n}+\cdots+\sqrt{n^2})=\int_0^1\sqrt{x}\,\mathrm{d}x.$$

例 3　将和式极限 $\lim\limits_{n\to\infty}\dfrac{1}{n}\left(\sin\dfrac{\pi}{n}+\sin\dfrac{2\pi}{n}+\cdots+\sin\dfrac{n\pi}{n}\right)$ 表示成定积分.

解　$\lim\limits_{n\to\infty}\dfrac{1}{n}\left(\sin\dfrac{\pi}{n}+\sin\dfrac{2\pi}{n}+\cdots+\sin\dfrac{n\pi}{n}\right)=\lim\limits_{n\to\infty}\dfrac{1}{n}\sum\limits_{i=1}^{n}\sin\left(\pi\cdot\dfrac{i}{n}\right)$,因为 $f(x)=$
$\sin(\pi x)$ 在区间 $[0,1]$ 上连续,故可积,所以

$$\lim_{n\to\infty}\frac{1}{n}\left(\sin\frac{\pi}{n}+\sin\frac{2\pi}{n}+\cdots+\sin\frac{n\pi}{n}\right)=\lim_{n\to\infty}\frac{1}{n}\sum_{i=1}^{n}\sin\left(\pi\cdot\frac{i}{n}\right)=\int_0^1\sin(\pi x)\,\mathrm{d}x.$$

二、定积分的几何意义

由引例 1 可知:当 $f(x)\geqslant 0$ 时,$\displaystyle\int_a^b f(x)\,\mathrm{d}x$ 表示由曲线 $y=f(x)$,x 轴和直线 $x=a$, $x=b$ 围成的曲边梯形的面积.

当 $f(x)<0$ 时,由于 $f(\xi_i)\Delta x_i<0$,所以 $\displaystyle\int_a^b f(x)\,\mathrm{d}x$ 表示曲边梯形面积的负值.

对一般函数 $f(x)$,定积分 $\displaystyle\int_a^b f(x)\,\mathrm{d}x$ 的几何意义是:它表示介于 x 轴,曲线 $y=f(x)$ 和直线 $x=a$,$x=b$ 之间的各部分面积的代数和,即,在 x 轴上方的图形面积减去在 x 轴下方的图形面积所得到的差(图 5-2).

例 4　计算 $\displaystyle\int_0^1\sqrt{2x-x^2}\,\mathrm{d}x$.

解　令 $y=\sqrt{2x-x^2}$,则 $(x-1)^2+y^2=1(0\leqslant x\leqslant 1,y\geqslant 0)$,从而 $\displaystyle\int_0^1\sqrt{2x-x^2}\,\mathrm{d}x$ 表示

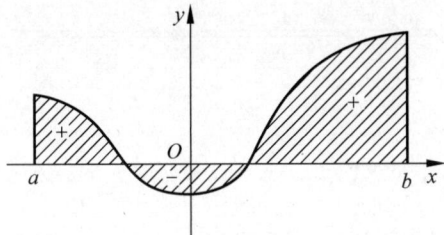

图　5-2

的是圆心为 $(1,0)$、半径为 1 的四分之一圆的面积,故

$$\int_0^1 \sqrt{2x-x^2}\,\mathrm{d}x = \frac{\pi}{4}.$$

例 5　计算 $\int_0^4 f(x)\mathrm{d}x$,其中 $f(x)=\begin{cases} x, & 0\leqslant x<2, \\ 4-x, & 2\leqslant x\leqslant 4. \end{cases}$

解　$\int_0^4 f(x)\mathrm{d}x$ 表示底边为 4、高为 2 的三角形面积,故

$$\int_0^4 f(x)\mathrm{d}x = \frac{1}{2}\times 4 \times 2 = 4.$$

习题 5-1

1. 试用定积分的定义计算下列积分:

(1) $\int_a^b x\,\mathrm{d}x, a<b$;　　　　(2) $\int_0^1 \mathrm{e}^x\,\mathrm{d}x$.

2. 将下列和式极限表示为定积分:

(1) $\lim\limits_{n\to\infty} \frac{1}{n}\left(\sqrt{1+\cos\frac{\pi}{n}}+\sqrt{1+\cos\frac{2\pi}{n}}+\cdots+\sqrt{1+\cos\frac{n\pi}{n}}\right)$;

(2) $\lim\limits_{n\to\infty}\left(\frac{1}{n+1}+\frac{1}{n+2}+\cdots+\frac{1}{2n}\right)$;

(3) $\lim\limits_{n\to\infty} n\left(\frac{1}{1+n^2}+\frac{1}{2^2+n^2}+\cdots+\frac{1}{n^2+n^2}\right)$.

3. 用定积分表示图 5-3～图 5-5 中阴影部分的面积(不必计算其结果).

(1)

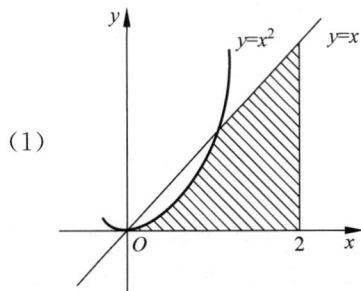

图　5-3

(2)

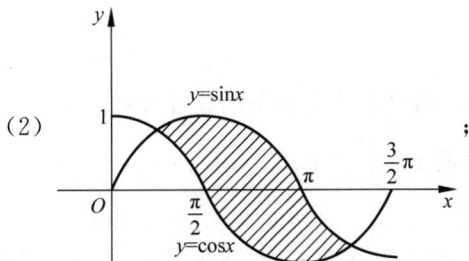

图　5-4

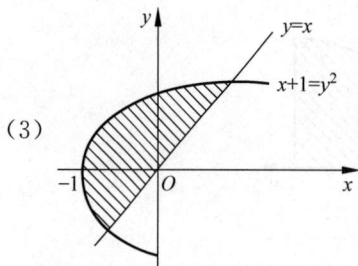

(3)

图 5-5

4. 利用定积分的几何意义求出下列定积分：

(1) $\int_0^1 (x+1)\mathrm{d}x$；   (2) $\int_{-1}^2 |x|\,\mathrm{d}x$；   (3) $\int_0^a \sqrt{a^2-x^2}\,\mathrm{d}x$；   (4) $\int_{-\pi}^{\pi} \sin x\,\mathrm{d}x$.

5. 已知物体以速度 $v(t)=3t+5\mathrm{m/s}$ 作直线运动，试用定积分表示物体在 $T_1=1\mathrm{s}$ 到 $T_2=3\mathrm{s}$ 期间所经过的路程 s，并利用定积分的几何意义求出 s 的值.

第二节   定积分的性质

用定积分的定义只能计算出一些特殊的定积分，对一般的定积分的计算需要寻求其他方法，这就需要研究定积分的性质，这些性质是定积分计算方法的理论基础.

为了以后计算及应用方便，对定积分作以下两点补充规定：

(1) 当 $a=b$ 时，$\int_a^b f(x)\mathrm{d}x=0$；

(2) 当 $a>b$ 时，$\int_a^b f(x)\mathrm{d}x=-\int_b^a f(x)\mathrm{d}x$.

这样规定后，不论 a,b 两者的大小关系如何，定积分 $\int_a^b f(x)\mathrm{d}x$ 都有意义了.

下面讨论定积分的性质. 讨论时，都假定各性质中所列出的定积分都是存在的.

性质 1   设 α 与 β 均为常数，则 $\int_a^b [\alpha f(x)+\beta g(x)]\mathrm{d}x=\alpha\int_a^b f(x)\mathrm{d}x+\beta\int_a^b g(x)\mathrm{d}x$.

证 $\int_a^b [\alpha f(x)+\beta g(x)]\mathrm{d}x=\lim_{\lambda\to0}\sum_{i=1}^n [\alpha f(\xi_i)+\beta g(\xi_i)]\Delta x_i$

$$=\alpha\lim_{\lambda\to0}\sum_{i=1}^n f(\xi_i)\Delta x_i+\beta\lim_{\lambda\to0}\sum_{i=1}^n g(\xi_i)\Delta x_i$$

$$=\alpha\int_a^b f(x)\mathrm{d}x+\beta\int_a^b g(x)\mathrm{d}x. \qquad \square$$

这一性质称为定积分的线性性质.

性质 2 $\int_a^b f(x)\mathrm{d}x=\int_a^c f(x)\mathrm{d}x+\int_c^b f(x)\mathrm{d}x$.

证   (1) $a<c<b$ 的情形. 因为函数 $f(x)$ 在区间 $[a,b]$ 上可积，所以不论把 $[a,b]$ 怎样划分，积分和的极限不变. 因此，我们在分区间时，可以使 c 永远是个分点. 那么，$[a,b]$ 上的积分和等于 $[a,c]$ 上的积分和加 $[c,b]$ 上的积分和，记为

$$\sum_{[a,b]} f(\xi_i)\Delta x_i = \sum_{[a,c]} f(\xi_i)\Delta x_i + \sum_{[c,b]} f(\xi_i)\Delta x_i,$$

令 $\lambda \rightarrow 0$，上式两端同时取极限，即得

$$\int_a^b f(x)\mathrm{d}x = \int_a^c f(x)\mathrm{d}x + \int_c^b f(x)\mathrm{d}x.$$

(2) a,b,c 的大小关系为其他情形. 根据定积分的补充规定以及(1)的结论,仍然有

$$\int_a^b f(x)\mathrm{d}x = \int_a^c f(x)\mathrm{d}x + \int_c^b f(x)\mathrm{d}x$$

成立. 例如,当 $a<b<c$ 时,应用(1),有

$$\int_a^c f(x)\mathrm{d}x = \int_a^b f(x)\mathrm{d}x + \int_b^c f(x)\mathrm{d}x,$$

由补充规定,有

$$\int_b^c f(x)\mathrm{d}x = -\int_c^b f(x)\mathrm{d}x,$$

于是得

$$\int_a^b f(x)\mathrm{d}x = \int_a^c f(x)\mathrm{d}x + \int_c^b f(x)\mathrm{d}x. \qquad \square$$

这个性质表明定积分对于积分区间具有有限可加性.

性质 3　$\int_a^b 1\mathrm{d}x = \int_a^b \mathrm{d}x = b - a.$

性质 4　如果在区间 $[a,b]$ 上 $f(x) \geqslant 0$,则

$$\int_a^b f(x)\mathrm{d}x \geqslant 0, \quad a < b.$$

证　因为 $f(x) \geqslant 0$,所以 $f(\xi_i) \geqslant 0 (i=1,2,\cdots,n)$. 又由于 $\Delta x_i > 0 (i=1,2,\cdots,n)$,因此

$$\sum_{i=1}^n f(\xi_i)\Delta x_i \geqslant 0,$$

令 $\lambda = \max\{\Delta x_1, \Delta x_2, \cdots, \Delta x_n\} \rightarrow 0$,取极限就得到

$$\int_a^b f(x)\mathrm{d}x \geqslant 0. \qquad \square$$

推论 1　如果在区间 $[a,b]$ 上,$f(x) \leqslant g(x)$,则

$$\int_a^b f(x)\mathrm{d}x \leqslant \int_a^b g(x)\mathrm{d}x \quad (a<b).$$

这个性质的证明请读者自己完成.

推论 2　$\left| \int_a^b f(x)\mathrm{d}x \right| \leqslant \int_a^b |f(x)|\mathrm{d}x \, (a<b).$

证　因为

$$-|f(x)| \leqslant f(x) \leqslant |f(x)|,$$

由推论1及性质1,有

$$-\int_a^b |f(x)|\mathrm{d}x \leqslant \int_a^b f(x)\mathrm{d}x \leqslant \int_a^b |f(x)|\mathrm{d}x,$$

即

$$\left| \int_a^b f(x)\mathrm{d}x \right| \leqslant \int_a^b |f(x)|\mathrm{d}x. \qquad \square$$

性质 5   若 $m \leqslant f(x) \leqslant M, x \in [a,b]$,则

$$m(b-a) \leqslant \int_a^b f(x)\mathrm{d}x \leqslant M(b-a) \quad (a < b).$$

利用性质 1 及性质 3 便可推得这个积分估计式.

例 1   估计积分值 $\int_0^{\frac{1}{2}} \mathrm{e}^{-x^2}\mathrm{d}x$.

解   显然函数 e^{-x^2} 在区间 $\left[0, \dfrac{1}{2}\right]$ 上是单调下降的,因此有

$$\mathrm{e}^{-\frac{1}{4}} \leqslant \mathrm{e}^{-x^2} \leqslant 1, \quad x \in \left[0, \frac{1}{2}\right],$$

由性质 5,有估计式

$$\frac{1}{2}\mathrm{e}^{-\frac{1}{4}} \leqslant \int_0^{\frac{1}{2}} \mathrm{e}^{-x^2}\mathrm{d}x \leqslant \frac{1}{2}.$$

性质 6(积分中值定理)   如果函数 $f(x)$ 在闭区间 $[a,b]$ 上连续,则在 $[a,b]$ 上至少存在一点 ξ,使得

$$\int_a^b f(x)\mathrm{d}x = f(\xi)(b-a) \quad (a \leqslant \xi \leqslant b),$$

这个公式叫作积分中值公式.

证   把性质 5 中的不等式各除以 $b-a$,得

$$m \leqslant \frac{1}{b-a}\int_a^b f(x)\mathrm{d}x \leqslant M,$$

这表明数值 $\dfrac{1}{b-a}\displaystyle\int_a^b f(x)\mathrm{d}x$ 介于 $f(x)$ 的最小值 m 和最大值 M 之间. 由介值定理知,存在 $\xi \in [a,b]$,使得

$$f(\xi) = \frac{1}{b-a}\int_a^b f(x)\mathrm{d}x,$$

两端同乘以 $b-a$ 即得所要证等式.

积分中值定理的几何解释:在区间 $[a,b]$ 上至少存在一点 ξ,使得以区间 $[a,b]$ 为底边、以曲线 $y = f(x)(f(x) \geqslant 0)$ 为曲边的曲边梯形的面积等于同一底边而高为 $f(\xi)$ 的矩形的面积(图 5-6).

显然,积分中值公式

$$\int_a^b f(x)\mathrm{d}x = f(\xi)(b-a) \quad (\xi \text{ 在 } a \text{ 与 } b \text{ 之间})$$

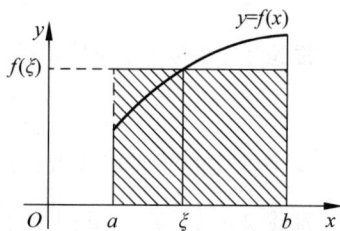

图 5-6

不论 $a < b$ 或 $a \geqslant b$ 都成立.

注   由积分中值公式所得的 $f(\xi) = \dfrac{1}{b-a}\displaystyle\int_a^b f(x)\mathrm{d}x$ 称为函数 $f(x)$ 在区间上的平均值. 图 5-6 中的 $f(\xi)$ 就是图中曲边梯形的平均高度. 再如,直线运动速度为 $v(t)$ 的物体在时间段 $[t_1, t_2]$ 内的平均速度为 $v(\xi) = \dfrac{1}{t_2 - t_1}\displaystyle\int_{t_1}^{t_2} v(t)\mathrm{d}t$.

习题 5-2

1. 比较下列积分值的大小：

(1) $\int_0^1 x^2 \mathrm{d}x$ 与 $\int_0^1 x^3 \mathrm{d}x$；(2) $\int_1^2 \ln x \mathrm{d}x$ 与 $\int_1^2 (\ln x)^2 \mathrm{d}x$；(3) $\int_0^1 \mathrm{e}^x \mathrm{d}x$ 与 $\int_0^1 (1+x)\mathrm{d}x$.

2. 估计下列各积分的值：

(1) $\int_1^4 (x^2+1)\mathrm{d}x$；(2) $\int_{\frac{\pi}{4}}^{\frac{5}{4}\pi} (1+\sin^2 x)\mathrm{d}x$；(3) $\int_{\frac{1}{\sqrt{3}}}^{\sqrt{3}} x \arctan x \mathrm{d}x$；(4) $\int_2^0 \mathrm{e}^{x^2-x} \mathrm{d}x$.

3. 证明下列不等式：

(1) $\dfrac{1}{2} < \int_{\frac{\pi}{4}}^{\frac{\pi}{2}} \dfrac{\sin x}{x}\mathrm{d}x < \dfrac{\sqrt{2}}{2}$；(2) $\dfrac{3}{\mathrm{e}^4} < \int_{-1}^2 \mathrm{e}^{-x^2} \mathrm{d}x < 3$.

4. 设 $f(x)$ 及 $g(x)$ 在 $[a,b]$ 上连续，证明：

(1) 若在 $[a,b]$ 上 $f(x) \geqslant 0$，且 $\int_a^b f(x)\mathrm{d}x = 0$，则在 $[a,b]$ 上 $f(x) \equiv 0$；

(2) 若在 $[a,b]$ 上 $f(x) \geqslant 0$，且 $f(x) \not\equiv 0$，则 $\int_a^b f(x)\mathrm{d}x > 0$；

(3) 若在 $[a,b]$ 上 $f(x) \leqslant g(x)$，且 $\int_a^b f(x)\mathrm{d}x = \int_a^b g(x)\mathrm{d}x$，则在 $[a,b]$ 上 $f(x) \equiv g(x)$.

5. 设 $f(x)$ 在 $[0,1]$ 上可微，且 $f(1)=2\int_0^{\frac{1}{2}} xf(x)\mathrm{d}x$. 试证：存在 $\xi \in (0,1)$，使得

$$f(\xi) + \xi f'(\xi) = 0.$$

第三节　微积分基本公式

由定积分的定义

$$\int_a^b f(x)\mathrm{d}x = \lim_{\lambda \to 0} \sum_{i=1}^n f(\xi_i)\Delta x_i$$

计算定积分是非常困难的，甚至常常是不可能的，必须寻求其他的计算定积分的方法.

下面先以变速直线运动的路程问题为例给以启发. 如果已知某物体的运动速度 $v(t)$，则在时间间隔 $[T_1, T_2]$ 内走过的路程 $s = \int_{T_1}^{T_2} v(t)\mathrm{d}t$. 如果知道该物体运动的路程函数 $s(t)$，则路程也可表示为 $s = s(T_2) - s(T_1)$，从而 $\int_{T_1}^{T_2} v(t)\mathrm{d}t = s(T_2) - s(T_1)$，其中，$s'(t) = v(t)$. 即如果能由 $v(t)$ 求出原函数 $s(t)$，则定积分 $\int_{T_1}^{T_2} v(t)\mathrm{d}t$ 的运算就可化为原函数的减法 $s(T_2) - s(T_1)$. 而求原函数运算，正是第四章已经解决了的不定积分问题.

上述从变速直线运动的路程这个特殊问题中得出来的关系在一定条件下具有普遍性，这就给定积分的计算提供了一种简便有效的方法，即本节主要内容——微积分基本公式. 为此，需要做一些准备工作.

一、积分上限的函数及其导数

设 $f(x)$ 在 $[a,b]$ 上连续，则对任一点 $x \in [a,b]$，定积分

$$\int_a^x f(t)\mathrm{d}t$$

都有确定的值，所以这个定积分是上限 x 的函数，记为 $\Phi(x)$，即

$$\Phi(x) = \int_a^x f(t)\mathrm{d}t \quad (a \leqslant x \leqslant b).$$

注 这样定义的函数一定是 $[a,b]$ 上的连续函数（留作练习），这个函数的几何意义是图 5-7 中阴影部分的面积函数.

定理 1 如果函数 $f(x)$ 在区间 $[a,b]$ 上连续，则积分上限的函数

$$\Phi(x) = \int_a^x f(t)\mathrm{d}t$$

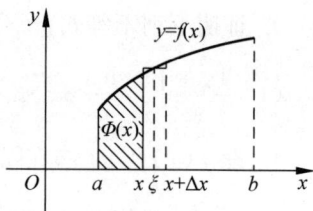

图 5-7

在 $[a,b]$ 上具有导数，并且

$$\Phi'(x) = \frac{\mathrm{d}}{\mathrm{d}x}\int_a^x f(t)\mathrm{d}t = f(x) \quad (a \leqslant x \leqslant b).$$

证 因为 $\Phi(x+\Delta x) = \int_a^{x+\Delta x} f(t)\mathrm{d}t$，所以由定积分的性质 2 和积分中值定理，有

$$\Delta\Phi = \Phi(x+\Delta x) - \Phi(x) = \int_a^{x+\Delta x} f(t)\mathrm{d}t - \int_a^x f(t)\mathrm{d}t$$

$$= \int_x^{x+\Delta x} f(t)\mathrm{d}t = f(\xi)\Delta x,$$

其中 ξ 介于 x 和 $x+\Delta x$ 之间（图 5-7）. 因 $f(x)$ 连续，当 $\Delta x \to 0$ 时，$\xi \to x$，故

$$\Phi'(x) = \lim_{\Delta x \to 0} \frac{\Delta\Phi}{\Delta x} = \lim_{\xi \to x} f(\xi) = f(x). \qquad \square$$

注 1 定理 1 指出了积分运算和微分运算互为逆运算的关系，它把微分和积分联结为一个有机的整体即微积分.

注 2 定理 1 还说明了连续函数 $f(x)$ 一定有原函数，函数 $\Phi(x) = \int_a^x f(t)\mathrm{d}t$ 就是 $f(x)$ 的一个原函数. 由此可见

$$\int f(x)\mathrm{d}x = \int_a^x f(t)\mathrm{d}t + C.$$

例 1 $f(x) = \int_0^x \ln(2+t)\mathrm{d}t$，求 $f'(x)$.

解 由定理 1 直接可得

$$f'(x) = \frac{\mathrm{d}}{\mathrm{d}x}\int_0^x \ln(2+t)\mathrm{d}t = \ln(2+x).$$

例 2 求 $\dfrac{\mathrm{d}}{\mathrm{d}x}\displaystyle\int_b^{x^2} \dfrac{\sin\sqrt{t}}{t}\mathrm{d}t$.

解 积分上限函数看作是中间变量为 $u=x^2$ 的复合函数,则

$$\frac{\mathrm{d}}{\mathrm{d}x}\int_b^{x^2}\frac{\sin\sqrt{t}}{t}\mathrm{d}t=\frac{\mathrm{d}}{\mathrm{d}u}\int_b^u\frac{\sin\sqrt{t}}{t}\mathrm{d}t\cdot\frac{\mathrm{d}u}{\mathrm{d}x}=\frac{\sin\sqrt{u}}{u}\cdot(x^2)'=\frac{\sin\sqrt{x^2}}{x^2}\cdot 2x=\frac{2\sin|x|}{x}.$$

例 3 已知 $f(x)=\displaystyle\int_0^x(x-t)\mathrm{e}^{-t^2}\mathrm{d}t$,求 $f'(x)$.

解 $f(x)$ 的被积函数中含有自变量 x,应将 x 提出到积分号外,化为定理 1 的情形,再用定理 1 计算.

$$f(x)=\int_0^x(x-t)\mathrm{e}^{-t^2}\mathrm{d}t=\int_0^x x\mathrm{e}^{-t^2}\mathrm{d}t-\int_0^x t\mathrm{e}^{-t^2}\mathrm{d}t=x\int_0^x\mathrm{e}^{-t^2}\mathrm{d}t-\int_0^x t\mathrm{e}^{-t^2}\mathrm{d}t,$$

故

$$f'(x)=\left[x\int_0^x\mathrm{e}^{-t^2}\mathrm{d}t\right]'-\left[\int_0^x t\mathrm{e}^{-t^2}\mathrm{d}t\right]',$$

而

$$\left[x\int_0^x\mathrm{e}^{-t^2}\mathrm{d}t\right]'=\int_0^x\mathrm{e}^{-t^2}\mathrm{d}t+x\left[\int_0^x\mathrm{e}^{-t^2}\mathrm{d}t\right]'=\int_0^x\mathrm{e}^{-t^2}\mathrm{d}t+x\,\mathrm{e}^{-x^2},$$

$$\left[\int_0^x t\mathrm{e}^{-t^2}\mathrm{d}t\right]'=x\,\mathrm{e}^{-x^2},$$

所以

$$f'(x)=\int_0^x\mathrm{e}^{-t^2}\mathrm{d}t+x\,\mathrm{e}^{-x^2}-x\,\mathrm{e}^{-x^2}=\int_0^x\mathrm{e}^{-t^2}\mathrm{d}t.$$

例 4 求 $\displaystyle\lim_{x\to 0}\frac{\displaystyle\int_{\cos x}^1\mathrm{e}^{-t^2}\mathrm{d}t}{x^2}$.

解 这是 $\dfrac{0}{0}$ 型未定式,应用洛必达法则来计算.分子可写成

$$-\int_1^{\cos x}\mathrm{e}^{-t^2}\mathrm{d}t,$$

它是以 $\cos x$ 为上限的积分,可看成以 $u=\cos x$ 为中间变量的复合函数,从而

$$\frac{\mathrm{d}}{\mathrm{d}x}\int_{\cos x}^1\mathrm{e}^{-t^2}\mathrm{d}t=-\frac{\mathrm{d}}{\mathrm{d}x}\int_1^{\cos x}\mathrm{e}^{-t^2}\mathrm{d}t=-\frac{\mathrm{d}}{\mathrm{d}u}\int_1^u\mathrm{e}^{-t^2}\mathrm{d}t\cdot\frac{\mathrm{d}u}{\mathrm{d}x}=-\mathrm{e}^{-\cos^2 x}(-\sin x)=\sin x\,\mathrm{e}^{-\cos^2 x},$$

因此

$$\lim_{x\to 0}\frac{\displaystyle\int_{\cos x}^1\mathrm{e}^{-t^2}\mathrm{d}t}{x^2}=\lim_{x\to 0}\frac{\sin x\,\mathrm{e}^{-\cos^2 x}}{2x}=\frac{1}{2\mathrm{e}}.$$

例 5 设 $f(x)$ 在 $[0,+\infty)$ 内连续且 $f(x)\geqslant 0$.证明函数

$$F(x)=\frac{\displaystyle\int_0^x tf(t)\mathrm{d}t}{\displaystyle\int_0^x f(t)\mathrm{d}t}$$

在 $(0,+\infty)$ 内为单调增加函数.

证

$$F'(x)=\frac{\dfrac{\mathrm{d}}{\mathrm{d}x}\left[\displaystyle\int_0^x tf(t)\mathrm{d}t\right]\cdot\displaystyle\int_0^x f(t)\mathrm{d}t-\displaystyle\int_0^x tf(t)\mathrm{d}t\cdot\dfrac{\mathrm{d}}{\mathrm{d}x}\left[\displaystyle\int_0^x f(t)\mathrm{d}t\right]}{\left[\displaystyle\int_0^x f(t)\mathrm{d}t\right]^2}$$

$$=\frac{xf(x)\displaystyle\int_0^x f(t)\mathrm{d}t-f(x)\displaystyle\int_0^x tf(t)\mathrm{d}t}{\left[\displaystyle\int_0^x f(t)\mathrm{d}t\right]^2}$$

$$= \frac{f(x)\left[x\int_0^x f(t)\mathrm{d}t - \int_0^x tf(t)\mathrm{d}t\right]}{\left[\int_0^x f(t)\mathrm{d}t\right]^2}.$$

令

$$\varphi(x) = x\int_0^x f(t)\mathrm{d}t - \int_0^x tf(t)\mathrm{d}t,$$

则

$$\varphi'(x) = \int_0^x f(t)\mathrm{d}t + xf(x) - xf(x) = \int_0^x f(t)\mathrm{d}t,$$

因为

$$\int_0^x f(t)\mathrm{d}t = f(\xi)x \geqslant 0, \quad 0 \leqslant \xi \leqslant x,$$

所以当 $x \in [0, +\infty)$ 时,$\varphi(x)$ 为增函数,即有

$$\varphi(x) \geqslant \varphi(0) = 0,$$

如此可得

$$F'(x) \geqslant 0,$$

从而 $F(x)$ 在 $(0, +\infty)$ 内为单调增加函数.

二、牛顿-莱布尼茨公式

现在,我们根据定理 1 将本节开始所讨论的变速直线运动的路程问题进行一般化,证明以下重要定理,给出定积分的基本计算方法.

定理 2(微积分基本定理) 如果函数 $F(x)$ 是连续函数 $f(x)$ 在区间 $[a,b]$ 上的一个原函数,则

$$\int_a^b f(x)\mathrm{d}x = F(b) - F(a). \tag{1}$$

证 因为 $F(x)$ 及 $\Phi(x) = \int_a^x f(t)\mathrm{d}t$ 都是 $f(x)$ 在 $[a,b]$ 上的原函数,故

$$\Phi(x) = F(x) + C, \quad a \leqslant x \leqslant b,$$

即

$$\int_a^x f(t)\mathrm{d}t = F(x) + C, \quad a \leqslant x \leqslant b,$$

令 $x=a$,由上式得 $0 = F(a) + C$,于是 $C = -F(a)$,可见

$$\int_a^x f(t)\mathrm{d}t = F(b) - F(a), \quad a \leqslant x \leqslant b,$$

在上式中令 $x=b$,得

$$\int_a^b f(t)\mathrm{d}t = F(b) - F(a). \qquad \square$$

式(1)表明了连续函数的定积分与被积函数的原函数或不定积分之间的关系.它把定积分运算转化为被积函数的原函数在积分上下限 b,a 两点处的函数值之差.为了方便,习惯上用 $[F(x)]_a^b$ 或 $F(x)\big|_a^b$ 表示 $F(b) - F(a)$,于是式(1)可写为

$$\int_a^b f(x)\mathrm{d}x = [F(x)]_a^b = F(b) - F(a).$$

式(1)叫作牛顿-莱布尼茨公式,通常也叫作微积分基本公式.

例 6 计算 $\int_{-1}^{\sqrt{3}} \frac{\mathrm{d}x}{1+x^2}$.

解 由于 $\arctan x$ 是 $\dfrac{1}{1+x^2}$ 的一个原函数,所以

$$\int_{-1}^{\sqrt{3}} \frac{\mathrm{d}x}{1+x^2} = [\arctan x]_{-1}^{\sqrt{3}} = \arctan\sqrt{3} - \arctan(-1) = \frac{\pi}{3} - \left(-\frac{\pi}{4}\right) = \frac{7}{12}\pi.$$

例 7 计算 $\displaystyle\int_{-2}^{-1} \frac{1}{x}\mathrm{d}x$.

解 $\displaystyle\int_{-2}^{-1} \frac{1}{x}\mathrm{d}x = [\ln|x|]_{-2}^{-1} = \ln1 - \ln2 = -\ln2.$

例 8 计算正弦曲线 $y = \sin x$ 在 $[0,\pi]$ 上与 x 轴所围成的平面图形(图 5-8)的面积.

解 这个图形是曲边梯形的一个特例,它的面积为

$$A = \int_0^\pi \sin x\,\mathrm{d}x = [-\cos x]_0^\pi = 2.$$

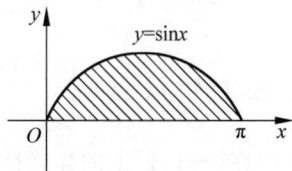

图 5-8

例 9 求极限 $\displaystyle\lim_{n\to\infty}\left(\frac{1}{n+1} + \frac{1}{n+2} + \cdots + \frac{1}{n+n}\right)$.

解 此极限可用定积分的定义表示为一个定积分,再计算该定积分.

$$\lim_{n\to\infty}\sum_{i=1}^{n}\frac{1}{n+i} = \lim_{n\to\infty}\frac{1}{n}\sum_{i=1}^{n}\frac{1}{1+\dfrac{i}{n}} = \int_0^1 \frac{1}{1+x}\mathrm{d}x = [\ln(1+x)]_0^1 = \ln2.$$

式(1)要求被积函数连续.如果遇到分段连续函数 $f(x)$ 的积分,应将积分区间 $[a,b]$ 依分段点分为 n 个子区间

$$[a,x_1], \quad [x_1,x_2], \quad \cdots, \quad [x_{n-1},b],$$

使 $f(x)$ 在每个子区间上连续.根据定积分的性质,有

$$\int_a^b f(x)\mathrm{d}x = \int_a^{x_1} f(x)\mathrm{d}x + \int_{x_1}^{x_2} f(x)\mathrm{d}x + \cdots + \int_{x_{n-1}}^b f(x)\mathrm{d}x,$$

右端的每个积分都可用牛顿-莱布尼茨公式计算.

例 10 设 $f(x) = \begin{cases} 2x, & 0\leqslant x\leqslant 1, \\ 5, & 1 < x\leqslant 2, \end{cases}$ 求 $\displaystyle\int_0^2 f(x)\mathrm{d}x$.

解 $\displaystyle\int_0^2 f(x)\mathrm{d}x = \int_0^1 2x\,\mathrm{d}x + \int_1^2 5\mathrm{d}x = [x^2]_0^1 + [5x]_1^2 = 6.$

习题 5-3

1. 计算下列函数 $y = y(x)$ 的导数:

(1) $y = \displaystyle\int_0^x \cos(t^2+1)\mathrm{d}t$;

(2) $y = \displaystyle\int_{x^2}^{x^3} \frac{\mathrm{d}t}{\sqrt{1+t^4}}$;

(3) $y = \displaystyle\int_{\sin x}^{\cos x} \cos(\pi t^2)\mathrm{d}t$;

(4) $\displaystyle\int_0^y \mathrm{e}^t\mathrm{d}t + \int_0^{xy} \cos t\,\mathrm{d}t = 0$.

2. 求下列极限:

(1) $\displaystyle\lim_{x\to 0} \frac{\displaystyle\int_0^x \cos t^2\,\mathrm{d}t}{x}$;

(2) $\displaystyle\lim_{x\to 0} \frac{\left(\displaystyle\int_0^x \mathrm{e}^{t^2}\mathrm{d}t\right)^2}{\displaystyle\int_0^x t\,\mathrm{e}^{2t^2}\mathrm{d}t}$;

(3) $\displaystyle\lim_{x\to 0} \frac{\displaystyle\int_0^x \sin^2 t\,\mathrm{d}t}{x^3}$.

3. 求 $F(x) = \int_0^x t e^{-t^2} dt$ 的极值点.

4. 计算下列定积分:

(1) $\int_1^4 \left(\sqrt{x} + \dfrac{1}{\sqrt{x}} \right) dx$;   (2) $\int_{-\frac{1}{2}}^{\frac{1}{2}} \dfrac{1}{\sqrt{1-x^2}} dx$;   (3) $\int_0^{\frac{\pi}{4}} \tan^2 x \, dx$;

(4) $\int_0^1 3^x dx$;   (5) $\int_0^{2\pi} |\sin x| \, dx$;   (6) $\int_0^{\sqrt{3}a} \dfrac{dx}{a^2 + x^2}$;

(7) $\int_{-e-1}^{-2} \dfrac{dx}{1+x}$;   (8) $\int_0^2 f(x) dx$, 其中 $f(x) = \begin{cases} x+1, & x \leqslant 1, \\ \dfrac{1}{2} x^2, & x > 1. \end{cases}$

5. 已知 $f(x) = \begin{cases} x+1, & x < 0, \\ x, & x \geqslant 0. \end{cases}$ 求 $F(x) = \int_{-1}^x f(t) dt \, (-1 \leqslant x \leqslant 1)$ 的表达式,并讨论 $F(x)$ 在 $[-1,1]$ 上的连续性和可导性.

6. 求正的常数 a 与 b,使等式 $\lim\limits_{x \to 0} \dfrac{1}{bx - \sin x} \int_0^x \dfrac{t^2}{\sqrt{a^2 + t^2}} dt = 1$ 成立.

7. 求 $f(x) = \int_0^x (x^2 - t^2) \cos t \, dt$ 的导数.

8. 设 $f(x)$ 在 $[a,b]$ 上连续,且 $f(x) > 0$, $x \in [a,b]$,
$$F(x) = \int_a^x f(t) dt + \int_b^x \dfrac{1}{f(t)} dt, \quad x \in [a,b].$$
证明: (1) $F'(x) \geqslant 2$; (2) 方程 $F(x) = 0$ 在区间 (a,b) 内有且仅有一个根.

9. 设 $f(x)$ 在 $[a,b]$ 上连续,在 (a,b) 内可导,且 $f'(x) \leqslant 0$, $F(x) = \dfrac{1}{x-a} \int_a^x f(t) dt$.
证明: 在 (a,b) 内有 $F'(x) \leqslant 0$.

第四节　定积分的换元法

由上节的结果知道,连续函数的定积分的计算可转化为不定积分的计算. 不定积分的计算有换元法与分部积分法,因此,也可以在定积分的计算中应用换元法与分部积分法. 本节先介绍定积分的换元法.

定理　假设:

(1) 函数 $f(x)$ 在区间 $[a,b]$ 上连续;

(2) 函数 $x = \varphi(t)$ 在区间 $[\alpha, \beta]$ 上是单值的且有连续导数;

(3) 当 t 在区间 $[\alpha, \beta]$ 上变化时, $x = \varphi(t)$ 的值在 $[a,b]$ 上变化,且 $\varphi(\alpha) = a$, $\varphi(\beta) = b$. 则有

$$\int_a^b f(x) dx = \int_\alpha^\beta f[\varphi(t)] \varphi'(t) dt. \tag{1}$$

式(1)叫作定积分的换元公式.

证　由假设可知,上式两边的被积函数都是连续的,因此,不仅上式两边的定积分存在,

而且被积函数的原函数也存在. 设 $F(x)$ 是 $f(x)$ 的一个原函数,由复合函数求导法知, $F[\varphi(t)]$ 是 $f[\varphi(t)]\varphi'(t)$ 的原函数. 由牛顿-莱布尼茨公式,有

$$\int_a^b f(x)\mathrm{d}x = F(b) - F(a),$$

$$\int_\alpha^\beta f[\varphi(t)]\varphi'(t)\mathrm{d}t = F[\varphi(\beta)] - F[\varphi(\alpha)] = F(b) - F(a),$$

比较上面两式知结论成立. □

这个定理说明,用换元公式计算定积分时,应把积分上、下限同时换为新的积分变量的上、下限,通过新的积分算出积分值,避免了变换后的变量再换回为原来的变量.

例 1 计算 $\int_0^a \sqrt{a^2 - x^2}\,\mathrm{d}x\,(a > 0)$.

解 设 $x = a\sin t$,则 $\mathrm{d}x = a\cos t\,\mathrm{d}t$,且当 $x = 0$ 时,$t = 0$;当 $x = a$ 时,$t = \dfrac{\pi}{2}$. 于是

$$\int_0^a \sqrt{a^2 - x^2}\,\mathrm{d}x = a^2\int_0^{\frac{\pi}{2}} \cos^2 t\,\mathrm{d}t = \frac{a^2}{2}\int_0^{\frac{\pi}{2}}(1 + \cos 2t)\,\mathrm{d}t$$

$$= \frac{a^2}{2}\left[t + \frac{1}{2}\sin 2t\right]_0^{\frac{\pi}{2}} = \frac{\pi a^2}{4}.$$

本例也可用定积分的几何意义计算,结果一样,都是半径为 a 的四分之一圆的面积.

例 2 计算 $\int_{-2}^{-\sqrt{2}} \dfrac{\mathrm{d}x}{\sqrt{x^2 - 1}}$.

解 设 $x = \sec t\left(\dfrac{\pi}{2} < t < \pi\right)$,则 $\mathrm{d}x = \sec t\tan t\,\mathrm{d}t$,且当 $x = -2$ 时,$t = \dfrac{2}{3}\pi$;当 $x = -\sqrt{2}$ 时,$t = \dfrac{3}{4}\pi$. 于是

$$\int_{-2}^{-\sqrt{2}} \frac{\mathrm{d}x}{\sqrt{x^2 - 1}} = \int_{\frac{2}{3}\pi}^{\frac{3}{4}\pi} \frac{\sec t\tan t\,\mathrm{d}t}{\sqrt{\sec^2 t - 1}} = \int_{\frac{2}{3}\pi}^{\frac{3}{4}\pi} \frac{\sec t\tan t\,\mathrm{d}t}{|\tan t|} = -\int_{\frac{2}{3}\pi}^{\frac{3}{4}\pi} \sec t\,\mathrm{d}t$$

$$= -[\ln|\sec t + \tan t|]_{\frac{2}{3}\pi}^{\frac{3}{4}\pi} = \ln\frac{2 + \sqrt{3}}{1 + \sqrt{2}}.$$

换元公式也可以反过来使用,即

$$\int_\alpha^\beta f[\varphi(x)]\varphi'(x)\mathrm{d}x = \int_a^b f(t)\mathrm{d}t,$$

这样,可以用 $t = \varphi(x)$ 来引入新变量 t,而 $a = \varphi(\alpha)$,$b = \varphi(\beta)$.

例 3 计算 $\int_0^{\frac{\pi}{2}} \cos^5 x\sin x\,\mathrm{d}x$.

解 设 $t = \cos x$,则 $\mathrm{d}t = -\sin x\,\mathrm{d}x$,并且当 $x = 0$ 时 $t = 1$,当 $x = \dfrac{\pi}{2}$ 时 $t = 0$. 于是

$$\int_0^{\frac{\pi}{2}} \cos^5 x\sin x\,\mathrm{d}x = -\int_1^0 t^5\,\mathrm{d}t = \int_0^1 t^5\,\mathrm{d}t = \left[\frac{t^6}{6}\right]_0^1 = \frac{1}{6}.$$

在例 3 中,可类似于不定积分的第一类换元法(凑微分法)直接求得被积函数的原函数,而不必明显地写出新变量 t,这样定积分的上、下限就不需要变更.用这种方法计算如下:

$$\int_0^{\frac{\pi}{2}} \cos^5 x \sin x \, \mathrm{d}x = -\int_0^{\frac{\pi}{2}} \cos^5 x \, \mathrm{d}\cos x = -\left[\frac{\cos^6 x}{6}\right]_0^{\frac{\pi}{2}} = \frac{1}{6}.$$

例 4　计算 $\int_0^{\pi} \sqrt{\sin^3 x - \sin^5 x} \, \mathrm{d}x$.

解　由于

$$\sqrt{\sin^3 x - \sin^5 x} = \sqrt{\sin^3 x (1 - \sin^2 x)} = \sin^{\frac{3}{2}} x \mid \cos x \mid,$$

所以
$$\int_0^{\pi} \sqrt{\sin^3 x - \sin^5 x} \, \mathrm{d}x = \int_0^{\pi} \sin^{\frac{3}{2}} x \mid \cos x \mid \mathrm{d}x$$

$$= \int_0^{\frac{\pi}{2}} \sin^{\frac{3}{2}} x \cos x \, \mathrm{d}x + \int_{\frac{\pi}{2}}^{\pi} \sin^{\frac{3}{2}} x (-\cos x) \, \mathrm{d}x$$

$$= \int_0^{\frac{\pi}{2}} \sin^{\frac{3}{2}} x \, \mathrm{d}\sin x - \int_{\frac{\pi}{2}}^{\pi} \sin^{\frac{3}{2}} x \, \mathrm{d}\sin x$$

$$= \left[\frac{2}{5} \sin^{\frac{5}{2}} x\right]_0^{\frac{\pi}{2}} - \left[\frac{2}{5} \sin^{\frac{5}{2}} x\right]_{\frac{\pi}{2}}^{\pi} = \frac{4}{5}.$$

例 5　设 $f(x)$ 在区间 $[-a,a]$ 上连续,则

$$\int_{-a}^{a} f(x) \, \mathrm{d}x = \int_0^a [f(x) + f(-x)] \, \mathrm{d}x.$$

证　由于

$$\int_{-a}^{a} f(x) \, \mathrm{d}x = \int_{-a}^{0} f(x) \, \mathrm{d}x + \int_0^a f(x) \, \mathrm{d}x,$$

对积分 $\int_{-a}^{0} f(x) \, \mathrm{d}x$ 作变换,令 $x = -t$,则

$$\int_{-a}^{0} f(x) \, \mathrm{d}x = -\int_a^0 f(-t) \, \mathrm{d}t = \int_0^a f(-t) \, \mathrm{d}t,$$

故有
$$\int_{-a}^{a} f(x) \, \mathrm{d}x = \int_0^a [f(x) + f(-x)] \, \mathrm{d}x.$$

由此例可得两个非常有用的结论:设 $f(x)$ 在 $[-a,a]$ 上连续,

(1) 若 $f(x)$ 为偶函数,则

$$\int_{-a}^{a} f(x) \, \mathrm{d}x = 2\int_0^a f(x) \, \mathrm{d}x;$$

(2) 若 $f(x)$ 为奇函数,则

$$\int_{-a}^{a} f(x) \, \mathrm{d}x = 0.$$

利用上述结果计算定积分能带来很大的方便,特别是计算偶函数、奇函数在关于原点对称的区间上的定积分时,利用结论(1)、结论(2)能简化计算. 比如:

由例 5 结果可得

$$\int_{-\frac{\pi}{4}}^{\frac{\pi}{4}} \frac{\cos x}{1 + \mathrm{e}^{-x}} \, \mathrm{d}x = \int_0^{\frac{\pi}{4}} \left(\frac{\cos x}{1 + \mathrm{e}^{-x}} + \frac{\cos x}{1 + \mathrm{e}^x}\right) \mathrm{d}x = \int_0^{\frac{\pi}{4}} \cos x \, \mathrm{d}x = \frac{\sqrt{2}}{2};$$

由结论(2)可得

$$\int_{-1}^{2} x \sqrt{\mid x \mid} \, \mathrm{d}x = \int_{-1}^{1} x \sqrt{\mid x \mid} \, \mathrm{d}x + \int_1^2 x \sqrt{\mid x \mid} \, \mathrm{d}x = \int_1^2 x^{\frac{3}{2}} \, \mathrm{d}x = \frac{2}{5}(4\sqrt{2} - 1).$$

例 6　设 $f(x)$ 是 $(-\infty, +\infty)$ 上以 T 为周期的有界连续函数,则对任何实数 a 都有

$$\int_a^{a+T} f(x)\,\mathrm{d}x = \int_0^T f(x)\,\mathrm{d}x.$$

证 由于

$$\int_a^{a+T} f(x)\,\mathrm{d}x = \int_a^0 f(x)\,\mathrm{d}x + \int_0^T f(x)\,\mathrm{d}x + \int_T^{a+T} f(x)\,\mathrm{d}x,$$

对最后的积分用换元法,令 $x = t + T$,有

$$\int_T^{a+T} f(x)\,\mathrm{d}x = \int_0^a f(t+T)\,\mathrm{d}t = \int_0^a f(t)\,\mathrm{d}t = -\int_a^0 f(t)\,\mathrm{d}t,$$

代入前式,得

$$\int_a^{a+T} f(x)\,\mathrm{d}x = \int_0^T f(x)\,\mathrm{d}x.$$

这一结果说明,周期函数在任何一个长度为一个周期的区间上的积分值都是相等的.

例 7 设 $f(x)$ 在 $[0,1]$ 上连续,证明:

(1) $\displaystyle\int_0^{\frac{\pi}{2}} f(\sin x)\,\mathrm{d}x = \int_0^{\frac{\pi}{2}} f(\cos x)\,\mathrm{d}x$;

(2) $\displaystyle\int_0^{\pi} x f(\sin x)\,\mathrm{d}x = \frac{\pi}{2}\int_0^{\pi} f(\sin x)\,\mathrm{d}x = \pi\int_0^{\frac{\pi}{2}} f(\sin x)\,\mathrm{d}x$.

证 (1) $\displaystyle\int_0^{\frac{\pi}{2}} f(\sin x)\,\mathrm{d}x \xlongequal{x=\frac{\pi}{2}-t} \int_{\frac{\pi}{2}}^0 f(\cos t)(-\,\mathrm{d}t) = \int_0^{\frac{\pi}{2}} f(\cos t)\,\mathrm{d}t$;

(2) 留给读者证明.

利用这一结果能计算一些特殊的定积分,比如:

$$\int_0^{\pi} \frac{x\sin x}{1+\cos^2 x}\,\mathrm{d}x = \frac{\pi}{2}\int_0^{\pi}\frac{\sin x}{1+\cos^2 x}\,\mathrm{d}x = -\frac{\pi}{2}\left[\arctan(\cos x)\right]_0^{\pi} = \frac{\pi^2}{4}.$$

例 8 设函数 $f(x) = \begin{cases} x\mathrm{e}^{-x^2}, & x \geqslant 0, \\ \dfrac{1}{1+\cos x}, & -1 \leqslant x < 0, \end{cases}$ 计算 $\displaystyle\int_1^4 f(x-2)\,\mathrm{d}x$.

解 设 $x - 2 = t$,于是

$$\int_1^4 f(x-2)\,\mathrm{d}x = \int_{-1}^2 f(t)\,\mathrm{d}t = \int_{-1}^0 \frac{\mathrm{d}t}{1+\cos t} + \int_0^2 t\mathrm{e}^{-t^2}\,\mathrm{d}t$$

$$= \left[\tan\frac{t}{2}\right]_{-1}^0 - \left[\frac{1}{2}\mathrm{e}^{-t^2}\right]_0^2$$

$$= \tan\frac{1}{2} - \frac{1}{2}\mathrm{e}^{-4} + \frac{1}{2}.$$

习题 5-4

1. 计算下列定积分:

(1) $\displaystyle\int_{\frac{\pi}{6}}^{\frac{\pi}{2}} \sin\left(2x + \frac{\pi}{3}\right)\mathrm{d}x$;　　　　(2) $\displaystyle\int_0^{\frac{\pi}{2}} \sin x \cos^2 x\,\mathrm{d}x$;　　　　(3) $\displaystyle\int_0^{\pi} (1-\cos^3\theta)\,\mathrm{d}\theta$;

(4) $\displaystyle\int_{\frac{\pi}{6}}^{\frac{\pi}{3}} \sin^2\theta\,\mathrm{d}\theta$;　　　　(5) $\displaystyle\int_0^1 \frac{\sqrt{x}}{1+\sqrt{x}}\,\mathrm{d}x$;　　　　(6) $\displaystyle\int_0^{\sqrt{2}} \sqrt{2-x^2}\,\mathrm{d}x$;

(7) $\int_{\frac{1}{\sqrt{2}}}^{1} \frac{\sqrt{1-x^2}}{x^2}\mathrm{d}x$；

(8) $\int_0^1 \frac{\mathrm{d}x}{(4-x^2)^{3/2}}$；

(9) $\int_0^1 x\,\mathrm{e}^{-x^2}\mathrm{d}x$；

(10) $\int_{-1}^1 \frac{x\,\mathrm{d}x}{\sqrt{5-4x}}$；

(11) $\int_0^1 x^2\sqrt{1-x^2}\,\mathrm{d}x$；

(12) $\int_0^1 \frac{\mathrm{d}x}{x\sqrt{1+\ln x}}$；

(13) $\int_{-\frac{\pi}{2}}^{\frac{\pi}{2}} \sqrt{\cos x - \cos^3 x}\,\mathrm{d}x$；

(14) $\int_0^\pi \sin x\sqrt{1+\cos 2x}\,\mathrm{d}x$；

(15) $\int_0^{\ln 2} \sqrt{\mathrm{e}^x-1}\,\mathrm{d}x$.

2. 利用函数的奇偶性计算下列积分：

(1) $\int_{-\pi}^\pi x^4\sin x\,\mathrm{d}x$；

(2) $\int_{-\frac{\pi}{2}}^{\frac{\pi}{2}} 4\cos^4\theta\,\mathrm{d}\theta$；

(3) $\int_{-\frac{1}{2}}^{\frac{1}{2}} \frac{(\arcsin x)^2}{\sqrt{1-x^2}}\mathrm{d}x$；

(4) $\int_{-5}^5 \frac{x^3\sin^2 x}{x^4+2x^2+1}\mathrm{d}x$.

3. 利用周期性计算 $\int_{\frac{\pi}{4}}^{\frac{\pi}{4}+25\pi} |\sin 2x|\,\mathrm{d}x$.

4. 设 $f(x)=\begin{cases}\dfrac{1}{1+\mathrm{e}^x}, & x<0,\\[2mm] \dfrac{1}{1+x}, & x\geqslant 0,\end{cases}$ 求 $\int_0^2 f(x-1)\,\mathrm{d}x$.

5. 设 $f(x)$ 在 $[a,b]$ 上连续，证明

$$\int_a^b f(x)\,\mathrm{d}x = \int_a^b f(a+b-x)\,\mathrm{d}x.$$

6. 证明：$\int_0^1 x^m(1-x)^n\,\mathrm{d}x = \int_0^1 x^n(1-x)^m\,\mathrm{d}x$.

7. 若 $f(t)$ 是连续函数且为奇函数，证明 $\int_0^x f(t)\,\mathrm{d}t$ 是偶函数；若 $f(t)$ 是连续函数且为偶函数，证明 $\int_0^x f(t)\,\mathrm{d}t$ 是奇函数.

8. 计算下列积分：

(1) $\int_0^a \frac{\mathrm{d}x}{x+\sqrt{a^2-x^2}}$；

(2) $\int_0^{\frac{\pi}{4}} \ln(1+\tan x)\,\mathrm{d}x$；

(3) $\int_0^{\frac{\pi}{2}} \frac{\mathrm{d}x}{1+\cos^2 x}$；

(4) $\int_0^\pi \frac{x\sin x}{1+\cos^2 x}\mathrm{d}x$.

第五节　定积分的分部积分法

设 $u=u(x),v=v(x)$ 在区间 $[a,b]$ 上可导，则有

$$(uv)' = u'v + uv',$$

再设 $u'(x),v'(x)$ 在区间 $[a,b]$ 上连续，于是上式两端的定积分都存在. 对上式两端在 $[a,b]$ 上求定积分

$$\int_a^b (uv)'\mathrm{d}x = \int_a^b u'v\,\mathrm{d}x + \int_a^b uv'\,\mathrm{d}x,$$

得到
$$[uv]_a^b = \int_a^b v\,\mathrm{d}u + \int_a^b u\,\mathrm{d}v,$$

即
$$\int_a^b u\,\mathrm{d}v = [uv]_a^b - \int_a^b v\,\mathrm{d}u, \tag{1}$$

式(1)称为定积分的分部积分公式.

例 1 计算 $\int_0^1 x\arctan x\,\mathrm{d}x$.

解 $\displaystyle\int_0^1 x\arctan x\,\mathrm{d}x = \int_0^1 \arctan x\,\mathrm{d}\left(\frac{x^2}{2}\right) = \left[\frac{x^2}{2}\arctan x\right]_0^1 - \frac{1}{2}\int_0^1 \frac{x^2}{1+x^2}\,\mathrm{d}x$

$\displaystyle\qquad = \frac{\pi}{8} - \frac{1}{2}\int_0^1\left(1 - \frac{1}{1+x^2}\right)\mathrm{d}x = \frac{\pi}{8} - \frac{1}{2}[x - \arctan x]_0^1$

$\displaystyle\qquad = \frac{\pi}{4} - \frac{1}{2}.$

例 2 计算 $\int_0^1 \mathrm{e}^{\sqrt{x}}\,\mathrm{d}x$.

解 先用换元法,再用分部积分法.令 $\sqrt{x} = t$,于是

$$\int_0^1 \mathrm{e}^{\sqrt{x}}\,\mathrm{d}x = 2\int_0^1 t\mathrm{e}^t\,\mathrm{d}t = 2\int_0^1 t\,\mathrm{d}\mathrm{e}^t = 2[t\mathrm{e}^t]_0^1 - 2\int_0^1 \mathrm{e}^t\,\mathrm{d}t = 2\mathrm{e} - 2[\mathrm{e}^t]_0^1 = 2.$$

例 3 证明 $\int_0^{\frac{\pi}{2}} \sin^n x\,\mathrm{d}x = \int_0^{\frac{\pi}{2}} \cos^n x\,\mathrm{d}x$,并求其值.

解 令 $x = \frac{\pi}{2} - t$,则

$$\int_0^{\frac{\pi}{2}} \cos^n x\,\mathrm{d}x = -\int_{\frac{\pi}{2}}^0 \cos^n\left(\frac{\pi}{2} - t\right)\mathrm{d}t = \int_0^{\frac{\pi}{2}} \sin^n t\,\mathrm{d}t,$$

所以等式成立.

对于 $I_n = \int_0^{\frac{\pi}{2}} \sin^n x\,\mathrm{d}x$,应用式(1),得

$$I_n = \int_0^{\frac{\pi}{2}} \sin^{n-1} x\,\mathrm{d}(-\cos x)$$

$$= [-\cos x\sin^{n-1} x]_0^{\frac{\pi}{2}} + (n-1)\int_0^{\frac{\pi}{2}} \sin^{n-2} x \cdot \cos^2 x\,\mathrm{d}x$$

$$= 0 + (n-1)\int_0^{\frac{\pi}{2}} \sin^{n-2} x\,\mathrm{d}x - (n-1)\int_0^{\frac{\pi}{2}} \sin^n x\,\mathrm{d}x$$

$$= (n-1)I_{n-2} - (n-1)I_n,$$

移项,得递推公式

$$I_n = \frac{n-1}{n}I_{n-2},$$

重复利用递推公式,再由

$$I_0 = \int_0^{\frac{\pi}{2}} \mathrm{d}x = \frac{\pi}{2}, \quad I_1 = \int_0^{\frac{\pi}{2}} \sin x\,\mathrm{d}x = 1$$

可得

$$I_n = \begin{cases} \dfrac{n-1}{n} \times \dfrac{n-3}{n-2} \times \cdots \times \dfrac{3}{4} \times \dfrac{1}{2} \times \dfrac{\pi}{2}, & n \text{ 为偶数,} \\[3mm] \dfrac{n-1}{n} \times \dfrac{n-3}{n-2} \times \cdots \times \dfrac{4}{5} \times \dfrac{2}{3} \times 1, & n \text{ 为奇数,} \end{cases}$$

例如:

$$\int_0^{\frac{\pi}{2}} \sin^4 x \, dx = \frac{3}{4} \times \frac{1}{2} \times \frac{\pi}{2} = \frac{3}{16}\pi;$$

$$\int_0^{\frac{\pi}{2}} \cos^7 x \, dx = \frac{6}{7} \times \frac{4}{5} \times \frac{2}{3} \times 1 = \frac{16}{35}.$$

例 4　设 $I_n = \displaystyle\int_0^1 (1-x^2)^n \, dx$, n 为正整数,证明:

$$I_n = \frac{2n}{2n+1} I_{n-1}.$$

证　$I_n = \displaystyle\int_0^1 (1-x^2)^n \, dx = \int_0^1 (1-x^2)(1-x^2)^{n-1} \, dx$

$$= \int_0^1 (1-x^2)^{n-1} \, dx - \int_0^1 x^2 (1-x^2)^{n-1} \, dx$$

$$= I_{n-1} + \frac{1}{2n} \int_0^1 x \, d(1-x^2)^n$$

$$= I_{n-1} + \frac{1}{2n} \left\{ [x(1-x^2)^n]_0^1 - \int_0^1 (1-x^2)^n \, dx \right\}$$

$$= I_{n-1} - \frac{1}{2n} I_n,$$

即

$$I_n = I_{n-1} - \frac{1}{2n} I_n,$$

从而

$$I_n = \frac{2n}{2n+1} I_{n-1}.$$

习题 5-5

1. 计算下列定积分:

(1) $\displaystyle\int_0^1 x^2 e^x \, dx$;

(2) $\displaystyle\int_1^e x \ln x \, dx$;

(3) $\displaystyle\int_{\frac{\pi}{4}}^{\frac{\pi}{3}} \frac{x}{\sin^2 x} \, dx$;

(4) $\displaystyle\int_0^\pi x \sin 2x \, dx$;

(5) $\displaystyle\int_0^{\frac{\pi}{2}} e^{2x} \cos x \, dx$;

(6) $\displaystyle\int_1^2 x \log_2 x \, dx$;

(7) $\displaystyle\int_1^e \sin(\ln x) \, dx$;

(8) $\displaystyle\int_{\frac{1}{e}}^e |\ln x| \, dx$;

(9) $\displaystyle\int_0^1 (\arcsin x)^2 \, dx$;

(10) $\displaystyle\int_1^4 \frac{\ln x}{\sqrt{x}} \, dx$;

(11) $\displaystyle\int_0^1 \ln(x + \sqrt{1+x^2}) \, dx$.

2. 设 $f(x)$ 为连续函数,试证明

$$\int_0^x f(t)(x-t)\mathrm{d}t = \int_0^x \left[\int_0^t f(u)\mathrm{d}u\right]\mathrm{d}t.$$

3. 设 $f(x) = \int_1^{x^2} \mathrm{e}^{-t^2}\mathrm{d}t$,求 $\int_0^1 xf(x)\mathrm{d}x$.

4. 设 $f''(x)$ 在区间 $[a,b]$ 上连续,试证明

$$\int_a^b xf''(x)\mathrm{d}x = [bf'(b)-f(b)] - [af'(a)-f(a)].$$

5. 求 $I_m = \int_0^\pi \sin^m x\,\mathrm{d}x$($m$ 为自然数).

第六节 定积分的几何应用

一、定积分的元素法

实际问题中,什么样的所求量能表示成定积分呢?对照曲边梯形的面积,我们可以发现这样的量有三个共同的特征:

(1) 所求量的大小取决于某个变量 x 的一个变化区间 $[a,b]$ 及定义在该区间上的一个函数 $f(x)$;

(2) 所求量对区间 $[a,b]$ 具有可加性,即在 $[a,b]$ 上的总量等于它在 $[a,b]$ 的各个子区间上的部分量之和;

(3) 子区间 $[x,x+\Delta x]$ 上对应的部分量的近似值可表示为 $f(\xi)\Delta x$,其中 $\xi\in[x,x+\Delta x]$.

具有这些特征的量,都可以归结为函数 $f(x)$ 在 $[a,b]$ 上的定积分.

那么,怎么用定积分表达这样的所求量呢?一般按照如下步骤:

(1) 根据所求量 U 对区间的可加性,选取适当的积分变量,例如 x,并确定其变化区间 $[a,b]$ 作为积分区间.

(2) 任取一个子区间 $[x,x+\mathrm{d}x]\subset[a,b]$,求出这个子区间对应的部分量 ΔU 的近似值. 如果 ΔU 能近似地表示为 $f(x)\mathrm{d}x$(在定积分存在的条件下,积分和式的极限值与子区间上点 ξ 的取法无关,这里的近似值是将 ξ 取在子区间的左端点 x),则把 $f(x)\mathrm{d}x$ 称为所求量 U 的元素并记为 $\mathrm{d}U$(ΔU 与 $\mathrm{d}U$ 相差一个比 $\mathrm{d}x$ 高阶的无穷小),即

$$\mathrm{d}U = f(x)\mathrm{d}x.$$

(3) 将上面得到的所求量的元素无限累加,就得到所求量 U 的积分表达式:

$$U = \int_a^b f(x)\mathrm{d}x.$$

这种方法通常叫作元素法.下面各节中将应用此方法讨论几何、物理中的一些问题.

二、平面图形的面积

1. 直角坐标情形

直角坐标系下平面图形的面积可由定积分的几何意义直接表示成定积分(定积分的几何意义本质上就是用元素法得到的),当然,也可以按照元素法的步骤得到.

比如,设在区间$[a,b]$上,曲线$y=f(x)$位于曲线$y=g(x)$的上方,即有$f(x)\geqslant g(x)$($f(x)$,$g(x)$连续),求这两条曲线及直线$x=a$,$x=b$所围成的区域的面积A(图5-9).

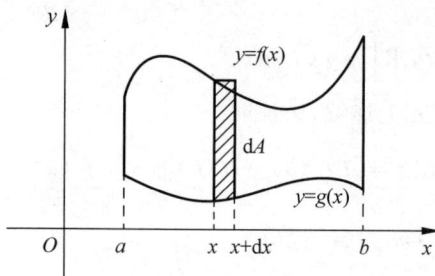

图　5-9

如果用定积分的几何意义,则A就是大曲边梯形的面积减去小曲边梯形的面积,即
$$A=\int_a^b f(x)\mathrm{d}x-\int_a^b g(x)\mathrm{d}x=\int_a^b\left[f(x)-g(x)\right]\mathrm{d}x;$$

如果用元素法,则在$[a,b]$上任取一个小区间$[x,x+\mathrm{d}x]$,它对应的面积元素为
$$\mathrm{d}A=\left[f(x)-g(x)\right]\mathrm{d}x,$$
无限累加,结果仍是
$$A=\int_a^b\left[f(x)-g(x)\right]\mathrm{d}x.$$

同样地,由曲线$x=f(y)$,$x=g(y)$($f(y)\geqslant g(y)$)和直线$y=c$,$y=d$围成的区域(图5-10)的面积为
$$A=\int_c^d\left[f(y)-g(y)\right]\mathrm{d}y.$$

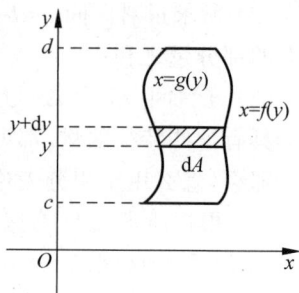

图　5-10

例 1　计算抛物线$y^2=x$和$y=x^2$所围成的图形的面积.

解　这两条抛物线所围成的图形如图5-11所示,为了具体确定图形所在范围,先求出这两条抛物线的交点为$(0,0)$和$(1,1)$,从而知道图形介于直线$x=0$与$x=1$之间.由图5-9的结果,可得所求面积
$$A=\int_0^1(\sqrt{x}-x^2)\mathrm{d}x=\left[\frac{2}{3}x^{\frac{3}{2}}-\frac{1}{3}x^3\right]_0^1=\frac{1}{3}.$$

例 2　计算抛物线$y^2=2x$与直线$y=x-4$所围成的图形的面积.

解　图形如图5-12所示.求出抛物线与直线的交点为$(2,-2)$和$(8,4)$,从而知道这个图形介于直线$y=-2$与$y=4$之间.所求面积可由图5-10的结果直接得到,此处继续练习一下元素法.

取y为积分变量,它的变化区间为$[-2,4]$(请思考一下,取x为积分变量有什么不便?).在$[-2,4]$上任取一小区间$[y,y+\mathrm{d}y]$,对应的窄曲边梯形的面积近似于高为$\mathrm{d}y$、底为$(y+4)-\frac{1}{2}y^2$的窄矩形的面积,从而得到面积元素
$$\mathrm{d}A=\left(y+4-\frac{1}{2}y^2\right)\mathrm{d}y,$$

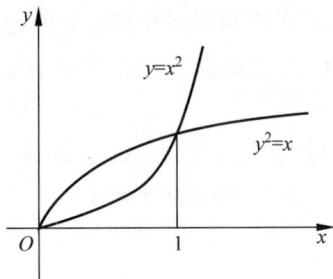

图 5-11

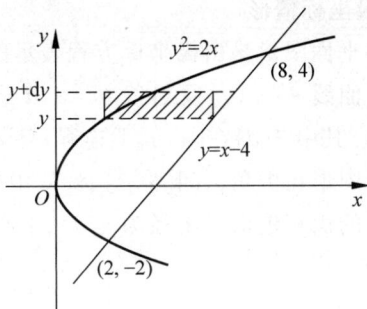

图 5-12

无限累加,便得所求面积

$$A = \int_{-2}^{4} \left(y + 4 - \frac{1}{2} y^2 \right) \mathrm{d}y = \left[\frac{1}{2} y^2 + 4y - \frac{1}{6} y^3 \right]_{-2}^{4} = 18.$$

例 3　求抛物线 $y = x^2 - 1$ 与 x 轴及直线 $x = 2$ 围成的有界域的面积.

解　由图 5-13 可见,所围区域分为两部分,直接由定积分的几何意义得

$$S = -\int_{-1}^{1} (x^2 - 1) \mathrm{d}x + \int_{1}^{2} (x^2 - 1) \mathrm{d}x = -\left[\frac{x^3}{3} - x \right]_{-1}^{1} + \left[\frac{x^3}{3} - x \right]_{1}^{2} = \frac{8}{3}.$$

例 4　求椭圆 $\begin{cases} x = a\cos t, \\ y = b\sin t \end{cases} (0 \leqslant t \leqslant 2\pi)$ 所围成的图形的面积.

解　椭圆关于两坐标轴对称,所以只需计算第一象限中图形的面积 A_1(参见图 5-14).

$$A = 4A_1 = 4\int_{0}^{a} y \,\mathrm{d}x,$$

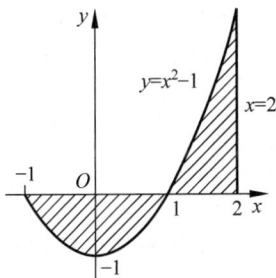

图 5-13

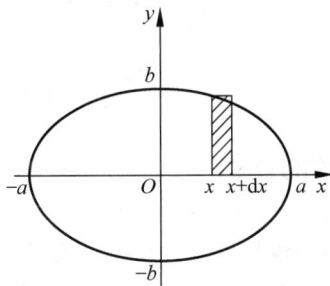

图 5-14

将参数方程代入,并注意到当 $x = 0$ 时 $t = \dfrac{\pi}{2}$,当 $x = a$ 时 $t = 0$,故

$$A = 4\int_{\frac{\pi}{2}}^{0} b\sin t \,(-a\sin t) \,\mathrm{d}t = 4ab \int_{0}^{\frac{\pi}{2}} \sin^2 t \,\mathrm{d}t = \pi ab.$$

当 $a = b$ 时,就得到了我们熟悉的圆的面积公式:

$$A = \pi a^2.$$

注　曲线方程是参数方程时,先用直角坐标将平面图形面积表示为定积分,再将参数方程当作变量代换公式计算定积分.

2. 极坐标情形

某些平面图形是由极坐标方程表示的曲线围成的,下面说明如何计算它们的面积.

设由曲线 $r=r(\theta)$ 及射线 $\theta=\alpha$, $\theta=\beta$ 围成一图形(曲边扇形),现在要计算它的面积(图 5-15).其中 $r(\theta)$ 在 $[\alpha,\beta]$ 上连续,且 $r(\theta)\geqslant 0$.

因为图形在极角区间 $[\alpha,\beta]$ 上,从中任取一个小的极角区间 $[\theta,\theta+\mathrm{d}\theta]$,该部分对应窄曲边扇形的面积近似于半径为 $r(\theta)$、中心角为 $\mathrm{d}\theta$ 的扇形面积,即面积元素为

$$\mathrm{d}A = \frac{1}{2}\left[r(\theta)\right]^2\mathrm{d}\theta,$$

从而所求面积为

$$A = \int_{\alpha}^{\beta} \frac{1}{2}\left[r(\theta)\right]^2\mathrm{d}\theta.$$

例 5 计算阿基米德螺线 $r=a\theta(a>0)$ 上相应于 θ 从 0 变到 2π 的一段弧与极轴所围成的图形(图 5-16)的面积.

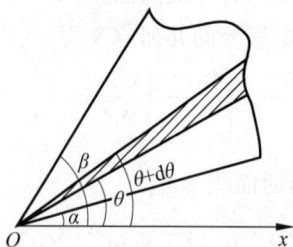

图 5-15

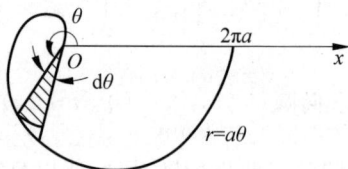

图 5-16

解 直接代入上述公式,可得所求面积为

$$A = \int_0^{2\pi} \frac{1}{2}(a\theta)^2\mathrm{d}\theta = \left[\frac{a^2\theta^3}{6}\right]_0^{2\pi} = \frac{4}{3}\pi^3 a^2.$$

三、立体的体积

一般立体的体积计算将在以后的多元函数积分学中讨论.有两种比较特殊的立体的体积可以利用定积分来计算.

1. 旋转体的体积

旋转体就是由一个平面图形绕这平面内一条直线旋转一周而成的立体,此直线称为旋转轴.现在求由连续曲线 $y=f(x)(f(x)\geqslant 0)$, $x=a$, $x=b$ 及 $y=0$ 围成的曲边梯形绕 x 轴旋转一周所成的旋转体(图 5-17).

区间 $[a,b]$ 上的曲边梯形绕 x 轴的旋转体,可以看成是 $[a,b]$ 的各个子区间上的小曲边梯形绕 x 轴的小旋转体累积而成.在 $[a,b]$ 上任取一小区间 $[x,x+\mathrm{d}x]$,在 $[x,x+\mathrm{d}x]$ 上的小旋转体可近似地看作以 $f(x)$ 为底圆半径、$\mathrm{d}x$ 为高的小圆柱体,从而得到体积元素

$$\mathrm{d}V = \pi\left[f(x)\right]^2\mathrm{d}x,$$

则旋转体的体积

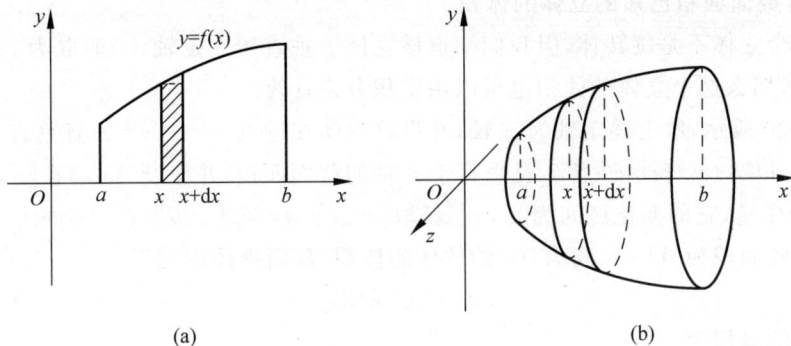

图 5-17

$$V = \int_a^b \pi \left[f(x) \right]^2 \mathrm{d}x.$$

例 6 求抛物线 $y = x^2$，$y = \sqrt{x}$ 所围图形绕 x 轴旋转的旋转体体积.

解 取 x 为积分变量，图 5-18 所示小矩形(阴影部分)绕 x 轴的旋转体是外半径为 $y_1 = \sqrt{x}$、内半径为 $y_2 = x^2$、高为 $\mathrm{d}x$ 的空心圆柱体，它的体积是 $[x, x + \mathrm{d}x]$ 上小旋转体体积 $\mathrm{d}V$ 的近似值，即有

$$\mathrm{d}V = \pi(y_1^2 - y_2^2)\mathrm{d}x = \pi(x - x^4)\mathrm{d}x,$$

则旋转体体积

$$V = \int_0^1 \pi(x - x^4)\mathrm{d}x = \frac{3}{10}\pi.$$

注 本例也可取 y 为积分变量，请自行练习.

例 7 计算正弦曲线 $y = \sin x$ $(x \in [0, \pi])$ 与 x 轴围成的图形分别绕 x 轴、y 轴旋转而成的旋转体的体积.

解 这个图形绕 x 轴旋转一周所成的旋转体的体积为

$$V_x = \int_0^\pi \pi \sin^2 x \,\mathrm{d}x = \frac{\pi}{2} \int_0^\pi (1 - \cos 2x)\mathrm{d}x = \frac{\pi}{2}\left[x - \frac{1}{2}\sin 2x \right]_0^\pi = \frac{\pi^2}{2}.$$

这个图形绕 y 轴旋转一周所成的旋转体的体积可以看成平面图形 $OABC$ 与 OBC (图 5-19)分别绕 y 轴旋转而成的旋转体的体积之差. 因为弧段 OB 的方程为 $x = \arcsin y$ ($0 \leqslant y \leqslant 1$)，弧段 AB 的方程为 $x = \pi - \arcsin y$ ($0 \leqslant y \leqslant 1$)，因此所求的体积为

$$V_y = \int_0^1 \pi(\pi - \arcsin y)^2 \mathrm{d}y - \int_0^1 \pi(\arcsin y)^2 \mathrm{d}y = \pi \int_0^1 (\pi^2 - 2\pi \arcsin y)\mathrm{d}y = 2\pi^2.$$

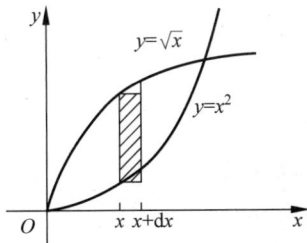

图 5-18

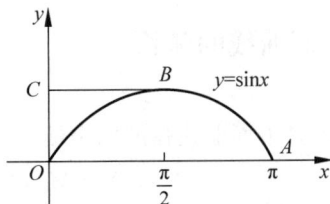

图 5-19

2. 平行截面面积已知的立体的体积

如果一个立体不是旋转体,但我们知道该立体上垂直于一定轴(一般取为 x 轴)的各个截面的面积,那么这个立体的体积也可以用定积分来计算.

如图 5-20 所示,取上述定轴为 x 轴,并设该立体在过点 $x=a$,$x=b$ 且垂直于 x 轴的两个平面之间. 以 $A(x)$ 表示过点 x 且垂直于 x 轴的截面面积,并假设 $A(x)$ 在 $[a,b]$ 上连续. 取 x 为积分变量,它的变化区间为 $[a,b]$. 任取 $[x,x+\mathrm{d}x] \subset [a,b]$,它对应的小立体的体积近似地看作底面积为 $A(x)$、高为 $\mathrm{d}x$ 的柱体的体积,从而得体积元素

$$\mathrm{d}V = A(x)\mathrm{d}x,$$

则所求立体的体积为

$$V = \int_a^b A(x)\mathrm{d}x.$$

例 8 一平面经过半径为 R 的圆柱体的底圆中心,并且与底面交角为 α,计算这个平面截圆柱体所得立体的体积.

解 取这个平面与底面的交线为 x 轴,底面上过圆心且垂直于 x 轴的直线为 y 轴建立坐标系,则底圆的方程为 $x^2 + y^2 = R^2$(图 5-21).立体中过 x 轴且垂直于 x 轴的截面是一个直角三角形,它的两条直角边的长度分别为 y 与 $y\tan\alpha$,即 $\sqrt{R^2-x^2}$ 与 $\sqrt{R^2-x^2}\tan\alpha$. 因而截面面积为

$$A(x) = \frac{1}{2}(R^2 - x^2)\tan\alpha,$$

于是所求立体体积

$$V = \int_{-R}^{R} \frac{1}{2}(R^2 - x^2)\tan\alpha\,\mathrm{d}x = \frac{1}{2}\tan\alpha\left[R^2 x - \frac{1}{3}x^3\right]_{-R}^{R} = \frac{2}{3}R^3\tan\alpha.$$

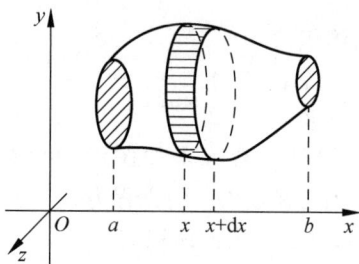

图 5-20

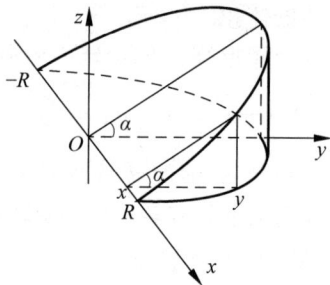

图 5-21

四、平面曲线的弧长

设 A,B 是平面曲线弧的两个端点. 在弧 $\overset{\frown}{AB}$ 上任取分点

$$A = M_0, M_1, \cdots, M_{n-1}, M_n = B,$$

并依次连接相邻的分点得一折线. 当每小段 $\overset{\frown}{M_{i-1}M_i}$ 都缩向一点时,如果折线的长的极限存在,则称此极限为曲线弧 $\overset{\frown}{AB}$ 的弧长. 下面讨论弧长的求法.

1. 直角坐标方程情形

设曲线弧由直角坐标方程

$$y = f(x) \quad (a \leqslant x \leqslant b)$$

给出,其中 $f(x)$ 在 $[a,b]$ 上具有一阶连续导数. 现在用元素法计算这曲线弧的长度.

取 x 为积分变量,它的变化区间为 $[a,b]$. 曲线 $y=f(x)$ 上对应于 $[a,b]$ 上任一小区间 $[x,x+\mathrm{d}x]$ 的一段弧的长度 Δs 可以用该曲线在点 $(x,f(x))$ 处的切线上相应的一小段的长度来近似代替(图 5-22). 而这相应切线段的长度为

$$\sqrt{(\mathrm{d}x)^2 + (\mathrm{d}y)^2} = \sqrt{1 + y'^2}\,\mathrm{d}x,$$

从而得到弧长元素(即弧微分)

$$\mathrm{d}s = \sqrt{1 + y'^2}\,\mathrm{d}x,$$

以 $\sqrt{1 + y'^2}\,\mathrm{d}x$ 为被积表达式,在 $[a,b]$ 上作定积分,便得所求的弧长

$$s = \int_a^b \sqrt{1 + y'^2}\,\mathrm{d}x.$$

注 弧微分有多种推导方法,比如第三章第九节给出了弧微分的另一种推导方法.

例 9 计算悬链线 $y = a\,\mathrm{ch}\dfrac{x}{a} = \dfrac{a}{2}(\mathrm{e}^{\frac{x}{a}} + \mathrm{e}^{-\frac{x}{a}})$ 由 $x=-b$ 到 $x=b$ 之间的一段弧(图 5-23)的长度.

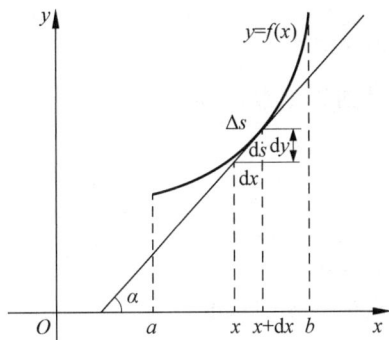

图 5-22

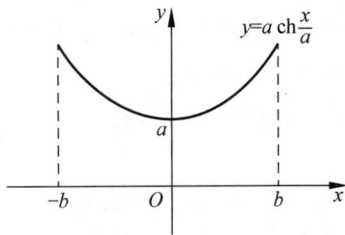

图 5-23

解 由 $y' = \mathrm{sh}\dfrac{x}{a}$ 有

$$\mathrm{d}s = \sqrt{1 + \mathrm{sh}^2\dfrac{x}{a}}\,\mathrm{d}x = \mathrm{ch}\dfrac{x}{a}\mathrm{d}x,$$

从而

$$s = \int_{-b}^{b} \mathrm{ch}\dfrac{x}{a}\mathrm{d}x = 2\int_0^b \mathrm{ch}\dfrac{x}{a}\mathrm{d}x = 2\left[a\,\mathrm{sh}\dfrac{x}{a}\right]_0^b = 2a\,\mathrm{sh}\dfrac{b}{a}.$$

2. 参数方程情形

设曲线弧由参数方程

$$\begin{cases} x = \varphi(t), \\ y = \psi(t), \end{cases} \quad \alpha \leqslant t \leqslant \beta$$

给出,其中 $\varphi(t),\psi(t)$ 在 $[\alpha,\beta]$ 上具有连续导数且 $[\varphi'(t)]^2+[\psi'(t)]^2\neq0$,现在计算曲线弧的长度.

取参数 t 为积分变量,它的变化区间为 $[\alpha,\beta]$,相应于 $[\alpha,\beta]$ 上任一小区间 $[t,t+\mathrm{d}t]$ 的小弧段的长度的近似值(弧微分),即弧长元素为

$$\mathrm{d}s=\sqrt{(\mathrm{d}x)^2+(\mathrm{d}y)^2}=\sqrt{\varphi'^2(t)+\psi'^2(t)}\,\mathrm{d}t,$$

于是所求弧长为

$$s=\int_\alpha^\beta\sqrt{\varphi'^2(t)+\psi'^2(t)}\,\mathrm{d}t.$$

例 10 求椭圆 $\dfrac{x^2}{a^2}+\dfrac{y^2}{b^2}=1(a>b)$ 的周长.

解 椭圆的参数方程为

$$\begin{cases}x=a\cos t,\\y=b\sin t,\end{cases}\quad 0\leqslant t\leqslant2\pi,$$

因而

$$\mathrm{d}s=\sqrt{a^2\sin^2 t+b^2\cos^2 t}\,\mathrm{d}t=a\sqrt{1-\varepsilon^2\cos^2 t}\,\mathrm{d}t,$$

其中 $\varepsilon=\dfrac{\sqrt{a^2-b^2}}{a}$ 为椭圆的离心率,利用对称性,得

$$s=4a\int_0^{\frac{\pi}{2}}\sqrt{1-\varepsilon^2\cos^2 t}\,\mathrm{d}t.$$

这个积分称为椭圆积分.由于被积函数的原函数不是初等函数,不能用牛顿-莱布尼茨公式计算,必须利用近似积分法,可参阅本书第十二章.

3. 极坐标方程情形

设曲线弧由极坐标方程

$$r=r(\theta),\quad \alpha\leqslant\theta\leqslant\beta$$

给出,其中 $r(\theta)$ 在 $[\alpha,\beta]$ 上具有连续导数,现在计算这曲线弧的长度.

由直角坐标与极坐标的关系可得

$$\begin{cases}x=r(\theta)\cos\theta,\\y=r(\theta)\sin\theta,\end{cases}\quad \alpha\leqslant\theta\leqslant\beta,$$

这就是以极角 θ 为参数的曲线弧的参数方程.于是弧长元素为

$$\mathrm{d}s=\sqrt{x'^2(\theta)+y'^2(\theta)}\,\mathrm{d}\theta=\sqrt{r^2(\theta)+r'^2(\theta)}\,\mathrm{d}\theta,$$

从而所求弧长为

$$s=\int_\alpha^\beta\sqrt{r^2(\theta)+r'^2(\theta)}\,\mathrm{d}\theta.$$

例 11 求阿基米德螺线 $r=a\theta(a>0)$ 相应于 θ 从 0 到 2π (图 5-24)的弧长.

解 弧长元素为

$$\mathrm{d}s=\sqrt{a^2\theta^2+a^2}\,\mathrm{d}\theta=a\sqrt{1+\theta^2}\,\mathrm{d}\theta,$$

从而所求弧长为

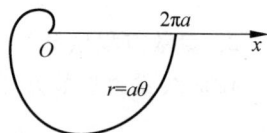

图 5-24

$$s = \int_0^{2\pi} a\sqrt{1+\theta^2}\,\mathrm{d}\theta$$

$$= \frac{a}{2}[2\pi\sqrt{1+4\pi^2} + \ln(2\pi + \sqrt{1+4\pi^2})].$$

习题 5-6

1. 求下列曲线所围图形的面积:

(1) $y = \dfrac{1}{2}x^2$ 与 $x^2+y^2=8$(两部分都要计算);　(2) $y = \dfrac{1}{x}$ 与直线 $y=x$ 及 $x=2$;

(3) $y = \ln x$, y 轴与直线 $y=\ln a$, $y=\ln b(b>a>0)$;

(4) $x = 2y - y^2$ 与直线 $y = 2+x$;　　　　　(5) $y = 2^x$ 与直线 $y=1-x$, $x=1$.

2. 求下列图形的面积:

(1) 抛物线 $y = -x^2+4x-3$ 及其在点 $(0,-3)$, $(3,0)$ 处的切线所围成的图形;

(2) $y^2 = 2x$ 与点 $\left(\dfrac{1}{2}, 1\right)$ 处的法线所围成的图形.

3. 求下列曲线所围成的图形的面积:

(1) $r = 2a\cos\theta$;

(2) $r = a(1+\cos\theta)$(心形线,图 5-25);

(3) $r = a\sin 3\theta$(三叶玫瑰线,图 5-26);

(4) $x = a\cos^3 t$, $y = a\sin^3 t$(星形线,图 5-27);

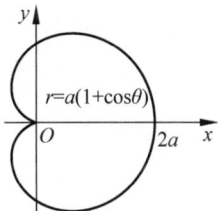
图　5-25

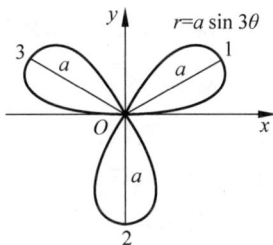
图　5-26

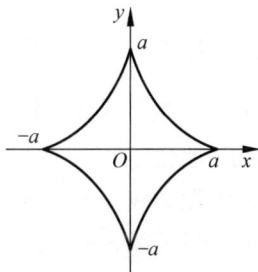
图　5-27

(5) $\begin{cases} x = a(t-\sin t), \\ y = a(1-\cos t), \end{cases}$ $(0 \leqslant t \leqslant 2\pi)$ 与 $y=0$.

4. 设函数 $y = \sin x\left(0 \leqslant x \leqslant \dfrac{\pi}{2}\right)$, 问

(1) t 取何值时,图 5-28 中阴影部分的面积 S_1 与 S_2 之和 $S = S_1 + S_2$ 最小?

(2) t 取何值时,面积 $S = S_1 + S_2$ 最大?

5. 曲线 $f(x) = x^2$ 和 $g(x) = cx^3 (c>0)$ 相交于原点和点 $\left(\dfrac{1}{c}, \dfrac{1}{c^2}\right)$,求 c 的值,使位于区间 $\left[0, \dfrac{1}{c}\right]$ 上两曲线之间

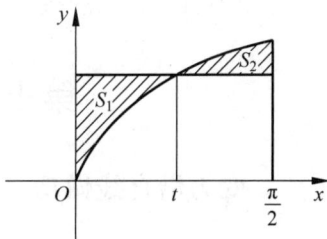
图　5-28

的图形的面积等于 $\dfrac{2}{3}$.

6. 求抛物线 $y^2=4ax$ 与过焦点的弦所围图形的面积的最小值.

7. 计算下列各立体的体积：

(1) 抛物线 $y^2=4x$ 与直线 $x=1$ 围成的图形绕 x 轴旋转所得的旋转体；

(2) $x^2+(y-5)^2\leqslant 16$ 绕 x 轴旋转所得的旋转体；

(3) 由 $y=x^2$，$x=y^2$ 所围成的图形绕 y 轴旋转所得的旋转体；

(4) 由 $y=x^3$，$x=2$，$y=0$ 所围成的图形分别绕 x 轴及 y 轴旋转所得的旋转体；

(5) 曲线弧 $y=\cos x\left(-\dfrac{\pi}{2}\leqslant x\leqslant\dfrac{\pi}{2}\right)$ 与 x 轴围成的图形分别绕 x 轴及 y 轴旋转所得的旋转体；

(6) 摆线 $x=a(t-\sin t)$，$y=a(1-\cos t)$ 的一拱（$0\leqslant t\leqslant 2\pi$）与 x 轴围成的图形绕直线 $y=2a$ 旋转所得的旋转体.

8. 过点 $P(1,0)$ 作抛物线 $y=\sqrt{x-2}$ 的切线，该切线与上述抛物线及坐标轴围成一平面图形，求此图形绕 x 轴旋转一周所得旋转体体积.

9. 设 $0\leqslant t\leqslant\dfrac{\pi}{2}$，由曲线 $y=\sin x$ 与三条直线 $x=t$，$x=2t$，$y=0$ 所围部分绕 x 轴旋转而成的旋转体体积为 $V(t)$，问 t 为何值时 V 最大？

10. 有一立体，底面是长轴为 $2a$、短轴为 $2b$ 的椭圆，垂直于长轴的截面都是等边三角形，求其体积.

11. 设有一正椭圆柱体，其底面的长、短轴分别为 $2a$，$2b$. 用过此柱体底面的短轴且与底面成 $\alpha\left(0<\alpha<\dfrac{\pi}{2}\right)$ 角的平面截此柱体，得一楔形体. 求此楔形体的体积 V.

12. 计算下列各弧长：

(1) 曲线 $y=\ln x$ 相应于 $\sqrt{3}\leqslant x\leqslant\sqrt{8}$ 的一段弧；

(2) 抛物线 $y=x^2$ 从顶点到 $(1,1)$ 点的一段弧；

(3) 星形线 $x=a\cos^3 t$，$y=a\sin^3 t$ 的全长；

(4) 对数螺线 $r=\mathrm{e}^{a\theta}$ 相应于 $\theta=0$ 到 $\theta=2\pi$ 的一段弧；

(5) 阿基米德螺线 $r=2\theta$ 上 $\theta=0$ 到 $\theta=2\pi$ 的一段弧；

(6) 曲线 $r\theta=1$ 相应于 $\theta=\dfrac{3}{4}$ 至 $\theta=\dfrac{4}{3}$ 的一段弧长；

(7) 心形线 $r=a(1+\cos\theta)$ 的全长.

13. 在摆线 $x=a(t-\sin t)$，$y=a(1-\cos t)$ 上求将摆线第一拱分成 $1:3$ 的点的坐标.

第七节　定积分的物理应用

一、变力沿直线做功

我们知道，物体在大小为 F 的常力作用下作直线运动时，如果 F 的方向与物体运动方

向一致,那么,当物体移动了距离 s 时,力 F 对物体所做的功

$$W = Fs.$$

如果物体直线运动中,力 F 的大小是变化的,下面求它做的功.

设某物体在变力 $F(x)$ 作用下沿 Ox 轴由点 a 移动到点 b(图 5-29),$F(x)$ 的方向与物体运动方向一致,求力 $F(x)$ 所做的功 W.

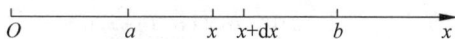

图　5-29

任取一小区间 $[x,x+\mathrm{d}x] \subset [a,b]$,该段距离上看作常力做功,则功元素为

$$\mathrm{d}W = F(x)\mathrm{d}x,$$

故变力 $F(x)$ 做的功为

$$W = \int_a^b F(x)\mathrm{d}x.$$

例 1　由胡克定律知,弹簧的弹性力与形变量成正比,力的方向指向平衡位置:

$$F = -kx,$$

其中 k 为弹簧的弹性系数.设有一弹簧,$k = 10^5 \mathrm{N/m}$,被拉长了 $0.05\mathrm{m}$,求克服弹力做的功.

解　在 $[0,0.05]$ 区间内任取一小区间 $[x,x+\mathrm{d}x]$,则功元素为

$$\mathrm{d}W = -F(x)\mathrm{d}x = kx\mathrm{d}x = 10^5 x\mathrm{d}x,$$

于是所求的功为

$$W = \int_0^{0.05} 10^5 x\mathrm{d}x = 10^5 \left[\frac{x^2}{2}\right]_0^{0.05} \mathrm{N} \cdot \mathrm{m} = 125\mathrm{N} \cdot \mathrm{m}.$$

例 2　有一圆柱形贮水池深 4m,底圆半径为 10m,池中贮满了水,要把水全部抽出需做多少功?

解　把不同深度的水抽出来需做的功不同.取坐标系如图 5-30 所示,任取一水深小区间 $[x,x+\mathrm{d}x] \subset [0,4]$,设水的密度为 $\rho = 10^3 \mathrm{kg/m^3}$,重力加速度 $g = 10\mathrm{N/kg}$,则这层水的重量为 $10^6 \pi\mathrm{d}x$,吸出这层水所需的功元素

$$\mathrm{d}W = 10^6 \pi x\mathrm{d}x,$$

于是需做的功

$$W = \int_0^4 10^6 \pi x\mathrm{d}x = 10^6 \pi \left[\frac{x^2}{2}\right]_0^4 \mathrm{N} \cdot \mathrm{m} = 8\pi \times 10^6 \mathrm{N} \cdot \mathrm{m}.$$

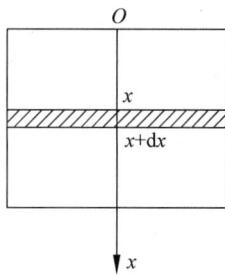

图　5-30

例 3　把一个带电量为 $+q$ 的点电荷放在 r 轴上坐标原点 O 处,它产生一个电场.这个电场对周围的电荷有作用力.由物理学知道,如果有一个单位正电荷放在这个电场中距离原点 O 为 r 的地方,那么电场对它的作用力的大小为

$$F = k \cdot \frac{q}{r^2}, \quad k \text{ 为常数},$$

如图 5-31 所示,当这个单位正电荷在电场中从 $r = a$ 处沿 r 轴移到 $r = b(a < b)$ 处时,计算电场力 F 对它所做的功.

解　在上述移动过程中,电场对这个单位正电荷的作用力是不断变化的.取 r 为积分变

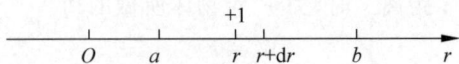

图 5-31

量,它的变化区间为 $[a,b]$. 在 $[a,b]$ 上任取一小区间 $[r,r+dr]$,当单位正电荷从 r 移动到 $r+dr$ 时,电场力对它所做的功近似于 $\dfrac{kq}{r^2}dr$,从而得到功元素

$$dW = \frac{kq}{r^2}dr,$$

于是所求的功

$$W = \int_a^b \frac{kq}{r^2}dr = kq\left[-\frac{1}{r}\right]_a^b = kq\left(\frac{1}{a}-\frac{1}{b}\right).$$

二、水压力

面积为 S 的平板水平放置在水中,则它的一侧受到的水压力为 $F = PS$,其中 P 表示压强,它与水深有关. 在水深 h 处的压强为 $P = \rho g h$,其中 ρ 是水的密度,g 是重力加速度.

当平板竖直放在水中时,由于水深不同的点处压强不同,从而平板一侧所受的水压力不能按上述公式计算,可用元素法进行计算.

例 4 一个横放着的圆柱形水桶,盛有半桶水(图 5-32(a)).设桶的底半径为 R,水的密度与重力加速度的乘积记为 γ,计算桶的一个端面上所受的压力.

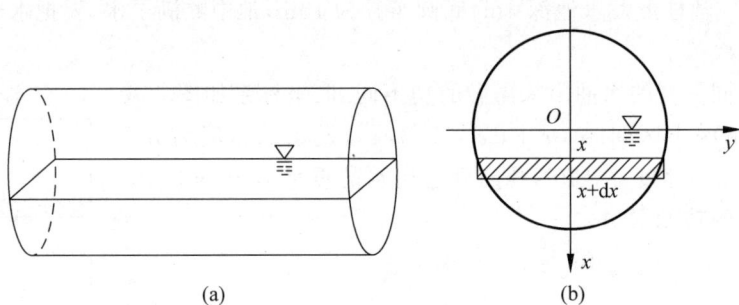

(a)   (b)

图 5-32

解 桶的一个端面是圆片,所以现在要计算的是当水平面通过圆心时,铅直放置的一个半圆片的一侧所受到的水压力.

如图 5-32(b)所示,对所取的坐标系而言,所讨论的半圆方程为

$$x^2 + y^2 = R^2, \quad 0 \leqslant x \leqslant R,$$

取 x 为积分变量,其变化区间为 $[0,R]$. 半圆片上相应于 $[x,x+dx]\subset[0,R]$ 的窄条上各点处的压强近似于 γx,这窄条的面积近似于 $2\sqrt{R^2-x^2}\,dx$,则压力元素

$$dP = 2\gamma x\sqrt{R^2-x^2}\,dx,$$

于是所求压力

$$P = \int_0^R 2\gamma x \sqrt{R^2 - x^2}\,\mathrm{d}x = -\gamma \left[\frac{2}{3}(R^2 - x^2)^{\frac{3}{2}}\right]_0^R = \frac{2\gamma}{3}R^3.$$

三、引力

质量分别为 m_1, m_2 的两质点间的引力大小为

$$F = K\frac{m_1 m_2}{r^2},$$

其中 K 为引力系数,r 为两质点间的距离.

当其中一个物体不能看作质点时,比如需要计算一根细棒对一质点的引力,就不能直接按上述公式计算了,一般也用元素法.

例 5 设有一长度为 l、线密度为 ρ 的均匀细直棒,在其中垂线上距棒 a 处有一质量为 m 的质点 M. 计算该棒对质点 M 的引力.

解 取坐标系如图 5-33 所示,使棒位于 y 轴上,质点 M 位于 x 轴上,棒的中点为原点 O. 取 y 为积分变量,它的变化区间为 $\left[-\frac{l}{2}, \frac{l}{2}\right]$. 在 $\left[-\frac{l}{2}, \frac{l}{2}\right]$ 上任取一小区间 $[y, y+\mathrm{d}y]$. 把细直棒相应于 $[y, y+\mathrm{d}y]$ 的一段近似看成质点,其质量为 $\rho\mathrm{d}y$,与 M 相距 $r = \sqrt{a^2 + y^2}$. 根据两质点间的引力计算公式,可得这段细直棒对质点 M 的引力 ΔF 的大小为

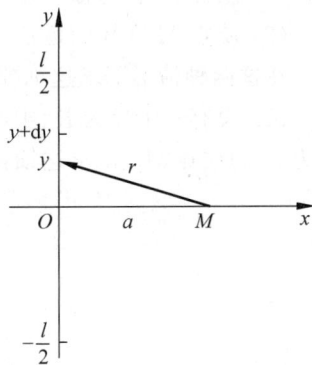

图 5-33

$$\Delta F \approx K\frac{m\rho\mathrm{d}y}{a^2 + y^2},$$

其中 K 为引力系数. 从而可求出 ΔF 的水平方向分力 ΔF_x 的近似值,即细直棒对质点 M 的引力在水平方向分力 F_x 的元素

$$\mathrm{d}F_x = -K\frac{am\rho\mathrm{d}y}{(a^2 + y^2)^{3/2}},$$

从而引力在水平方向的分力

$$F_x = -\int_{-\frac{l}{2}}^{\frac{l}{2}} \frac{Kam\rho}{(a^2 + y^2)^{3/2}}\,\mathrm{d}y = -\frac{2Km\rho l}{a}\frac{1}{\sqrt{4a^2 + l^2}},$$

上式中的负号表示 F_x 指向 x 轴的负向. 又由对称性知,引力在铅直方向的分力 $F_y = 0$.

习题 5-7

1. 由实验知道,弹簧在拉伸过程中,拉力与弹簧的伸长量成正比. 已知弹簧拉伸 $1\mathrm{cm}$ 需要的力为 $3\mathrm{N}$,如果把弹簧拉伸 $3\mathrm{cm}$,计算需要做的功.

2. 已知弹簧自然长度为 $0.6\mathrm{m}$,$10\mathrm{N}$ 的力使它伸长到 $1\mathrm{m}$. 问使弹簧从 $0.9\mathrm{m}$ 伸长到 $1.1\mathrm{m}$ 时需要做多少功?

3. 若沙子的密度为 $\rho(\mathrm{kg/m^3})$,要堆成一个半径为 $r(\mathrm{m})$、高为 $h(\mathrm{m})$ 的圆锥形沙堆,问

需做多少功?

4. 一物体按规律 $x = ct^3$ 作直线运动,媒体的阻力与速度的平方成正比.计算物体由 $x = 0$ 移动到 $x = a$ 时,克服媒体阻力所做的功.

5. 一半径为 3m 的球形水箱内有一半容量的水,现要将水抽到水箱顶端上方 7m 高处,问需要做多少功?

6. 设一锥形贮水池,深 15m,口径 20m,盛满水,今以唧筒将水吸尽,问要做多少功?

7. 一直径为 2m 的圆形管道上有一道闸门,问盛水半满时,闸门所受的压力是多少?

8. 高为 a、底为 b 的三角形平板铅直地插入水中,底边与水面平行,顶点向下,若将该平板颠倒过来,它所受的压力是前者的几倍?

9. 洒水车上的水箱是一个横放的圆柱体,端面椭圆的长轴长 2m,与水面平行,短轴长 1.5m,水箱长 4m.当水箱注满水时,水箱一个端面所受的水压力是多少? 当水箱中注有一半的水时,水箱的一个端面所受的水压力又是多少?

10. 设有一长度为 l、线密度为 ρ 的均匀细直棒,另有质量为 m 的质点 M,设:

(1) 质点 M 在与棒一端垂直距离为 a 处;

(2) 质点 M 在棒的延长线上,距离棒的近端为 a 处.

在这两种情形下求这细棒对质点 M 的引力.

11. 设有一半径为 R、中心角为 φ 的圆弧形细棒,其线密度为常数 μ. 在圆心处有一质量为 m 的质点 M. 试求这细棒对质点 M 的引力.

第八节 广 义 积 分

定积分 $\int_a^b f(x)\mathrm{d}x$ 受到两个限制:其一,积分区间 $[a,b]$ 是有限区间;其二,被积函数在积分区间上是有界函数. 在一些实际问题中,函数定义区间不是有限区间或者函数在定义区间上无界,此时也需要运用积分解决问题,为此,对定积分作如下两种推广,从而形成广义积分的概念.

一、无穷区间上的广义积分

引例 1 有一个固定的点电荷 $+q$,求距此电荷 a 处的电位.

解 由库仑定律知,距 q 为 r 的单位正电荷受到的电场力大小为

$$F = \frac{kq}{r^2}, \quad k \text{ 为常数}.$$

当单位正电荷从 $r = a$ 处移到 $r = b$ 处时,电场力所做的功称为该电场在这两点处的电位差.当单位正电荷从 $r = a$ 处移到无穷远时,电场力所需做的功称为该电场在 a 点处的电位.

由上述定义,a,b 两点的电位差为

$$\int_a^b \frac{kq}{r^2}\mathrm{d}r = kq\left[-\frac{1}{r}\right]_a^b = kq\left(\frac{1}{a} - \frac{1}{b}\right),$$

令 $b \rightarrow +\infty$, 即得 a 点处的电位

$$\lim_{b \to +\infty} \int_a^b \frac{kq}{r^2} \mathrm{d}r = \lim_{b \to +\infty} kq\left(\frac{1}{a} - \frac{1}{b}\right) = \frac{kq}{a}.$$

这里计算了一个上限趋于无穷大的定积分的极限. 类似的实例很多, 下面对这个问题进行一般性的讨论.

定义 1 设函数 $f(x)$ 在区间 $[a, +\infty)$ 上连续, 对任何实数 $b > a$, 如果极限

$$\lim_{b \to +\infty} \int_a^b f(x) \mathrm{d}x$$

存在, 则称此极限为函数 $f(x)$ 在无穷区间 $[a, +\infty)$ 上的广义积分, 记作 $\int_a^{+\infty} f(x) \mathrm{d}x$, 即

$$\int_a^{+\infty} f(x) \mathrm{d}x = \lim_{b \to +\infty} \int_a^b f(x) \mathrm{d}x,$$

这时也称广义积分 $\int_a^{+\infty} f(x) \mathrm{d}x$ 收敛(存在), 否则称它发散.

类似地定义广义积分

$$\int_{-\infty}^b f(x) \mathrm{d}x = \lim_{a \to -\infty} \int_a^b f(x) \mathrm{d}x,$$

$$\int_{-\infty}^{+\infty} f(x) \mathrm{d}x = \int_{-\infty}^c f(x) \mathrm{d}x + \int_c^{+\infty} f(x) \mathrm{d}x,$$

其中 c 为任意实数. 广义积分 $\int_{-\infty}^{+\infty} f(x) \mathrm{d}x$ 收敛的充要条件是 $\int_{-\infty}^c f(x) \mathrm{d}x$ 和 $\int_c^{+\infty} f(x) \mathrm{d}x$ 均收敛.

若 $F(x)$ 是连续函数 $f(x)$ 的原函数, 计算广义积分时, 为书写方便, 记

$$F(+\infty) = \lim_{x \to +\infty} F(x), \quad F(-\infty) = \lim_{x \to -\infty} F(x),$$

则牛顿-莱布尼茨公式仍成立, 即

$$\int_a^{+\infty} f(x) \mathrm{d}x = [F(x)]_a^{+\infty} = F(+\infty) - F(a),$$

$$\int_{-\infty}^b f(x) \mathrm{d}x = [F(x)]_{-\infty}^b = F(b) - F(-\infty),$$

$$\int_{-\infty}^{+\infty} f(x) \mathrm{d}x = [F(x)]_{-\infty}^{+\infty} = F(+\infty) - F(-\infty),$$

这时广义积分的收敛与发散取决于 $F(+\infty)$ 和 $F(-\infty)$ 是否存在. 特别地, 对最后一个等式而言, 只有 $F(+\infty)$ 和 $F(-\infty)$ 都存在时, $\int_{-\infty}^{+\infty} f(x) \mathrm{d}x$ 才收敛.

例 1 计算广义积分 $\int_{-\infty}^{+\infty} \frac{\mathrm{d}x}{1 + x^2}$.

解 $\int_{-\infty}^{+\infty} \frac{\mathrm{d}x}{1 + x^2} = \int_{-\infty}^0 \frac{\mathrm{d}x}{1 + x^2} + \int_0^{+\infty} \frac{\mathrm{d}x}{1 + x^2} = [\arctan x]_{-\infty}^0 + [\arctan x]_0^{+\infty}$

$$= 0 - \left(-\frac{\pi}{2}\right) + \frac{\pi}{2} - 0 = \pi.$$

例 2 判断广义积分 $\int_0^{+\infty} \arctan x \, \mathrm{d}x$ 的敛散性.

解 由于

$$\int_0^{+\infty} \arctan x \, \mathrm{d}x = \left[x \arctan x - \frac{1}{2} \ln(1 + x^2) \right]_0^{+\infty} = +\infty,$$

所以 $\int_0^{+\infty} \arctan x \, \mathrm{d}x$ 发散.

例 3 证明广义积分 $\int_a^{+\infty} \frac{\mathrm{d}x}{x^p}(a > 0)$ 当 $p > 1$ 时收敛,当 $p \leqslant 1$ 时发散.

证 当 $p = 1$ 时,

$$\int_a^{+\infty} \frac{1}{x^p} \mathrm{d}x = \int_a^{+\infty} \frac{1}{x} \mathrm{d}x = [\ln x]_a^{+\infty} = +\infty;$$

当 $p \neq 1$ 时,

$$\int_a^{+\infty} \frac{1}{x^p} \mathrm{d}x = \left[\frac{x^{1-p}}{1-p} \right]_a^{+\infty} = \begin{cases} +\infty, & p < 1, \\ \dfrac{a^{1-p}}{p-1}, & p > 1. \end{cases}$$

因此,当 $p > 1$ 时,广义积分收敛,其值为 $\dfrac{a^{1-p}}{p-1}$;当 $p \leqslant 1$ 时,广义积分发散.

二、无界函数的广义积分

引例 2 求曲线 $y = \dfrac{1}{\sqrt{x}}$ 与 x 轴、y 轴和直线 $x = 1$ 所围成的开口曲边梯形的面积 A.

解 如图 5-34 所示,取 $0 < \varepsilon < 1$,则曲线 $y = \dfrac{1}{\sqrt{x}}$,直线 $x = \varepsilon$,$x = 1$ 以

及 x 轴所围成的曲边梯形的面积为

$$\int_\varepsilon^1 \frac{1}{\sqrt{x}} \mathrm{d}x,$$

从而所求开口曲边梯形的面积为

图 5-34

$$A = \lim_{\varepsilon \to 0^+} \int_\varepsilon^1 \frac{1}{\sqrt{x}} \mathrm{d}x = \lim_{\varepsilon \to 0^+} \left[2\sqrt{x} \right]_\varepsilon^1 = \lim_{\varepsilon \to 0^+} 2(1 - \sqrt{\varepsilon}) = 2.$$

这里给出了计算无界函数 $y = \dfrac{1}{\sqrt{x}}$ 在区间 $(0,1]$ 上积分的方法. 将其一般化,当被积函数 $f(x)$ 在有限区间 $(a,b]$ 上为无界函数时,我们把定积分概念作如下推广.

定义 2 设函数 $f(x)$ 在 $(a,b]$ 上连续,而在点 a 的右邻域内无界(a 称为 $f(x)$ 的瑕点). 取 $\varepsilon > 0$,如果极限

$$\lim_{\varepsilon \to 0^+} \int_{a+\varepsilon}^b f(x) \mathrm{d}x$$

存在,则称此极限为无界函数 $f(x)$ 在 $(a,b]$ 上的广义积分(瑕积分),仍记作 $\int_a^b f(x) \mathrm{d}x$,即

$$\int_a^b f(x) \mathrm{d}x = \lim_{\varepsilon \to 0^+} \int_{a+\varepsilon}^b f(x) \mathrm{d}x,$$

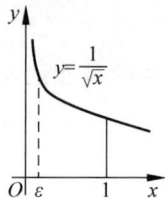

这时也称广义积分 $\int_a^b f(x)\mathrm{d}x$ 收敛. 如果上述极限不存在, 就称广义积分 $\int_a^b f(x)\mathrm{d}x$ 发散.

类似地, 设函数 $f(x)$ 在 $[a,b)$ 上连续, 而在点 b 的左邻域内无界(b 是 $f(x)$ 的瑕点). 取 $\varepsilon > 0$, 如果极限

$$\lim_{\varepsilon \to 0^+} \int_a^{b-\varepsilon} f(x)\mathrm{d}x$$

存在, 则定义无界函数 $f(x)$ 在 $[a,b)$ 上的广义积分(瑕积分)

$$\int_a^b f(x)\mathrm{d}x = \lim_{\varepsilon \to 0^+} \int_a^{b-\varepsilon} f(x)\mathrm{d}x,$$

否则, 就称广义积分 $\int_a^b f(x)\mathrm{d}x$ 发散.

设函数 $f(x)$ 在 $[a,b]$ 上除点 $c\,(a<c<b)$ 外连续, 而在点 c 的邻域内无界(c 是 $f(x)$ 的瑕点). 则定义无界函数 $f(x)$ 在 $[a,b]$ 上的广义积分(瑕积分)

$$\int_a^b f(x)\mathrm{d}x = \int_a^c f(x)\mathrm{d}x + \int_c^b f(x)\mathrm{d}x,$$

且广义积分 $\int_a^b f(x)\mathrm{d}x$ 收敛当且仅当两个广义积分 $\int_a^c f(x)\mathrm{d}x$ 与 $\int_c^b f(x)\mathrm{d}x$ 都收敛.

计算无界函数的广义积分, 也可应用牛顿-莱布尼茨公式. 比如, 设 $x=a$ 为 $f(x)$ 的瑕点, 在 $(a,b]$ 上 $F'(x)=f(x)$, 记 $F(a+0)=\lim\limits_{x\to a^+} F(x)$, 则

$$\int_a^b f(x)\mathrm{d}x = \left[F(x)\right]_a^b = F(b) - F(a+0);$$

$x=b$ 为 $f(x)$ 的瑕点时, 记 $F(b-0)=\lim\limits_{x\to b^-} F(x)$, 则 $\int_a^b f(x)\mathrm{d}x = \left[F(x)\right]_a^b = F(b-0) - F(a)$.

例 4　计算 $\int_0^a \dfrac{\mathrm{d}x}{\sqrt{a^2-x^2}}\,(a>0)$.

解　因为

$$\lim_{x\to a^-} \frac{1}{\sqrt{a^2-x^2}} = +\infty,$$

所以点 a 是瑕点, 于是

$$\int_0^a \frac{\mathrm{d}x}{\sqrt{a^2-x^2}} = \left[\arcsin \frac{x}{a}\right]_0^a = \frac{\pi}{2} - 0 = \frac{\pi}{2}.$$

例 5　讨论广义积分 $\int_{-1}^1 \dfrac{1}{x^2}\mathrm{d}x$ 的收敛性

解　因为

$$\lim_{x\to 0} \frac{1}{x^2} = +\infty,$$

所以点 0 是瑕点, 于是

$$\int_{-1}^1 \frac{1}{x^2}\mathrm{d}x = \int_{-1}^0 \frac{1}{x^2}\mathrm{d}x + \int_0^1 \frac{1}{x^2}\mathrm{d}x,$$

而

$$\int_{-1}^0 \frac{1}{x^2}\mathrm{d}x = \left[-\frac{1}{x}\right]_{-1}^0 = +\infty + (-1) = +\infty,$$

即广义积分 $\int_{-1}^{0}\dfrac{\mathrm{d}x}{x^2}$ 发散,所以广义积分 $\int_{-1}^{1}\dfrac{\mathrm{d}x}{x^2}$ 发散.

注 如果疏忽了 $x=0$ 是被积函数的瑕点,将 $\int_{-1}^{1}\dfrac{1}{x^2}\mathrm{d}x$ 当成了定积分,就会得到以下的错误结果:

$$\int_{-1}^{1}\dfrac{1}{x^2}\mathrm{d}x=\left[-\dfrac{1}{x}\right]_{-1}^{1}=-2.$$

例 6 证明广义积分 $\int_{a}^{b}\dfrac{\mathrm{d}x}{(x-a)^q}$ 当 $q<1$ 时收敛,当 $q\geqslant1$ 时发散.

证 当 $q=1$ 时,

$$\int_{a}^{b}\dfrac{\mathrm{d}x}{(x-a)^q}=\int_{a}^{b}\dfrac{\mathrm{d}x}{x-a}=\left[\ln(x-a)\right]_{a}^{b}=\ln(b-a)-(-\infty)=+\infty;$$

当 $q\neq1$ 时,

$$\int_{a}^{b}\dfrac{\mathrm{d}x}{(x-a)^q}=\left[\dfrac{(x-a)^{1-q}}{1-q}\right]_{a}^{b}=\begin{cases}\dfrac{(b-a)^{1-q}}{1-q}, & q<1,\\[2mm]+\infty, & q>1.\end{cases}$$

因此,当 $q<1$ 时广义积分收敛,其值为 $\dfrac{(b-a)^{1-q}}{1-q}$;当 $q\geqslant1$ 时广义积分发散.

习题 5-8

1. 下列广义积分是否收敛? 如果收敛,求出它们的值.

(1) $\int_{1}^{+\infty}\dfrac{\mathrm{d}x}{x^4}$;　　　　(2) $\int_{1}^{+\infty}\dfrac{\mathrm{d}x}{\sqrt{x}}$;　　　　(3) $\int_{0}^{+\infty}\mathrm{e}^{-ax}\mathrm{d}x\,(a>0)$;

(4) $\int_{0}^{+\infty}\mathrm{e}^{-x}\cos x\,\mathrm{d}x$;　　(5) $\int_{0}^{+\infty}\dfrac{\arctan x}{(1+x^2)^{3/2}}\mathrm{d}x$;　　(6) $\int_{-\infty}^{+\infty}\dfrac{\mathrm{d}x}{x^2+2x+2}$;

(7) $\int_{0}^{2}\dfrac{\mathrm{d}x}{\sqrt{x(2-x)}}$;　　(8) $\int_{0}^{2}\dfrac{\mathrm{d}x}{x\ln x}$;　　　　(9) $\int_{-\frac{\pi}{2}}^{\frac{\pi}{2}}\dfrac{\mathrm{d}x}{1-\cos x}$;

(10) $\int_{0}^{1}\sqrt{\dfrac{x}{1-x}}\,\mathrm{d}x$.

2. 试证:

(1) $\int_{0}^{1}\ln^n x\,\mathrm{d}x=(-1)^n n!$;　　　　(2) $\int_{0}^{+\infty}\mathrm{e}^{-x}x^m\,\mathrm{d}x=m!$.

3. 计算积分 $\int_{1}^{+\infty}\dfrac{\mathrm{d}x}{x\sqrt{x-1}}$.

4. 当 k 为何值时,广义积分 $\int_{2}^{+\infty}\dfrac{\mathrm{d}x}{x(\ln x)^k}$ 收敛? 当 k 为何值时,此广义积分发散? 又当 k 为何值时,此广义积分取得最小值?

5. 设 $f(t)\,(t\geqslant0)$ 为连续函数,则由下式确定的函数 F 称为 f 的拉普拉斯变换:

$$F(s) = \int_0^{+\infty} f(t)\mathrm{e}^{-st}\,\mathrm{d}t,$$

其中 F 的定义域为所有使积分收敛的 s 值的集合. 试求出下列函数的拉普拉斯变换：

(1) $f(t)=1$;　　　　(2) $f(t)=\mathrm{e}^t$;　　　(3) $f(t)=t$.

6. 已知 $\lim\limits_{x\to\infty}\left(\dfrac{x-a}{x+a}\right)^x = \int_a^{+\infty} 4x^2\mathrm{e}^{-2x}\,\mathrm{d}x$，求常数 a 的值.

7. 试确定常数 c 的值，使得广义积分

$$\int_0^{+\infty}\left(\frac{1}{\sqrt{x^2+4}} - \frac{c}{x+2}\right)\mathrm{d}x$$

收敛，并求出积分值.

第九节　工程应用举例

例 1（血液中胰岛素的浓度） 正常人血液中的胰岛素水平受当前血糖含量的影响. 当血糖含量增加时，由胰脏分泌的胰岛素就进入血液；进入血液后，胰岛素的生化特性变得不活泼，并呈指数衰减，半衰期为 20min.

在临床中，先让病人禁食，以便降低其体内的血糖含量，然后注射大量的葡萄糖，经测定血液中胰岛素浓度符合下列函数：

$$C(t)=\begin{cases} t(10-t), & 0\leqslant t\leqslant 5, \\ 25\mathrm{e}^{-k(t-5)}, & t>5, \end{cases}$$

其中 $k=\dfrac{\ln 2}{20}$，时间的单位为 min，求 30min 内血液中胰岛素的平均浓度.

解 由函数均值的公式，有

$$\begin{aligned}\bar{C}(t) &= \frac{1}{30}\int_0^{30}C(t)\,\mathrm{d}t = \frac{1}{30}\int_0^5 C(t)\,\mathrm{d}t + \frac{1}{30}\int_5^{30} C(t)\,\mathrm{d}t \\ &= \frac{1}{30}\int_0^5 t(10-t)\,\mathrm{d}t + \frac{1}{30}\int_5^{30} 25\mathrm{e}^{-k(t-5)}\,\mathrm{d}t \\ &= \frac{25}{9} - \frac{5}{6k}(\mathrm{e}^{-25k}-1) \approx 16.71 \text{ 单位} /\mathrm{mL},\end{aligned}$$

因此，30min 内血液中胰岛素的平均浓度约为 16.71 单位/mL.

例 2（油罐中油的刻度） 有一个椭圆柱油罐，其长度为 l，两个底面是长轴为 $2a$、短轴为 $2b$ 的椭圆，问当油罐中油面高度为 h 时，油量是多少？

解 如图 5-35 所示，建立坐标系. 问题在于计算油面与油罐底面相截出的那一块面积 S（即阴影部分的面积），只要算出 S，则罐中的油所占的体积为 $V=Sl$，从而油量 Q 为

$$Q=\rho V=\rho l S,$$

其中 ρ 表示油的密度.

由图 5-35 可知，油罐底面的椭圆方程为

$$\frac{x^2}{a^2}+\frac{y^2}{b^2}=1,$$

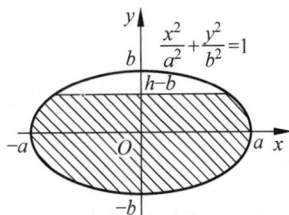

图 5-35

现设 $h > b$，则 $S = S_1 + S_2$，其中 S_1 是半椭圆的面积，故 $S_1 = \dfrac{1}{2}\pi ab$；S_2 是位于 x 轴上方阴影部分的面积. 则

$$S_2 = 2\int_0^{h-b} x(y)\,\mathrm{d}y = 2\int_0^{h-b} a\sqrt{1 - \frac{y^2}{b^2}}\,\mathrm{d}y = \frac{2a}{b}\int_0^{h-b}\sqrt{b^2 - y^2}\,\mathrm{d}y,$$

令 $y = b\sin t$，则 $\sqrt{b^2 - y^2} = b\cos t$，进而有

$$S_2 = ab\int_0^{\arcsin\frac{h-b}{b}} 2\cos^2 t\,\mathrm{d}t = ab\int_0^{\arcsin\frac{h-b}{b}}(1 + \cos 2t)\,\mathrm{d}t$$

$$= ab\left[\arcsin\frac{h-b}{b} + \frac{1}{2}\sin\left(2\arcsin\frac{h-b}{b}\right)\right].$$

于是 $S = S_1 + S_2 = \dfrac{1}{2}\pi ab + ab\left[\arcsin\dfrac{h-b}{b} + \dfrac{1}{2}\sin\left(2\arcsin\dfrac{h-b}{b}\right)\right]$，从而油量为

$$Q = \rho lS = ab\rho l\left[\frac{\pi}{2} + \arcsin\frac{h-b}{b} + \frac{1}{2}\sin\left(2\arcsin\frac{h-b}{b}\right)\right].$$

根据这个公式，可以求得油量与高度的对应值，从而可以标出油量的刻度.

思考： 如果 $h < b$，该如何计量油量？

例 3（捕鱼成本） 在鱼塘中捕鱼时，鱼越少捕鱼越困难，捕捞的成本也就越高，一般可以假设每千克鱼的捕捞成本与当时池塘中的鱼量成反比.

假设当鱼塘中有 x(kg)鱼时，每千克的捕捞成本是 $\dfrac{2\,000}{10 + x}$ 元. 已知鱼塘中现有鱼 10 000kg，问从鱼塘中捕捞 6 000kg 鱼需花费多少成本？

解 根据题意，当塘中鱼量为 x 时，捕捞成本函数为

$$C(x) = \frac{2\,000}{10 + x}, \quad x > 0.$$

假设塘中现有鱼量为 A，需要捕捞的鱼量为 T. 当我们已经捕捞了 x(kg)鱼之后，塘中所剩的鱼量为 $A - x$，此时再捕捞 Δx(kg)鱼所需的成本为

$$\Delta C = C(x)\Delta x = \frac{2\,000}{10 + (A - x)}\Delta x,$$

因此，捕捞 T(kg)鱼所需成本为

$$C = \int_0^T \frac{2\,000}{10 + (A - x)}\,\mathrm{d}x = 2\,000\ln\frac{10 + A}{10 + (A - T)}\ (\text{元}).$$

将 $A = 10\,000$kg，$T = 6\,000$kg 代入，可计算出总捕捞成本为

$$C = 2\,000\ln\frac{10\,010}{4\,010}\ \text{元} = 1\,829.59\ \text{元}.$$

当然也可以计算出每千克鱼的平均捕捞成本

$$\overline{C} = \frac{1\,829.59}{6\,000}\ \text{元} \approx 0.3\ \text{元}.$$

例 4（桥墩的体积） 某立交桥桥墩形如截锥体，其上下底面是半轴长分别为 a，b 和 A，B 的椭圆，其高为 h，求桥墩的体积.

解 如图 5-36 所示，上底是一个较小的椭圆，长半轴为 a，短半轴为 b；而下底是一个

较大的椭圆,长半轴为 A,短半轴为 B.现求这个桥墩的体积.

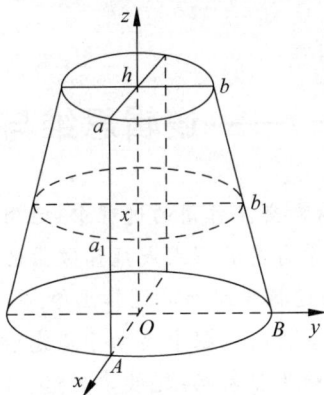

图 5-36

在距下底为 $x(0 < x < h)$ 处作一个平行于上底或下底的平面,其截面为一个椭圆.设该椭圆的长半轴为 a_1,短半轴为 b_1,则其椭圆方程为

$$\frac{x^2}{a_1^2} + \frac{y^2}{b_1^2} = 1,$$

a_1 和 b_1 的值可以用相似形对应边成比例求出,进而用定积分求出桥墩的体积,过程如下:

因为 $\dfrac{h-x}{h} = \dfrac{a_1-a}{A-a} = \dfrac{b_1-b}{B-b}$,故

$$a_1 = a + \left(1 - \frac{x}{h}\right)(A-a), \quad b_1 = b + \left(1 - \frac{x}{h}\right)(B-b),$$

进而截面面积为

$$S(x) = \pi a_1 b_1 = \pi \left[a + \left(1 - \frac{x}{h}\right)(A-a)\right]\left[b + \left(1 - \frac{x}{h}\right)(B-b)\right],$$

所求桥墩的体积为

$$V = \int_0^h S(x)\mathrm{d}x = \pi \int_0^h \left[a + \left(1 - \frac{x}{h}\right)(A-a)\right]\left[b + \left(1 - \frac{x}{h}\right)(B-b)\right]\mathrm{d}x$$

$$= \frac{1}{6}\pi h\left[(2A+a)B + (2a+A)b\right].$$

从所得的表示式可以看出,体积与 A,B,a,b,h 均有关.

例 5(润滑油供应问题) 某制造公司在生产了一批超音速运输机之后停产了.但该公司承诺将为客户终身供应一种适于该机型的特殊润滑油.一年后该批飞机的用油率(单位:L/a)由下式给出:

$$r(t) = 300t^{-\frac{3}{2}},$$

其中 t 表示飞机服役的年数$(t \geqslant 1)$.该公司要一次性生产该批飞机一年以后所需的润滑油并在需要时分发出去,问需要生产此润滑油多少升?

解 $r(t) = 300t^{-\frac{3}{2}}$ 是该批飞机一年后的用油率,故 $\int_1^x r(t)\mathrm{d}t$ 为该批飞机从第一年到第 x 年间所用的润滑油的数量,因此该批飞机终身所需的润滑油的数量为

$$\int_1^{+\infty} r(t)\,\mathrm{d}t = \int_1^{+\infty} 300t^{-\frac{3}{2}}\,\mathrm{d}t = 300 \times (-2)t^{-\frac{1}{2}}\bigg|_1^{+\infty} = 600\mathrm{L},$$

即 600L 润滑油将保证终身供应.

数学思维(一)——逻辑思维与非逻辑思维

数学思维是人脑在和数学对象交互作用的过程中,运用特殊的数学符号语言,以抽象和概括为特点,对客观事物按照数学自身的形式或规律做出的间接概括的反映.按照思维活动的形式不同,数学思维可以分为逻辑思维和非逻辑思维.

逻辑思维,是指人们在认识事物的过程中借助于概念、判断、推理等思维形式能动地反映客观现实的理性认识过程,又称为抽象思维.数学概念、数学判断、数学推理是数学思维的基本形式.

(1) 数学概念是数学思维最基本的形式,它是对客观事物的数量关系、空间形态或结构关系的特征的概括.数学概念的形成是一个数学思维的过程,它包括对数学对象的认识、理解,然后通过思维加工找出它们的特征或属性,最后在思维的抽象概括的作用下,确认数学对象的本质属性,运用确定的词语表达而形成概念.

(2) 数学判断是对数学概念的思维形式,是对数学概念属性、关系的肯定或否定.数学判断又称为数学命题,是用特定的数学语言、数学符号表示的一种判断的语句,有两种表现形式:一种是公理,是不加证明而承认其正确的数学命题,如《几何原本》中的"等量加等量,其和仍相等",就是一种未加证明而得到确认的数学判断;另一种是定理,是根据已有的定义、公理或已知的真命题,经过逻辑证明得到确认的真实性命题.

(3) 数学推理是指由已知命题推出新命题的基本思维方式,这种严格意义上的推理是指每推进一步都要有所依据,由此构成数学逻辑思维的命题序列.最常运用的数学推理包括归纳推理和演绎推理.

非逻辑思维,是指在数学思维中运用的猜想、直觉、灵感、形象等思维方式.这些思维形式经常地、大量地出现在解决数学问题之中,是数学发现的重要方式.

(1) 数学形象思维是以数学表象、直感、想象为基本形式,以观察、比较、类比、联想、归纳、猜想为主要方式,并主要通过对形象材料的意识加工而得到领会的思维方式.比如,学习几何学时,空间图形的直观形象可以使人们很容易理解空间中两条直线重合、相交、平行、异面等位置关系.

(2) 数学直觉思维是一种对数学问题或数学现象的直接领悟式的思维,在没有明确的逻辑思维与理论推证过程时,却感觉到或猜测到了问题的结论,从而推动人们去论证与推导.虽然直觉思维的结论有些事后被证明有局限性,甚至是错误的,但是,直觉思维往往作为解决问题的先导给人以启示.例如,人们直觉地认识到过直线外一点只能作一条直线与已知直线平行,这种直觉被表述为欧氏几何的第五公设,并被广泛应用,但是非欧几何的发展使人们看出了当时直觉的局限性.

(3) 数学灵感思维是指人们对某一个问题百思不得其解,绞尽脑汁仍无答案时,却因受某种偶然因素的启发产生顿悟,刹那间闪现出解决问题的方式与方法.英国数学家哈密顿发现"四元数"的过程是个数学灵感思维的典型例子.

第 六 章

微分方程

将客观现象的内部联系用函数进行表示可以研究客观现象的规律性,因此寻求变量之间的函数关系是数学中一个很重要的课题,在生产实践中具有重要意义.但是在实际问题中,常常不容易直接找出所需要的函数关系,而根据具体问题所提供的信息有时却比较容易建立关于待求函数及其导数的关系,这样的关系方程就是微分方程.通过解微分方程,最后可以得出所要求的函数.这种方法在现代科学技术中得到广泛的应用.本章主要介绍微分方程的一些基本概念和几种常用的微分方程的解法.

第一节 微分方程的基本概念

为了说明微分方程的基本概念,我们先来看两个实例.

例 1 求曲线方程,使其上各点的切线斜率等于该点横坐标的平方,且该曲线通过坐标原点.

解 设所求曲线方程为 $y=y(x)$,根据导数的几何意义可知,未知函数 $y=y(x)$ 应满足关系式

$$\frac{\mathrm{d}y}{\mathrm{d}x}=x^2, \tag{1}$$

此外,未知函数 $y=y(x)$ 还应满足条件:

$$x=0 \text{ 时}, \quad y=0. \tag{2}$$

将式(1)两端积分,得

$$y=\int x^2 \mathrm{d}x=\frac{x^3}{3}+C, \tag{3}$$

其中 C 为待定常数.把条件式(2)代入式(3),得

$$C=0,$$

再将 $C=0$ 代入式(3),即得所求曲线方程为

$$y=\frac{x^3}{3}. \tag{4}$$

例 2 质量为 m 的物体在时刻 $t=0$ 时自高度 h_0 处落下,设初速为 v_0,不计空气阻力,求时刻 t 时物体的高度.

解 选取坐标系如图 6-1 所示.点 A 为物体的初始位置,对应高度为 h_0.物体在时刻 t 时到达点 B,对应高度为 $h=h(t)$.

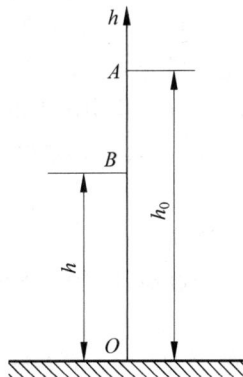

图 6-1

根据牛顿第二定律,$F = ma$,其中 F 是物体在时刻 t 所受的力,a 是在时刻 t 时物体运动的加速度,m 是物体的质量. 由于 $a = \dfrac{\mathrm{d}^2 h}{\mathrm{d}t^2}$,且物体只受重力的作用,所以 $F = -mg$,

$$m\,\frac{\mathrm{d}^2 h}{\mathrm{d}t^2} = -mg, \tag{5}$$

或

$$\frac{\mathrm{d}^2 h}{\mathrm{d}t^2} = -g. \tag{6}$$

由题意知,h 还要满足两个条件:

$$\begin{cases} h \mid_{t=0} = h_0 \ (\text{初始位置}), \\ \dfrac{\mathrm{d}h}{\mathrm{d}t} \bigg|_{t=0} = v_0 \ (\text{初始速度}). \end{cases} \tag{7}$$

将式(6)两端进行积分,得

$$\frac{\mathrm{d}h}{\mathrm{d}t} = -gt + C_1, \tag{8}$$

再积一次分,得

$$h(t) = -\frac{1}{2}gt^2 + C_1 t + C_2, \tag{9}$$

式中 C_1, C_2 为任意常数. 把条件式(7)代入式(8)、式(9),得

$$v_0 = C_1, \quad h_0 = C_2,$$

因此

$$h(t) = -\frac{1}{2}gt^2 + v_0 t + h_0. \tag{10}$$

从以上例子可以大体看出用含有微分或导数的方程解决问题的思路:首先建立欲求函数及其微分或导数的方程,再根据实际问题确定一些条件,最后通过运算求出函数的一般关系及适合条件的具体函数.

上面两个例子中的关系式(1)和式(6)都是微分方程. 一般地,含有自变量、未知函数、未知函数的导数或微分的等式叫作微分方程. 未知函数为一元函数的微分方程叫作常微分方程. 上面的例子都是常微分方程. 未知函数为多元函数的微分方程叫作偏微分方程. 本章只讨论常微分方程,并简称为微分方程或方程.

微分方程中出现的未知函数各阶导数的最高阶数叫作微分方程的阶. 例如,上例中的方程(1)是一阶微分方程,方程(6)是二阶微分方程. 又如,方程

$$y^{(4)} - 4y''' + 10y'' - 12y' + 5y = \sin 2x$$

是四阶微分方程.

一般地,n 阶微分方程的形式为

$$F(x, y, y', \cdots, y^{(n)}) = 0, \tag{11}$$

其中 F 是 $n+2$ 个变量的函数. 这里必须指出,在方程(11)中,$y^{(n)}$ 是必须出现的,而其余变量可以不出现. 例如,n 阶微分方程

$$y^{(n)} + 1 = 0$$

中,除 $y^{(n)}$ 外,其他变量都没有出现.

如果能从方程(11)中解出最高阶导数的关系式,得微分方程

$$y^{(n)} = f(x, y, y', \cdots, y^{(n-1)}), \tag{12}$$

则更为直观.以后我们讨论的微分方程都是已解出最高阶导数的方程或能解出最高阶导数的方程,且式(12)右端的函数 f 在所讨论的定义范围内连续.

将某个函数 $y = \varphi(x)$ 代入微分方程后,如能使两端恒等,则该函数叫作该微分方程的解.例如,函数(3)和(4)都是微分方程(1)的解;函数(9)和(10)都是微分方程(6)的解.

解主要有两种不同的形式.一种解包含任意常数,且任意常数的个数正好和方程的阶数相等.这样的解叫作微分方程的通解或一般解.例如,函数(9)是方程(6)的解,它含有两个任意常数,而方程(6)是二阶的,所以函数(9)是方程(6)的通解.

必须注意的是,通解中的任意常数是相互独立的,它们不能合并而使任意常数的个数减少.例如,某二阶微分方程有一解 $y = (C_1 + C_2)x$,表面上是两个任意常数,而 $C_1 + C_2 = C$,实质上只有一个任意常数,所以 $y = (C_1 + C_2)x$ 不是该二阶微分方程的通解.

另一种解不包含任意常数,它是按照问题所给的定解条件从通解中确定出任意常数的特定值而得出的.这种解叫作特解.例如,式(10)是方程(6)满足条件(7)的特解.

设微分方程中的未知函数为 $y = y(x)$,如果微分方程是一阶的,通常用来确定任意常数特定值的是一个条件

$$y \mid_{x=x_0} = y_0,$$

其中 x_0, y_0 都是给定值;如果微分方程是二阶的,通常用来确定任意常数特定值的是两个条件

$$\begin{cases} y \mid_{x=x_0} = y_0, \\ y' \mid_{x=x_0} = y_0', \end{cases}$$

其中 x_0, y_0 和 y_0' 都是给定值.这类用来确定微分方程特解的条件称为初始条件.初始条件在具体问题中有一定的具体意义.求解微分方程附加了初始条件的特解问题称为初值问题.

微分方程的解也常常用隐函数的形式给出,如 $F(x, y) = 0$,它也叫微分方程的积分.但为了简单起见,以后我们将不把解与积分区别开来.微分方程的特解 $y = \varphi(x)$ 的几何图形是一条平面曲线,叫作微分方程的积分曲线;通解表示一族曲线,叫作积分曲线族.

例 3 验证函数 $y = Ce^{-3x} + e^{-2x}$(C 为任意常数)是方程 $\dfrac{dy}{dx} + 3y = e^{-2x}$ 的通解,并求满足初始条件 $y \mid_{x=0} = 0$ 的特解.

解 要验证一个函数是否是方程的通解,只要将函数代入方程,看是否恒等,再看函数式中所含独立的任意常数的个数是否与微分方程的阶数相同.

将函数 $y = Ce^{-3x} + e^{-2x}$ 代入方程,则

$$左边 = \frac{dy}{dx} + 3y = -3Ce^{-3x} - 2e^{-2x} + 3(Ce^{-3x} + e^{-2x}) = e^{-2x} = 右边,$$

又因为此函数含有一个任意常数,所以 y 是方程的通解.

求满足初始条件的特解,就是根据已给的初始条件,确定通解中任意常数 C 的值.现将初始条件 $y \mid_{x=0} = 0$ 代入通解

$$y = Ce^{-3x} + e^{-2x}$$

中,得 $0 = C + 1$,即 $C = -1$. 因此,所求特解为

$$y = -e^{-3x} + e^{-2x}.$$

习题 6-1

1. 下列方程哪些是微分方程? 若是微分方程,指出它的阶数:

(1) $y' = xy$;　　　　(2) $x^2 + y^2 = 1$;　　　　(3) $\dfrac{d^2 y}{dx^2} + 4y = x$;

(4) $y(y')^2 = 1$;　　　(5) $x^2 - 2x = 0$;　　　(6) $y'' - x^4 = 0$;

(7) $yy'' = 2y'$;　　　(8) $x^2 dy + y^2 dx = 0$.

2. 检验下列函数(其中 C 为任意常数)是否是所给方程的解,是通解还是特解?

(1) $\dfrac{dy}{dx} - 2y = 0$, $y = \sin 2x$, $y = e^x$, $y = e^{2x}$, $y = 4e^{2x}$, $y = Ce^{2x}$;

(2) $xy' = y\left(1 + \ln\dfrac{y}{x}\right)$, $y = x$, $y = x e^{Cx}$;

(3) $y' = 3y^{\frac{2}{3}}$, $y = (x+2)^3$, $y = x^3 + C$, $y = (x+C)^3$;

(4) $(y')^2 + xy' - y = 0$, $y = -\dfrac{1}{4}x^2$.

3. 检验下列各题中的函数是否是所给微分方程的解,并求满足所给初始条件的特解:

(1) $\begin{cases} y' + 2y = 0, y = 2e^{-2x}, y = e^x, y = e^{-2x}, \\ y|_{x=0} = 1; \end{cases}$

(2) $\begin{cases} \dfrac{du}{dt} = 4u^2, u = -\dfrac{1}{5}, u = -\dfrac{1}{4t+1}, u = \dfrac{-1}{4t+C}, C \text{ 为任意常数}, \\ u|_{t=1} = -\dfrac{1}{5}. \end{cases}$

4. 验证函数 $s = s_0 + v_0 t + \dfrac{1}{2}gt^2$ 满足二阶微分方程 $\dfrac{d^2 s}{dt^2} = g$ 及初始条件:$t = 0$ 时, $s = s_0$, $\dfrac{ds}{dt} = v_0$.

5. 已知曲线上点 $P(x, y)$ 处的法线与 x 轴的交点为 Q,且线段 PQ 被 y 轴平分. 求这条曲线所满足的微分方程.

6. 在 $t = 0$ 时,以初速 v_0 下抛一物体,设空气的阻力与速度成正比,试建立下落的距离随时间变化的微分方程.

7. 求下列已给曲线族所满足的微分方程:

(1) $(x-C)^2 + y^2 = 1$;　(2) $y = Cx + C^2$;　　(3) $y = C + \sqrt{1-x^2}$;

(4) $y = C + \ln x$;　　　(5) $y = C_1 x + C_2 x^2$;　(6) $y = C_1 \cos 2x + C_2 \sin 2x$.

第二节　可分离变量的微分方程

上一节的例 1 与例 2 中,微分方程可以用直接求积分的方法来求解,但是并非所有的微分方程都能这样求解.实际问题中遇到的微分方程是多种多样的,它们的解法也各不相同,一般与其阶数、类型有关.

本节开始至第四节,先讨论几种特殊类型的一阶微分方程的求解.

一阶微分方程的一般形式可写成 $F(x,y,y')=0$.以后我们仅讨论已解出导数的方程,即形如

$$y'=f(x,y)$$

的方程.这种方程还可以表达成微分的形式:

$$M(x,y)\mathrm{d}x+N(x,y)\mathrm{d}y=0. \tag{1}$$

在方程(1)中,变量 x 与 y 对称,它既可看作以 x 为自变量、y 为未知函数的方程

$$\frac{\mathrm{d}y}{\mathrm{d}x}=-\frac{M(x,y)}{N(x,y)},\quad N(x,y)\neq 0,$$

也可看作以 y 为自变量、x 为未知函数的方程

$$\frac{\mathrm{d}x}{\mathrm{d}y}=-\frac{N(x,y)}{M(x,y)},\quad M(x,y)\neq 0.$$

一阶微分方程的一般解包含一个任意常数.为了确定这个常数,必须给出一个条件,通常给出初始条件

$$y\mid_{x=x_0}=y_0 \quad \text{或} \quad y(x_0)=y_0.$$

在一阶微分方程中,有一种不可以用直接求积分的方法来求解的方程,例如

$$-\frac{\mathrm{d}y}{\mathrm{d}x}=y^2, \tag{2}$$

为了求解,将式(2)变形,在式(2)两边同时乘以 $\frac{\mathrm{d}x}{y^2}(y\neq 0)$,则式(2)变为

$$-\frac{\mathrm{d}y}{y^2}=\mathrm{d}x \quad (y\neq 0),$$

两边积分,得

$$\frac{1}{y}=x+C,$$

解出 y,得

$$y=\frac{1}{x+C}, \tag{3}$$

其中 C 是任意常数.

可以验证,函数(3)确实满足一阶微分方程(2),且含有一个任意常数,所以它是方程(2)的通解.但对方程(2)作变形时,我们假定了 $y\neq 0$,实际上 $y=0$ 也是方程(2)的解,不包含在通解内,称为方程的奇解.

上述求解微分方程的特点是:经过适当的运算,使方程的左边只含有一个变量及其微

分,而其右边只含有另一变量及其微分.这样,在方程两边分别对所含的变量进行积分,就可求得方程的通解.凡具有上述特点的微分方程称为可分离变量的微分方程.这种分离变量后分别进行积分的方法称为分离变量法.

一般地,可分离变量的微分方程可写成以下形式:

$$\frac{\mathrm{d}y}{\mathrm{d}x} = f(x)g(y), \tag{4}$$

其中 $f(x)$ 及 $g(y)$ 在所考察的范围内是已知的连续函数,且 $g(y) \neq 0$.

通过分离变量,可将式(4)改写为

$$\frac{\mathrm{d}y}{g(y)} = f(x)\mathrm{d}x,$$

两边对所含的变量进行积分,得

$$\int \frac{\mathrm{d}y}{g(y)} = \int f(x)\mathrm{d}x,$$

计算后得到通解,再根据所给的初始条件就可求出方程的特解.

注   如果 $g(y_0) = 0$,则常值函数 $y = y_0$ 也是方程的解.

例 1   求解微分方程 $\dfrac{\mathrm{d}y}{\mathrm{d}x} = y$.

解   这是可分离变量的方程. $y \neq 0$ 时,先分离变量,得

$$\frac{\mathrm{d}y}{y} = \mathrm{d}x,$$

两边积分,得

$$\ln |y| = x + C_1,$$

即

$$|y| = \mathrm{e}^{x+C_1} = \mathrm{e}^{C_1}\mathrm{e}^x,$$

所以

$$y = \pm \mathrm{e}^{C_1}\mathrm{e}^x, \tag{5}$$

取 $\pm \mathrm{e}^{C_1} = C$,得方程的通解

$$y = C\mathrm{e}^x,$$

其中 C 是可为正也可为负的常数,但不能为 0. 当 $C = 0$ 时所求的解为 $y = 0$,它显然是已给方程 $\dfrac{\mathrm{d}y}{\mathrm{d}x} = y$ 的解.将上述情况综合在一起,得到原方程的通解

$$y = C\mathrm{e}^x, \quad C \text{ 为任意常数}.$$

为了方便,以后遇到类似式(5)的情形时,一般直接将其写成 $y = C\mathrm{e}^x$,其中 C 为任意常数,而不具体讨论 C 的正负.

例 2   暖水瓶降温问题.设暖水瓶内热水温度为 T,室内温度为常数 T_0,t 为时间(以小时为单位).根据实验,热水温度的降低率与 $T - T_0$ 成正比,求 T 与 t 的函数关系.

又设室内温度 $T_0 = 20℃$,当 $t = 0$ 时暖水瓶内水温为 $100℃$,并已知 24h 后瓶内热水温度为 $50℃$,问几小时后瓶内热水温度为 $95℃$?

解   根据题意,温度 T 满足微分方程

$$\frac{\mathrm{d}T}{\mathrm{d}t} = -k(T - T_0), \tag{6}$$

其中 $k > 0$ 是常数,取负号是由于 $\dfrac{\mathrm{d}T}{\mathrm{d}t}$ 为负值.方程(6)是可分离变量的.分离变量,得

$$\frac{\mathrm{d}T}{T - T_0} = -k\,\mathrm{d}t,$$

两边积分,得

$$\ln(T - T_0) = -kt + C_1,$$

即

$$T - T_0 = \mathrm{e}^{C_1 - kt},$$

所以

$$T = T_0 + C\mathrm{e}^{-kt}, \quad C \text{ 为任意常数.}$$

已知 $T_0 = 20$,又 $t = 0$ 时 $T = 100$,$t = 24$ 时 $T = 50$,代入即得

$$\begin{cases} 100 = 20 + C, \\ 50 = 20 + C\mathrm{e}^{-24k}, \end{cases}$$

解得

$$C = 80, \quad k = \frac{1}{24}(\ln 8 - \ln 3).$$

于是得到在已给条件下微分方程的特解为

$$T = 20 + 80\mathrm{e}^{-kt},$$

其中 $k = \dfrac{1}{24}(\ln 8 - \ln 3)$.

设 $t = t_0$ 时 $T = 95$,故有

$$95 = 20 + 80\mathrm{e}^{-t_0 k},$$

所以

$$t_0 k = \ln \frac{80}{75} = \ln 16 - \ln 15,$$

即

$$t_0 = \frac{\ln 16 - \ln 15}{\ln 8 - \ln 3} \times 24\mathrm{h} \approx 1.58\mathrm{h}.$$

例 3 如图 6-2 所示,容器内有 100L 的盐水,含 10kg 的盐,现在以 3L/min 的均匀速度从 A 管放进净水,冲淡盐水,又以 2L/min 的均匀速度将盐水从 B 管抽出,问 60min 后容器内尚剩多少盐?

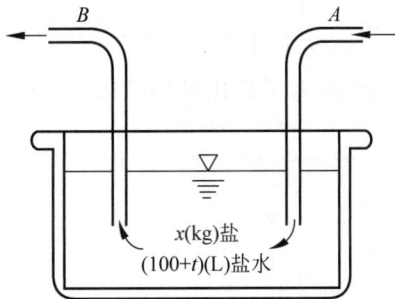

图 6-2

解 设在任何时刻 $t(\min)$,容器中含盐为 $x(\mathrm{kg})$,现在要求出 $x = x(t)$.这个函数关系不易直接求得,我们希望能先建立函数 $x = x(t)$ 所满足的微分方程.

随时间 t 增加,容器中盐水不断被冲淡,即盐水的质量浓度不断变小,含盐量也不断减

少.现考虑从时刻 t 到时刻 $t+\Delta t$(设 $\Delta t>0$)的一段时间间隔中,含盐量由 x 变到 $x+\Delta x$ ($\Delta x<0$).

我们以 $-\Delta x$ 表示在这段过程中容器内所减少的盐量,它应等于从 B 管所抽出的盐量. 而在这段过程中,从 B 管抽出的盐水为 $2\Delta t$(L).由于质量浓度的变化是连续的,当 Δt 很小时,在 t 到 $t+\Delta t$ 的时间间隔里,质量浓度可以近似地看作不变并近似地等于时刻 t 时的质量浓度 ρ_t,质量浓度 ρ_t 就是在 t 时刻每单位体积的盐水所含的盐量.于是从 B 管抽出的盐量近似等于 $\rho_t \cdot 2\Delta t$,即

$$-\Delta x \approx 2\rho_t \Delta t, \quad \text{或} \quad \frac{\Delta x}{\Delta t} \approx -2\rho_t,$$

令 $\Delta t \to 0$,将上式两边取极限,得

$$\frac{\mathrm{d}x}{\mathrm{d}t} = -2\rho_t.$$

因为在 t 时刻,容器内有盐水

$$100+3t-2t=100+t \text{ (L)},$$

其含盐量为 x,于是质量浓度

$$\rho_t = \frac{x}{100+t}.$$

综上,得微分方程

$$\frac{\mathrm{d}x}{\mathrm{d}t} = -\frac{2x}{100+t}, \tag{7}$$

这是可分离变量的方程,将其改写为

$$\frac{\mathrm{d}x}{x} = -\frac{2\mathrm{d}t}{100+t},$$

两边积分,得

$$\ln x = -2\ln(100+t) + \ln C,$$

即

$$\ln x = \ln \frac{C}{(100+t)^2},$$

因此

$$x = \frac{C}{(100+t)^2}, \quad C \text{ 为任意正常数}$$

为方程(7)的通解.将 C 写成 $\ln C$ 是为了简化最后结果.碰到积分中出现对数时,我们常常这样处理.

由于初始条件是

$$x \mid_{t=0} = 10,$$

代入通解,得 $10 = \dfrac{C}{100^2}$,即 $C = 10^5$,所以

$$x = \frac{10^5}{(100+t)^2} \text{ (kg)}.$$

当 $t = 60\text{min}$ 时,

$$x = \frac{10^5}{160^2}\text{kg} \approx 3.9\text{kg},$$

212

也就是 60min 后,容器内尚剩约 3.9kg 盐.

从上面的例题可以看出,运用微分方程解决实际问题时,关键在于列出微分方程和初始条件.如何列出方程?一般来说,主要根据问题的固有规律及数量关系找出未知函数及其导数间的关系,得到微分方程.例 3 是分析在自变量 t 的一个微小变化 Δt 内,未知函数 x 的微小变化 Δx,列出 Δx 与 Δt 的关系式,通过取极限得到微分方程.这种方法称为微小增量分析法,是列微分方程常用的方法.

习题 6-2

1. 解下列微分方程:

(1) $y'\tan x - y = a$;

(2) $y' = 10^{x+y}$;

(3) $x(1+y) + y'(y-xy) = 0$;

(4) $\sin x \cos y\, dx - \cos x \sin y\, dy = 0$;

(5) $dy + y\tan x\, dx = 0$;

(6) $y' = \sqrt{xy}$;

(7) $(1+x^2)dy - \sqrt{1-y^2}\, dx = 0$;

(8) $y'\sin x = y\ln y$;

(9) $x\sec y\, dx + (x+1)dy = 0$;

(10) $(e^{x+y} - e^x)dx + (e^{x+y} + e^y)dy = 0$.

2. 求下列方程满足所给初始条件的特解:

(1) $\sin y\cos x\, dy = \cos y\sin x\, dx$, $y|_{x=0} = \dfrac{\pi}{4}$;

(2) $\sin x\, dy - y\ln y\, dx = 0$, $y|_{x=\frac{\pi}{2}} = e$;

(3) $(1+e^x)yy' = e^x$, $y|_{x=1} = 1$;

(4) $\dfrac{x}{1+y}dx - \dfrac{y}{1+x}dy = 0$, $y|_{x=0} = 1$.

3. 一曲线上任何一点的切线斜率等于自原点到该切点的连线斜率的 2 倍,且曲线过点 $\left(1, \dfrac{1}{3}\right)$,求此曲线的方程.

4. 有一子弹以 $v_0 = 200\text{m/s}$ 的速度射入厚度为 $h = 10\text{cm}$ 的木板,穿过木板后仍有速度 $v_1 = 80\text{m/s}$.假设木板对子弹的阻力与其速度的平方成正比,求子弹通过木板所需要的时间.

5. 镭的衰变有如下的规律:镭的衰变速度与它的现存量 R 成正比.已知镭经过 1 600 年后,只余原始量 R_0 的一半,试求镭的量 R 与时间 t 的函数关系.

6. 设 $F(x)$ 为 $f(x)$ 的原函数,且当 $x \geqslant 0$ 时,有

$$f(x)F(x) = \frac{xe^x}{2(1+x)^2},$$

已知 $F(0) = 1, F(x) > 0$,试求 $f(x)$.

7. 若 $f(x)$ 在数轴上处处确定,恒不为零,$f'(0)$ 存在,并且对任何 x, ξ 恒有 $f(x+\xi) = f(x)f(\xi)$.试根据导数定义求 $f'(x)$ 与 $f(x)$ 之间的关系,并由此求出 $f(x)$.

第三节　齐　次　方　程

一、齐次函数与齐次方程

如果存在常数 k,对于任何实数 t,均有

$$f(tx,ty) = t^k f(x,y),$$

则称 $f(x,y)$ 是关于 x 和 y 的 k 次齐次函数. 特别地,当 $k=0$ 时,$f(x,y)$ 称为零次齐次函数. 此时,对任何实数 t,有

$$f(tx,ty) = f(x,y). \tag{1}$$

零次齐次函数 $f(x,y)$ 都可以化为 $g\left(\dfrac{y}{x}\right)$. 事实上,在式(1)中令 $t=\dfrac{1}{x}$,得

$$f(tx,ty) = f\left(\frac{1}{x}x,\frac{1}{x}y\right) = f\left(1,\frac{y}{x}\right),$$

而 $f\left(1,\dfrac{y}{x}\right)$ 可以看作是以 $\dfrac{y}{x}$ 为变量的新的函数 $g\left(\dfrac{y}{x}\right)$. 例如,

$$\frac{x-y}{x+y} = \frac{1-\dfrac{y}{x}}{1+\dfrac{y}{x}}$$

是零次齐次函数.

如果一阶微分方程能写成

$$\frac{\mathrm{d}y}{\mathrm{d}x} = g\left(\frac{y}{x}\right) \tag{2}$$

的形式,那么就把这个方程叫作齐次方程.

一般地,若方程

$$P(x,y)\mathrm{d}x + Q(x,y)\mathrm{d}y = 0 \tag{3}$$

中的 $P(x,y)$ 与 $Q(x,y)$ 都是齐次函数并且次数相等,则这个方程是齐次微分方程. 这是因为同次齐次函数之比为零次齐次函数,式(3)可以化为式(2)的形式.

在齐次方程(2)中,只要引进新的未知函数

$$u = \frac{y}{x}, \tag{4}$$

就能将其化为可分离变量的方程. 因为由式(4)有

$$y = ux, \quad \frac{\mathrm{d}y}{\mathrm{d}x} = u + x\frac{\mathrm{d}u}{\mathrm{d}x},$$

代入方程(2),便得方程

$$u + x\frac{\mathrm{d}u}{\mathrm{d}x} = g(u),$$

即

$$x\frac{\mathrm{d}u}{\mathrm{d}x} = g(u) - u,$$

分离变量,得

$$\frac{\mathrm{d}u}{g(u)-u} = \frac{\mathrm{d}x}{x}.$$

上面方程两端积分,求出积分后,再用 $\dfrac{y}{x}$ 代替 u,便得所给齐次方程的通解.

例 1　求 $\dfrac{\mathrm{d}y}{\mathrm{d}x} = \dfrac{y^2 + 2xy}{x^2}$ 的通解.

解 原方程可化为

$$\frac{\mathrm{d}y}{\mathrm{d}x} = \left(\frac{y}{x}\right)^2 + 2\frac{y}{x},$$

这是一个齐次方程. 令 $\frac{y}{x} = u$, 则

$$y = ux, \qquad \frac{\mathrm{d}y}{\mathrm{d}x} = u + x\frac{\mathrm{d}u}{\mathrm{d}x},$$

于是原方程变为

$$x\frac{\mathrm{d}u}{\mathrm{d}x} + u = u^2 + 2u,$$

分离变量, 得

$$\frac{\mathrm{d}u}{u(u+1)} = \left(\frac{1}{u} - \frac{1}{u+1}\right)\mathrm{d}u = \frac{\mathrm{d}x}{x},$$

两边积分, 得

$$\ln|u| - \ln|u+1| = \ln|x| + \ln|C|,$$

即

$$\frac{u}{u+1} = Cx,$$

其中 C 为任意常数. 最后, 以 $\frac{y}{x}$ 代替 u, 并解出 y, 得通解为

$$y = \frac{Cx^2}{1 - Cx}.$$

例 2 求一条曲线, 使其上任一点到原点的距离等于该点的切线在 x 轴上的截距.

解 设所求的曲线方程为 $y = y(x)$, 在曲线上任意点 (x, y) 处的切线方程为

$$Y - y = y'(X - x),$$

当 $Y = 0$ 时, 可求得切线在 x 轴上的截距 X, 即

$$X = x - \frac{y}{y'}.$$

由已知条件可得

$$\sqrt{x^2 + y^2} = x - \frac{y}{y'},$$

把 x 看作未知函数, y 看作自变量, 则

$$\frac{\mathrm{d}x}{\mathrm{d}y} = \frac{x}{y} - \frac{\sqrt{x^2 + y^2}}{y}, \tag{5}$$

这是一个齐次方程. 令 $\frac{x}{y} = u$, 则

$$x = yu, \qquad \frac{\mathrm{d}x}{\mathrm{d}y} = u + y\frac{\mathrm{d}u}{\mathrm{d}y},$$

代入式(5), 得

$$y\frac{\mathrm{d}u}{\mathrm{d}y} = \mp\sqrt{1 + u^2} \text{ (当 } y > 0 \text{ 时, 取 "-"; 当 } y < 0 \text{ 时, 取 "+"),}$$

分离变量, 得

$$\frac{\mathrm{d}u}{\sqrt{1+u^2}}=\mp\frac{\mathrm{d}y}{y},$$

积分,得

$$\ln(u+\sqrt{1+u^2})=\mp\ln\mid y\mid+\ln C,$$

即

$$u+\sqrt{1+u^2}=\begin{cases}\dfrac{C}{y}, & y>0,\\[3mm] Cy, & y<0.\end{cases}$$

将 $u=\dfrac{x}{y}$ 代回上式,得

$$\frac{x}{y}\pm\frac{\sqrt{x^2+y^2}}{y}=\begin{cases}\dfrac{C}{y}, & y>0,\\[3mm] Cy, & y<0,\end{cases}$$

故所求曲线方程为

$$x+\sqrt{x^2+y^2}=C(y>0)\quad\text{或}\quad x-\sqrt{x^2+y^2}=Cy^2(y<0).$$

例 3 设河边点 O 的正对岸为点 A,河宽 $OA=h$,两岸为平行直线,水流速度大小为 a. 有一鸭子从点 A 游向点 O,鸭子(在静水中)的游速大小为 $b(b>a)$,且鸭子游动方向始终朝着点 O,求鸭子游过的迹线的方程.

解 取点 O 为坐标原点,河岸朝顺水方向为 x 轴,y 轴指向对岸,如图 6-3 所示. 设在时刻 t 鸭子位于点 $P(x,y)$,水流速度为 $\overrightarrow{PE}$,鸭子游速为 $\overrightarrow{PF}$,鸭子在水中的实际运动速度为 $\boldsymbol{v}=\overrightarrow{PB}$,则四边形 $PEBF$ 是平行四边形,且 $PE=a$,$PF=b$. 鸭子在水中的速度 $\boldsymbol{v}$ 的水平速度大小为

$$v_x=\frac{\mathrm{d}x}{\mathrm{d}t}=PG,$$

铅直速度大小为

$$v_y=\frac{\mathrm{d}y}{\mathrm{d}t}=-PH,\quad\text{负号表示与 } y \text{ 轴反向,}$$

而

$$PH=PF\cdot\cos\theta=PF\cdot\frac{OK}{OP}=\frac{by}{\sqrt{x^2+y^2}},$$

故

$$\frac{\mathrm{d}y}{\mathrm{d}t}=-\frac{by}{\sqrt{x^2+y^2}};$$

又

$$PG=PE-GE=PE-FH=a-\sqrt{PF^2-PH^2}$$

$$=a-\sqrt{b^2-\frac{b^2y^2}{x^2+y^2}}=a-\frac{bx}{\sqrt{x^2+y^2}},$$

故

$$\frac{\mathrm{d}x}{\mathrm{d}t}=a-\frac{bx}{\sqrt{x^2+y^2}}.$$

由此得微分方程

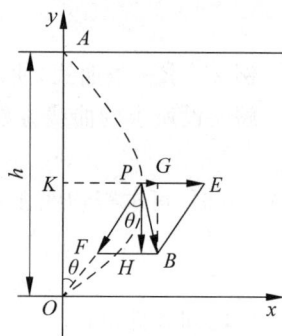

图 6-3

$$\frac{\mathrm{d}x}{\mathrm{d}y} = \frac{\frac{\mathrm{d}x}{\mathrm{d}t}}{\frac{\mathrm{d}y}{\mathrm{d}t}} = -\frac{a\sqrt{x^2+y^2}}{by} + \frac{x}{y},$$

即
$$\frac{\mathrm{d}x}{\mathrm{d}y} = -\frac{a}{b}\sqrt{\left(\frac{x}{y}\right)^2+1} + \frac{x}{y}, \tag{6}$$

此方程为齐次方程. 令 $\frac{x}{y}=u$,则

$$x = yu, \qquad \frac{\mathrm{d}x}{\mathrm{d}y} = y\frac{\mathrm{d}u}{\mathrm{d}y} + u,$$

代入方程(6),得

$$y\frac{\mathrm{d}u}{\mathrm{d}y} = -\frac{a}{b}\sqrt{u^2+1},$$

分离变量,得

$$\frac{\mathrm{d}u}{\sqrt{u^2+1}} = -\frac{a}{by}\mathrm{d}y,$$

积分,得

$$\mathrm{arsh}\, u = -\frac{a}{b}(\ln y + \ln C),$$

即
$$u = \mathrm{shln}(Cy)^{-\frac{a}{b}} = \frac{1}{2}\left[(Cy)^{-\frac{a}{b}} - (Cy)^{\frac{a}{b}}\right],$$

于是

$$x = \frac{y}{2}\left[(Cy)^{-\frac{a}{b}} - (Cy)^{\frac{a}{b}}\right] = \frac{1}{2C}\left[(Cy)^{1-\frac{a}{b}} - (Cy)^{1+\frac{a}{b}}\right],$$

以 $y=h$ 时 $x=0$ 代入上式,得 $C=\frac{1}{h}$,故鸭子游过的迹线方程为

$$x = \frac{h}{2}\left[\left(\frac{y}{h}\right)^{1-\frac{a}{b}} - \left(\frac{y}{h}\right)^{1+\frac{a}{b}}\right], \quad 0 \leqslant y \leqslant h.$$

*二、可齐次化的方程

有些方程可以经过变量变换化为齐次方程或可分离变量的方程,从而能求出它们的通解. 形如

$$\frac{\mathrm{d}y}{\mathrm{d}x} = \frac{a_1 x + b_1 y + c_1}{a_2 x + b_2 y + c_2} \tag{7}$$

的方程就是这样的方程,其中 $a_i, b_i, c_i (i=1,2)$ 都是常数.

事实上,当 $c_1 = c_2 = 0$ 时,方程(7)是齐次的,否则不是齐次的. 对非齐次的情形,可引进坐标平移变换把它化为齐次方程. 令

$$x = X + h, \quad y = Y + k, \tag{8}$$

其中 h 和 k 为待定常数. 将式(8)代入方程(7),得

$$\frac{\mathrm{d}Y}{\mathrm{d}X} = \frac{a_1 X + b_1 Y + a_1 h + b_1 k + c_1}{a_2 X + b_2 Y + a_2 h + b_2 k + c_2}. \tag{9}$$

如果方程组

$$\begin{cases} a_1 h + b_1 k + c_1 = 0, \\ a_2 h + b_2 k + c_2 = 0 \end{cases} \tag{10}$$

的系数满足 $\dfrac{a_1}{a_2} \neq \dfrac{b_1}{b_2}$，则可以从方程组(10)中定出 h 及 k，使坐标平移变换式(8)成立. 这样，方程(7)便化为齐次方程

$$\frac{\mathrm{d}Y}{\mathrm{d}X} = \frac{a_1 X + b_1 Y}{a_2 X + b_2 Y},$$

求出此齐次方程的通解后，以 $x-h$ 替代 X，$y-k$ 替代 Y，便得方程(7)的通解.

当 $\dfrac{a_1}{a_2} = \dfrac{b_1}{b_2}$ 时，h 及 k 无法求得，因此坐标平移不能用，这时可令

$$\frac{a_1}{a_2} = \frac{b_1}{b_2} = \lambda,$$

于是方程(7)化为

$$\frac{\mathrm{d}y}{\mathrm{d}x} = \frac{\lambda(a_2 x + b_2 y) + c_1}{a_2 x + b_2 y + c_2}, \tag{11}$$

引入新变量 $v = a_2 x + b_2 y$，则

$$\frac{\mathrm{d}v}{\mathrm{d}x} = a_2 + b_2 \frac{\mathrm{d}y}{\mathrm{d}x},$$

所以式(11)化为可分离变量的方程

$$\frac{\mathrm{d}v}{\mathrm{d}x} = a_2 + b_2 \frac{\lambda v + c_1}{v + c_2},$$

从而可求出它的通解.

对于更一般的方程

$$\frac{\mathrm{d}y}{\mathrm{d}x} = f\left(\frac{a_1 x + b_1 y + c_1}{a_2 x + b_2 y + c_2} \right), \tag{12}$$

也可以用类似的方法处理.

例 4 求解方程

$$\frac{\mathrm{d}y}{\mathrm{d}x} = 2\left(\frac{y+2}{x+y-1} \right)^2. \tag{13}$$

解 此方程不是齐次方程，是方程(12)类型的，可作变换把它化为齐次方程.

对比式(12)可知，$a_1 = 0$，$b_1 = 1$，$c_1 = 2$，$a_2 = 1$，$b_2 = 1$，$c_2 = -1$. 因为 $\dfrac{a_1}{a_2} \neq \dfrac{b_1}{b_2}$，所以由

$$\begin{cases} k + 2 = 0, \\ h + k - 1 = 0 \end{cases}$$

解得 $h = 3$，$k = -2$. 作变换

$$\begin{cases} x = X + 3, \\ y = Y - 2, \end{cases}$$

则方程(13)变换为

$$\frac{\mathrm{d}y}{\mathrm{d}x} = \frac{\mathrm{d}(Y-2)}{\mathrm{d}(X+3)} = \frac{\mathrm{d}Y}{\mathrm{d}X} = \frac{2Y^2}{(X+Y)^2},$$

即

$$\frac{\mathrm{d}Y}{\mathrm{d}X} = 2\frac{\left(\dfrac{Y}{X}\right)^2}{\left(1+\dfrac{Y}{X}\right)^2}, \tag{14}$$

这是一个齐次方程. 设 $T = \dfrac{Y}{X}$,则

$$\frac{\mathrm{d}Y}{\mathrm{d}X} = T + X\frac{\mathrm{d}T}{\mathrm{d}X},$$

代入式(14),得

$$T + X\frac{\mathrm{d}T}{\mathrm{d}X} = \frac{2T^2}{(1+T)^2},$$

分离变量,得

$$-\frac{1+2T+T^2}{T^3+T}\mathrm{d}T = \frac{\mathrm{d}X}{X},$$

即

$$-\left(\frac{1}{T}+\frac{2}{1+T^2}\right)\mathrm{d}T = \frac{\mathrm{d}X}{X},$$

两边积分,得

$$-2\arctan T = \ln(CXT),$$

即

$$-2\arctan\frac{Y}{X} = \ln(CY),$$

代回原来变量,得方程(13)的通解:

$$-2\arctan\frac{y+2}{x-3} = \ln C(y+2).$$

习题 6-3

1. 求下列齐次方程的通解:

(1) $y' = \dfrac{y}{x} + \dfrac{x}{y}$;

(2) $y' = \dfrac{2xy}{x^2-y^2}$;

(3) $(2\sqrt{st}-s)\mathrm{d}t + t\,\mathrm{d}s = 0$;

(4) $x\,\mathrm{d}y - y\,\mathrm{d}x = \sqrt{x^2+y^2}\,\mathrm{d}x \ (x>0)$;

(5) $x\,\mathrm{d}y = y(1+\ln y - \ln x)\mathrm{d}x$;

(6) $\left(x + y\cos\dfrac{y}{x}\right)\mathrm{d}x - x\cos\dfrac{y}{x}\mathrm{d}y = 0$.

2. 求下列方程满足所给初始条件的特解:

(1) $(y^2-3x^2)\mathrm{d}y + 2xy\,\mathrm{d}x = 0, y\big|_{x=0} = 1$;

(2) $y' = \dfrac{x}{y} + \dfrac{y}{x}, y\big|_{x=1} = 2$;

(3) $(x^2+2xy-y^2)dx+(y^2+2xy-x^2)dy=0,y|_{x=1}=1$.

3. 求微分方程 $\dfrac{dy}{dx}=\dfrac{y-\sqrt{x^2+y^2}}{x}$ 的通解.

4. 求微分方程 $(3x^2+2xy-y^2)dx+(x^2-2xy)dy=0$ 的通解.

*5. 用适当的变量代换解下列微分方程:

(1) $y'=\dfrac{2y-x-5}{2x-y+4}$;　　　　　　　　(2) $y'=\dfrac{2x-y+1}{2x-y-1}$;

(3) $(2x-3)dy=(x+2y+1)dx$;　　　　(4) $(3y-7x+7)dx+(7y-3x+3)dy=0$.

第四节　一阶线性微分方程

一、一阶线性方程

形如

$$a(x)y'+b(x)y+c(x)=0$$

的方程叫作一阶线性方程,它的特点是:方程中只包含 y 和 y' 的一次项. 换句话说,它是关于 y 和 y' 的一次方程. 在 $a(x)\neq0$ 的情况下,以 $a(x)$ 除方程的两端,并将等号左端的 $\dfrac{c(x)}{a(x)}$ 移到右端,可以把它写成

$$y'+P(x)y=Q(x),\qquad\qquad(1)$$

其中 $Q(x)$ 为自由项. 当 $Q(x)\equiv0$ 时,方程

$$y'+P(x)y=0\qquad\qquad(2)$$

称为齐次线性方程; $Q(x)\neq0$ 时,方程称为非齐次线性方程. 当然这里提到的齐次和前一节中的齐次方程意义是不同的. 例如,

$$y'-3x^2y=\ln x$$

是线性微分方程,而

$$(y')^2-xy=1$$

不是线性方程,因为其中含有 y' 的二次幂.

　　先介绍齐次线性方程的解法. 齐次线性方程(2)可以分离变量得

$$\dfrac{dy}{y}=-P(x)dx,$$

积分,得

$$\ln|y|=-\int P(x)dx+\ln C_1,$$

即

$$y=Ce^{-\int P(x)dx},\qquad\qquad(3)$$

其中 C 为任意常数,而 $\displaystyle\int P(x)dx$ 为 $P(x)$ 的一个原函数.

　　下面分析非齐次线性方程(1)的解大致具有什么形式.

　　设 $y=y(x)$ 是方程(1)的解,那么

$$\frac{\mathrm{d}y}{y} = -P(x)\mathrm{d}x + \frac{Q(x)}{y}\mathrm{d}x,$$

由于 y 是 x 的函数，则 $\dfrac{Q(x)}{y}$ 也是 x 的函数，上式两边积分，得

$$\ln|y| = -\int P(x)\mathrm{d}x + \int \frac{Q(x)}{y}\mathrm{d}x,$$

所以有
$$y = \pm \mathrm{e}^{\int \frac{Q(x)}{y}\mathrm{d}x} \cdot \mathrm{e}^{-\int P(x)\mathrm{d}x}. \tag{4}$$

由于 $\pm \mathrm{e}^{\int \frac{Q(x)}{y}\mathrm{d}x}$ 也是 x 的函数，因此可以用 $C(x)$ 表示，则式(4)可表示为

$$y = C(x)\mathrm{e}^{-\int P(x)\mathrm{d}x}. \tag{5}$$

由此，我们可以猜想方程(1)的解具有式(5)的形式，其中 $C(x)$ 为待定函数. 这个猜想是否正确，只要看能否确定出 $C(x)$，使式(5)代入方程(1)时，能使其两端恒等.

下面求函数 $C(x)$. 设式(5)为方程(1)的解，将式(5)代入方程(1)，得

$$C'(x)\mathrm{e}^{-\int P(x)\mathrm{d}x} - P(x)C(x)\mathrm{e}^{-\int P(x)\mathrm{d}x} + P(x)C(x)\mathrm{e}^{-\int P(x)\mathrm{d}x} = Q(x),$$

即
$$C'(x) = Q(x)\mathrm{e}^{\int P(x)\mathrm{d}x},$$

积分，得

$$C(x) = \int Q(x)\mathrm{e}^{\int P(x)\mathrm{d}x}\mathrm{d}x + C,$$

其中 C 为任意常数. 以上推导过程都是可逆的，故非齐次线性方程(1)的通解为

$$y = C(x)\mathrm{e}^{-\int P(x)\mathrm{d}x} = \mathrm{e}^{-\int P(x)\mathrm{d}x}\left[\int Q(x)\mathrm{e}^{\int P(x)\mathrm{d}x}\mathrm{d}x + C\right]. \tag{6}$$

特别值得注意的是，式(5)与齐次线性方程的通解(3)相比较，从形式上看，式(5)只是把式(3)中的任意常数 C 改变为待定函数 $C(x)$.

解线性方程的方法之一是直接利用上面的公式(6). 但因为它不容易记住，所以我们应该记求解的过程. 现将方程(1)的求解过程归纳如下：

(1) 用分离变量法先求出方程(1)对应的齐次方程(2)的通解(3)；

(2) 将通解(3)中的任意常数 C 换成待定函数 $C(x)$ 变成式(5)，将式(5)代入式(1)，从中求出 $C(x)$（其中包含任意常数）；

(3) 将 $C(x)$ 代回式(5)，就得非齐次方程(1)的通解.

这种方法称为常数变易法.

再讨论式(1)的通解(6). 将式(6)改写成两项之和：

$$y = C\mathrm{e}^{-\int P(x)\mathrm{d}x} + \mathrm{e}^{-\int P(x)\mathrm{d}x}\int Q(x)\mathrm{e}^{\int P(x)\mathrm{d}x}\mathrm{d}x, \tag{7}$$

式(7)右端第一项是对应的齐次方程(2)的通解(3)，第二项是非齐次线性方程(1)的一个特解（在方程(1)的通解(6)中取 $C=0$ 便得到这个特解）. 由此可知，一阶非齐次线性方程的通解等于对应的齐次方程的通解与非齐次方程的一个特解之和. 这就是非齐次线性方程通解的结构形式.

例 1　求方程 $y' = \dfrac{y + x\ln x}{x}$ 的通解.

解　将方程整理为

$$y' - \frac{y}{x} = \ln x , \tag{8}$$

这是一个非齐次线性方程. 先求对应的齐次方程的通解. 对应的齐次方程为

$$y' - \frac{y}{x} = 0 ,$$

即

$$\frac{\mathrm{d}y}{y} = \frac{\mathrm{d}x}{x} ,$$

两边积分, 得

$$\ln|y| = \ln x + \ln C_1 ,$$

即

$$y = Cx .$$

将通解中的任意常数 C 换成待定函数 $C(x)$, 即令

$$y = C(x)x , \tag{9}$$

则有

$$y' = C'(x)x + C(x) ,$$

代入式(8), 得

$$C'(x)x + C(x) - \frac{1}{x}C(x)x = \ln x ,$$

化简, 得

$$C'(x) = \frac{1}{x}\ln x ,$$

于是求得

$$C(x) = \int \frac{1}{x}\ln x \,\mathrm{d}x = \frac{1}{2}\ln^2 x + C .$$

将 $C(x)$ 代入式(9), 即得原方程的通解为

$$y = \frac{x}{2}\ln^2 x + Cx .$$

例 2　求解方程 $x\,\mathrm{d}y - y\,\mathrm{d}x = y^2 \mathrm{e}^y \,\mathrm{d}y \,(y > 0)$.

解　若把 x 看作自变量, 则原方程可表示为

$$(x - y^2 \mathrm{e}^y)y' - y = 0 .$$

显然这不是关于 y', y 的线性方程. 如果把 y 看作自变量, 则原方程可表示为

$$-yx' + x = y^2 \mathrm{e}^y ,$$

它就是关于 x 的线性方程. 可化为

$$x' - \frac{x}{y} = -y\mathrm{e}^y ,$$

其中 $P(y) = -\dfrac{1}{y}, Q(y) = -y\mathrm{e}^y$. 所以由式(6)可得原方程的通解为

$$x = \mathrm{e}^{-\int -\frac{1}{y}\mathrm{d}y}\left[\int -y\mathrm{e}^y \mathrm{e}^{-\int \frac{1}{y}\mathrm{d}y}\,\mathrm{d}y + C\right] = y\left[\int -y\mathrm{e}^y \cdot \frac{1}{y}\mathrm{d}y + C\right] = -y\mathrm{e}^y + Cy .$$

例 3　图 6-4 是带有自感 L 与电阻 R 的闭合电路, 其中电动势 E 为常数. 如果开始时

($t=0$)回路电流为 I_0,求任何时刻 t 的电流.

解 设时刻 t 的回路电流为 $I=I(t)$,电阻上的电压降为 RI,自感上的电压降为 $L\dfrac{\mathrm{d}I}{\mathrm{d}t}$,由电学中的回路电压定律知道,闭合电路中的电动势等于总电压降之和,于是有

$$L\,\frac{\mathrm{d}I}{\mathrm{d}t}+RI=E,$$

其中自感 L、电阻 R、电动势 E 都是常数. 这是一个非齐次线性方程,可化为

$$\frac{\mathrm{d}I}{\mathrm{d}t}+\frac{R}{L}I=\frac{E}{L},$$

通解为

$$I(t)=\mathrm{e}^{-\int\frac{R}{L}\mathrm{d}t}\left[\int\frac{E}{L}\mathrm{e}^{\int\frac{R}{L}\mathrm{d}t}\,\mathrm{d}t+C\right]=\mathrm{e}^{-\frac{R}{L}t}\left[\frac{E}{R}\mathrm{e}^{\frac{R}{L}t}+C\right]=\frac{E}{R}+C\mathrm{e}^{-\frac{R}{L}t}.$$

由于 $t=0$ 时 $I=I_0$,故

$$C=I_0-\frac{E}{R},$$

所求特解为

$$I(t)=\frac{E}{R}+\left(I_0-\frac{E}{R}\right)\mathrm{e}^{-\frac{R}{L}t}.$$

由此可以看出,不管初始电流 I_0 多大,当 $t\to+\infty$ 时,$I(t)$ 总趋向于一恒定值 $\dfrac{E}{R}$.

二、伯努利方程

方程 $$\frac{\mathrm{d}y}{\mathrm{d}x}+P(x)y=Q(x)y^n \quad (n\ne 0,1) \tag{10}$$

叫作伯努利方程. 将方程(10)两边同除以 y^n,得

$$y^{-n}\,\frac{\mathrm{d}y}{\mathrm{d}x}+P(x)y^{-n+1}=Q(x). \tag{11}$$

容易看出,y^{-n+1} 的导数与 $y^{-n}\dfrac{\mathrm{d}y}{\mathrm{d}x}$ 只差一个常数因子 $-n+1$. 因此,可以引入变量代换 $z=y^{1-n}$,便有

$$\frac{\mathrm{d}z}{\mathrm{d}x}=(1-n)y^{-n}\,\frac{\mathrm{d}y}{\mathrm{d}x},$$

因此,方程(11)变为

$$\frac{1}{1-n}\,\frac{\mathrm{d}z}{\mathrm{d}x}+P(x)z=Q(x),$$

即 $$\frac{\mathrm{d}z}{\mathrm{d}x}+(1-n)P(x)z=(1-n)Q(x),$$

这是一个线性微分方程,求出其通解后,再以 $z=y^{-n+1}$ 代入,即得伯努利方程的通解.

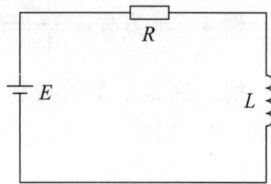

例 4 求方程 $x\dfrac{\mathrm{d}y}{\mathrm{d}x}+\dfrac{3}{2}y=x^2\sqrt[3]{y}$ 的通解.

解 这是一个伯努利方程. 方程两边同除以 $\sqrt[3]{y}$, 得

$$xy^{-\frac{1}{3}}\frac{\mathrm{d}y}{\mathrm{d}x}+\frac{3}{2}y^{\frac{2}{3}}=x^2,$$

令 $z=y^{\frac{2}{3}}$, 得

$$\frac{3}{2}x\frac{\mathrm{d}z}{\mathrm{d}x}+\frac{3}{2}z=x^2 \quad\text{或}\quad \frac{\mathrm{d}z}{\mathrm{d}x}+\frac{1}{x}z=\frac{2}{3}x,$$

该方程为一阶线性微分方程, 它的通解为

$$z=\frac{2}{9}x^2+\frac{C}{x},$$

以 $z=y^{\frac{2}{3}}$ 代入, 得原方程的通解

$$y^{\frac{2}{3}}=\frac{2}{9}x^2+\frac{C}{x}.$$

三、变量替换法的灵活运用

前面我们对三种类型的方程指出, 作变量代换可将它们化为可分离变量的方程或一阶线性方程. 对于一般的方程, 不一定能很快找到变量代换化为熟悉的方程. 怎样去寻找变量代换? 这没有固定的规则, 只能多观察, 根据方程的特点作出判断, 并多作练习以掌握一定的技巧. 下面再举一例.

例 5 解方程 $(1+x^2y^2)y+(1+xy)^2xy'=0$.

解 令 $u=xy$, 则

$$\frac{\mathrm{d}u}{\mathrm{d}x}=y+x\frac{\mathrm{d}y}{\mathrm{d}x},$$

代入原方程, 得

$$(1+u^2)\frac{u}{x}+(1+u)^2\left(\frac{\mathrm{d}u}{\mathrm{d}x}-\frac{u}{x}\right)=0,$$

即

$$(1+u)^2\frac{\mathrm{d}u}{\mathrm{d}x}=\frac{2u^2}{x},$$

分离变量, 得

$$\frac{(1+u)^2}{2u^2}\mathrm{d}u=\frac{\mathrm{d}x}{x},$$

两端积分, 得

$$\frac{1}{2}\left(-\frac{1}{u}+2\ln|u|+u\right)=\ln|x|+\ln C_1,$$

即

$$\frac{1}{2}\left(u-\frac{1}{u}\right)=\ln C_1\left|\frac{x}{u}\right|,$$

以 $u=xy$ 代入上式, 得原方程的通解为

$$y\mathrm{e}^{\frac{1}{2}\left(xy-\frac{1}{xy}\right)}=C.$$

习题 6-4

1. 判断下列各方程是否为线性方程:

(1) $\dfrac{\mathrm{d}x}{\mathrm{d}t}=x+\sin t$;   (2) $y\sin x+y'\cos x=1$;   (3) $(1+x^2)yy'=x$;

(4) $y'=\mathrm{e}^{x-y}$;   (5) $\dfrac{\mathrm{d}y}{\mathrm{d}x}=\dfrac{1}{x+y^2}$;   (6) $x^2+(y')^2=1$;

(7) $(xy+1)\mathrm{d}y-y\mathrm{d}x=0$.

2. 求下列微分方程的通解:

(1) $xy'+y=\mathrm{e}^x$;   (2) $xy'-3y=x^2$;   (3) $\dfrac{\mathrm{d}x}{\mathrm{d}t}-x=\sin t$;

(4) $xy'+2y=\mathrm{e}^{-x^2}$;   (5) $y'+2xy=2x\mathrm{e}^{-x^2}$;   (6) $(1+x^2)y'-2xy=(1+x^2)^2$;

(7) $y'-y\tan x=\sec x$;   (8) $\dfrac{\mathrm{d}s}{\mathrm{d}t}+s\cos t=\dfrac{1}{2}\sin 2t$;   (9) $y'+\dfrac{y}{x\ln x}=1$;

(10) $x'=2x-y^2$.

3. 求下列微分方程满足所给初始条件的特解:

(1) $y'+\dfrac{1-2x}{x^2}y=1,y|_{x=1}=0$;   (2) $y'-2y=\mathrm{e}^x-x,y|_{x=0}=\dfrac{5}{4}$;

(3) $(1-x^2)y'+xy=1,y|_{x=0}=1$;   (4) $(x^2-1)\mathrm{d}y+(2xy-\cos x)\mathrm{d}x=0,y|_{x=0}=1$;

(5) $xy'+(1-x)y=\mathrm{e}^{2x},0<x<+\infty,\displaystyle\lim_{x\to 0^+}y(x)=1$.

4. 设 $y=\mathrm{e}^x$ 是微分方程 $xy'+P(x)y=x$ 的一个解,求此微分方程满足条件 $y|_{x=\ln 2}=0$ 的特解.

5. 已知连续函数 $f(x)$ 满足条件 $f(x)=\displaystyle\int_0^{3x}f\left(\dfrac{t}{3}\right)\mathrm{d}t+\mathrm{e}^{2x}$, 求 $f(x)$.

6. 设非齐次线性微分方程 $y'+P(x)y=Q(x)$ 有两个不同的解 y_1,y_2,若线性组合 $\alpha y_1+\beta y_2$ 也是方程的解,求 α 与 β 的关系.

7. 设有一质量为 m 的质点作直线运动,从速度等于零的时刻起,受一个与运动方向一致、大小与时间成正比(比例系数为 k_1)的力作用. 此外还受一与速度成正比(比例系数为 k_2)的阻力作用,求质点运动的速度与时间的函数关系.

8. 求下列伯努利方程的通解:

(1) $y'+2xy=2x^3y^3$;   (2) $y'-y\tan x+y^2\cos x=0$;

(3) $(1-x^2)y'-xy-axy^2=0$;   (4) $y'-\dfrac{y}{1+x}+y^2=0$;

(5) $y'+\dfrac{xy}{1-x^2}=xy^{\frac{1}{2}}$;   (6) $\dfrac{\mathrm{d}y}{\mathrm{d}x}=\dfrac{1}{xy+x^2y^3}$.

9. 验证形如 $yf(xy)\mathrm{d}x+xg(xy)\mathrm{d}y=0$ 的微分方程可经变量代换 $u=xy$ 化为可分离变量的方程,并求其通解.

10. 用适当的变量代换求下列方程的通解:

(1) $y'=\cos(x-y)$;   (2) $x^2y(xy'+y)=a^2$;   (3) $(x+y)^2y'=a^2$;

(4) $xy'+y=y\ln(xy)$;　　(5) $y'=(\sin^2 x-y)\cos x$.

第五节　可降阶的高阶微分方程

前面讲的是一阶微分方程的几个初等积分法,从本节开始将讨论二阶及二阶以上的微分方程,即高阶微分方程的求解方法. n 阶微分方程的一般形式为

$$F(x,y,y',\cdots,y^{(n-1)},y^{(n)})=0,$$

这里只讨论形如

$$y^{(n)}=f(x,y,y',\cdots,y^{(n-1)})$$

的 n 阶微分方程中的几种简单情况.

高阶方程求解的基本思想是降阶,即设法降低高阶方程的阶数,使之转变成阶数较低的微分方程再求解.降阶的主要方法是变量代换法.下面主要介绍三种容易降阶的高阶微分方程的解法.

一、$y^{(n)}=f(x)$ 型的微分方程

设 $f(x)$ 连续,此类方程通过 n 次积分就可得到通解,它的解法是:积分,得

$$y^{(n-1)}=\int f(x)\mathrm{d}x+C_1,$$

同理可得

$$y^{(n-2)}=\int\left[\int f(x)\mathrm{d}x+C_1\right]\mathrm{d}x+C_2,$$

继续进行积分,便得原方程的通解.通解中所含的 n 个任意常数可由 n 个初始条件

$$y\mid_{x=x_0}=y_0,\quad y'\mid_{x=x_0}=y_0',\quad\cdots,\quad y^{(n-1)}\mid_{x=x_0}=y_0^{(n-1)}$$

确定.

例 1　求解方程 $y^{(4)}=\sin x+x$.

解　连续积分四次,有

$$y=\sin x+\frac{x^5}{5!}+C_1\frac{x^3}{3!}+C_2\frac{x^2}{2!}+C_3 x+C_4,$$

或写成

$$y=\sin x+\frac{1}{5!}x^5+C_1 x^3+C_2 x^2+C_3 x+C_4.$$

例 2　设有单位质量的质点 Q 在 Ox 轴上运动,受到一周期性变力 $P=-A\omega^2\sin\omega t$ 的作用,其中 A,ω 均为常数.若初始条件是

$$x\mid_{t=0}=0,\quad\frac{\mathrm{d}x}{\mathrm{d}t}\bigg|_{t=0}=A\omega,$$

试求质点的运动方程.

解　由牛顿第二定律 $F=ma(m=1)$ 得微分方程

$$\ddot{x}(t)=-A\omega^2\sin\omega t.$$

在力学中常用 $\ddot{x}(t),\dot{x}(t)$ 表示 $\frac{\mathrm{d}^2 x}{\mathrm{d}t^2},\frac{\mathrm{d}x}{\mathrm{d}t}$. 积分,得

$$\dot{x}(t) = A\omega\cos\omega t + C_1,$$

再积分一次,得

$$x(t) = A\sin\omega t + C_1 t + C_2.$$

由初始条件 $x|_{t=0}=0$,$\dot{x}|_{t=0}=A\omega$,得 $C_1=0$,$C_2=0$. 这样,所求的运动方程就是

$$x(t) = A\sin\omega t.$$

二、$y'' = f(x,y')$ 型的微分方程

对于这种方程,作变量代换 $y' = P(x)$,则有

$$y'' = \frac{\mathrm{d}P}{\mathrm{d}x},$$

代入原方程,得

$$\frac{\mathrm{d}P}{\mathrm{d}x} = f(x,P).$$

这是以 P 为未知函数、x 为自变量的一阶微分方程. 若能求出它的解 $P = \varphi(x,C_1)$,回到原来的变量,则有

$$\frac{\mathrm{d}y}{\mathrm{d}x} = \varphi(x,C_1),$$

积分,得原方程的通解

$$y = \int \varphi(x,C_1)\mathrm{d}x + C_2.$$

例 3 求微分方程 $(1+x^2)y'' = 2xy'$ 满足初始条件 $y|_{x=0}=1$,$y'|_{x=0}=3$ 的特解.

解 所给方程是 $y'' = f(x,y')$ 型的. 设 $y' = P(x)$,代入方程并分离变量,得

$$\frac{\mathrm{d}P}{P} = \frac{2x}{1+x^2}\mathrm{d}x,$$

两端积分,得

$$\ln|P| = \ln(1+x^2) + \ln C_0,$$

即

$$P = y' = C_1(1+x^2).$$

由条件 $y'|_{x=0}=3$,得 $C_1=3$,所以

$$y' = 3(1+x^2),$$

两端再积分,得

$$y = x^3 + 3x + C_2,$$

又由条件 $y|_{x=0}=1$,得 $C_2=1$,于是所求的特解为

$$y = x^3 + 3x + 1.$$

例 4 设有一均匀柔软的绳索,两端固定,绳索仅受重力的作用而下垂,试问该绳索在平衡状态时是怎样的曲线?

解 如图 6-5 所示,设绳索的最低点为 A. 取 y 轴通过点 A 铅直向上,并取 x 轴水平向右,且 $|OA|$ 等于某个定值(这个定值将在后面说明). 设绳索曲线的方程为 $y = y(x)$. 取绳

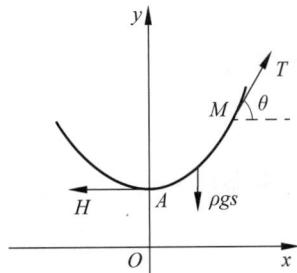

图 6-5

索上另一点 $M(x,y)$,由于这时绳索在平衡状态,故可将 $\overset{\frown}{AM}$ 这一弧段绳索看作刚体,设其长为 s. 假定绳索的线密度为 ρ,则弧 $\overset{\frown}{AM}$ 所受的重力为 ρgs. 由于绳索是柔软的,因而在点 A 处的张力沿水平的切线方向,其大小为 H;在点 M 处的张力沿该点处切线方向,设其倾角为 θ,其大小为 T. 因作用于弧段 $\overset{\frown}{AM}$ 的三个外力相互平衡,把作用于弧 $\overset{\frown}{AM}$ 上的力沿铅直及水平两方向分解,得

$$T\sin\theta = \rho gs, \quad T\cos\theta = H.$$

两式相除,得

$$\tan\theta = \frac{1}{a}s, \quad a = \frac{H}{\rho g}. \tag{1}$$

由于

$$\tan\theta = y', \quad s = \int_0^x \sqrt{1+y'^2}\,\mathrm{d}x,$$

将其代入式(1)即得

$$y' = \frac{1}{a}\int_0^x \sqrt{1+y'^2}\,\mathrm{d}x,$$

将上式两端对 x 求导,便得 $y = y(x)$ 满足的微分方程

$$y'' = \frac{1}{a}\sqrt{1+y'^2}. \tag{2}$$

取原点 O 到点 A 的距离为定值 a,即 $|OA| = a$,那么初始条件为

$$y\,|_{x=0} = a, \quad y'\,|_{x=0} = 0.$$

方程(2)属于 $y'' = f(x,y')$ 类. 设 $y' = P$,则 $y'' = \dfrac{\mathrm{d}P}{\mathrm{d}x}$,代入方程(2),并分离变量,得

$$\frac{\mathrm{d}P}{\sqrt{1+P^2}} = \frac{\mathrm{d}x}{a},$$

两端积分,得

$$\ln(P + \sqrt{1+P^2}) = \operatorname{arsh} P = \frac{x}{a} + C_1. \tag{3}$$

将条件 $y'|_{x=0} = P|_{x=0} = 0$ 代入式(3),得 $C_1 = 0$,于是式(3)成为

$$\operatorname{arsh} P = \frac{x}{a},$$

即

$$y' = \operatorname{sh}\frac{x}{a},$$

两端积分,得

$$y = a\operatorname{ch}\frac{x}{a} + C_2. \tag{4}$$

将条件 $y|_{x=0} = a$ 代入式(4),得 $C_2 = 0$,于是该绳索的形状可由曲线方程

$$y = a\operatorname{ch}\frac{x}{a} = \frac{a}{2}(\mathrm{e}^{\frac{x}{a}} + \mathrm{e}^{-\frac{x}{a}})$$

来表示. 此曲线称为悬链线.

在上面这两个例题中,我们应用问题中的初始条件逐步求出了任意常数 C_1,C_2 的值,这也是确定任意常数的一种方法. 如果先求出二阶方程的通解,再确定常数,运算会显得繁杂.

三、$y'' = f(y,y')$ 型的微分方程

我们仍通过变量代换使其降为一阶方程. 令 $y' = P(y)$,并利用复合函数的求导法则把 y'' 化为对 y 的导数,

$$y'' = \frac{\mathrm{d}P(y)}{\mathrm{d}x} = \frac{\mathrm{d}P}{\mathrm{d}y}\frac{\mathrm{d}y}{\mathrm{d}x} = P\frac{\mathrm{d}P}{\mathrm{d}y},$$

代入原方程,得

$$P\frac{\mathrm{d}P}{\mathrm{d}y} = f(y,P).$$

设它的通解为

$$y' = P = \phi(y,C_1),$$

分离变量,得

$$\frac{\mathrm{d}y}{\phi(y,C_1)} = \mathrm{d}x,$$

积分即得原方程的通解

$$\int\frac{\mathrm{d}y}{\phi(y,C_1)} = x + C_2.$$

例 5 求解方程 $y'' = \dfrac{1+y'^2}{2y}$.

解 右端不显含 x. 令 $y' = P(y)$,则 $y'' = P\dfrac{\mathrm{d}P}{\mathrm{d}y}$,代入原方程,得

$$P\frac{\mathrm{d}P}{\mathrm{d}y} = \frac{1+P^2}{2y},$$

分离变量,得

$$\frac{2P}{1+P^2}\mathrm{d}P = \frac{\mathrm{d}y}{y},$$

两边积分,得

$$\ln(1+P^2) = \ln|y| + \ln C_0,$$

即

$$1 + \left(\frac{\mathrm{d}y}{\mathrm{d}x}\right)^2 = C_1 y.$$

这是可分离变量的方程,改写成

$$\frac{\mathrm{d}y}{\pm\sqrt{C_1 y - 1}} = \mathrm{d}x,$$

两边积分,得

$$\pm\frac{2}{C_1}\sqrt{C_1 y - 1} = x + C_2,$$

化简后得通解

$$\frac{4}{C_1^2}(C_1 y - 1) = (x + C_2)^2.$$

例 6   在地面上以初速 v_0 铅直向上抛出一物体,设地球引力与物体到地心的距离的平方成反比,求物体可能达到的最大高度(空气阻力不计,地球半径 $R = 6\ 370\mathrm{km}$).

解   取坐标系如图 6-6 所示,原点取在地球表面.物体抛出后,在运动过程中仅受地球引力 F 的作用,而

$$F = \frac{k}{(R+s)^2}, \tag{5}$$

其中 s 是物体与地面间的距离,k 是比例常数.

先求常数 k.显然,当物体在地面上时,$s = 0$,$F = mg$,m 为物体的质量.因此,由式(5)得

$$mg = \frac{k}{R^2},$$

即

$$k = mgR^2,$$

于是

$$F = \frac{mgR^2}{(R+s)^2}. \tag{6}$$

图   6-6

根据牛顿第二定律,物体运动的微分方程为

$$m\frac{\mathrm{d}^2 s}{\mathrm{d}t^2} = -F = -mg\frac{R^2}{(R+s)^2},$$

即

$$\frac{\mathrm{d}^2 s}{\mathrm{d}t^2} = -\frac{gR^2}{(R+s)^2}, \tag{7}$$

初始条件为

$$s\mid_{t=0} = 0, \quad \frac{\mathrm{d}s}{\mathrm{d}t}\bigg|_{t=0} = v_0.$$

令 $\dfrac{\mathrm{d}s}{\mathrm{d}t} = v(s)$,则

$$\frac{\mathrm{d}^2 s}{\mathrm{d}t^2} = \frac{\mathrm{d}v}{\mathrm{d}t} = \frac{\mathrm{d}v}{\mathrm{d}s}\frac{\mathrm{d}s}{\mathrm{d}t} = v\frac{\mathrm{d}v}{\mathrm{d}s},$$

代入方程(7),得

$$v\frac{\mathrm{d}v}{\mathrm{d}s} = -\frac{gR^2}{(R+s)^2},$$

分离变量并积分,得

$$\frac{1}{2}v^2 = \frac{gR^2}{R+s} + C,$$

代入初始条件,得 $C = \dfrac{1}{2}v_0^2 - gR$,所以满足初始条件的特解为

$$v_0^2 - v^2 = \frac{2gRs}{R+s}.$$

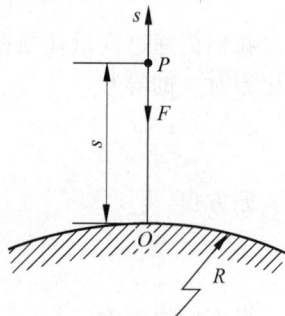

当物体达到最高处时 $v=0$,于是有

$$v_0^2 = \frac{2gRs}{R+s},$$

从而可从上式解得最大高度

$$s_{\max} = \frac{v_0^2 R}{2gR - v_0^2}. \tag{8}$$

显然由式(6)可知,要使物体不受地球引力的作用,必须使 $s \to +\infty$,而由式(8)可见,要使 $s \to +\infty$,必须有 $2gR - v_0^2 \to 0$,所以应取

$$v_0 = \sqrt{2gR}.$$

将 $g = 9.8 \text{m/s}^2 = \frac{9.8}{1\,000} \text{km/s}^2, R = 6\,370 \text{km}$ 代入上式,可以算出

$$v_0 \approx 11.2 \text{km/s},$$

这个速度就是通常所说的第二宇宙速度.

上面所讨论的是在工程技术问题中常用的几种特殊类型的二阶微分方程的解法.这些方程都可以通过变量代换化为一阶方程来求解.对于更高阶的微分方程,通常也是设法作适当的变换,把它化为阶数较低的方程来求解.

习题 6-5

1. 求下列微分方程的通解:

(1) $y'' = \ln x$;　　　(2) $y'' = 1 + y'^2$;　　　(3) $(1+x^2)y'' + 1 + y'^2 = 0$;

(4) $(y'')^2 - y' = 0$;　　(5) $xy'' = y'(\ln y' - \ln x)$;　　(6) $xy'' + y' = 0$;

(7) $y'' = y' + x$;　　　(8) $yy'' + y'^2 = y'$;　　　(9) $yy'' = y'^3$;

(10) $a^2 y'' - y = 0$;　　(11) $y'' = e^{2y}$;　　　　(12) $y'' + 2y' + 4y'^3 = 0$;

(13) $y'' y^3 = 1$;　　　(14) $y''' y'' = 2$;　　　(15) $(y''')^2 + (y'')^2 = 1$.

2. 求下列微分方程的特解:

(1) $y'' = x + \sin x, y|_{x=0} = 1, y'|_{x=0} = -1$;

(2) $y''' = x e^x, y|_{x=1} = -2e, y'|_{x=1} = -e, y''|_{x=1} = 1$;

(3) $y''(x^2 + 1) = 2xy', y|_{x=0} = 1, y'|_{x=0} = 3$;

(4) $2y'' = 3y^2, y|_{x=-2} = 1, y'|_{x=-2} = -1$;

(5) $2y'^2 = y''(y-1), y|_{x=1} = 2, y'|_{x=1} = -1$.

3. 在 Os 轴上一质量为 m 的质点受力 $A\cos\omega t$ 而运动,初始条件为 $s|_{t=0} = a, v|_{t=0} = 0$,求运动方程.

4. 设曲线的曲率半径等于常数 a,求此曲线的方程.

5. 一曲线经过原点 O,其上任一点 M 处的切线与横坐标轴交于 T,由 M 向横坐标轴作垂线,垂足为 P. 已知三角形 MTP 的面积与曲边三角形 OMP 的面积成正比(比例系数为 k),求此曲线的方程.

6. 求方程适合附加条件的解: $xy'' + y' = 0, y(1) = ay'(1), a$ 为常数,当 $x \to 0$ 时 $y(x)$ 有界.

第六节　高阶线性微分方程

在工程及物理问题中,所遇到的高阶方程很多是线性方程,或者可简化为线性方程. n 阶线性方程的一般形式为

$$y^{(n)} + a_1(x)y^{(n-1)} + a_2(x)y^{(n-2)} + \cdots + a_{n-1}(x)y' + a_n(x)y = f(x), \qquad (1)$$

其中 $f(x)$ 为自由项,$a_1(x),a_2(x),\cdots,a_n(x)$ 为系数函数. 若 $f(x) \equiv 0$,则称为齐次线性方程;若 $f(x) \neq 0$,则称为非齐次线性方程. 特别地称

$$y^{(n)} + a_1(x)y^{(n-1)} + a_2(x)y^{(n-2)} + \cdots + a_{n-1}(x)y' + a_n(x)y = 0 \qquad (2)$$

为 n 阶非齐次线性方程(1)对应的齐次线性方程. 如果系数 $a_1(x),a_2(x),\cdots,a_n(x)$ 都是常数,则称为常系数线性方程,否则称为变系数线性方程.

线性方程有两个特点:

(1) 方程左端对 $y,y',\cdots,y^{(n)}$ 来说是线性函数(一次的);

(2) 系数和自由项仅是 x 的函数,且假定它们在某一区间 (a,b) 内为连续函数.

下面主要以二阶线性微分方程

$$y'' + P(x)y' + Q(x)y = f(x) \qquad (3)$$

为代表来介绍线性方程的一般理论.

一、二阶齐次线性方程的通解

先讨论二阶齐次线性方程

$$y'' + P(x)y' + Q(x)y = 0. \qquad (4)$$

定理 1　如果函数 $y_1(x)$ 与 $y_2(x)$ 是方程(4)的两个解,那么

$$y = C_1 y_1(x) + C_2 y_2(x) \qquad (5)$$

也是方程(4)的解,其中 C_1,C_2 是任意常数.

证　将式(5)代入式(4)左端,得

$$C_1 y_1'' + C_2 y_2'' + P(x)(C_1 y_1' + C_2 y_2') + Q(x)(C_1 y_1 + C_2 y_2)$$
$$= C_1 [y_1'' + P(x)y_1' + Q(x)y_1] + C_2 [y_2'' + P(x)y_2' + Q(x)y_2],$$

由于 y_1 与 y_2 是方程(4)的解,上式右端方括号中的表达式都恒等于零,因而整个式子恒等于零,所以式(5)是方程(4)的解.　　　　□

齐次线性方程的这个性质表明它的解符合叠加原理.

由于我们讨论的是二阶方程,通解中应含有两个任意常数. 定理 1 中叠加起来的解(5)从形式上来看含有 C_1 与 C_2 两个任意常数,但它不一定是方程(4)的通解. 例如,设 $y_2 = ky_1$,其中 k 为常数,则

$$y = C_1 y_1 + C_2 y_2 = (C_1 + C_2 k)y_1 = C y_1$$

就只包含了一个任意常数,它不会是通解. 我们可以证明除 $\dfrac{y_2}{y_1} = k$ 的情形外,式(5)就是方程(4)的通解.

设 $y_1(x),y_2(x),\cdots,y_n(x)$ 为定义在区间 I 上的 n 个函数,如果存在 n 个不全为零的常数 $k_1,k_2,\cdots,k_n$,使得当 $x\in I$ 时有恒等式

$$k_1y_1+k_2y_2+\cdots+k_ny_n\equiv 0$$

成立,那么称这 n 个函数在区间 I 上线性相关,否则线性无关.

例 1　$1,\cos^2x,\sin^2x$ 这 3 个函数在整个数轴上是线性相关的. 因为只要取 $k_1=1$, $k_2=k_3=-1$,就有恒等式

$$1-\cos^2x-\sin^2x\equiv 0.$$

例 2　$1,x,x^2$ 这 3 个函数在任何区间 (a,b) 内是线性无关的. 因为如果 k_1,k_2,k_3 不全为零,那么在该区间内至多只有两个 x 值能使二次三项式

$$k_1+k_2x+k_3x^2$$

为零;要使它恒等于零,必须 k_1,k_2,k_3 全为零.

应用上述概念可知,对于两个函数的情形,若它们的比为常数,那么它们就线性相关,否则就线性无关.

定理 2　如果 $y_1(x)$ 与 $y_2(x)$ 是方程(4)的两个线性无关的特解,那么

$$y=C_1y_1(x)+C_2y_2(x)\quad (C_1,C_2\text{ 为任意常数})$$

就是方程(4)的通解.

例 3　已知 $y_1=\cos x$ 与 $y_2=\sin x$ 是二阶齐次线性方程

$$y''+y=0$$

的两个解,且

$$\frac{y_2}{y_1}=\frac{\sin x}{\cos x}=\tan x\not\equiv \text{常数},$$

即它们是线性无关的,因此这个方程的通解为

$$y=C_1\cos x+C_2\sin x.$$

例 4　已知 $y_1=x,y_2=e^x$ 是二阶齐次线性方程

$$(x-1)y''-xy'+y=0$$

的两个解,且

$$\frac{y_2}{y_1}=\frac{e^x}{x}\not\equiv \text{常数},$$

即它们是线性无关的,因此这个方程的通解为

$$y=C_1x+C_2e^x.$$

二、二阶非齐次线性方程的通解

下面讨论二阶非齐次线性方程(3).在第四节中我们已经看到,一阶非齐次线性微分方程的通解由两部分构成:一部分是对应的齐次方程的通解;另一部分是非齐次方程本身的一个特解.实际上,二阶及更高阶的非齐次线性微分方程的通解也具有同样的结构.

定理 3　设 $y^*(x)$ 是二阶非齐次线性方程

$$y''+P(x)y'+Q(x)y=f(x)$$

的一个特解,$Y(x)$ 是与方程(3)对应的齐次方程(4)的通解,那么

$$y = Y(x) + y^*(x) \tag{6}$$

是二阶非齐次线性微分方程(3)的通解.

证 把式(6)代入方程(3)的左端,得

$$(Y'' + y^{*''}) + P(x)(Y' + y^{*'}) + Q(x)(Y + y^*)$$

$$= [Y'' + P(x)Y' + Q(x)Y] + [y^{*''} + P(x)y^{*'} + Q(x)y^*],$$

由于 Y 是方程(4)的解,y^* 是方程(3)的解,可知上式右端第一个中括号内的表达式恒等于零,第二个恒等于 $f(x)$.这样,$y = Y + y^*$ 使方程(3)两端恒等,即式(6)是方程(3)的解.

另一方面,易证方程(3)的二解之差必是方程(4)的解.这说明方程(3)的任一解都具有式(6)的形式,因此式(6)是方程(3)的通解. □

例5 已知二阶非齐次线性微分方程

$$y'' + y = x^2 \tag{7}$$

对应的齐次方程

$$y'' + y = 0 \tag{8}$$

的通解为

$$Y = C_1 \cos x + C_2 \sin x,$$

又容易验证 $y^* = x^2 - 2$ 是方程(7)的一个特解,因此

$$y = Y + y^* = C_1 \cos x + C_2 \sin x + x^2 - 2$$

就是方程(7)的通解.

非齐次线性方程(3)的特解有时可借助下面两个定理来求出.

定理4 设非齐次线性方程(3)的右端 $f(x)$ 是两个函数之和,即

$$y'' + P(x)y' + Q(x)y = f_1(x) + f_2(x), \tag{9}$$

而 $y_1^*(x)$ 与 $y_2^*(x)$ 分别是方程

$$y'' + P(x)y' + Q(x)y = f_1(x) \quad 与 \quad y'' + P(x)y' + Q(x)y = f_2(x)$$

的特解,那么 $y_1^* + y_2^*$ 是方程(9)的一个特解.

这一定理通常称为非齐次线性微分方程的解的叠加原理.

定理5 如果 $y = \varphi_1(x) + \mathrm{i}\varphi_2(x)$ 是方程

$$y'' + P(x)y' + Q(x)y = f_1(x) + \mathrm{i}f_2(x) \tag{10}$$

的解,则 $\varphi_1(x)$ 及 $\varphi_2(x)$ 分别是方程

$$y'' + P(x)y' + Q(x)y = f_1(x) \tag{11}$$

及

$$y'' + P(x)y' + Q(x)y = f_2(x) \tag{12}$$

的解,其中 i 是虚数单位;p,q 是实数;$P(x),Q(x),f_1(x),f_2(x),\varphi_1(x)$ 及 $\varphi_2(x)$ 都是实函数.

证 求 $y = \varphi_1 + \mathrm{i}\varphi_2$ 对 x 的一阶及二阶导数(其中 i 是虚数单位,看成常量),用与实函数相同的方法求复函数的导数,得

$$y' = \varphi_1' + \mathrm{i}\varphi_2', \quad y'' = \varphi_1'' + \mathrm{i}\varphi_2'',$$

代入方程(10),得

$$(\varphi_1'' + P(x)\varphi_1' + Q(x)\varphi_1) + \mathrm{i}(\varphi_2'' + P(x)\varphi_2' + Q(x)\varphi_2) \equiv f_1 + \mathrm{i}f_2.$$

因为两个复数相等必须实部及虚部分别相等,所以有
$$\varphi_1'' + P(x)\varphi_1' + Q(x)\varphi_1 = f_1, \quad \varphi_2'' + P(x)\varphi_2' + Q(x)\varphi_2 = f_2,$$
即 $\varphi_1(x)$ 及 $\varphi_2(x)$ 分别是方程
$$y'' + P(x)y' + Q(x)y = f_1(x) \quad 及 \quad y'' + P(x)y' + Q(x)y = f_2(x)$$
的解. □

*三、二阶非齐次线性方程的常数变易法

在第四节中,为解一阶非齐次线性方程,我们用了常数变易法.这个方法的特点是:如果 $Cy_1(x)$ 是齐次线性方程的通解,那么,可以将通解中的任意常数 C 换成未知函数 $u(x)$,从而得到变量代换 $y = u(x)y_1(x)$ 去解非齐次线性方程.这一方法也适用于解高阶线性方程.下面就二阶非齐次线性方程(3)来作讨论.

如果已知齐次方程(4)的通解为
$$Y(x) = C_1 y_1(x) + C_2 y_2(x),$$
那么,我们可以用如下的常数变易法去求非齐次方程(3)的通解:

令
$$y = y_1(x)v_1 + y_2(x)v_2 \tag{13}$$
为方程(3)的一个特解,问题的关键在于确定函数 $v_1(x)$ 与 $v_2(x)$.我们知道,要确定两个待定函数,必须有两个条件.一个条件是式(13)必须满足方程(3),而另一个条件可在推导过程中按照能使求解过程简便的原则去寻找.

欲使式(13)满足方程(3),先对式(13)中的 y 求一阶导数,得
$$y' = y_1 v_1' + y_2 v_2' + y_1' v_1 + y_2' v_2, \tag{14}$$
若对式(14)中的 y' 再求一次导数,很明显,就要出现待定函数 $v_1(x)$ 与 $v_2(x)$ 的二阶导数,这当然不便于确定 $v_1(x)$ 与 $v_2(x)$.为了避免出现 $v_1(x)$ 与 $v_2(x)$ 的二阶导数,我们在式(14)中选取
$$y_1 v_1' + y_2 v_2' = 0 \tag{15}$$
作为另一个附加条件.现在已有两个条件,下面就可以根据这两个条件来确定 v_1 和 v_2.

在条件(15)下,式(14)变成
$$y' = y_1' v_1 + y_2' v_2,$$
再求导,得
$$y'' = y_1' v_1' + y_2' v_2' + y_1'' v_1 + y_2'' v_2.$$

把 y, y', y'' 代入方程(3),得
$$y_1' v_1' + y_2' v_2' + y_1'' v_1 + y_2'' v_2 + P(y_1' v_1 + y_2' v_2) + Q(y_1 v_1 + y_2 v_2) = f,$$
整理,得
$$y_1' v_1' + y_2' v_2' + (y_1'' + Py_1' + Qy_1)v_1 + (y_2'' + Py_2' + Qy_2)v_2 = f.$$

因为已知 y_1 与 y_2 是齐次方程(4)的解,故上式即为
$$y_1' v_1' + y_2' v_2' = f, \tag{16}$$
联立方程(15)与(16)求解,在
$$W = y_1 y_2' - y_1' y_2 \neq 0$$

时,可解得

$$v'_1 = -\frac{y_2 f}{W}, \quad v'_2 = \frac{y_1 f}{W},$$

对这两个式子积分,得

$$v_1 = C_1 + \int \left(-\frac{y_2 f}{W}\right) dx, \quad v_2 = C_2 + \int \frac{y_1 f}{W} dx,$$

于是得非齐次方程(3)的通解为

$$y = C_1 y_1 + C_2 y_2 - y_1 \int \frac{y_2 f}{W} dx + y_2 \int \frac{y_1 f}{W} dx.$$

例 6 已知齐次方程 $(x-1)y'' - xy' + y = 0$ 的通解为 $Y(x) = C_1 x + C_2 e^x$,求非齐次方程 $(x-1)y'' - xy' + y = (x-1)^2$ 的通解.

解 将所给方程写成标准形式:

$$y'' - \frac{x}{x-1}y' + \frac{1}{x-1}y = x-1,$$

令 $y = xv_1 + e^x v_2$,其中 v_1, v_2 待定.按照上面推导中要求的条件(15)与(16),可得如下联立方程组:

$$\begin{cases} xv'_1 + e^x v'_2 = 0, \\ v'_1 + e^x v'_2 = x-1, \end{cases}$$

解得

$$v'_1 = -1, \quad v'_2 = x e^{-x},$$

积分,得

$$v_1 = C_1 - x, \quad v_2 = C_2 - (x+1)e^{-x},$$

于是所求的非齐次方程的通解为

$$y = C_1 x + C_2 e^x - (x^2 + x + 1).$$

*四、降阶法

本方法可在已知二阶齐次方程一个非零解的情况下,求出二阶非齐次方程的通解,或齐次方程线性无关的另一解.

若只知道齐次方程(4)的一个不恒为零的解 $y_1(x)$,那么,利用变换 $y = uy_1(x)$,可把非齐次方程(3)化为一阶线性方程.

事实上,把

$$y = y_1 u, \quad y' = y_1 u' + y'_1 u, \quad y'' = y_1 u'' + 2y'_1 u' + y''_1 u$$

代入方程(3),得

$$y_1 u'' + 2y'_1 u' + y''_1 u + P(y_1 u' + y'_1 u) + Qy_1 u = f,$$

即

$$y_1 u'' + (2y'_1 + Py_1)u' + (y''_1 + Py'_1 + Qy_1)u = f.$$

由于 y_1 为方程(4)的解,故上式为

$$y_1 u'' + (2y'_1 + Py_1)u' = f,$$

令 $u' = z(x)$,上式即化为一阶线性方程

$$y_1 z' + (2y_1' + Py_1)z = f. \tag{17}$$

把方程(3)化为方程(17)以后,按一阶线性方程的解法,设求得方程(17)的通解为

$$z = C_2 Z(x) + z^*(x),$$

积分,得

$$u = C_1 + C_2 U(x) + u^*(x),$$

其中 $U'(x) = Z(x), u^{*'}(x) = z^*(x)$. 上式乘以 $y_1(x)$,便得方程(3)的通解:

$$y = C_1 y_1(x) + C_2 U(x) y_1(x) + u^*(x) y_1(x).$$

例 7　已知 $y_1(x) = e^x$ 是齐次方程 $y'' - 2y' + y = 0$ 的解,求非齐次方程 $y'' - 2y' + y = \dfrac{1}{x} e^x$ 的通解 $(x > 0)$.

解　令 $y = e^x u$,则

$$y' = e^x(u' + u), \quad y'' = e^x(u'' + 2u' + u),$$

代入非齐次方程,得

$$e^x(u'' + 2u' + u) - 2e^x(u' + u) + e^x u = \frac{1}{x} e^x,$$

合并同类项并消去公因子 e^x,得

$$u'' = \frac{1}{x}.$$

这里不需再作变换去化为一阶线性方程. 只要直接积分,便得

$$u' = C + \ln x,$$

再积分,得

$$u = C_1 + Cx + x\ln x - x,$$

即

$$u = C_1 + C_2 x + x\ln x, \quad C_2 = C - 1,$$

于是所求通解为

$$y = C_1 e^x + C_2 x e^x + x e^x \ln x.$$

例 8　已知 $y_1(x) = e^x$ 是齐次方程 $(1 + 2x - x^2)y'' + (x^2 - 3)y' + (2 - 2x)y = 0$ 的一个解,求其通解.

解　令 $y_2 = e^x u$,则

$$y_2' = e^x(u' + u), \quad y_2'' = e^x(u'' + 2u' + u),$$

代入原方程,得

$$(1 + 2x - x^2)u'' - (x^2 - 4x + 1)u' = 0,$$

方程左端为不显含变量 u 的二阶微分方程. 令 $u' = P(x)$,得

$$(1 + 2x - x^2)P' = (x^2 - 4x + 1)P,$$

分离变量,得

$$\frac{\mathrm{d}P}{P} = \frac{x^2 - 4x + 1}{1 + 2x - x^2}\mathrm{d}x = \left(-1 + \frac{2 - 2x}{1 + 2x - x^2}\right)\mathrm{d}x,$$

两边积分,取一个原函数,得

$$\ln P = -x + \ln(1 + 2x - x^2),$$

从而

$$P = \frac{\mathrm{d}u}{\mathrm{d}x} = (1 + 2x - x^2)e^{-x},$$

再积分,也取一个原函数,得

$$u = (x^2 - 1)e^{-x},$$

最后得

$$y_2(x) = e^x u = x^2 - 1.$$

因为

$$\frac{y_2(x)}{y_1(x)} = \frac{e^x u}{e^x} = u = (x^2-1)e^{-x} \not\equiv 常数,$$

所以 $y_1(x)$ 与 $y_2(x)$ 线性无关,故原方程的通解为

$$y = C_1 y_1 + C_2 y_2 = C_1 e^x + C_2(x^2 - 1).$$

　　综上所述,对于二阶齐次线性方程,如果能根据具体情况观察得到两个线性无关的特解,就能立刻得到通解.如果只能观察到一个特解,可用降阶法求得另一个线性无关的特解.不过实际问题中的解常不是初等函数,就很难观察到一个解了,这时可用级数解法,感兴趣的读者可参阅其他教材.

　　对于二阶非齐次线性方程,如果已知相应齐次方程的一个特解,则可用降阶法求出非齐次方程的通解.如果已知相应齐次方程的通解,则可用常数变易法求出非齐次方程的通解.

习题 6-6

1. 下列函数组在其定义区间内哪些是线性无关的?

(1) x, x^2;　　　　　　(2) $x, 2x$;　　　　　　(3) $e^{2x}, 3e^{2x}$;

(4) e^{-x}, e^x;　　　　　(5) $\cos 2x, \sin 2x$;　　　(6) e^{x^2}, xe^{x^2};

(7) $\sin 2x, \cos x \sin x$;　　(8) $e^x \cos 2x, e^x \sin 2x$;　(9) $\ln x, x\ln x$;

(10) $e^{ax}, e^{bx} (a \neq b)$.

2. 验证 $y_1 = \cos \omega x$ 及 $y_2 = \sin \omega x$ 都是方程 $y'' + \omega^2 y = 0$ 的解,并写出该方程的通解.

3. 验证 $y_1 = e^{x^2}$ 及 $y_2 = xe^{x^2}$ 都是方程 $y'' - 4xy' + (4x^2 - 2)y = 0$ 的解,并写出该方程的通解.

4. 证明:

(1) $y = C_1 e^x + C_2 e^{2x} + \frac{1}{12}e^{5x}$ (C_1, C_2 为任意常数)是方程 $y'' - 3y' + 2y = e^{5x}$ 的通解;

(2) $y = C_1 \cos 3x + C_2 \sin 3x + \frac{1}{32}(4x\cos x + \sin x)$ (C_1, C_2 为任意常数)是方程 $y'' + 9y = x\cos x$ 的通解;

(3) $y = C_1 x^2 + C_2 x^2 \ln x$ (C_1, C_2 为任意常数)是方程 $x^2 y'' - 3xy' + 4y = 0$ 的通解;

(4) $y = C_1 x^5 + \frac{C_2}{x} - \frac{x^2}{9}\ln x$ (C_1, C_2 为任意常数)是方程 $x^2 y'' - 3xy' - 5y = x^2 \ln x$ 的通解;

(5) $y = \frac{1}{x}(C_1 e^x + C_2 e^{-x}) + \frac{e^x}{2}$ (C_1, C_2 为任意常数)是方程 $xy'' + 2y' - xy = e^x$ 的通解.

*5. 已知 $y_1(x)=e^x$ 是齐次线性方程 $(2x-1)y''-(2x+1)y'+2y=0$ 的一个解,求此方程的通解.

*6. 已知 $y_1(x)=x$ 是齐次线性方程 $x^2y''-2xy'+2y=0$ 的一个解,求非齐次线性方程 $x^2y''-2xy'+2y=2x^3$ 的通解.

*7. 已知齐次线性方程 $y''+y=0$ 的通解为 $Y(x)=C_1\cos x+C_2\sin x$,求非齐次线性方程 $y''+y=\sec x$ 的通解.

*8. 已知齐次线性方程 $x^2y''-xy'+y=0$ 的通解为 $Y(x)=C_1x+C_2x\ln x$,求非齐次线性方程 $x^2y''-xy'+y=x$ 的通解.

第七节　二阶常系数齐次线性微分方程

在二阶齐次线性微分方程
$$y''+P(x)y'+Q(x)y=0$$
中,如果 y',y 的系数 $P(x),Q(x)$ 均为常数,即上式成为
$$y''+py'+qy=0, \tag{1}$$
其中 p,q 为常数,则称式(1)为二阶常系数齐次线性微分方程.

要找微分方程(1)的通解,首先要找出它的两个线性无关的特解.

当 r 为常数时,指数函数 $y=e^{rx}$ 和它的各阶导数都只相差一个常数因子,因此,我们来尝试能否选取适当的常数 r,使 $y=e^{rx}$ 满足方程(1).

对 $y=e^{rx}$ 求导,得到
$$y'=re^{rx}, \quad y''=r^2e^{rx},$$
把 y,y' 和 y'' 代入方程(1),得
$$(r^2+pr+q)e^{rx}=0,$$
因此,只要 r 的值能使
$$r^2+pr+q=0 \tag{2}$$
成立,则 $y=e^{rx}$ 就是方程(1)的特解.

代数方程(2)叫作微分方程(1)的特征方程.特征方程的根叫作微分方程的特征根.因此,求微分方程(1)的特解,可以通过求代数方程(2)的根得到.下面就特征方程根的不同情形,说明方程(1)通解的求法.

(1) 当 $p^2-4q>0$ 时,方程(2)有两个不相等的实根 $r_1\neq r_2$.这时 $y_1(x)=e^{r_1x}$,$y_2(x)=e^{r_2x}$ 是方程(1)的两个线性无关的特解,所以方程(1)的通解为
$$y=C_1e^{r_1x}+C_2e^{r_2x}.$$

(2) 当 $p^2-4q=0$ 时,方程(2)有两个相等的实根 $r_1=r_2$.我们只能得到方程(1)的一个特解 $y_1(x)=e^{r_1x}$.为了得出微分方程(1)的通解,还需要求出另一个解 y_2,并且有 $\dfrac{y_2}{y_1}\neq k$(常数).

设 $\dfrac{y_2}{y_1}=u(x)$,即 $y_2=e^{r_1x}u(x)$,代入方程(1)中,可以求得 $y_2(x)=xe^{r_1x}$.所以方

程(1)的通解为

$$y = (C_1 + C_2 x) e^{r_1 x}.$$

（3）当 $p^2 - 4q < 0$ 时，方程(2)有一对共轭复根 $r_1 = \alpha + i\beta, r_2 = \alpha - i\beta$，可得方程(1)的两个线性无关的特解：

$$y_1(x) = e^{(\alpha + i\beta)x}, \quad y_2(x) = e^{(\alpha - i\beta)x},$$

即可得方程(1)的复数通解.

要找出两个实数形式的特解，我们用下面的方法把解化成实函数形式.

根据欧拉公式（形式推导见第十一章第四节）

$$e^{ix} = \cos x + i\sin x,$$

有

$$y_1 = e^{(\alpha + i\beta)x} = e^{\alpha x + i\beta x} = e^{\alpha x}(\cos\beta x + i\sin\beta x),$$

$$y_2 = e^{(\alpha - i\beta)x} = e^{\alpha x - i\beta x} = e^{\alpha x}(\cos\beta x - i\sin\beta x).$$

由于复值函数 y_1 与 y_2 之间成共轭关系，因此，取它们的和除以 2 就得到它们的实部，取它们的差除以 2i 就得到它们的虚部.由于方程(1)的解符合叠加原理，所以实值函数

$$\bar{y}_1 = \frac{1}{2}(y_1 + y_2) = e^{\alpha x}\cos\beta x \quad 及 \quad \bar{y}_2 = \frac{1}{2i}(y_1 - y_2) = e^{\alpha x}\sin\beta x$$

还是方程(1)的特解，且

$$\frac{\bar{y}_1}{\bar{y}_2} = \frac{e^{\alpha x}\cos\beta x}{e^{\alpha x}\sin\beta x} = \cot\beta x$$

不是常数，所以微分方程(1)的通解为

$$y = e^{\alpha x}(C_1\cos\beta x + C_2\sin\beta x).$$

综上所述，求二阶常系数齐次线性微分方程(1)的通解的步骤如下：

① 写出微分方程(1)的特征方程(2)；

② 求出特征方程(2)的两个根 r_1, r_2；

③ 根据特征方程(2)的两个根的不同情况，写出微分方程(1)的通解.

例 1 求微分方程 $y'' - 4y' + 3y = 0$ 的通解.

解 其特征方程为

$$r^2 - 4r + 3 = 0,$$

得到 $r_1 = 1, r_2 = 3$ 两个不相等的实根，因此所求通解为

$$y = C_1 e^x + C_2 e^{3x}.$$

例 2 求微分方程 $4y'' - 4y' + y = 0$ 满足条件 $y|_{x=0} = 1, y'|_{x=0} = 3$ 的特解.

解 其特征方程为

$$4r^2 - 4r + 1 = 0,$$

得到 $r_1 = r_2 = \frac{1}{2}$ 两个相等的实根，所以方程的通解为

$$y = (C_1 + C_2 x) e^{\frac{1}{2}x}.$$

由条件 $y|_{x=0} = 1$，得 $C_1 = 1$；由条件 $y'|_{x=0} = 3$，得 $C_2 = \frac{5}{2}$.故满足条件的特解为

$$y = \left(1 + \frac{5}{2}x\right) e^{\frac{1}{2}x}.$$

例 3　求微分方程 $y'' + 2y' + 3y = 0$ 的通解.

解　其特征方程为

$$r^2 + 2r + 3 = 0,$$

有共轭复根 $r_1 = -1 + \sqrt{2}\,\mathrm{i}, r_2 = -1 - \sqrt{2}\,\mathrm{i}$，因此所求的通解为

$$y = \mathrm{e}^{-x}(C_1 \cos\sqrt{2}\,x + C_2 \sin\sqrt{2}\,x).$$

关于二阶常系数齐次线性方程得到的结论，可以直接推广到 n 阶常系数齐次线性方程中去. 考虑方程

$$y^{(n)} + a_1 y^{(n-1)} + a_2 y^{(n-2)} + \cdots + a_{n-1} y' + a_n y = 0, \tag{3}$$

其中 $a_1, a_2, \cdots, a_n$ 是实常数. 代数方程

$$r^n + a_1 r^{n-1} + a_2 r^{n-2} + \cdots + a_{n-1} r + a_n = 0 \tag{4}$$

叫作方程(3)的特征方程，这个方程有 n 个根（k 重根算作 k 个根）.

与二阶方程情形一样，由特征方程的根可以写出其对应的微分方程(3)的特解如下表：

特征方程的根	方程(3)通解中的对应项
(1) 单实根 r	给出一项：$C\mathrm{e}^{rx}$
(2) 一对单复根 $r_{1,2} = \alpha \pm \mathrm{i}\beta$	给出两项：$\mathrm{e}^{\alpha x}(C_1 \cos\beta x + C_2 \sin\beta x)$
(3) k 重实根 r	给出 k 项：$\mathrm{e}^{rx}(C_1 + C_2 x + \cdots + C_k x^{k-1})$
(4) 一对 k 重复根 $r_{1,2} = \alpha \pm \mathrm{i}\beta$	给出 $2k$ 项：$\mathrm{e}^{\alpha x}[(C_1 + C_2 x + \cdots + C_k x^{k-1})\cos\beta x + (D_1 + D_2 x + \cdots + D_k x^{k-1})\sin\beta x]$

由代数学知道，n 次代数方程有 n 个根，而特征方程的每一个根都对应着通解中的一项，且每项各含一个任意常数，这样就得到 n 阶常系数齐次线性微分方程的通解：

$$y = C_1 y_1 + C_2 y_2 + \cdots + C_n y_n,$$

但特征方程一般是高次代数方程，5 次以上的代数方程没有一般的求解方法，因此上述结论一般只具有理论意义.

例 4　求方程 $y^{(5)} + y^{(4)} + 2y''' + 2y'' + y' + y = 0$ 的通解.

解　方程的特征方程为

$$r^5 + r^4 + 2r^3 + 2r^2 + r + 1 = 0,$$

即

$$r^4(r+1) + 2r^2(r+1) + (r+1) = 0,$$

所以

$$(r+1)(r^2+1)^2 = 0,$$

它的根是 $r_1 = -1, r_{2,3} = \pm \mathrm{i}$（二重根），因此原方程的通解为

$$y = C_1 \mathrm{e}^{-x} + (C_2 + C_3 x)\cos x + (C_4 + C_5 x)\sin x.$$

例 5　求方程 $\dfrac{\mathrm{d}^4 w}{\mathrm{d}x^4} + \beta^4 w = 0$ 的通解，其中 $\beta > 0$.

解　该方程的特征方程为

$$r^4 + \beta^4 = 0,$$

由于
$$r^4 + \beta^4 = r^4 + 2r^2\beta^2 + \beta^4 - 2r^2\beta^2 = (r^2 + \beta^2)^2 - 2r^2\beta^2$$
$$= (r^2 - \sqrt{2}\,r\beta + \beta^2)(r^2 + \sqrt{2}\,r\beta + \beta^2),$$

所以特征方程可以写为
$$(r^2 - \sqrt{2}\,r\beta + \beta^2)(r^2 + \sqrt{2}\,r\beta + \beta^2) = 0,$$

它的根为 $r_{1,2} = \dfrac{\beta}{\sqrt{2}}(1 \pm i), r_{3,4} = -\dfrac{\beta}{\sqrt{2}}(1 \pm i)$，因此原方程的通解为

$$w = e^{\frac{\beta}{\sqrt{2}}x}\left(C_1\cos\frac{\beta}{\sqrt{2}}x + C_2\sin\frac{\beta}{\sqrt{2}}x\right) + e^{-\frac{\beta}{\sqrt{2}}x}\left(C_3\cos\frac{\beta}{\sqrt{2}}x + C_4\sin\frac{\beta}{\sqrt{2}}x\right).$$

例 6 某介质中一单位质点 M 受一力作用沿直线运动，该力与点 M 到点 O 的距离成正比(比例常数是 4)，介质的阻力与运动的速度成正比(比例常数是 3).求该质点的运动规律(运动开始时，质点 M 静止，距点 O 1cm).

解 根据牛顿第二定律，有 $F = ma$，即

$$\frac{d^2 s}{dt^2} = 4s - 3\frac{ds}{dt},$$

得微分方程

$$\frac{d^2 s}{dt^2} + 3\frac{ds}{dt} - 4s = 0,$$

这是二阶常系数齐次线性微分方程.其特征方程为
$$r^2 + 3r - 4 = 0,$$

得特征根 $r_1 = 1, r_2 = -4$，因此原方程的通解为
$$s = C_1 e^t + C_2 e^{-4t}.$$

由初始条件 $s|_{t=0} = 1, \dfrac{ds}{dt}\bigg|_{t=0} = 0$ 可知
$$\begin{cases} C_1 + C_2 = 1, \\ C_1 - 4C_2 = 0, \end{cases}$$

解得 $C_1 = \dfrac{4}{5}, C_2 = \dfrac{1}{5}$，因此所求运动规律为

$$s = \frac{1}{5}(4e^t + e^{-4t}) \ (\text{cm}).$$

习题 6-7

1. 求下列微分方程的通解：

(1) $y'' - 9y = 0$；

(2) $\dfrac{d^2 s}{dt^2} + \dfrac{ds}{dt} = 0$；

(3) $4y'' - 12y' + 9y = 0$；

(4) $y'' + y = 0$；

(5) $y'' + y' + y = 0$；

(6) $y''' - 3ay'' + 3a^2 y' - a^3 y = 0$；

(7) $y^{(4)} - 4y = 0$；

(8) $y^{(4)} + 3y''' = 0$；

(9) $y^{(4)} + 2y'' + y = 0$；

(10) $y^{(4)} + y = 0$.

2. 求下列方程的满足所给初始条件的特解:

(1) $y'' - y = 0, y|_{x=0} = 0, y'|_{x=0} = 1$;

(2) $y'' - 4y' + 4y = 0, y|_{x=0} = 1, y'|_{x=0} = 1$;

(3) $y'' + 2y' + 10y = 0, y|_{x=0} = 1, y'|_{x=0} = 2$;

(4) $y^{(4)} - a^4 y = 0 (a > 0), y|_{x=0} = 1, y'|_{x=0} = 0, y''|_{x=0} = -a^2, y'''|_{x=0} = 0$.

3. 一个单位质量的质点在数轴上运动,开始时质点在原点 O 处且速度为 v_0,在运动过程中,它受到一个力的作用,这个力的大小与质点到原点的距离成正比(比例系数 $k_1 > 0$)而方向与初速一致,又介质的阻力与速度成正比(比例系数 $k_2 > 0$).求反映这质点的运动规律的函数.

4. 有一圆柱形浮筒,直径为 0.5m,铅直放在水中,当稍向下压后突然放开,浮筒在水中上下振动的周期为 2s,求浮筒的质量.

5. 设微分方程 $y'' + k^2 y = 0 (k > 0)$.

(1) 确定数 k,使方程有满足条件 $y|_{x=0} = 0, y|_{x=1} = 0$ 的非零解;

(2) 对于方程任一个解 y,证明 $y'^2 + k^2 y^2$ 为常数.

第八节 二阶常系数非齐次线性微分方程

二阶常系数非齐次线性微分方程的一般形式是

$$y'' + py' + qy = f(x), \tag{1}$$

其中 p, q 为实数,$f(x)$ 为某一个连续的实函数.

由第六节定理 3 可知,求方程(1)的通解归结为求对应的齐次方程

$$y'' + py' + qy = 0 \tag{2}$$

的通解和非齐次方程(1)本身的一个特解.由于在二阶常系数的情形下,相应的方程(2)的通解总可以得到,因此,可用常数变易法求非齐次方程的一个特解,即得到方程(1)的通解.但在实际问题中,方程(1)右端的自由项往往是一个多项式 $P(x)$,或 $P(x)e^{\lambda x}$,$P(x)e^{\lambda x} \sin \omega x$,$P(x)e^{\lambda x} \cos \omega x$ 等函数,对于这些特殊的情形,可以预先确定特解的形式,采用待定系数法,不用积分而只用代数方法就能求出特解.下面先举两个简单的例子说明方法的大意.

例 1 求方程 $y'' + y = 2x^2 - 3$ 的通解.

解 相应的齐次方程 $y'' + y = 0$ 的通解是

$$Y = C_1 \cos x + C_2 \sin x.$$

因为非齐次方程的自由项 $f(x) = 2x^2 - 3$ 是一个二次多项式,因此可以设想方程有一个特解也是一个二次多项式.不妨设特解的形式为

$$y^* = ax^2 + bx + c,$$

其中 a, b, c 是待定系数,所以有

$$y^{*\prime} = 2ax + b, \quad y^{*\prime\prime} = 2a.$$

将 $y^*, y^{*\prime}$ 及 $y^{*\prime\prime}$ 代入原方程,则有

$$ax^2 + bx + (c + 2a) = 2x^2 - 3,$$

因此,上式两边 x 的同次幂的系数应相等,故 $a = 2, b = 0, c = -7$.于是得到

$$y^* = 2x^2 - 7$$

是原方程的一个特解. 因而得原方程的通解

$$y = C_1 \cos x + C_2 \sin x + 2x^2 - 7.$$

例 2 求解方程 $y'' + 4y' + 3y = -e^{2x}$.

解 相应的齐次方程 $y'' + 4y' + 3y = 0$ 的通解是

$$Y = C_1 e^{-x} + C_2 e^{-3x}.$$

设 $y^* = A e^{2x}$ 是非齐次方程的一个特解, 则

$$y^{*\prime} = 2A e^{2x}, \quad y^{*\prime\prime} = 4A e^{2x},$$

将 $y^*, y^{*\prime}, y^{*\prime\prime}$ 代入原方程, 则有

$$15A e^{2x} \equiv -e^{2x},$$

可得 $A = -\dfrac{1}{15}$, 即有

$$y^* = -\frac{1}{15} e^{2x}.$$

所以原方程的通解为

$$y = C_1 e^{-x} + C_2 e^{-3x} - \frac{1}{15} e^{2x}.$$

这两个简单例子启发我们, 当自由项为多项式或指数函数时, 我们有理由希望特解也具有这种形式. 这是合理的, 因为常系数线性方程的左端中导数的系数皆为常数, 如果右端是多项式, 由于多项式的导数仍为多项式, 故其特解中必含有多项式. 对指数函数也是如此. 现在我们转到一般性的讨论.

在例 1 前面介绍的自由项的一些特殊情况, 都可以归结为

$$f(x) = P(x) e^{\alpha x} \tag{3}$$

的形式, 其中 $P(x)$ 为多项式.

当 $\alpha = 0$ 时, 它就是多项式 $P(x)$.

当 $\alpha = \lambda$ (实数) 时, 它就是 $P(x) e^{\lambda x}$.

当 $\alpha = \lambda + i\omega$ (复数) 时, 它就是 $P(x) e^{(\lambda + i\omega)x}$. 遇到 $P(x) e^{\lambda x} \cos \omega x$ 和 $P(x) e^{\lambda x} \sin \omega x$ 的情形, 由第六节定理 5 知, 可以先求方程

$$y'' + py' + qy = P(x) e^{(\lambda + i\omega)x}$$

的特解, 然后再取特解的实部和虚部, 它们分别是

$$y'' + py' + qy = P(x) e^{\lambda x} \cos \omega x \quad 及 \quad y'' + py' + qy = P(x) e^{\lambda x} \sin \omega x$$

的特解.

下面我们求

$$y'' + py' + qy = P(x) e^{\alpha x}$$

的一个特解 y^*. 设想 $y^* = Q(x) e^{\alpha x}$, 其中 $Q(x)$ 也是多项式, 但其系数是待定的. 对 y^* 求导, 得

$$y^{*\prime} = Q'(x) e^{\alpha x} + \alpha Q(x) e^{\alpha x}, \quad y^{*\prime\prime} = Q''(x) e^{\alpha x} + 2\alpha Q'(x) e^{\alpha x} + \alpha^2 Q(x) e^{\alpha x}.$$

将 $y^*, y^{*\prime}, y^{*\prime\prime}$ 及式 (3) 都代入方程 (1), 并消去公因子 $e^{\alpha x}$, 得

$$Q''(x) + (2\alpha + p)Q'(x) + (\alpha^2 + p\alpha + q)Q(x) \equiv P(x), \tag{4}$$

这个式子两端都是多项式,要使它恒等,必须同次幂的系数相等.因此,比较系数就可确定 $Q(x)$ 的系数.下面分三种情况讨论:

(1) 若 α 不是式(2)的特征方程 $r^2 + pr + q = 0$ 的根,即 $\alpha^2 + p\alpha + q \neq 0$,那么由式(4)看出应取 $Q(x)$ 的次数和 $P(x)$ 相同,即 $y^* = Q(x)e^{\alpha x}$,其中 $Q(x)$ 与 $P(x)$ 的次数相等.

(2) 若 α 是式(2)的特征方程的单根,即有 $\alpha^2 + p\alpha + q = 0, 2\alpha + p \neq 0$,这时式(4)左端只出现 $Q'(x)$ 及 $Q''(x)$,因此不能取 $Q(x)$ 与 $P(x)$ 次数相同(若次数相同,式(4)左端的次数必然比右端低一次,绝不可能恒等),但我们可以在开始时就把特解中多项式的次数提高一次,即设 $Q(x) = xR(x)$,也就是

$$y^* = xR(x)e^{\alpha x},$$

其中 $R(x)$ 与 $P(x)$ 的次数相等,于是式(4)成为

$$[xR(x)]'' + (2\alpha + p)[xR(x)]' \equiv P(x),$$

两边次数一样,可以通过比较系数来确定 $R(x)$.

(3) 如果 α 是式(2)的特征方程 $r^2 + pr + q = 0$ 的重根,即 $\alpha^2 + p\alpha + q = 0, 2\alpha + p = 0$,这时式(4)左端只出现 $Q''(x)$,因此不能取 $Q(x)$ 与 $P(x)$ 次数相同,但我们可以在开始时就把特解中多项式的次数提高两次,即设 $Q(x) = x^2 R(x)$,则

$$y^* = x^2 R(x)e^{\alpha x},$$

其中 $R(x)$ 与 $P(x)$ 的次数相等,于是式(4)成为

$$[x^2 R(x)]'' \equiv P(x),$$

两边幂次一样,可以通过比较系数来确定 $R(x)$.

综上所述,当方程(1)右端的自由项由式(3)给出时,我们可设方程(1)具有形如

$$y^* = x^k R(x)e^{\alpha x} \tag{5}$$

的特解,其中 $R(x)$ 是与 $P(x)$ 次数相同的多项式,而 k 按 α 不是特征方程的根,是特征方程的单根或是特征方程的重根,依次取为 $0,1$ 或 2.前面的例 1 和例 2 都属于 α 不是特征根的情况.

例 3 求方程 $y'' + y' = 2x^2 - 3$ 的一个特解.

解 相应齐次方程的特征方程为

$$r^2 + r = 0,$$

有两个根 $r_1 = 0, r_2 = -1$.原方程的自由项

$$f(x) = 2x^2 - 3.$$

由于 $\alpha = 0$ 是特征方程的单根,故特解应设为二次多项式再乘以 x,即设特解为

$$y^* = x(a_0 x^2 + a_1 x + a_2) = a_0 x^3 + a_1 x^2 + a_2 x,$$

把它代入原方程,得

$$3a_0 x^2 + (2a_1 + 6a_0)x + (a_2 + 2a_1) \equiv 2x^2 - 3.$$

比较系数,有

$$\begin{cases} 3a_0 = 2, \\ 2a_1 + 6a_0 = 0, \\ a_2 + 2a_1 = -3, \end{cases}$$

解得 $a_0 = \dfrac{2}{3}, a_1 = -2, a_2 = 1$,于是求得一个特解为

$$y^* = \frac{2}{3}x^3 - 2x^2 + x.$$

例 4　求方程 $y'' - 2y' + y = 4x\mathrm{e}^x$ 的通解.

解　相应齐次方程的特征方程为

$$r^2 - 2r + 1 = 0,$$

有二重根 $r_{1,2} = 1$,于是得到原方程对应齐次方程的通解为

$$Y = (C_1 + C_2 x)\mathrm{e}^x.$$

由于 $\alpha = 1$ 是特征方程的重根,所以应设特解为

$$y^* = x^2(a_0 x + a_1)\mathrm{e}^x = (a_0 x^3 + a_1 x^2)\mathrm{e}^x,$$

把它代入原方程,得 $\begin{cases} 6a_0 = 4, \\ 2a_1 = 0, \end{cases}$ 解得 $a_0 = \dfrac{2}{3}, a_1 = 0$,因此求得一个特解为

$$y^* = \frac{2}{3}x^3 \mathrm{e}^x,$$

从而所求的通解为

$$y = (C_1 + C_2 x)\mathrm{e}^x + \frac{2}{3}x^3 \mathrm{e}^x.$$

例 5　求方程 $y'' - y = 4\cos x$ 的通解.

解　相应齐次方程的特征方程为

$$r^2 - 1 = 0,$$

有两个实根 $r_1 = 1, r_2 = -1$.原方程的自由项为

$$f(x) = 4\cos x,$$

它是 $4\mathrm{e}^{\mathrm{i}x}$ 的实部,故我们先考虑方程

$$y'' - y = 4\mathrm{e}^{\mathrm{i}x}. \tag{6}$$

因为 $\alpha = \mathrm{i}$ 不是特征方程的根,设其特解为

$$y_1^* = A\mathrm{e}^{\mathrm{i}x},$$

将其代入方程(6),得

$$(-A - A)\mathrm{e}^{\mathrm{i}x} \equiv 4\mathrm{e}^{\mathrm{i}x},$$

比较系数,得 $A = -2$,因而

$$y_1^* = -2\mathrm{e}^{\mathrm{i}x},$$

取 y_1^* 的实部,即原方程的一个特解为

$$y^* = -2\cos x,$$

因为齐次方程的通解为

$$Y = C_1 \mathrm{e}^x + C_2 \mathrm{e}^{-x},$$

所以得到原方程的通解为

$$y = C_1 \mathrm{e}^x + C_2 \mathrm{e}^{-x} - 2\cos x.$$

例 6　求方程 $y'' + y = 4\sin x$ 的通解.

解　相应齐次方程的特征方程为

$$r^2 + 1 = 0,$$

得一对虚根 $r_{1,2}=\pm\mathrm{i}$,于是原方程对应的齐次方程的通解为

$$Y=C_1\cos x+C_2\sin x.$$

因为原方程的自由项

$$f(x)=4\sin x,$$

它是 $4\mathrm{e}^{\mathrm{i}x}$ 的虚部,故应先考虑方程

$$y''+y=4\mathrm{e}^{\mathrm{i}x}, \tag{7}$$

在方程(7)的自由项中,$\alpha=\mathrm{i}$ 是特征方程的单根,所以设方程(7)的特解为

$$y_1^*=Ax\,\mathrm{e}^{\mathrm{i}x},$$

代入方程(7),得

$$A(2\mathrm{i}\mathrm{e}^{\mathrm{i}x}-x\mathrm{e}^{\mathrm{i}x})+Ax\,\mathrm{e}^{\mathrm{i}x}\equiv4\mathrm{e}^{\mathrm{i}x},$$

比较系数,得 $2A\mathrm{i}=4$,即 $A=-2\mathrm{i}$,因而有

$$y_1^*=-2\mathrm{i}x\,\mathrm{e}^{\mathrm{i}x}=2x\sin x-2\mathrm{i}x\cos x,$$

取 y_1^* 的虚部,即得原方程的特解

$$y^*=-2x\cos x,$$

因此原方程的通解为

$$y=C_1\cos x+C_2\sin x-2x\cos x.$$

关于自由项的特殊类型,我们只提出这些.如果自由项是若干项之和,则可以应用第六节中的定理 4,分别求各项的特解,然后相加.

习题 6-8

1. 求下列方程的一个特解:

(1) $y''+6y'+5y=\mathrm{e}^{2x}$; (2) $y''+y'-2y=5x$;

(3) $y''+9y=2\cos3x$; (4) $y''+2y=\sin x+1$.

2. 求下列各微分方程的通解:

(1) $y''+5y'+4y=3-2x$; (2) $2y''+5y'=5x^2-2x-1$;

(3) $2y''+y'-y=2\mathrm{e}^x$; (4) $y''-6y'+9y=(x+1)\mathrm{e}^{3x}$;

(5) $y''-2y'+5y=\mathrm{e}^x\sin2x$; (6) $y''+4y=x\cos x$;

(7) $y''+y=\mathrm{e}^x+x^2+1$; (8) $y''-y=\sin^2x$.

3. 求下列各方程满足已给初始条件的特解:

(1) $y''-4y=1,y|_{x=0}=0,y'|_{x=0}=\dfrac{1}{4}$;

(2) $y''+5y=4\mathrm{e}^{3x},y|_{x=0}=0,y'|_{x=0}=0$;

(3) $y''+y+\sin2x=0,y|_{x=\pi}=1,y'|_{x=\pi}=1$;

(4) $y''+2y'+y=\mathrm{e}^x+\mathrm{e}^{-x},y|_{x=0}=0,y'|_{x=0}=0$;

(5) $y''+4y=\cos2x,y|_{x=0}=0,y'|_{x=0}=2$;

(6) $y''+y'-2y=6\mathrm{e}^{-2x},y|_{x=0}=0,y'|_{x=0}=1$.

4. 一长 20m 的链条悬挂在一钉子上,两端下垂,下垂短的一端距离钉子 8m,下垂长的一端距离钉子 12m,分别在以下两种情况下求链条滑下来所需要的时间:

（1）若不计钉子对链条产生的摩擦力；（2）若摩擦力为 1m 长链条所受的重力.

5. 设函数 $\varphi(x)$ 连续，且满足 $\varphi(x)=\mathrm{e}^x+\int_0^x t\varphi(t)\mathrm{d}t-x\int_0^x \varphi(t)\mathrm{d}t$，求 $\varphi(x)$.

6. 利用代换 $y=\dfrac{u}{\cos x}$，将方程 $y''\cos x-2y'\sin x+3y\cos x=\mathrm{e}^x$ 化简，并求出此方程的通解.

7. 设函数 $f(x),g(x)$ 满足 $f'(x)=g(x)$，$g'(x)=2\mathrm{e}^x-f(x)$，且 $f(0)=0,g(0)=2$，求

$$\int_0^\pi \left[\frac{g(x)}{1+x}-\frac{f(x)}{(1+x)^2}\right]\mathrm{d}x.$$

*第九节　欧拉方程

在研究一些物理问题，如热的传导、薄膜的振动、电磁波的传播等时，常碰到如下形式的方程

$$x^n y^{(n)}+p_1 x^{n-1}y^{(n-1)}+\cdots+p_{n-1}xy'+p_n y=f(x),\qquad(1)$$

其中 $p_1,p_2,\cdots,p_n$ 为常数，这是一个变系数线性微分方程，它的系数具有一定的规律：n 阶导数 $y^{(n)}$ 的系数是 x^n，$n-1$ 阶导数 $y^{(n-1)}$ 的系数是 $p_1 x^{n-1}$，……，一阶导数 y' 的系数是 $p_{n-1}x$，y 的系数是常数 p_n. 这样的方程称为欧拉方程.

方程(1)与 n 阶常系数线性方程的差别仅是在各阶导数的系数中多一个因子 x^k($k=1,2,\cdots,n$)，如果能设法消去这个因子，方程(1)就能化为常系数线性方程，这样就可以用前面所讨论的方法来求解. 为达此目的，对欧拉方程采用变量代换法：令 $x=\mathrm{e}^t$ 或 $t=\ln x$，并引进微分算子

$$\mathrm{D}=\frac{\mathrm{d}}{\mathrm{d}t},\quad \mathrm{D}^2=\frac{\mathrm{d}^2}{\mathrm{d}t^2},\quad\cdots,\quad \mathrm{D}^n=\frac{\mathrm{d}^n}{\mathrm{d}t^n},$$

则有

$$y'=\frac{\mathrm{d}y}{\mathrm{d}x}=\frac{\mathrm{d}y}{\mathrm{d}t}\frac{\mathrm{d}t}{\mathrm{d}x}=\frac{1}{x}\frac{\mathrm{d}y}{\mathrm{d}t},$$

$$y''=\frac{\mathrm{d}}{\mathrm{d}x}\left(\frac{1}{x}\frac{\mathrm{d}y}{\mathrm{d}t}\right)=-\frac{1}{x^2}\frac{\mathrm{d}y}{\mathrm{d}t}+\frac{1}{x}\frac{\mathrm{d}}{\mathrm{d}x}\left(\frac{\mathrm{d}y}{\mathrm{d}t}\right)=-\frac{1}{x^2}\frac{\mathrm{d}y}{\mathrm{d}t}+\frac{1}{x}\frac{\mathrm{d}^2y}{\mathrm{d}t^2}\frac{\mathrm{d}t}{\mathrm{d}x}=\frac{1}{x^2}\left(\frac{\mathrm{d}^2y}{\mathrm{d}t^2}-\frac{\mathrm{d}y}{\mathrm{d}t}\right),$$

故

$$xy'=\frac{\mathrm{d}y}{\mathrm{d}t}=\mathrm{D}y,$$

$$x^2y''=(\mathrm{D}^2-\mathrm{D})y=\mathrm{D}(\mathrm{D}-1)y.$$

同理，

$$x^3y'''=(\mathrm{D}^3-3\mathrm{D}^2+2\mathrm{D})y=\mathrm{D}(\mathrm{D}-1)(\mathrm{D}-2)y,$$

一般地，有

$$x^k y^{(k)}=\mathrm{D}(\mathrm{D}-1)\cdots(\mathrm{D}-k+1)y,$$

把它们代入欧拉方程(1)，便得到一个以 t 为自变量的常系数线性微分方程. 求出这个方程的通解后，把 t 换成 $\ln x$，即得欧拉方程(1)的通解.

例 1　求方程 $x^2y''-2y=2x\ln x$ 的通解.

解　这是一个欧拉方程，设 $x=\mathrm{e}^t$，可得

$$\frac{d^2 y}{dt^2} - \frac{dy}{dt} - 2y = 2te^t,$$

这是二阶常系数线性方程,可解得

$$y = C_1 e^{-t} + C_2 e^{2t} - \left(t + \frac{1}{2}\right) e^t,$$

回代 $e^t = x$,得原方程的通解为

$$y = C_1 \frac{1}{x} + C_2 x^2 - \left(\ln x + \frac{1}{2}\right) x.$$

例 2 求解方程 $x^3 y''' + 3x^2 y'' + xy' - y = x^2$.

解 这是一个欧拉方程,设 $x = e^t$,可得

$$[D(D-1)(D-2) + 3D(D-1) + D - 1]y = e^{2t},$$

即

$$(D^3 - 1)y = e^{2t},$$

这个方程的通解为

$$y = C_1 e^t + e^{-\frac{t}{2}}\left(C_2 \cos\frac{\sqrt{3}}{2}t + C_3 \sin\frac{\sqrt{3}}{2}t\right) + \frac{1}{7}e^{2t},$$

回代 $e^t = x$,则原方程的通解为

$$y = C_1 x + \frac{1}{\sqrt{x}}\left[C_2 \cos\left(\frac{\sqrt{3}}{2}\ln x\right) + C_2 \sin\left(\frac{\sqrt{3}}{2}\ln x\right)\right] + \frac{1}{7}x^2.$$

习题 6-9

求下列欧拉方程的通解:

(1) $x^2 y'' + xy' - y = 0$;

(2) $y'' - \frac{y'}{x} + \frac{y}{x^2} = \frac{2}{x}$;

(3) $x^3 y''' + 3x^2 y'' - 2xy' + 2y = 0$;

(4) $x^2 y'' - 2xy' + 2y = \ln^2 x - 2\ln x$;

(5) $x^2 y'' + xy' - 4y = x^3$;

(6) $x^2 y'' - xy' + 4y = x\sin(\ln x)$;

(7) $x^2 y'' - 3xy' + 4y = x + x^2 \ln x$;

(8) $x^3 y''' + 2xy' - 2y = x^2 \ln x + 3x$.

第十节 工程应用举例

例 1(电路瞬态分析) 电路的旧稳态到新稳态的过渡过程称为电路的瞬态过程,电路的瞬态分析需要利用常微分方程.设 RC 电路如图 6-7 所示,已知在开关 K 合上前电容 C 上没有电荷,电容 C 两端的电压为零,电源电压为 E.把开关合上,电源对电容 C 充电,电容 C 上的电压 u_C 逐渐升高,求电压 u_C 随时间 t 变化的规律.

解 根据回路电压定律 $u_C + Ri = E$,电容充电时,电容上的电量 Q 逐渐增加.

因为

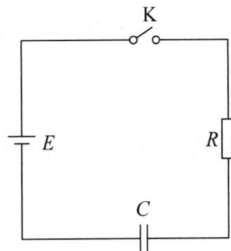

图 6-7

$$Q = Cu_C, \quad i = \frac{\mathrm{d}Q}{\mathrm{d}t} = \frac{\mathrm{d}}{\mathrm{d}t}(Cu_C) = C\frac{\mathrm{d}u_C}{\mathrm{d}t},$$

所以

$$u_C + RC\frac{\mathrm{d}u_C}{\mathrm{d}t} = E,$$

分离变量,得

$$\frac{\mathrm{d}u_C}{E - u_C} = \frac{1}{RC}\mathrm{d}t,$$

积分,得

$$\int \frac{1}{E - u_C}\mathrm{d}u_C = \int \frac{1}{RC}\mathrm{d}t,$$

即

$$-\ln(E - u_C) = \frac{1}{RC}t - \ln A, \quad A \text{ 为任意正常数},$$

整理,得

$$u_C = E - A\mathrm{e}^{-\frac{t}{RC}},$$

又 $u_C|_{t=0} = 0$,所以 $0 = E - A$,即 $A = E$. 如此得到电容器的充电规律为

$$u_C = E(1 - \mathrm{e}^{-\frac{t}{RC}}).$$

例 2(污水治理问题)　某湖泊的水量为 V,每年以均匀速度排入湖泊内含污染物 A 的污水量为 $\frac{V}{6}$,流入湖泊内不含污染物 A 的水量也为 $\frac{V}{6}$,同时每年以均匀的速度流出湖泊的水量为 $\frac{V}{3}$,以保持湖泊的常年水量为 V. 现在,经测量发现湖中污染物 A 的含量为 $5m_0$,超过国家规定指标. 为了治理污染,规定从下一年起限定排入湖泊中的污水含 A 浓度不超过 $\frac{m_0}{V}$,问至多需经过多少年,湖泊中含污染物 A 的含量会降至 m_0 以内?(注:设湖中 A 的浓度是均匀的)

解　设从明年年初(令此时 $t=0$)开始,第 t 年湖泊中污染物 A 的总量为 $m = m(t)$,质量浓度为 $\frac{m}{V}$,则在时间段 $[t, t+\mathrm{d}t]$ 内,排入湖泊中的 A 的量为

$$\frac{m_0}{V}\frac{V}{6}\mathrm{d}t = \frac{m_0}{6}\mathrm{d}t,$$

流出湖泊的水中 A 的量为

$$\frac{m}{V}\frac{V}{3}\mathrm{d}t = \frac{m}{3}\mathrm{d}t,$$

因而在 $[t, t+\mathrm{d}t]$ 内,污染物的改变量

$$\mathrm{d}m = \left(\frac{m_0}{6} - \frac{m}{3}\right)\mathrm{d}t.$$

分离变量后积分求解,得

$$m = \frac{1}{2}m_0 + Ce^{-\frac{t}{3}}.$$

又 $t=0$ 时, $m=5m_0$, 所以 $C=\frac{9}{2}m_0$, 因此

$$m = \frac{m_0}{2}(1 + 9e^{-\frac{t}{3}}).$$

解不等式 $m \leqslant m_0$, 即 $1+9e^{-\frac{t}{3}} \leqslant 2$, 可得 $t \geqslant 6\ln3 \approx 6.592$. 即至多需经过 6.592 年, 湖泊中污染物 A 的含量会降至 m_0 以内.

例 3（建筑构件的冷却时间） 高温物体的冷却是遵循冷却定律的, 冷却定律为: 某物体放置于温度为 T_0 的环境中, t 时刻物体的温度 T 满足 $\frac{dT}{dt} = -k(T-T_0)(k>0)$. 已知建筑构件开始的温度为 100℃, 放在 20℃ 的空气中, 开始的 600s 温度下降到 60℃. 问从 100℃ 下降到 25℃ 需要多长时间?

解 该问题的方程及初始条件为

$$\begin{cases} \dfrac{dT}{dt} = -k(T-20), \\ T(0)=100, \end{cases}$$

方程中的负号表示降温过程, 此时 $\frac{dT}{dt}<0$.

该初值问题的解为

$$T(t) = 80e^{-kt} + 20,$$

又因为开始的 600s 下降到 60℃, 即 $T(600)=60$, 代入得

$$k = \frac{1}{600}\ln2.$$

所以, 当 $T(t)=25$ 时,

$$25 = 80e^{-\frac{\ln2}{600}t} + 20.$$

解得 $t=2\,400$, 即 $2\,400$s 后, 物体温度下降到 25℃.

例 4（探照灯镜面设计） 探照灯的凹面镜具有聚光特性, 它的镜面是一个旋转曲面, 形状由 xOy 坐标面上的一条曲线 L 绕 x 轴旋转而成(图 6-8). 按聚光性能的要求, 在其旋转轴(x 轴)上点 O 处发出的一切光线, 经它反射后都与旋转轴平行, 求曲线 L 的方程.

解 将光源所在点取作坐标原点, 如图 6-8 所示. 并设 $L: y=f(x)(y \geqslant 0)$, 由入射角等于反射角, 得

$$\angle OMA = \angle OAM = \alpha,$$

故 $AO=OM$, 而 $AO=AP-OP=y\cot\alpha-x=\dfrac{y}{y'}-x$,

$OM=\sqrt{x^2+y^2}$, 得微分方程

$$\frac{y}{y'} - x = \sqrt{x^2+y^2},$$

化为齐次微分方程为

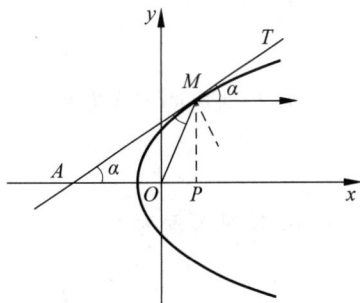

图 6-8

$$\frac{\mathrm{d}x}{\mathrm{d}y} = \frac{x}{y} + \sqrt{1 + \left(\frac{x}{y}\right)^2}.$$

令 $v = \dfrac{x}{y}$，容易得到

$$y\frac{\mathrm{d}v}{\mathrm{d}y} = \sqrt{1 + v^2},$$

即

$$\frac{\mathrm{d}v}{\sqrt{1+v^2}} = \frac{\mathrm{d}y}{y},$$

积分得

$$\ln(v + \sqrt{1+v^2}) = \ln y - \ln C,$$

即

$$v + \sqrt{1+v^2} = \frac{y}{C}, \quad \left(\frac{y}{C} - v\right)^2 = 1 + v^2,$$

将 $v = \dfrac{x}{y}$ 代入得

$$y^2 = 2C\left(x + \frac{C}{2}\right),$$

这就是微分方程的通解. 该函数的图形为旋转抛物面,其中 C 由初值边界条件确定.

例 5（潜艇下沉深度）   一潜水艇质量为 m,由静止开始沉入水中,下沉时水的反作用力与下沉的速度成正比,求潜水艇下沉时深度与时间的关系.

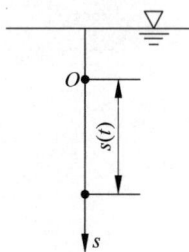

图   6-9

解   取坐标系如图 6-9 所示,潜艇静止状态时所在的位置为坐标原点 O. 设在时刻 t,潜艇下降的距离为 $s(t)$. 潜艇在水中下沉时所受的力有：潜艇的重力、水对潜艇的浮力、下沉时遇到的阻力. 前两个力都是常量,将它们的合力称为下沉力. 即下沉力

$$F = 重力 - 浮力.$$

下沉时所遇到的阻力 $f = -h\dfrac{\mathrm{d}s}{\mathrm{d}t}$, h 为常数. 由牛顿第二定律,得微分方程

$$m\frac{\mathrm{d}^2 s}{\mathrm{d}t^2} = F - h\frac{\mathrm{d}s}{\mathrm{d}t},$$

即

$$m\frac{\mathrm{d}^2 s}{\mathrm{d}t^2} + h\frac{\mathrm{d}s}{\mathrm{d}t} = F, \tag{1}$$

初始条件为

$$s\big|_{t=0} = 0, \quad \frac{\mathrm{d}s}{\mathrm{d}t}\bigg|_{t=0} = 0.$$

方程(1)对应的齐次方程为

$$m\frac{\mathrm{d}^2 s}{\mathrm{d}t^2} + h\frac{\mathrm{d}s}{\mathrm{d}t} = 0, \tag{2}$$

方程(2)的特征方程为

$$mr^2 + hr = 0,$$

其根为 $r_1 = 0, r_2 = -\dfrac{h}{m}$,所以可得方程(2)的通解为

$$s = C_1 + C_2 e^{-\frac{h}{m}t}.$$

因为非齐次线性微分方程(1)右端的自由项 F 是常量,所以 $\alpha = 0$ 是单特征根,故可设方程(1)的一个特解为

$$s^* = At,$$

则有

$$s^{*\prime} = A, \quad s^{*\prime\prime} = 0.$$

将 $s^*, s^{*\prime}$ 及 $s^{*\prime\prime}$ 代入方程(1),有 $hA = F$,即 $A = \dfrac{F}{h}$,所以得到方程(1)的一个特解为

$$s^* = \frac{F}{h}t,$$

从而方程(1)的通解为

$$s = C_1 + C_2 e^{-\frac{h}{m}t} + \frac{F}{h}t,$$

代入初始条件,得

$$C_1 = -\frac{mF}{h^2}, \quad C_2 = \frac{mF}{h^2}.$$

所以潜艇下沉时距离与时间的函数关系为

$$s = -\frac{mF}{h^2} + \frac{mF}{h^2}e^{-\frac{h}{m}t} + \frac{F}{h}t = \frac{F}{h}\left[t + \frac{m}{h}(e^{-\frac{h}{m}t} - 1)\right].$$

数学思维(二)——收敛思维与发散思维

按照思维指向不同,数学思维分为收敛思维和发散思维.

收敛思维又叫集中思维、聚合思维、求同思维、会聚思维等.这种思维是指把问题所提供的各种信息聚合起来,朝着同一个方向得出一个正确答案的思维.比如洗衣机的发明:首先围绕"洗"这个关键问题,列出各种各样的洗涤方法,如洗衣板搓洗、用刷子刷洗、用棒槌敲打、在河中漂洗、用流水冲洗、用脚踩洗,等等,然后再进行收敛思维,对各种洗涤方法进行分析和综合,充分吸收各种方法的优点,结合现有的技术条件制订出设计方案,然后再不断改进,从而发明了洗衣机.

收敛思维有两种重要形式:正向思维(定向思维)和纵向思维.所谓正向思维,就是在思维活动中沿袭某些常规去分析问题,按事物发展的进程进行思考、推测,运用已知条件来揭示事物本质的思维方法;所谓纵向思维,是指在一种结构范围内,按照有顺序的、可预测的、程式化的方向,遵循由低到高、由浅到深、由始到终等线索进行的递进性的思维.

发散思维又叫作求异思维、分散思维、辐射思维等,是一种从不同的方向、途径和角度去设想、探求多种答案,最终使问题获得圆满解决的思维方法,是大脑在思维时呈现扩散状态的一种思维模式.这种思维对已知信息不局限于既定的理解,而是进行多方向、多角度的思考,进而能提出新问题、探索新知识、发现新结果,其重要形式主要有逆向思维、侧向思维(横向思维)和多向思维.一题多解、一事多写、一物多用等都是发散思维的表现方式.

　　收敛思维与发散思维二者相辅相成,互补为用.单靠发散思维,虽然能够想出各式各样的解决问题的方法,但究竟哪一个最好,这就需要用收敛思维对所有的方法反复沉淀、验证,集中导向,做出最佳抉择.在创造性思维过程中,两者往往是结合使用:借助发散思维,可以开阔思路、激发灵感,提出多种解决问题的方案;借助收敛思维,可以对得到的发散性结果进行筛选、整合,获得最佳解决方案.

习题答案与提示

第 一 章

习题 1-1

1. (1) $\left(-\dfrac{3}{2},\dfrac{1}{2}\right)$. (2) $\left(-\infty,-\dfrac{1}{3}\right]\bigcup[1,+\infty)$. (3) $(-\infty,1)\bigcup(2,3)$. (4) $\left(1,\dfrac{3}{2}\right)\bigcup\left(\dfrac{5}{2},3\right)$. (5) $(-1,0)$.

   (6) 当 $a<-1$ 时,$\left(a,\dfrac{1}{a}\right)$;当 $a=-1$ 时,空集;当 $-1<a<0$ 时,$\left(\dfrac{1}{a},a\right)$;当 $a=0$ 时,$(-\infty,0)$;当

   $0<a<1$ 时,$(-\infty,a)\bigcup\left(\dfrac{1}{a},+\infty\right)$;当 $a=1$ 时,$(-\infty,1)\bigcup(1,+\infty)$;当 $a>1$ 时,$\left(-\infty,\dfrac{1}{a}\right)\bigcup(a,+\infty)$.

2. (1) $[-1,0)\bigcup(0,1]$;(2) $[-1,1)$;(3) $\mathbf{R}\backslash\left\{k\pi+\dfrac{\pi}{2}-1\,\middle|\,k\in\mathbf{Z}\right\}$;(4) $(-\infty,0)\bigcup(0,+\infty)$;

   (5) $\left[-\dfrac{1}{3},1\right]$;(6) $[-3,0)\bigcup(0,3]$.

3. (1) 不是,定义域不同;(2) 不是,定义域不同;(3) 相同,因为定义域、对应法则均相同.

4. (1) 单调增;(2) 单调增;(3) 单调增.

5. (1) 奇函数;(2) 偶函数;(3) 偶函数;(4) 奇函数;(5) 奇函数;(6) 非奇非偶函数.

6. (1) 提示:按定义证;(2) 提示:按定义证;(3) $f(x)=\dfrac{f(x)+f(-x)}{2}+\dfrac{f(x)-f(-x)}{2}$.

7. 提示:必要性显然;充分性证明中,设下界 M_1 和上界 M_2,可取 $M=\max\{|M_1|,|M_2|\}$.

8. (1) 是周期函数,最小正周期为 $\dfrac{2\pi}{\lambda}$;(2) 是周期函数,最小正周期为 2π;

   (3) 是周期函数,最小正周期为 $\dfrac{\pi}{2}$;(4) 不是周期函数.

9. (1) $y=\log_2\dfrac{x}{1-x}$;(2) $y=\pi-\arcsin x$,$x\in[-1,1]$;(3) $y=\dfrac{1-x}{1+x}$,$x\neq 1$;

   (4) $y=\ln(x+\sqrt{x^2-1})$,$x\in[1,+\infty)$.

10. $\begin{cases} 2+x, & x\geqslant 0, \\ x^2+2, & x<0. \end{cases}$

11. (1) $\varphi[\varphi(x)]=x^9$,$\psi[\psi(x)]=2^{2^x}$. (2) $\varphi[\psi(x)]=\begin{cases} 1, & x\in[-\sqrt{3},-1]\bigcup[1,\sqrt{3}], \\ 0, & x\in(-\infty,-\sqrt{3})\bigcup(-1,1)\bigcup(\sqrt{3},+\infty), \end{cases}$

   $\varphi[\varphi(x)]=1$,$x\in(-\infty,+\infty)$;$\psi(\varphi(x))=\begin{cases} 1, & x\in[-1,1], \\ 2, & x\in(-\infty,-1)\bigcup(1,+\infty). \end{cases}$

12. (1) $f(x)=x^2-5x+6$;(2) $f(x)=x^2-2$;(3) $f(x)=\dfrac{1}{x}+\dfrac{\sqrt{1+x^2}}{|x|}$.

13. $f_n(x)=\dfrac{x}{\sqrt{1+nx^2}}$.

习题 1-2

1. (1) 极限为 2；(2) 极限为 0；(3) 极限为 1；(4) 发散.

2. 略.

3. (1) 反之不一定成立,例如 $\{(-1)^n\}$；(2) 不一定存在,例如 $\left\{\dfrac{1}{n}\right\}$ 与 $\{x_n\}$：$0,1,0,\dfrac{1}{2},0,\dfrac{1}{3},\cdots$.

4. 略.

5. $\lim\limits_{x\to 0}f(x)=1$；$\lim\limits_{x\to 1}f(x)=2$.

6. 都不存在.

7. 提示：用极限的定义证.

8. 提示：两子列 $\{0\}$ 和 $\{1\}$ 的极限存在但不相等.

9. 提示：取 $x_n=\dfrac{1}{(2n\pi)^2}$，$x_n'=\dfrac{1}{\left(2n\pi+\dfrac{\pi}{2}\right)^2}$，用海涅定理证.

习题 1-3

1. (1) 正确；(2) 错误；(3) 错误；(4) 正确.

2. (1) $\dfrac{2}{3}$. (2) $\dfrac{1-a}{1-b}$. (3) -9. (4) $\dfrac{1}{3}$. (5) $\dfrac{1}{2}$. (6) 2. (7) $\dfrac{5}{4}$. (8) $\dfrac{1}{2}$. (9) $\dfrac{4}{3}$. (10) $\dfrac{1}{2}$. (11) 2. (12) -2.

(13) $-\dfrac{1}{2}$. (14) 当 $k>e$ 时,0；当 $k=e$ 时,$\dfrac{a_k}{b_e}$；当 $k<e$ 时,∞. (15) 当 $m>n$ 时,∞；当 $m=n$ 时,$\dfrac{a_m}{b_n}$；
当 $m<n$ 时,0.

3. 证明略；反之不对,例如 $\{(-1)^n\}$.

4. $\dfrac{\ln a}{2}$.

5. $a=1,b=-1$.

习题 1-4

1. 提示：$M\leqslant\sqrt[n]{a_1^n+a_2^n+\cdots+a_m^n}\leqslant\sqrt[n]{m}M$.

2. 提示：(1) $\dfrac{n}{\sqrt{n^2+n}}\leqslant x_n\leqslant\dfrac{n}{\sqrt{n^2+1}}$；

(2) $0\leqslant\dfrac{2n}{n!}\leqslant\dfrac{2}{n-1}$；(3) $\left(1+\dfrac{1}{n}\right)^n\leqslant\left(1+\dfrac{1}{n}+\dfrac{1}{n^2}\right)^n\leqslant\left(1+\dfrac{1}{n}+\dfrac{1}{n(n-1)}\right)^n=\left(1+\dfrac{1}{n-1}\right)^n$；

(4) 设 $a-1=h$，则 $0\leqslant\dfrac{n}{a^n}\leqslant\dfrac{2}{(n-1)h^2}$；(5) 设 $\sqrt[n]{n}-1=h_n$，$0<h_n\leqslant\sqrt{\dfrac{2}{n-1}}$.

3. 提示：(1) $\{x_n\}$ 单调递减且有下界 0；(2) $\{x_n\}$ 单调增加且用数学归纳法可证 $x_n<3$；(3) $\{x_n\}$ 单调
增加且可得 $x_n<2$.

4. (1) $\dfrac{1}{5}$；(2) $\dfrac{m}{n}$；(3) $\dfrac{2}{\pi}$；(4) $\dfrac{1}{2}$；(5) $\dfrac{\sqrt{3}}{3}$；(6) e^{2a}；(7) e^3；(8) e^2；(9) e^3.

5. 1.

6. $\dfrac{1}{2}$.

7. 提示：单减有下界；极限为 0.

8. $a = \ln 2$.

习题 1-5

1. (1) $x \sin \sqrt{x}$ 是 $5x$ 的高阶无穷小；(2) $\sqrt{x + \sqrt{x + \sqrt{x}}}$ 与 $\sqrt[8]{x}$ 是等价无穷小；(3) $x^2 \sin \dfrac{1}{x}$ 是 x 的高阶

无穷小；(4) $\tan x - \sin x$ 是 x 的高阶无穷小；(5) $\sqrt{1+x} - \sqrt{1-x}$ 是 x^2 的低阶无穷小.

2. (1) 0；(2) 0；(3) 2；(4) $\dfrac{1}{2}$；(5) $\dfrac{1}{2}$；(6) $-\dfrac{1}{2}$.

3. $a = 1$.

4. $a = 4, b = -5$.

5. $n = 5$.

6. 6.

7. 略.

8. 无界，不是无穷大.

习题 1-6

1. (1) $(2ax + b)\Delta x + a(\Delta x)^2$；(2) $10^x (10^{\Delta x} - 1)$.

2. 略.

3. 提示：用连续的定义证.

4. $f(x)$ 在 $x = 0$ 处连续；$g(x)$ 在 $x = 0$ 处不连续.

5. $x = 1, -1$ 处不连续，且其他点连续.

6. (1) 第二类间断点；(2) 可去间断点；(3) 第二类间断点；(4) 第二类间断点；(5) 可去间断点；

(6) 跳跃间断点.

7. (1) 在 $x = 1$ 处，令 $y = -2$；(2) 令 $x = k\pi + \dfrac{\pi}{2}$ 时，$y = 0$.

习题 1-7

1. $A = 4$.

2. $f[g(x)]$ 在 $(-\infty, +\infty)$ 内连续，$g[f(x)]$ 在 $x = 0$ 处间断，在其他点处均连续.

3. (1) $x = \pm 1$ 是跳跃间断点；(2) $x = -1$ 是第二类间断点，$x = 0$ 和 $x = 1$ 是可去间断点；(3) $x = 0$ 是第

二类间断点；(4) $x = \pm 1$ 是跳跃间断点.

4. (1) $\dfrac{1}{\sqrt[4]{3} + 3}$；(2) $+\infty$；(3) 1；(4) $-\dfrac{\pi}{2}$；(5) 1；(6) 1；(7) 2；(8) $e^{-\frac{1}{2}}$；(9) e^{-1}.

5. $k = -2$.

6. $x = 0$ 为可去间断点；$x = k\pi (k = \pm 1, \pm 2, \cdots)$ 为第二类间断点.

7. 如：$f(x) = \sqrt{x-1} + \sqrt{1-x}$.

习题 1-8

1. 提示：利用极限的局部有界性和闭区间上连续函数的有界性.

2. 提示：用零点定理.

3. 提示：用零点定理.

4. 提示：用零点定理.

5. 提示：利用闭区间上连续函数的最值性与介值性.

第 二 章

习题 2-1

1. -10.

2. 略.

3. 6m/s.

4. 反之，$f'(x_0)$不一定存在. 例如 $f(x)=|x|$，$x_0=0$.

5. $f'_+(1)=-1$，$f'_-(1)=-1$.

6. (1) $5x^4$；(2) $-\dfrac{1}{2\sqrt{x^3}}$；(3) $\dfrac{16}{5}x^{\frac{11}{5}}$；(4) $2^x\ln2$；(5) $\dfrac{1}{x\ln2}$.

7. 切线方程为$\dfrac{\sqrt{3}}{2}x+y-\dfrac{1}{2}\left(1+\dfrac{\sqrt{3}}{3}\pi\right)=0$，法线方程为$\dfrac{2\sqrt{3}}{3}x-y+\dfrac{1}{2}-\dfrac{2\sqrt{3}}{9}\pi=0$.

8. $x_0=\pm\sqrt{\dfrac{13}{3}}$.

9. $S=2$.

10. (1) 连续，不可导；(2) 连续，可导.

11. $a=2$，$b=-1$.

12. 1 个.

13. 只在 $x=\pm1$ 处不可导，其他点处均可导.

14. -1.

习题 2-2

1. (1) $\dfrac{1}{3}-\dfrac{3}{x^2}+x-\dfrac{4}{x^2}$；(2) $10x-2^x\ln2+3\mathrm{e}^x$；(3) $\dfrac{1}{x}-\dfrac{2}{x\ln2}+\dfrac{4}{x\ln3}$；(4) $\sec x(2\sec x+\tan x)$；

  (5) $\dfrac{1}{2\sqrt{x}}-\dfrac{1}{2\sqrt{x^3}}$；(6) $\cos2x$；(7) $3x^2\ln x+x^2$；(8) $3\mathrm{e}^x(\sin x+\cos x)$；(9) $-6x-1$；

  (10) $-\dfrac{2\mathrm{e}^x}{(1+\mathrm{e}^x)^2}$；(11) $\dfrac{x\cos x}{(x+\cos x)^2}$；(12) $3^x\cdot\ln x\cdot\sin x\cdot\ln3+\dfrac{3^x}{x}\sin x+3^x\cdot\ln x\cdot\cos x$.

2. 切线方程为 $y=2x+1$，法线方程为 $y=1-\dfrac{x}{2}$.

3. $3\cos1+4\sec^21+5\ln5+\dfrac{6}{\ln3}$.

4. $\dfrac{2}{3}$.

5. (1) $\dfrac{2x}{4+x^2}$；(2) $3\cos(3x+2)$；(3) $200(2x+5)^{99}$；(4) $y(2ax+b)$；(5) $\dfrac{1}{x\ln x\ln\ln x}$；

  (6) $-a\cos[\cos(ax+b)]\sin(ax+b)$；(7) $2\arctan(a^x+\log_3x)\dfrac{a^x\ln a+\dfrac{1}{x\ln3}}{1+(a^x+\log_3x)^2}$.

6. (1) $\ln(x+\sqrt{x^2+1})$；(2) $\sec x$；(3) $2\sin(\ln x)$；(4) $\arcsin\sqrt{\dfrac{x}{1+x}}$；(5) $n\sin^{n-1}x\cos(n+1)x$.

7. (1) $2xf'(x^2)$; (2) $e^{x+f(x)}f'(e^x)+f(e^x)e^{f(x)} \cdot f'(x)$; (3) $f'\{f[f(x)]\}f'[f(x)]f'(x)$.

8. (1) $y\left(\ln\dfrac{x}{1+x}+\dfrac{1}{1+x}\right)$; (2) $\dfrac{y}{2}\left[\dfrac{1}{x}+\cot x-\dfrac{e^x}{2(1-e^x)}\right]$.

9. $(-1)^{n-1}(n-1)!$.

10. $\dfrac{1}{e}$.

习题 2-3

1. (1) $\dfrac{x(3+2x^2)}{(1+x^2)^{3/2}}$; (2) $2e^{-x^2}(2x^2-1)$; (3) $2\sec^2 x\tan x$ 或 $2\sec^3 x\sin x$;

(4) $\dfrac{1}{x}$; (5) $-\dfrac{2\sin(\ln x)}{x}$; (6) $-2e^{-x}\cos x$.

2. 略.

3. 略.

4. (1) $2f'(x^2)+4x^2f''(x^2)$; (2) $\dfrac{f''(x)f(x)-[f'(x)]^2}{[f(x)]^2}$;

(3) $2e^x f'(e^x)+xe^x f'(e^x)+xe^{2x}f''(e^x)$.

5. $\dfrac{(-1)^n 2^n n!}{3^{n+1}}$.

6. (1) $e^x(x+n)$; (2) $(-1)^n\dfrac{(n-2)!}{x^{n-1}}, n\geqslant 2$; (3) $(-1)^n\dfrac{n!}{x^{n+1}}-(-1)^n\dfrac{n!}{(x-1)^{n+1}}$;

(4) $-2^{n-1}\cos\left(2x+\dfrac{n}{2}\pi\right)$; (5) $\dfrac{n!}{(1-x)^{n+1}}$; (6) $2^8\times 3^{10}\sin 6x - 2^{18}\sin 4x - 2^8\sin 2x$.

7. $-2^{50}\left(x^2\cos 2x+50x\sin 2x-\dfrac{1\,225}{2}\cos 2x\right)$.

8. $(-1)^{n-3}\dfrac{n!}{n-2}$.

习题 2-4

1. (1) $\dfrac{1-x-y}{x-y}$; (2) $-\sqrt{\dfrac{y}{x}}$; (3) $\dfrac{y-xy}{xy-x}$.

2. (1) $\dfrac{2x^2 y}{(1+y^2)^3}[3(1+y^2)^2+2x^4(1-y^2)]$; (2) $\dfrac{2(x^2+y^2)}{(x-y)^3}$;

(3) $\dfrac{(3-y)e^{2y}}{(2-y)^3}$; (4) $-\dfrac{\sin(x+y)}{[1-\cos(x+y)]^3}\left(\text{或}-\dfrac{y}{[1-\cos(x+y)]^3}\right)$.

3. -2.

4. $\dfrac{f''}{(1-f')^3}$.

5. (1) $\dfrac{3}{2}(t+1), \dfrac{3}{4(1-t)}$; (2) $\dfrac{\sin t}{1-\cos t}, -\dfrac{1}{a(1-\cos t)^2}$; (3) $\dfrac{\sin t+\cos t}{\cos t-\sin t}, \dfrac{2}{e^t(\cos t-\sin t)^3}$.

6. 切线方程为 $3x-y-1=0$,法线方程为 $x+3y-7=0$.

7. $\dfrac{2}{3}$.

8. $x+y=e^{\frac{\pi}{2}}$.

9. $2x-y-1=0$ 及 $2x-y+1=0$.

10. $144\pi \mathrm{m}^2/\mathrm{s}$.

11. 1.

12. $-\dfrac{[1-f'(y)]^2-f''(y)}{x^2[1-f'(y)]^3}$.

13. $\dfrac{(y^2-\mathrm{e}^t)(1+t^2)}{2(1-ty)}$.

习题 2-5

1. $\Delta y=2.05, \mathrm{d}y=2$；$\Delta y=0.020\,005, \mathrm{d}y=0.02$.

2. (1) $-\dfrac{1}{x^2}\mathrm{d}x$；(2) $\dfrac{1}{a^2+x^2}\mathrm{d}x$；(3) $\dfrac{1}{x^2-a^2}\mathrm{d}x$；(4) $x\sin x\mathrm{d}x$.

3. $\mathrm{e}^{f(x)}\left[\dfrac{1}{x}f'(\ln x)+f(\ln x)f'(x)\right]\mathrm{d}x$.

4. $\dfrac{1}{x(1+\ln y)}\mathrm{d}x$.

5. $(2\cos x^2-4x^2\sin x^2)\mathrm{d}x^2$.

6. $\sin 29°\approx 0.484\,9$.

7. $\arctan 1.05\approx 46°26'$.

8. 略.

9. $0.08\pi R$.

10. $0.003\,3$.

11. $-\pi\mathrm{d}x$.

12. (1) $\dfrac{1-y\mathrm{e}^{xy}}{x\mathrm{e}^{xy}-1}\mathrm{d}x$；(2) $\dfrac{2xy+y\ln y}{2y^2-x}\mathrm{d}x$.

第 三 章

习题 3-1

1. 略.

2. 略.

3. 略.

4. 3个；$(0,1),(1,2),(2,3)$.

5. 提示：用罗尔定理.

6. 提示：用罗尔定理.

7. 提示：用零点定理与罗尔定理.

8. 提示：对 $f'(x)$ 用罗尔定理.

9. 提示：对 $x^m(1-x)^n$ 用拉格朗日中值定理.

10. 提示：对 $\ln x$ 用拉格朗日中值定理.

11. 提示：对 e^x 用拉格朗日中值定理.

12. 提示：利用 $f'(x)\equiv 0$.

13. 提示：(1) 对 $f(x)$ 与 $g(x)=x^2$ 用柯西定理；(2) 对 $f(x)$ 与 $g(x)=\ln|x|$ 用柯西定理.

14. 提示：对 $F'(x)$ 用罗尔定理.

15. 提示：对 $\mathrm{e}^x f(x),\mathrm{e}^x$ 分别用拉格朗日中值定理.

16. 提示：对 $f(x)$ 用拉格朗日中值定理,对 $f(x)$ 和 e^x 用柯西中值定理.

17. 提示：连续用柯西中值定理.

习题 3-2

1. (1) $\dfrac{a}{b}$；(2) 2；(3) $-\sin a$；(4) $-\dfrac{1}{8}$；(5) $\dfrac{1}{4}$；(6) $\dfrac{1}{6}$；(7) 1；(8) $\sin 2$；(9) $\dfrac{1}{2}$；(10) 0；

(11) $\dfrac{1}{3}$；(12) $-\dfrac{1}{2}$；(13) 1；(14) $\mathrm{e}^{\frac{1}{2}}$；(15) $\mathrm{e}^{\frac{1}{2}}$；(16) e^6；(17) 1；(18) 0；(19) a.

2. 略.

3. $a=-3,b=\dfrac{9}{2}$.

4. e^2.

5. $\sqrt{ab}$.

6. $A=\dfrac{1}{3},B=-\dfrac{2}{3},C=\dfrac{1}{6}$.

习题 3-3

1. $5+20(x-3)+21(x-3)^2+8(x-3)^3+(x-3)^4$.

2. $2+\dfrac{1}{4}(x-4)-\dfrac{1}{64}(x-4)^2+\dfrac{1}{512}(x-4)^3-\dfrac{1}{4!}\dfrac{15}{16\sqrt{[4+\theta(x-4)]^7}}(x-4)^4,0<\theta<1$.

3. $x+\dfrac{1}{3}x^3+\dfrac{\sin(\theta x)[\sin^2(\theta x)+2]}{3\cos^5(\theta x)}x^4,0<\theta<1$.

4. $2-x+(x-1)^2-(x-1)^3+\cdots+(-1)^n(x-1)^n+R_n(x)$,拉格朗日余项为 $R_n(x)=(-1)^{n+1}\cdot$

$\dfrac{(n+1)!}{\xi^{n+2}}(x-1)^{n+1}$,$\xi$ 介于 1 与 x 之间；皮亚诺余项为 $R_n(x)=o((x-1)^n)$.

5. $\ln 2+\dfrac{x-2}{2}-\dfrac{1}{2}\left(\dfrac{x-2}{2}\right)^2+\dfrac{1}{3}\left(\dfrac{x-2}{2}\right)^3+\cdots+(-1)^{n-1}\dfrac{1}{n}\left(\dfrac{x-2}{2}\right)^n+o((x-2)^n)$.

6. $\dfrac{4}{2!}x^2-\dfrac{4^3}{4!}x^4+\dfrac{4^5}{6!}x^6+\cdots+(-1)^{n+1}\dfrac{4^{2n-1}}{(2n)!}x^{2n}+o(x^{2n})$.

7. $\sqrt{\mathrm{e}}\approx 1.645$,误差为 $\left|R_3\left(\dfrac{1}{2}\right)\right|\approx 0.004\,5$.

8. $\sin 18°\approx 0.309\,0$,误差为 $\left|R_3\left(\dfrac{\pi}{10}\right)\right|<2.03\times 10^{-4}$.

9. (1) $\dfrac{3}{2}$；(2) $\dfrac{1}{6}$；(3) $-\dfrac{1}{12}$.

10. $k=3,c=\dfrac{1}{3}$.

11. 提示：用 $x_0=(1-t)x_1+tx_2$ 处的泰勒公式.

12. 提示：结合麦克劳林公式、闭区间上连续函数的最值性、介值性.

习题 3-4

1. (1) 严格单调减少；(2) 单调增加；(3) 单调减少.

2. (1) 单调增加区间是 $(-\infty,-1)$ 和 $(1,+\infty)$,单调减少区间是 $(-1,1)$；(2) 单调增加区间是 $(2,+\infty)$,

单调减少区间是$(0,2)$;(3) 单调增加区间是$(-\infty,+\infty)$;(4) 单调增加区间是$[0,+\infty)$;单调减少区间是$(-\infty,0]$;(5) 单调增加区间是$\left(-\infty,-\dfrac{1}{2}\right)$,单调减少区间是$\left(-\dfrac{1}{2},+\infty\right)$;(6) 单调增加区间是$(0,n)$,单调减少区间是$(n,+\infty)$.

3. 提示:利用单调性.

4. $(-\infty,0)$.

5. 提示:利用零点定理与单调性.

6. 提示:$f(x)=xe^x-e^x+1$ 单调增加.

7. 提示:设 $f(x)=\ln x-ax$,当 $0<x<\dfrac{1}{a}$ 时,$f(x)$ 单调增加;当 $x>\dfrac{1}{a}$ 时,$f(x)$ 单调减少. 当 $x\to0$ 及 $x\to+\infty$ 时,$f(x)\to-\infty$.

8. 不一定.

9. 提示:如取 $x_{1n}=\dfrac{1}{2n\pi}$,$x_{2n}=\dfrac{1}{2n\pi+\dfrac{1}{2}\pi}$.

10. 提示:方法一,$\ln^2 x$ 在$[a,b]$上应用拉格朗日中值定理;方法二,考虑 $\phi(x)=\ln^2 x-\dfrac{4}{e^2}x$ 的单调性.

习题 3-5

1. (1) 凸的;(2) 凹的;(3) $x>0$ 时曲线凹,$x<0$ 时曲线凸;(4) 凹的.

2. (1) 在 $\left(-\infty,-\dfrac{1}{2}\right]$ 内是凸的,在 $\left[-\dfrac{1}{2},+\infty\right)$ 内是凹的,拐点为 $\left(-\dfrac{1}{2},\dfrac{41}{2}\right)$;(2) 在$(-\infty,+\infty)$内是凹的,无拐点;(3) 在$(-\infty,-1]$和$[1,+\infty)$内是凸的,在$[-1,1]$内是凹的,拐点为$(-1,\ln2)$和$(1,\ln2)$;(4) 在$(-\infty,2]$内是凸的,在$[2,+\infty)$内是凹的,拐点为$(2,0)$.

3. 提示:(1) t^n 在区间$(0,+\infty)$内是凹的;(2) e^t 在$(-\infty,+\infty)$内是凹的.

4. $a=-\dfrac{3}{2}$,$b=\dfrac{9}{2}$.

5. $a=-3$,$b=0$,$c=1$.

6. 提示:拐点为$(-1,-1)$,$\left(2-\sqrt{3},\dfrac{1-\sqrt{3}}{4(2-\sqrt{3})}\right)$,$\left(2+\sqrt{3},\dfrac{1+\sqrt{3}}{4(2+\sqrt{3})}\right)$.

7. $k=\pm\dfrac{\sqrt{2}}{8}$.

8. 对 $f''(x)$ 应用拉格朗日中值定理.

习题 3-6

1. (1) 极大值 $f(-1)=\dfrac{32}{3}$,极小值 $f(3)=0$;(2) 极大值 $f(0)=0$,极小值 $f(1)=-1$;(3) 无极大值,极小值 $f(0)=0$;(4) 极大值 $f\left(\dfrac{3}{4}\right)=\dfrac{5}{4}$,无极小值;(5) 极大值 $f\left(\dfrac{12}{5}\right)=\dfrac{1}{10}\sqrt{205}$,无极小值;(6) 极大值 $f(0)=4$,极小值 $f(-2)=\dfrac{8}{3}$;(7) 极大值 $y\left(\dfrac{\pi}{4}+2k\pi\right)=e^{\frac{\pi}{4}+2k\pi}\cdot\dfrac{\sqrt{2}}{2}$,极小值 $y\left[\dfrac{\pi}{4}+(2k+1)\pi\right]=-e^{\frac{\pi}{4}+(2k+1)\pi}\cdot\dfrac{\sqrt{2}}{2}$;(8) 无极大值,极小值 $f\left(-\dfrac{1}{2}\ln2\right)=2\sqrt{2}$;(9) 无极值;(10) 无极值.

2. $a=2$ 时,极大值为 $f\left(\dfrac{\pi}{3}\right)=\sqrt{3}$.

3. 提示：$f(x)$ 是单调函数,没有极值.

4. 提示：利用泰勒定理与 $f^{(n)}(x)$ 的连续性.

5. $x=1$ 为极小值点,极小值为 $y=-2$.

6. 当 $0<a<\dfrac{\mathrm{e}^2}{4}$ 时在 $(-\infty,0)$ 内有一个实根；当 $a=\dfrac{\mathrm{e}^2}{4}$ 时,有两个实根,其一根为 $x=2$,另一根在区间 $(-\infty,0)$ 内；当 $a>\dfrac{\mathrm{e}^2}{4}$ 时,有三个实根,分别在区间 $(-\infty,0),(0,2),(2,+\infty)$ 内.

习题 3-7

1. (1) 最小值为 $y(2)=-14$,最大值为 $y(3)=11$；(2) 最小值为 $y(1)=7$,最大值为 $y(4)=142$；(3) 最小值为 $y(-5)=-5+\sqrt{6}$,最大值为 $y\left(\dfrac{3}{4}\right)=\dfrac{5}{4}$；(4) 最大值为 $y(-1)=y\left(\dfrac{1}{8}\right)=\dfrac{1}{2}$,最小值为 $y(-8)=-2$.

2. 在 $x=-3$ 处取得最小值 $y(-3)=27$.

3. 在 $x=1$ 处取得最大值 $y(1)=\dfrac{1}{2}$.

4. 当宽为 5m,长为 10m 时小屋面积最大.

5. 宽 16m,长 32m 时所用材料最省.

6. 底宽为 $\sqrt{\dfrac{40}{4+\pi}}$ 时所用的材料最省.

7. $r=\sqrt[3]{\dfrac{V}{2\pi}},h=2r$ 时表面积最小. 这时底半径与高的比为 $r:h=1:2$.

8. 当 $AD=15\mathrm{km}$ 时,总运费最省.

9. 商品单价为 101 元时利润最大,最大利润为 167 080 元.

10. 每月每套租金为 350 元时收入最高. 最大收入为 $R(350)=10\,890$ 元.

11. 提示：本题可用拉格朗日中值定理、函数单调性、最值性等方法证明.

12. a_3 是序列 $\{a_n\}$ 的最大项.

13. (1) $M(n)=f\left(\dfrac{1}{n+1}\right)=\left(\dfrac{n}{n+1}\right)^{n+1}$；(2) $\lim\limits_{n\to\infty}M(n)=\dfrac{1}{\mathrm{e}}$.

14. 1.4m.

15. $\varphi=\dfrac{2\sqrt{6}}{3}\pi$.

16. 每隔 17 天订 85 单位原材料.

习题 3-8

1. $x=-1$.

2. $y=\dfrac{1}{2}x-\dfrac{1}{4}$.

3. 垂直渐近线 $x=-1$；斜渐近线 $y=x-1$.

4. 有 3 条渐近线：垂直渐近线 $x=0$；水平渐近线 $y=0$；斜渐近线 $y=x$.

5. 有 2 条渐近线：垂直渐近线 $x=1$；水平渐近线 $y=1$.

6. 略.

7. 略.

习题 3-9

1. $K=2$.

2. 曲率为 $K=2$,曲率半径为 $R=\dfrac{1}{2}$.

3. 曲率为 $K=|\cos x|$,曲率半径为 $R=|\sec x|$.

4. $K|_{t=t_0}=\dfrac{2}{3|a\sin 2t_0|}$.

5. 曲线上点 $\left(\dfrac{\sqrt{2}}{2},\ln\dfrac{\sqrt{2}}{2}\right)$ 处曲率半径最小,最小曲率半径为 $R=\dfrac{3\sqrt{3}}{2}$.

6. 1 246N.

7. 45 400N.

第 四 章

习题 4-1

1. (1) $3\arcsin x+C$；(2) $\dfrac{1}{7}x^7+\dfrac{3}{5}x^5+x^3+x+C$；(3) $-\dfrac{1}{x}-2\ln|x|+x+C$；

(4) $\dfrac{1}{3}x^3-\dfrac{2}{3}x^{\frac{3}{2}}+\dfrac{2}{5}x^{\frac{5}{2}}-x+C$；(5) $\tan x-\sec x+C$；(6) $\dfrac{1}{\ln 3-\ln 2}\left(\dfrac{3}{2}\right)^x-\dfrac{3}{2}\dfrac{1}{\ln 5-\ln 2}\left(\dfrac{5}{2}\right)^x+C$；

(7) $-\cot x-x+C$；(8) $x^3+\arctan x+C$；(9) $\dfrac{1}{2}\tan x+C$；(10) $\sin x-\cos x+C$；

(11) $\dfrac{1}{2}\tan x+\dfrac{1}{2}x+C$；(12) $-\dfrac{1}{x}-\arctan x+C$.

2. $y=\ln|x|+1$.

3. (1) $s(3)=27$；(2) $t=\sqrt[3]{360}\,\text{s}\approx 7.11\text{s}$.

4. $y=x^2-2$.

5. 19 950.

6. 制动距离为 12.76m,会闯红灯.

7. $F(x)=\begin{cases}\text{e}^x+C_1, & x\geqslant 0,\\ -\text{e}^{-x}+2+C_1, & x<0.\end{cases}$

8. $x+2\ln|x-1|+C$.

习题 4-2

1. (1) $\dfrac{1}{24}(2x+3)^{12}+C$；(2) $\text{e}^{x^2}+C$；(3) $-\dfrac{1}{3}(1-x^2)^{\frac{3}{2}}+C$；(4) $\dfrac{1}{2}[x^2-9\ln(9+x^2)]+C$；

(5) $\arctan \text{e}^x+C$；(6) $\ln|\ln(\ln x)|+C$；(7) $-\ln|\cos\sqrt{1+x^2}|+C$；(8) $\tan\dfrac{x}{2}+C$；

(9) $\tan x-\sec x+C$；(10) $(\arctan\sqrt{x})^2+C$；(11) $\dfrac{1}{3}\sec^3 x-\sec x+C$；(12) $\dfrac{1}{2}\arctan(\sin^2 x)+C$.

2. (1) $\arccos\dfrac{1}{|x|}+C$；(2) $-\dfrac{4}{3}(\sqrt{4-x^2})^3+\dfrac{1}{5}(\sqrt{4-x^2})^5+C$；(3) $\dfrac{x}{\sqrt{x^2+1}}+C$；

(4) $\dfrac{1}{15}(3x+1)^{\frac{5}{3}}+\dfrac{1}{3}(3x+1)^{\frac{2}{3}}+C$；(5) $2\sqrt{x}-2\arctan\sqrt{x}+C$；(6) $2\arcsin\dfrac{\sqrt{x}}{2}+C$；

(7) $-\arcsin\dfrac{1}{|x|}+\dfrac{\sqrt{x^2-1}}{|x|}+C$；(8) $-\dfrac{1}{5}\ln|1+x^5|+\ln|x|+C$；

(9) $\ln(\sqrt{1+e^{2x}}-1)-x+C$.

3. $Q(x)=\sqrt{0.01x+1}-1$.

4. $\dfrac{1}{8}\tan^2\dfrac{x}{2}+\dfrac{1}{4}\ln\left|\tan\dfrac{x}{2}\right|+C$ 或 $\dfrac{1}{8}\ln\dfrac{1-\cos x}{1+\cos x}+\dfrac{1}{4(1+\cos x)}+C$.

5. $x+\ln|5\cos x+2\sin x|+C$.

6. $\arcsin e^x+e^x\sqrt{1-e^{2x}}+C$.

7. 当 $a=0,b\neq0$ 时, $\dfrac{1}{b^2}\tan x+C$；当 $a\neq0,b=0$ 时, $-\dfrac{1}{a^2}\cot x+C$；当 $a\neq0,b\neq0$ 时, $\dfrac{1}{ab}\arctan\left(\dfrac{a}{b}\tan x\right)+C$.

习题 4-3

1. (1) $-e^{-x}(x+1)+C$；(2) $-\dfrac{1}{2}\left(x^2+x+\dfrac{1}{2}\right)\cos2x+\dfrac{1}{4}(2x+1)\sin2x+C$；

(3) $-\dfrac{1}{4}x\cos2x+\dfrac{1}{8}\sin2x+C$；(4) $\dfrac{1}{3}x^3\arctan x-\dfrac{1}{6}x^2+\dfrac{1}{6}\ln(1+x^2)+C$；

(5) $e^{-x}\left(-\dfrac{1}{2}+\dfrac{1}{10}\cos2x-\dfrac{1}{5}\sin2x\right)+C$；(6) $x\arcsin x+\sqrt{1-x^2}+C$；

(7) $\dfrac{x}{2}(\sin\ln x-\cos\ln x)+C$；(8) $-\dfrac{1}{x}(\ln^2x+2\ln x+2)+C$；

(9) $\ln x[\ln(\ln x)-1]+C$；(10) $2\sqrt{x}\,e^{\sqrt{x}}-2e^{\sqrt{x}}+C$；(11) $x\ln(x+\sqrt{1+x^2})-\sqrt{1+x^2}+C$；

(12) $\dfrac{1}{2}e^x-\dfrac{1}{10}e^x(\cos2x+2\sin2x)+C$.

2. $x-(1+e^{-x})\ln(1+e^x)+C$.

3. $F(x)=\begin{cases}(x-1)^2+C, & x<1,\\ x(\ln x-1)+1+C, & x\geqslant1.\end{cases}$

4. $-\dfrac{1}{2}(e^{-2x}\arctan e^x+e^{-x}+\arctan e^x)+C$.

5. $e^{2x}\tan x+C$.

习题 4-4

1. (1) $\ln|x^2+3x-10|+C$；(2) $-5\ln|x-2|+6\ln|x-3|+C$；

(3) $\dfrac{1}{3}x^3+\dfrac{1}{2}x^2+x+8\ln|x|-4\ln|x+1|-3\ln|x-1|+C$；

(4) $\dfrac{1}{2}(4\ln|x+2|-3\ln|x+3|-\ln|x+1|)+C$；(5) $\ln|x|-\ln|x-1|-\dfrac{1}{x-1}+C$；

(6) $\dfrac{1}{x-2}+\dfrac{2}{3}\ln|x-2|-\dfrac{2}{3}\ln|x+1|+C$；(7) $\dfrac{1}{2}\ln(x^2+x+1)-\dfrac{1}{\sqrt{3}}\arctan\dfrac{2x+1}{\sqrt{3}}+C$；

(8) $\dfrac{1}{2}\ln(x^2+2x+3)-\dfrac{3}{\sqrt{2}}\arctan\dfrac{x+1}{\sqrt{2}}+C$；(9) $-\dfrac{1}{2}\ln\dfrac{x^2+1}{x^2+x+1}+\dfrac{\sqrt{3}}{3}\arctan\dfrac{2x+1}{\sqrt{3}}+C$；

(10) $-\dfrac{1}{96(x-1)^{96}}-\dfrac{3}{97(x-1)^{97}}-\dfrac{3}{98(x-1)^{98}}-\dfrac{1}{99(x-1)^{99}}+C$；(11) $\dfrac{1}{n}(x^n-\ln|x^n+1|)+C$；

(12) $\arctan(x+1)+\dfrac{1}{x^2+2x+2}+C$.

2. (1) $\dfrac{1}{128}\left(3x-\sin4x+\dfrac{1}{8}\sin8x\right)+C$；(2) $\dfrac{1}{7}\tan^7x+\dfrac{3}{5}\tan^5x+\tan^3x+\tan x+C$；

(3) $\dfrac{1}{\sqrt{2}}\arctan\dfrac{\tan\frac{x}{2}}{\sqrt{2}}+C$; (4) $-\dfrac{2}{\sqrt{3}}\arctan\dfrac{2\cot\frac{x}{2}+1}{\sqrt{3}}+C$ 或 $\dfrac{2}{\sqrt{3}}\arctan\dfrac{2\tan\frac{x}{2}+1}{\sqrt{3}}+C$;

(5) $\ln\left|\tan\dfrac{x}{2}+1\right|+C$; (6) $\dfrac{1}{\sqrt{5}}\arctan\dfrac{3\tan\frac{x}{2}+1}{\sqrt{5}}+C$; (7) $\dfrac{1}{2\sqrt{3}}\arctan\dfrac{2\tan x}{\sqrt{3}}+C$;

(8) $-\dfrac{1}{24\left(\tan\frac{x}{2}\right)^3}-\dfrac{3}{8\tan\frac{x}{2}}+\dfrac{3}{8}\tan\dfrac{x}{2}+\dfrac{1}{24}\left(\tan\dfrac{x}{2}\right)^3+C$ 或 $-\dfrac{1}{3}\cot^3x-\cot x+C$;

(9) $\dfrac{1}{a}\arctan\left(\dfrac{\tan x}{a}\right)+C$.

3. (1) $\dfrac{1}{2}x^2-\dfrac{2}{3}x^{\frac{3}{2}}+x+C$; (2) $\dfrac{1}{40}(3+4x)^{\frac{5}{2}}-\dfrac{1}{8}(3+4x)^{\frac{3}{2}}+C$;

(3) $(x+1)-4\sqrt{x+1}+4\ln(\sqrt{x+1}+1)+C$; (4) $\dfrac{3}{2}\sqrt[3]{(x+1)^2}-3\sqrt[3]{x+1}+3\ln|1+\sqrt[3]{x+1}|+C$;

(5) $2\sqrt{x}-4\sqrt[4]{x}+4\ln(1+\sqrt[4]{x})+C$; (6) $\ln\dfrac{x}{(\sqrt[6]{x}+1)^6}+C$;

(7) $\ln\left|\dfrac{\sqrt{1-x}-\sqrt{1+x}}{\sqrt{1-x}+\sqrt{1+x}}\right|+2\arctan\sqrt{\dfrac{1-x}{1+x}}+C$; (8) $-\dfrac{3}{2}\sqrt[3]{\dfrac{x+1}{x-1}}+C$;

(9) $\dfrac{1}{\sqrt{2}}\ln\left(x-\dfrac{1}{4}+\sqrt{x^2-\dfrac{x}{2}+1}\right)+C$.

4. (1) $\dfrac{\sqrt{2}}{8}\ln\left|\dfrac{x^2+\sqrt{2}x+1}{x^2-\sqrt{2}x+1}\right|+\dfrac{\sqrt{2}}{4}\arctan(\sqrt{2}x+1)+\dfrac{\sqrt{2}}{4}\arctan(\sqrt{2}x-1)+C$ 或 $\dfrac{\sqrt{2}}{4}\arctan\dfrac{1}{\sqrt{2}}\left(x-\dfrac{1}{x}\right)-$

$\dfrac{\sqrt{2}}{8}\ln\dfrac{x+\frac{1}{x}-\sqrt{2}}{x+\frac{1}{x}+\sqrt{2}}+C$; (2) $-\dfrac{x+1}{x^2+x+1}-\dfrac{4}{\sqrt{3}}\arctan\dfrac{2x+1}{\sqrt{3}}+C$;

(3) $x-3\ln(1+e^{\frac{x}{6}})-\dfrac{3}{2}\ln(1+e^{\frac{x}{3}})-3\arctan e^{\frac{x}{6}}+C$.

5. (1) $\dfrac{1}{4\cos x}+\dfrac{1}{4}\ln\left|\tan\dfrac{x}{2}\right|+\dfrac{1}{4}\tan x+C$;

(2) $x\ln\left(1+\sqrt{\dfrac{1+x}{x}}\right)+\dfrac{1}{2}\ln(\sqrt{1+x}+\sqrt{x})+\dfrac{1}{2}x-\dfrac{1}{2}\sqrt{x+x^2}+C$.

6. (1) $x\tan\dfrac{x}{2}+C$; (2) $(x-\sec x)e^{\sin x}+C$; (3) $-\dfrac{1}{3}\sqrt{1-x^2}(x^2+2)\arccos x-\dfrac{1}{9}x(x^2+6)+C$.

第 五 章

习题 5-1

1. (1) $\dfrac{1}{2}(b^2-a^2)$; (2) $e-1$.

2. (1) $\displaystyle\int_0^1\sqrt{1+\cos\pi x}\,\mathrm{d}x$; (2) $\displaystyle\int_0^1\dfrac{1}{1+x}\mathrm{d}x$; (3) $\displaystyle\int_0^1\dfrac{1}{1+x^2}\mathrm{d}x$.

3. (1) $\displaystyle\int_0^1 x^2\,\mathrm{d}x+\int_1^2 x\,\mathrm{d}x$; (2) $\displaystyle\int_{\frac{\pi}{4}}^{\frac{5}{4}\pi}(\sin x-\cos x)\,\mathrm{d}x$; (3) $\displaystyle\int_{\frac{1-\sqrt{5}}{2}}^{\frac{1+\sqrt{5}}{2}}[y-(y^2-1)]\mathrm{d}y$.

4. (1) $\dfrac{3}{2}$；(2) $\dfrac{5}{2}$；(3) $\dfrac{1}{4}\pi a^2$；(4) 0.

5. 22m.

习题 5-2

1. (1) $\displaystyle\int_0^1 x^2\,\mathrm{d}x>\int_0^1 x^3\,\mathrm{d}x$；(2) $\displaystyle\int_1^2 \ln x\,\mathrm{d}x>\int_1^2 (\ln x)^2\,\mathrm{d}x$；(3) $\displaystyle\int_0^1 e^x\,\mathrm{d}x>\int_0^1 (1+x)\,\mathrm{d}x$.

2. (1) $6\leqslant\displaystyle\int_1^4 (x^2+1)\,\mathrm{d}x\leqslant 51$；(2) $\pi\leqslant\displaystyle\int_{\frac{\pi}{4}}^{\frac{5}{4}\pi} (1+\sin^2 x)\,\mathrm{d}x\leqslant 2\pi$；(3) $\dfrac{\pi}{9}\leqslant\displaystyle\int_{\frac{1}{\sqrt3}}^{\sqrt3} x\arctan x\,\mathrm{d}x\leqslant\dfrac{2\pi}{3}$；

(4) $-2e^2\leqslant\displaystyle\int_2^0 e^{x^2-x}\,\mathrm{d}x\leqslant -2e^{-\frac{1}{4}}$.

3. 提示：利用被积函数的最值.

4. 提示：(1) 用反证法；(2) 用(1)的结论；(3) 用(1)的结论.

5. 提示：用积分中值定理和罗尔定理.

习题 5-3

1. (1) $\cos(x^2+1)$；(2) $\dfrac{3x^2}{\sqrt{1+x^{12}}}-\dfrac{2x}{\sqrt{1+x^8}}$；(3) $(\sin x-\cos x)\cos(\pi\sin^2 x)$；(4) $\dfrac{-y\cos(xy)}{e^y+x\cos(xy)}$.

2. (1) 1；(2) 2；(3) $\dfrac{1}{3}$.

3. $x=0$.

4. (1) $\dfrac{20}{3}$；(2) $\dfrac{\pi}{3}$；(3) $1-\dfrac{\pi}{4}$；(4) $\dfrac{2}{\ln 3}$；(5) 4；(6) $\dfrac{\pi}{3a}$；(7) -1；(8) $\dfrac{8}{3}$.

5. $F(x)=\begin{cases}\dfrac{1}{2}x^2+x+\dfrac{1}{2}, & -1\leqslant x<0,\\[2mm]\dfrac{1}{2}x^2+\dfrac{1}{2}, & 0\leqslant x\leqslant 1.\end{cases}$ $F(x)$在$[-1,1]$上连续,在$x=0$处不可导.

6. $a=2,b=1$.

7. $2x\sin x$.

8. (1) 略；(2) 提示：利用介值性与单调性.

9. 提示：结合积分中值定理.

习题 5-4

1. (1) 0；(2) $\dfrac{1}{3}$；(3) π；(4) $\dfrac{\pi}{12}-\dfrac{1}{8}(\sqrt3-1)$；(5) $2\ln 2-1$；(6) $\dfrac{\pi}{2}$；(7) $1-\dfrac{\pi}{4}$；(8) $\dfrac{\sqrt3}{12}$；

(9) $\dfrac{1}{2}\left(1-\dfrac{1}{e}\right)$；(10) $\dfrac{1}{6}$；(11) $\dfrac{\pi}{16}$；(12) $2(\sqrt2-1)$；(13) $\dfrac{4}{3}$；(14) $\sqrt2$；(15) $2-\dfrac{\pi}{2}$.

2. (1) 0；(2) $\dfrac{3}{2}\pi$；(3) $\dfrac{\pi^3}{324}$；(4) 0.

3. 50.

4. $\ln(1+e)$.

5. 提示：令 $t=a+b-x$.

6. 提示：令 $1-x=t$.

7. 提示：令 $t=-u$.

8. (1) $\dfrac{\pi}{4}$；(2) $\dfrac{\pi}{8}\ln 2$；(3) $\dfrac{\sqrt{2}\,\pi}{4}$；(4) $\dfrac{\pi^2}{4}$.

习题 5-5

1. (1) $e-2$；(2) $\dfrac{1}{4}(e^2+1)$；(3) $\left(\dfrac{1}{4}-\dfrac{\sqrt{3}}{9}\right)\pi+\dfrac{1}{2}\ln\dfrac{3}{2}$；(4) $-\dfrac{\pi}{2}$；(5) $\dfrac{1}{5}(e^{\pi}-2)$；(6) $2-\dfrac{3}{4\ln 2}$；

(7) $\dfrac{1}{2}(e\sin 1-e\cos 1+1)$；(8) $2\left(1-\dfrac{1}{e}\right)$；(9) $\dfrac{\pi^2}{4}-2$；(10) $8\ln 2-4$；(11) $\ln(1+\sqrt{2})-\sqrt{2}+1$.

2. 提示：右端分部积分.

3. $\dfrac{1}{4}(e^{-1}-1)$.

4. 提示：左端分部积分.

5. 提示：分部积分.

习题 5-6

1. (1) $2\pi+\dfrac{4}{3}$，$6\pi-\dfrac{4}{3}$；(2) $\dfrac{3}{2}-\ln 2$；(3) $b-a$；(4) $\dfrac{9}{2}$；(5) $\dfrac{1}{\ln 2}-\dfrac{1}{2}$.

2. (1) $\dfrac{9}{4}$；(2) $\dfrac{16}{3}$.

3. (1) πa^2；(2) $\dfrac{3}{2}\pi a^2$；(3) $\dfrac{\pi}{4}a^2$；(4) $\dfrac{3}{8}\pi a^2$；(5) $3\pi a^2$.

4. (1) $t=\dfrac{\pi}{4}$；(2) $t=0$.

5. $c=\dfrac{1}{2}$.

6. $\dfrac{8}{3}a^2$.

7. (1) 2π；(2) $160\pi^2$；(3) $\dfrac{3}{10}\pi$；(4) $\dfrac{64}{5}\pi$；(5) $V_x=\dfrac{\pi^2}{2}$，$V_y=\pi(\pi-2)$；(6) $7a^3\pi^2$.

8. $\dfrac{1}{6}\pi$.

9. $t=\arccos\dfrac{\sqrt{2}}{4}$.

10. $\dfrac{4\sqrt{3}}{3}ab^2$.

11. $\dfrac{2}{3}a^2 b\tan\alpha$.

12. (1) $1+\dfrac{1}{2}\ln\dfrac{3}{2}$；(2) $\dfrac{\sqrt{5}}{2}+\dfrac{1}{4}\ln(2+\sqrt{5})$；(3) $6a$；(4) $\dfrac{\sqrt{1+a^2}}{a}(e^{2a\pi}-1)$；

(5) $2\pi\sqrt{4\pi^2+1}+\ln(2\pi+\sqrt{4\pi^2+1})$；(6) $\dfrac{5}{12}+\ln\dfrac{3}{2}$；(7) $8a$.

13. $\left(\left(\dfrac{2\pi}{3}-\dfrac{\sqrt{3}}{2}\right)a,\dfrac{3}{2}a\right)$.

习题 5-7

1. 0.135J.

2. 2J.

3. $\dfrac{1}{12}\pi\rho g r^2 h^2 (\mathrm{J}).$

4. $\dfrac{27}{7} kc^{\frac{2}{3}} a^{\frac{7}{3}}.$

5. $\dfrac{801}{4}\pi\rho g (\mathrm{J}).$

6. $1\,875\pi\rho g (\mathrm{J}).$

7. $\dfrac{2\rho g}{3} (\mathrm{N}).$

8. 2 倍.

9. (1) 17 309N；(2) 3 675N.

10. (1) $F_x = -\dfrac{km\rho l}{a\sqrt{a^2+l^2}}, F_y = km\rho\left(\dfrac{1}{a} - \dfrac{1}{\sqrt{a^2+l^2}}\right)$；(2) $\dfrac{km\rho l}{a(a+l)}, k$ 为引力常数.

11. $\dfrac{2km\mu}{R}\sin\dfrac{\varphi}{2}, k$ 为引力常数, 方向自 M 点起指向圆弧中点.

习题 5-8

1. (1) 收敛到 $\dfrac{1}{3}$；(2) 发散；(3) 收敛到 $\dfrac{1}{a}$；(4) 收敛到 $\dfrac{1}{2}$；(5) 收敛到 $\dfrac{\pi}{2}-1$；(6) 收敛到 π；

   (7) 收敛到 π；(8) 发散；(9) 发散；(10) 收敛到 $\dfrac{\pi}{2}$.

2. 提示：分部积分.

3. π.

4. 当 $k>1$ 时, 积分收敛；当 $k\le 1$ 时, 积分发散. 当 $k=1-\dfrac{1}{\ln\ln 2}$ 时, 广义积分取得最小值.

5. 略.

6. $a=0$ 或 -1.

7. 当 $c=1$ 时, 积分收敛到 $\ln 2$.

第 六 章

习题 6-1

1. (1) 是, 一阶；(2) 不是；(3) 是, 二阶；(4) 是, 一阶；(5) 不是；(6) 是, 二阶；(7) 是, 二阶；

   (8) 是, 一阶.

2. (1) 特解 $y=\mathrm{e}^{2x}, y=4\mathrm{e}^{2x}$, 通解 $y=C\mathrm{e}^{2x}$；(2) 特解 $y=x$, 通解 $y=x\mathrm{e}^{Cx}$；

   (3) 特解 $y=(x+2)^3$, 通解 $y=(x+C)^3$；(4) 特解 $y=-\dfrac{1}{4}x^2$.

3. (1) $y=\mathrm{e}^{-2x}$；(2) $u=-\dfrac{1}{4t+1}$.

4. 略.

5. $yy'+2x=0.$

6. $\dfrac{\mathrm{d}^2 s}{\mathrm{d}t^2} = g - \dfrac{k}{m}\dfrac{\mathrm{d}s}{\mathrm{d}t}$, 初始条件为 $s(0)=0, s'(0)=v_0$.

7. (1) $y^2 y'^2 + y^2 = 1$；(2) $y = xy' + y'^2$；(3) $y' = \dfrac{-x}{\sqrt{1-x^2}}$；(4) $y' = \dfrac{1}{x}$；(5) $y = xy' - \dfrac{1}{2} x^2 y''$；

(6) $y'' + 4y = 0$.

习题 6-2

1. (1) $y = C\sin x - a$；(2) $10^x + 10^{-y} = C$；(3) $(x-1)(y+1) = Ce^{y-x}$；(4) $\cos y = C\cos x$；

(5) $y = C\cos x$；(6) $3\sqrt{y} = x^{\frac{3}{2}} + C$ 及 $3\sqrt{-y} = (-x)^{\frac{3}{2}} + C$；(7) $\arcsin y = \arctan x + C$；

(8) $\ln y \cdot \cot \dfrac{x}{2} = C$；(9) $\sin y = \ln|1+x| - x + C$；(10) $(e^x + 1)(e^y - 1) = C$.

2. (1) $\cos x - \sqrt{2}\cos y = 0$；(2) $y = e^{\tan \frac{x}{2}}$；(3) $y^2 - 1 = 2\ln \dfrac{1+e^x}{1+e}$；

(4) $2(x^3 - y^3) + 3(x^2 - y^2) + 5 = 0$.

3. $y = \dfrac{1}{3} x^2$.

4. $\dfrac{3}{4\,000\ln 2.5}$ s.

5. $R = R_0 e^{-0.000\,433t}$.

6. $f(x) = \dfrac{x e^{\frac{x}{2}}}{2(1+x)^{3/2}}$.

7. $f'(x) = f(x) f'(0)$，$f(x) = e^{f'(0)x}$.

习题 6-3

1. (1) $y^2 = 2x^2 \ln Cx$；(2) $x^2 + y^2 - Cy = 0$；(3) $s = t\left(\ln \dfrac{C}{t}\right)^2$；(4) $\sqrt{x^2 + y^2} - y = C, C > 0$；

(5) $y = x e^{Cx}, x > 0$；(6) $\sin \dfrac{y}{x} - \ln x = C$.

2. (1) $y^3 = y^2 - x^2$；(2) $y^2 = 2x^2(\ln x + 2)$；(3) $\dfrac{x+y}{x^2 + y^2} = 1$.

3. $y + \sqrt{x^2 + y^2} = C$.

4. $xy^2 - x^2 y - x^3 = C$.

*5. (1) $y - x - 3 = C^2(y + x - 1)^3$；(2) 提示：$u = 2x - y, 2\ln(2x - y - 3) = y - x - C$；

(3) $4y + 5 = (2x - 3)\ln C(2x - 3)$；(4) $(y - x + 1)^2 (y + x - 1)^5 = C$.

习题 6-4

1. (1) 是；(2) 是；(3) 不是；(4) 不是；(5) 将 y 看成自变量,是线性方程；(6) 可分解成两个线性方程；

(7) 将 y 看成自变量,是线性方程.

2. (1) $y = \dfrac{C}{x} + \dfrac{e^x}{x}$；(2) $y = Cx^3 - x^2$；(3) $x = Ce^t - \dfrac{1}{2}(\cos t + \sin t)$；(4) $y = \dfrac{C}{x^2} - \dfrac{e^{-x^2}}{2x^2}$；

(5) $y = e^{-x^2}(x^2 + C)$；(6) $y = (1 + x^2)(x + C)$；(7) $y = (x + C)\sec x$；(8) $s = Ce^{-\sin t} + \sin t - 1$；

(9) $y = \dfrac{C}{\ln x} + x - \dfrac{x}{\ln x}$；(10) $x = Ce^{2y} + \dfrac{1}{4}(2y^2 + 2y + 1)$.

3. (1) $y = x^2(1 - e^{\frac{1}{x} - 1})$；(2) $y = 2e^{2x} - e^x + \dfrac{1}{2}x + \dfrac{1}{4}$；(3) $y = \sqrt{1 - x^2} + x$；(4) $y = \dfrac{\sin x - 1}{x^2 - 1}$；

(5) $y = \dfrac{e^x}{x}(e^x - 1)$.

4. $y = e^x - e^{x - \frac{1}{2} + e^{-x}}$.

5. $f(x) = 3e^{3x} - 2e^{2x}$.

6. $\alpha + \beta = 1$.

7. $v = \dfrac{k_1}{k_2}t - \dfrac{k_1 m}{k_2^2}\left(1 - e^{-\frac{k_2}{m}t}\right)$.

8. (1) $y^{-2} = Ce^{2x^2} + x^2 + \dfrac{1}{2}$; (2) $y^{-1} = (x + C)\cos x$;

(3) $y^{-1} = C\sqrt{|1 - x^2|} - a$; (4) $y^{-1} = \dfrac{C}{1 + x} + \dfrac{1}{2}(1 + x)$; (5) $y^{\frac{1}{2}} = C(|1 - x^2|)^{\frac{1}{4}} + \dfrac{1}{3}(x^2 - 1)$;

(6) $x^{-1} = Ce^{-\frac{1}{2}y^2} + 2 - y^2$.

9. $\dfrac{g(u)\mathrm{d}u}{u[g(u) - f(u)]} = \dfrac{\mathrm{d}x}{x}$，求出解后将 $u = xy$ 代回，得通解.

10. (1) $u = x - y, -\cot\dfrac{x - y}{2} = x + C$; (2) $u = xy, y^2 = \dfrac{2a^2}{x^2}\ln Cx$; (3) $u = x + y, y - a\arctan\dfrac{x + y}{a} = C$;

(4) $u = xy, y = \dfrac{1}{x}e^{Cx}$; (5) $u = \sin x, y = Ce^{-\sin x} + \sin^2 x - 2\sin x + 2$.

习题 6-5

1. (1) $y = \dfrac{1}{2}x^2\ln x - \dfrac{3}{4}x^2 + C_1 x + C_2$; (2) $y = -\ln\cos(x + C_1) + C_2$;

(3) $y = \ln(1 + \tan C_1 x) - \dfrac{1}{\tan C_1}x + \dfrac{1}{\tan^2 C_1}\ln(1 + \tan C_1 x) + C_2$; (4) $y = \dfrac{1}{12}(x + C_1)^3 + C_2$;

(5) $y = \dfrac{1}{C_1}e^{C_1 x + 1}\left(x - \dfrac{1}{C_1}\right) + C_2, C_1 \neq 0$, 当 $C_1 = 0$ 时, $y = \dfrac{e}{2}x^2 + C$; (6) $y = C_1\ln x + C_2$;

(7) $y = C_1 e^x - \dfrac{1}{2}x^2 - x + C_2$; (8) $y + C_1\ln(y - C_1) = x + C_2$; (9) $y\ln y + x + C_1 y + C_2 = 0$;

(10) $y = C_1 e^{\frac{1}{a}x} + C_2 e^{-\frac{1}{a}x}$; (11) $\ln(\sqrt{C_1}\,e^{-y} + \sqrt{C_1 e^{-2y} + 1}) = \pm\sqrt{C_1}\,x + C_2$;

(12) $\sin(C_1 - 2\sqrt{2}y) = C_2 e^{-2x}$; (13) $C_1 y^2 - 1 = (C_1 x + C_2)^2$;

(14) $y = \pm\dfrac{8}{15}(x + C_1)^{\frac{5}{2}} + C_2 x + C_3$; (15) $y = \mp\sin(x + C_1) + C_2 x + C_3$.

2. (1) $y = \dfrac{1}{6}x^3 - \sin x + 1$; (2) $y = (x - 3)e^x + \dfrac{1}{2}x^2 - x + \dfrac{1}{2}$; (3) $y = x^3 + 3x + 1$; (4) $y = \dfrac{4}{(x + 4)^2}$;

(5) $y = 1 + \dfrac{1}{x}$.

3. $s = a + \dfrac{A}{m\omega^2}(1 - \cos\omega t)$.

4. $(x + C_1)^2 + (y + C_2)^2 = a^2$.

5. $y^{2k - 1} = Cx, k > \dfrac{1}{2}$.

6. $y = C_1\ln|x| + aC_1$，若当 $x \to 0$ 时 $y(x)$ 有界，则 $C_1 = 0$，即 $y = 0$.

习题 6-6

1. (1) 线性无关；(2) 线性相关；(3) 线性相关；(4) 线性无关；(5) 线性无关；(6) 线性无关；

(7) 线性相关；(8) 线性无关；(9) 线性无关；(10) 线性无关.

2. $y = C_1 \cos\omega x + C_2 \sin\omega x$.

3. $y = C_1 e^{x^2} + C_2 x e^{x^2}$.

4. 提示：按解的结构证.

*5. $y = C_1 e^x + C_2(2x+1)$.

*6. $y = C_1 x + C_2 x^2 + x^3$.

*7. $y = C_1 \cos x + C_2 \sin x + x\sin x + \cos x \ln|\cos x|$.

*8. $y = C_1 x + C_2 x\ln|x| + \dfrac{1}{2}x\ln^2|x|$.

习题 6-7

1. (1) $y = C_1 e^{3x} + C_2 e^{-3x}$；(2) $s = C_1 + C_2 e^{-t}$；(3) $y = C_1 e^{\frac{3}{2}x} + C_2 x e^{\frac{3}{2}x}$；(4) $y = C_1 \cos x + C_2 \sin x$；

(5) $y = e^{-\frac{1}{2}x}\left(C_1 \cos\dfrac{\sqrt{3}}{2}x + C_2 \sin\dfrac{\sqrt{3}}{2}x\right)$；(6) $y = (C_1 + C_2 x + C_3 x^2)e^{ax}$；

(7) $y = C_1 \cos\sqrt{2}x + C_2 \sin\sqrt{2}x + C_3 e^{\sqrt{2}x} + C_4 e^{-\sqrt{2}x}$；(8) $y = C_1 + C_2 x + C_3 x^2 + C_4 e^{-3x}$；

(9) $y = (C_1 + C_2 x)\cos x + (C_3 + C_4 x)\sin x$；

(10) $y = e^{\frac{\sqrt{2}}{2}x}\left(C_1 \cos\dfrac{\sqrt{2}}{2}x + C_2 \sin\dfrac{\sqrt{2}}{2}x\right) + e^{-\frac{\sqrt{2}}{2}x}\left(C_3 \cos\dfrac{\sqrt{2}}{2}x + C_4 \sin\dfrac{\sqrt{2}}{2}x\right)$.

2. (1) $y = \dfrac{1}{2}(e^x - e^{-x}) = \text{sh}x$；(2) $y = (1-x)e^{2x}$；(3) $y = e^{-x}(\cos 3x + \sin 3x)$；(4) $y = \cos ax$.

3. $x = \dfrac{v_0}{\sqrt{k_2^2 + 4k_1}}\left(e^{\frac{-k_2 + \sqrt{k_2^2 + 4k_1}}{2}t} - e^{\frac{-k_2 - \sqrt{k_2^2 + 4k_1}}{2}t}\right)$.

4. 195kg.

5. (1) $y = C_2 \sin n\pi x$；(2) $y'^2 + k^2 y^2 = k^2(C_1^2 + C_2^2)$.

习题 6-8

1. (1) $y = \dfrac{1}{21}e^{2x}$；(2) $y = -\dfrac{5}{2}x - \dfrac{5}{4}$；(3) $y = \dfrac{1}{3}x\sin 3x$；(4) $y = \sin x + \dfrac{1}{2}$.

2. (1) $y = C_1 e^{-x} + C_2 e^{-4x} - \dfrac{1}{2}x + \dfrac{11}{8}$；(2) $y = C_1 + C_2 e^{-\frac{5}{2}x} + \dfrac{1}{3}x^3 - \dfrac{3}{5}x^2 + \dfrac{7}{25}x$；

(3) $y = C_1 e^{\frac{1}{2}x} + C_2 e^{-x} + e^x$；(4) $y = e^{3x}(C_1 + C_2 x) + e^{3x}\left(\dfrac{1}{6}x^3 + \dfrac{1}{2}x^2\right)$；

(5) $y = e^x(C_1 \cos 2x + C_2 \sin 2x) - \dfrac{1}{4}x e^x \cos 2x$；(6) $y = C_1 \cos 2x + C_2 \sin 2x + \dfrac{1}{3}x\cos x + \dfrac{2}{9}\sin x$；

(7) $y = C_1 \cos x + C_2 \sin x + \dfrac{1}{2}e^x + x^2 - 1$；(8) $y = C_1 e^{-x} + C_2 e^x + \dfrac{1}{10}\cos 2x - \dfrac{1}{2}$.

3. (1) $y = -\dfrac{1}{4} + \dfrac{3}{16}e^{2x} + \dfrac{1}{16}e^{-2x}$；(2) $y = \dfrac{2}{7}e^{3x} - \dfrac{2}{7}\cos\sqrt{5}x - \dfrac{6\sqrt{5}}{35}\sin\sqrt{5}x$；

(3) $y = \dfrac{1}{3}\sin 2x - \cos x - \dfrac{1}{3}\sin x$；(4) $y = \dfrac{1}{4}e^x + \dfrac{1}{2}x^2 e^{-x} - \dfrac{1}{4}e^{-x} - \dfrac{1}{2}x e^{-x}$；

(5) $y = \left(1 + \dfrac{x}{4}\right)\sin 2x$；(6) $y = e^x - (1+2x)e^{-2x}$.

4. (1) $\sqrt{\dfrac{10}{g}}\ln(5+2\sqrt{6})\,\mathrm{s}$；(2) $t=\sqrt{\dfrac{10}{g}}\ln\left(\dfrac{19}{3}+\dfrac{4\sqrt{22}}{3}\right)\mathrm{s}$.

5. $\varphi(x)=\dfrac{1}{2}(\cos x+\sin x+\mathrm{e}^x)$.

6. $y=C_1\dfrac{\cos 2x}{\cos x}+2C_2\sin x+\dfrac{\mathrm{e}^x}{5\cos x}$.

7. $\dfrac{1+\mathrm{e}^\pi}{1+\pi}$.

习题 6-9

(1) $y=C_1 x+\dfrac{C_2}{x}$；(2) $y=x(C_1+C_2\ln|x|)+x\ln^2|x|$；(3) $y=C_1 x+C_2 x\ln|x|+C_3 x^{-2}$；

(4) $y=C_1 x+C_2 x^2+\dfrac{1}{2}(\ln^2 x+\ln x)+\dfrac{1}{4}$；(5) $y=C_1 x^2+C_2 x^{-2}+\dfrac{1}{5}x^3$；

(6) $y=x[C_1\cos(\sqrt{3}\ln x)+C_2\sin(\sqrt{3}\ln x)]+\dfrac{1}{2}x\sin(\ln x)$；

(7) $y=C_1 x^2+C_2 x^2\ln x+x+\dfrac{1}{6}x^2\ln^3 x$；

(8) $y=C_1 x+x[C_2\cos(\ln x)+C_3\sin(\ln x)]+\dfrac{1}{2}x^2(\ln x-2)+3x\ln x$.

参 考 文 献

[1] 同济大学数学系.高等数学[M].7 版.北京：高等教育出版社,2014.

[2] 四川大学数学学院高等数学教研室.高等数学[M].5 版.北京：高等教育出版社,2020.

[3] 刘新国.高等数学(修订版)[M].东营：中国石油大学出版社,2011.

[4] 华东师范大学数学科学学院.数学分析[M].5 版.北京：高等教育出版社,2019.

[5] 杨孔庆.高等数学[M].北京：高等教育出版社,2016.

[6] 许艾珍.高等数学实用教程[M].北京：高等教育出版社,2017.

[7] 罗蕴玲,李乃华,安建业,等.高等数学及其应用[M].北京：高等教育出版社,2016.

[8] 唐晓文.高等数学[M].北京：高等教育出版社,2018.

[9] 但琦.高等数学军事应用案例[M].北京：国防工业出版社,2018.

[10] WEIR,HASS,GIORDANO.托马斯微积分[M].11 版.北京：高等教育出版社,2016.

[11] JAMES STEWART.微积分[M].7 版.北京：高等教育出版社,2014.

[12] 杨军.工科数学案例与练习[M].南京：南京大学出版社,2013.

[13] 沈跃云,马怀远.应用高等数学[M].3 版.北京：高等教育出版社,2019.

[14] 宣明.应用高等数学(工科类)[M].北京：国防工业出版社,2014.

[15] 史彦龙,虞峰.应用高等数学(医药类)[M].杭州：浙江科学技术出版社,2016.

[16] 李心灿.高等数学应用 205 例[M].北京：高等教育出版社,1997.

[17] 吴炯圻,林培榕.数学思想方法——创新与应用能力的培养[M].2 版.厦门：厦门大学出版社,2009.

[18] 王章雄.数学的思维与智慧[M].北京：中国人民大学出版社,2011.

[19] 王宪昌.数学思维方法[M].2 版.北京：人民教育出版社,2010.

[20] 莫里斯·克莱因.古今数学思想[M].上海：上海科学技术出版社,2014.

[21] 张天德.高等数学(慕课版)[M].北京：人民邮电出版社,2020.

[22] 赵静,但琦.数学建模与数学实验[M].5 版.北京：高等教育出版社,2020.